FLORE

JURASSIENNE.

FLORE

JURASSIENNE,

OU

DESCRIPTION DES PLANTES

CROISSANT NATURELLEMENT

DANS LES MONTAGNES DU JURA

ET LES PLAINES QUI SONT AU PIED,

RÉUNIES PAR FAMILLES NATURELLES, ET DISPOSÉES SUIVANT LA MÉTHODE
DE DE CANDOLLE,

AVEC L'INDICATION DES PROPRIÉTÉS
ET DES USAGES DES ESPÈCES LE PLUS GÉNÉRALEMENT EMPLOYÉE-
EN MÉDECINE ET DANS LES ARTS;

SUIVIE D'UN TABLEAU DES GENRES,

D'APRÈS LE SYSTÈME SEXUEL DE LINNÉ.

PAR C.-M. PHILIBERT BABEY,

ÉLÈVE DE L'ÉCOLE NORMALE, DOCTEUR ÈS-SCIENCES, DE L'ACADÉMIE DES SCIENCES
DE TOULOUSE, DE LA SOCIÉTÉ D'ÉMULATION DU JURA, ETC.,
ANCIEN PROFESSEUR DE MATHÉMATIQUES DES COLLÉGES ROYAUX DE TOULOUSE,
DE BESANÇON, ETC.

TOME QUATRIÈME.

———

PARIS.

AUDOT, LIBRAIRE-EDITEUR,

RUE DU PAON, 8, ÉCOLE-DE-MÉDECINE.

—

1845.

FLORE
JURASSIENNE.

FAMILLE CX.

Orchidées. Juss.

Périgone adhérent à l'ovaire, à 6 divisions pétaloïdes irrégulières, les 3 extérieures et les 2 intérieures latérales, quelquefois conniventes et rapprochées en casque, forment sa partie supérieure, et la 3ᵉ des divisions intérieures, de forme et ordinairement de direction différente, munie le plus souvent à la base d'un prolongement creux nommé *éperon*, en forme la partie inférieure ou le tablier (*labellum*); ovaire uniloculaire, allongé, à placentas pariétaux garnis d'un grand nombre d'ovules; étamines 3, insérées sur l'ovaire, à filets étroitement soudés avec le style en une colonne nommée *gynostème*, les 2 latérales stériles et la moyenne fertile, excepté dans le *Cypripedium* où au contraire les 2 latérales sont fertiles et la moyenne stérile; anthère à 2 loges souvent partagées en 2, rarement en 4 par des cloisons incomplètes; loges distinctes et soudées latéralement au style qui se prolonge au-delà, ou soudées entre elles, alors l'anthère est immobile et persistante, ou mobile, en forme d'opercule et caduque; pollen aggloméré en masses compactes ou granuleuses, à granules facilement séparables ou élastiquement cohérents; stigmate situé à la partie antérieure du sommet du style, visqueux, terminé à sa partie supérieure par une pointe ou une lamelle nommée *rostelle* ou *bec*; capsule uniloculaire, à 3 côtes persistantes, s'ouvrant par 3 fentes longitudinales; graines très nombreuses et très fines, semblables à de la poussière. Embryon situé à la base d'un périsperme charnu. — Plante à racine composée de fibres épaisses, cylindriques, simples ou rameuses, ou, le plus souvent, de 1—2 tubercules ovoïdes ou palmés, dont un périt chaque année ; tige ordinairement simple ; feuilles très entières, sessiles ou engaînantes, rarement nulles ; fleurs en épi, rarement solitaires, munies de bractées.

TRIBU I. — OPHRYDINÉES. Koch.

Anthère entièrement soudée ; masses polliniques lobulées, élastiquement cohérentes.

a. Fleurs munies d'un éperon.

1. ORCHIS. — *ORCHIS.* Swartz.

Périgone irrégulier, à 6 divisions profondes, les 5 supérieures ordinairement toutes ou en partie rapprochées-conniventes en forme de casque, rarement étalées, l'inférieure (le *tablier*) ordinairement étalée, lobée, rarement simple, prolongée à la base en éperon ou en sac ; stigmate convexe, situé en avant du style ; anthère à 2 loges soudées au sommet du style ; masses polliniques 2, distinctes, pédicellées ; ovaire tordu.

SECT. I. Tablier prolongé en éperon à la base. — Orchis, Linn.

§ 1. *Racine à 2 tubercules entiers.*

* *Tablier en languette, non divisé, à éperon plus long que l'ovaire.* — Platanthera. Rich.

1. O. à deux feuilles. — *O. bifolia.*

Linn. Sp. 1351. — DC. Fl. fr. n. 2005. Duby, Bot. gall. p. 446. — Gaud. Fl. helv. 5. p. 424 — Poir. Ency. 4. p. 588. — *Platanthera bifolia* (Rich.). Koch, Syn. p. 690.

Hall. Herb. tab. 35. fig. 2. — Vaill. Bot. par. tab. 30. fig. 7. et *a*. — Moris. sect. 12. tab. 12. fig. 18. — J. Bauh. Hist. 2. p. 771. fig. 1. — Tabern. ic. p. 667. fig. 2. — Dalech. Hist. p. 1560. fig. 2. — Lob. ic. p. 178. fig. 2.

Tige haute de 3—4 décim., grêle, anguleuse; feuilles radicales 2, quelquefois 3, rarement 4, oblongues, presque dressées, obtuses, rétrécies en pétiole engaînant : celles de la tige beaucoup plus petites, alternes, lancéolées, aiguës; épi allongé, lâche, cylindrique, à fleurs alternes, odorantes, d'un blanc sale, munies de bractées lancéolées; divisions extérieures du périgone étalées, les latérales lancéolées, la supérieure dressée, triangulaire-arrondie, un peu en cœur et obtuse, les 2 latérales intérieures plus petites, linéaires, obtuses, conniventes : tablier entier, linéaire, obtus, verdâtre; éperon grêle, allongé, filiforme, un peu courbé, plus que double de la longueur de l'ovaire; anthère petite, étroite et oblongue, voûtée au sommet, de moitié plus courte que les divisions intérieures latérales du périgone, à 2 loges parallèles. ♃ (Juin, juillet).

Les bois, les buissons, les prés et les pâturages : aux environs de Salins; de Boujaille; de Besançon; de Dole, dans la forêt de Chaux; de Genève; de Bâle; au Creux-du-Vent, etc.

2. O. verdâtre. — *O. chlorantha.*

O. bifolia. β. elatior. Gaud. Fl. helv. 5. p. 425. — *O. virescens.* Zollikofer, in Gaud. Fl. helv. 5. append. p. 497. — *Platanthera chlorantha.* Custor, ap. Reichenb. in Mösl. handb. 2. p. 1565. — Koch, Syn. p. 690. — Hagenb. Fl. basil. 2. p. 364.

Dod. pempt. p. 237. fig. 2. — Lob. ic. p. 178. fig. 1. (*ead.*).

Cette espèce a été long-temps confondue avec la précédente dont elle est cependant distincte : elle en diffère par sa tige plus haute, ses fleurs plus grandes, en grappes plus lâches, entièrement inodores, à éperon double de la longueur de l'ovaire et épaissi en massue au sommet; par la colonnc anthérifère large, demi-circulaire, présentant 2 loges conniventes au sommet et divergentes à la base, tandis que dans l'*O. bifolia* la colonne anthérifère est oblongue, étroite, à loges rapprochées parallèles. ♃ (Juin, juillet).

Aux environs de Salins. — A Salève; au pied de la Dôle (Reut.). — Bâle, où elle n'est pas rare (Hagenb.).

** *Tablier à 3 lobes, muni de 2 appendices à la base, à éperon plus long que l'ovaire.* — Anacamptis. Rich.

3. O. pyramidal. — *O. pyramidalis.*

Linn. Sp. 1332. — DC. Fl. fr. n. 2007. — Duby, Bot. gall. p. 446. — Gaud. Fl. helv. 5. p. 425. — Poir. Ency. 4. p. 589. — Koch, Syn. p. 688.

Hall. Helv. tab. 35. fig. 1. (*malè, spica adulta longior et obtusior solito*). — Vaill. Bot. paris. tab. 31. fig. 38. et 39. — Moris. sect. 12. tab. 12. fig. 2. (*series 1.*). — J. Bauh. Hist. 2. p. 762. fig. 1? (*pessima*). — Tabern. ic. p. 639. fig. 1. — Dalech. Hist. p. 1336. fig. 3. — Dod. pempt. p. 234. fig. 1. — Lob. ic. p. 173. fig. 2. (*ead.*).

Tige grêle, feuillée dans toute sa longueur, cylindrique, haute de 3—4 décim.; feuilles étroites, d'un vert gai, pliées en carène, linéaires-lancéolées, aiguës, diminuant insensiblement de grandeur vers le sommet de la tige où elles sont très courtes, engaînantes, lancéolées-acuminées; fleurs rouges, petites, en épi court, très serré, conique et élargi à la base dans la jeunesse, devenant ensuite oblong et obtus au sommet; bractées lancéolées-acuminées, de la longueur de l'ovaire, à 3 nervures à la base; divisions supérieures du périgone ovales-lancéolées, un peu aiguës, les latérales étalées; tablier muni à la base de 2 appendices semblables à 2 petites écailles relevées, demi-trifide, à lobes obtus, presque égaux, étalés, les latéraux presque rhomboïdaux, un peu crénelés en avant, celui du milieu un peu plus étroit, ovale, très entier ; éperon grêle, dépassant peu l'ovaire. ♃ (Mai, juin).

Les prés stériles, les collines, les lieux incultes et arides : Salins, à Saint-Joseph ; au pied de Poupet, à Préron et au-dessus des vignes ; sur Suziau, etc.; au-dessus des vignes de Gily, près d'Arbois ; au Creux-du-Vent; aux environs de Besançon ; de Thoirette, etc. — De Genève, au bois des Frères ; dans le Nant de Vernier ; au Vangeron ; au bois de Crevin, au pied de Salève (Reut.). — Près d'Arzier ; au bois de Prangins ; au-dessus de Saint-Claude, le long de la route (Gaud.). — Au Chasseral ; au Plan, près de Neuchâtel ; à Monchérand, etc. (Hall.). — Bâle, sur le mont Mutet ; près d'Olsberg ; entre Diétisberg et Schmutzberg ; sur le Schafmatt, etc. (Hagenb.). — Porentruy (Thurmann).

*** *Tablier à 3 divisions ou lobes, à éperon plus court que l'ovaire.* — Orchis. Rich.

a. Tablier à 3 divisions, la moyenne dilatée en avant, bifide, à lobes écartés, séparés par une petite dent.

4. O. brun. — *O. fusca.*

Jacq. Fl. aust. 4. tab. 307. — Poir. Ency. 4. p. 592. — Gaud. Fl. helv. 5. p. 455. — Koch, Syn. p. 684. — *O. militaris.* DC. Fl. fr. n. 2013. — Duby, Bot. gall. p. 445. — Linn. Sp. 1334. var. β. et γ.
Hall. Helv. tab. 30. — Vaill. Bot. par. tab. 31. fig. 27. 28. — Tournef. Inst. tab. 247. fig. BBBB. (*flos, opt.*). — Moris. sect. 12. tab. 13. fig. 5. — J. Bauh. Hist. 2. p. 758. fig. 1. — Clus. Hist. 1. p. 267. fig. 1. — Tabern. ic. p. 665 fig. 1. — Dalech. Hist. p. 1359. fig. 5. (*ead.*). — Lob. ic. p. 181. fig. 1. (*ead.*).

Tige ferme, épaisse, feuillée à la base, haute de 3—5 décim. ; feuilles larges, oblongues, obtuses : les supérieures engaînantes, aiguës ; fleurs grandes, en épi oblong ou cylindrique, obtus, d'un pourpre noirâtre avant la fleuraison ; bractées petites, membraneuses, ovales-acuminées, à une seule nervure, beaucoup plus courtes que l'ovaire ; divisions supérieures du périgone soudées à la base, conniventes en casque court, presque arrondi, à 3 pointes, d'un brun pourpre

ou verdâtre, marqué de points d'un pourpre noirâtre : tablier
aplani, tacheté de points hispides de couleur pourpre foncé,
à 3 divisions rapprochées, les latérales linéaires, étroites,
la moyenne cunéiforme, à 2 lobes variables plus ou moins
élargis, divergents, ovales ou tronqués, crénelés, séparés
par une petite dent ; éperon obtus, de moitié plus court que
l'ovaire. ♃ (Mai , juin).

Les bois des montagnes, les prés ombragés, parmi les buissons :
Nyon, sur les bords du Boiron, au-dessous d'Eysins ; au bord de l'Asse,
près du moulin de Trélex et au bord du bois Bougis (Gaud.). — Bâle,
sur le mont Mutet ; à Monchenstein, près de la maison neuve (Hagenb.).
— Genève, dans les lieux ombragés, dans les bois et les haies de la
plaine (Reut.).

β. *Pallidior*. Gaud. Fl. helv. 5. l. c. var. β. — Casque
d'un pourpre clair et vif en dehors.

Commun au bord du bois Bougis (Gaud.).

γ. *Albiflora*. Hagenb. Fl. basil. 2. p. 558. var. β. —
Fleurs blanches.

Près du château Roteln (Hagenb.).

5. O. militaire. — *O. militaris.*

Linn. Fl. suec. 310. — Hagenb. Fl. basil. 2. p. 557. —
Poir. Ency. 4. p. 592. — Koch, Syn. p. 684. — Jacq. rar.
2. p. 268. — Linn. Sp. 1335. (*var.*).
Vaill. Bot. par. tab. 31. fig. 21.

Tige haute de 5—5 décim., épaisse, feuillée à sa partie
inférieure, presque nue dans le haut ; feuilles larges, oblongues, obtuses, luisantes, plus pâles en dessous ; épi oblong,
conique, obtus, de 6—10 centim. de longueur, peu serré ;
bractées très petites, fugaces, membraneuses, à une seule
nervure ; fleurs d'un pourpre pâle ou cendré, à divisions supérieures du périgone ovales-aiguës, demi-soudées, conniventes, libres et un peu recourbées au sommet : tablier
tacheté de points hérissés pourpres, à 5 divisions linéaires,
les latérales obtuses, écartées, la moyenne plus longue, di-

latée au sommet, bifide, à lobes oblongs, divergents, séparés par une dent ; éperon un peu courbé, plus court que la moitié de l'ovaire. ♃ (Mai, juin).

Sur les collines herbeuses, au bord des bois et dans les prés montagneux : aux environs de Salins, rare ; de Besançon. — De Bâle (Hagenbach).

β. *Galeata. O. galeata* (Lam.). DC. Fl. fr. n. 2015. — Duby, Bot. gall. p. 443. — Poir. Ency. 4. p. 593. — *O. mimusops.* Thuill. Fl. par. ed. 2. p. 458. — *O. militaris.* *var. α.* Gaud. Fl. helv. 5. p. 453. — Hagenb. Fl. basil. 2. l. c. var. γ. *minor.* — Hall. Helv. tab. 28. fig. 1. — J. Saint-Hil. Pl. fr. tab. 904. — Vaill. Bot. par. tab. 31. fig. 22. 23. et 24. — Division moyenne du tablier à 2 lobes plus courts, divariqués.

Salins, sur Poupet, dans les pâturages de Saint-Thiébaud ; dans les prés entre Saisenay et les Aiguillons, le long du bois ; à Saint-Joseph, au-dessous du bois de Bagney ; à Renne, dans un pré au bord de la rive droite de la Louc, vis-à-vis le Gout-d'Anteni ; Nans, en allant à la Grotte-des-Sarrasins ; aux Planches, près d'Arbois. — Genève, çà et là dans les parties herbeuses et découvertes du bois des Frères ; du Vangeron ; de Veirier, etc. (Reut.). — Bâle, sur le mont Mutet, plus rare que la var. α. (Hagenb.).

6. O. Singe. — *O. Simia.*

Lam. Fl. fr. 3. p. 507. — DC. Fl. fr. n. 2016. — Duby, Bot. gall. p. 443. — Poir. Ency. 4. p. 593. — Koch, Syn. p. 684. — *O. militaris. β. Simia.* Gaud. Fl. helv. 5. p. 454. — *O. militaris. var. ε.* Linn. Sp. 1333. — *O. tephrosanthos* (Vill.). Hagenb. Fl. basil. 2. p. 536. Vaill. Bot. par. tab. 31. fig. 25. et 26. — Tournef. Inst. tab. 247. fig. AAAA. (*flos, opt.*). — Moris. sect. 12. tab. 12. fig. 5. (*series 2. ad dextram*).

Cette espèce ressemble beaucoup à la précédente, mais on l'en distingue facilement aux divisions du tablier beaucoup plus grêles, plus longues et recourbées. Tige haute de 2—3 décim.; feuilles larges, oblongues, obtuses, les supérieures aiguës, engaînantes ; fleurs d'un pourpre pâle , ou cendrées, délicates, en épi court, dense, s'allongeant ensuite et devenant un peu plus lâche ; divisions supérieures du périgone demi-soudées, acuminées, conniventes en casque ovale-lancéolé : tablier ponctué-rude, presque velouté, à 3 divisions linéaires, les latérales très étroites, presque filiformes, un peu plus courtes que la moyenne bifide, à 2 lanières étroites comme les latérales, divergentes, séparées par une petite dent linéaire située dans l'axe, toutes recourbées au sommet ; éperon égalant à peu près la moitié de l'ovaire ; bractée petite, membraneuse, à une seule nervure. ♃ (Mai, juin).

Genève, commun dans les lieux herbeux des bois de la plaine, et au pied de Salève, etc. (Reut.). — Nyon, au-dessus de la Combe (Gaud.). — Dans les prés près de Promenthou (Monnard). — Bâle, près de Michelfeld (Hall.). — Et dans la campagne Clemens (actuellement Pechhof) (Lachenal).

7. O. panaché. — *O. variegata.*

All. Ped. 2. n. 1828. — Poir. Ency. 4. p. 592. — Gaud. Fl. helv. 5. p. 437. — DC. Fl. fr. n. 2014. et *O. Simia.* *var.* β. ejusd. n. 2016. — Koch, Syn. p. 684.

Hall. Helv. tab. 30. fig. 3. — Vaill. Bot. par. tab. 31. fig. 29. — J. Bauh. Hist. 2. p. 758. fig. 2. — Tabern. ic. p. 664. fig. 2. — Dalech. Hist. p. 1559. fig. 4.

Tige haute de 2—3 décim. ; feuilles oblongues-lancéolées, décroissantes ; fleurs en épi court, serré, d'un pourpre pâle ; divisions supérieures du périgone aiguës, soudées-conniventes en casque oblong à 3 pointes, cendrées en dehors, marquées en dedans de quelques lignes purpurines : tablier lisse, ponctué de pourpre , à 3 divisions, les latérales oblongues, presque linéaires, la moyenne élargie-obcordée, munie d'une dent entre les 2 lobes, toutes dentelées, à dentelures aiguës ; éperon droit, assez épais, égalant ou dépassant la moitié de l'ovaire ; bractées membra-

neuses, à une seule nervure, à peu près de la longueur
de l'ovaire. ♃ (Mai , juin).

Bâle , sur le mont Mutet (C. B.) ? — Sur le Salève (Ray).

8. O. brûlé. — *O. ustulata.*

Linn. Sp. 1333. — DC. Fl. fr. n. 2012. — Duby, Bot. gall.
p. 443. — Gaud. Fl. helv. 5. p. 432. — Poir. Ency. 4.
p. 591. — Koch , Syn. p. 685.
Hall. Helv. tab. 28. fig. 2. — Vaill. Bot. par. tab. 31. fig.
35. et 56. — Clus. Hist. 1. p. 268. fig. 1.

Tige haute de 1—2 décim.; feuilles oblongues-lancéolées,
allant insensiblement en diminuant de longueur, d'un vert
un peu glauque, dressées, les supérieures engaînantes ; épi
ovoïde-cylindrique, très dense et d'un pourpre noirâtre au
sommet, plus lâche à la base ; fleurs très petites, odorantes,
à divisions supérieures du périgone libres, ovales, conniventes
en casque presque globuleux, d'un pourpre noirâtre en dessus : tablier blanc, ponctué de pourpre, à points rudes, à 3
lobes souvent un peu crénelés, les latéraux oblongs-linéaires,
obtus, le moyen bifide, à lobes oblongs, écartés, ordinairement séparés par une petite dent ; éperon courbé, égalant
le tiers de l'ovaire ; bractées membraneuses, à une seule
nervure, de moitié plus courtes que l'ovaire. ♃ (Mai , juin).

Les collines, les pâturages des montagnes : Salins, sur Poupet ;
Belin ; Suziau ; Arèle ; sur la colline entre Aiglepierre et les Arsures ;
les pâturages de Saint-Thiébaud ; de Boujaille, etc.; au Creux-du-
Vent ; sur le Chasseral ; aux environs de Besançon ; d'Arbois ; de Genève ; de Bâle , etc. — De Porentruy (Thurm.).

β. Grandiflora. Gaud. Fl. helv. 5. 1. c. — Tige haute
de 3—4 décim. ; épi plus allongé, plus lâche ; fleurs plus
grandes.

Salins, sur la colline entre Aiglepierre et les Arsures, et ailleurs.

b. Tablier profondément trifide, à lobe moyen oblong, entier, ou tronqué-échancré.

9. O. punais. — *O. coriophora.*

Linn. Sp. 1332. — DC. Fl. fr. n. 2008. — Duby, Bot. gall. p. 445. — Gaud. Fl. helv. 5. p. 428. — Poir. Ency. 4. p. 589. — Koch, Syn. p. 685.

Hall. Helv. tab. 54. fig. 2. — Vaill. Bot. par. tab. 31. fig. 30. 31. et 32. — Tabern. ic. p. 672. fig. 2.

Tige haute de 2—3 décim., solide ou un peu fistuleuse ; feuilles étroites, linéaires-lancéolées, d'un vert gai, pliées en carène, diminuant insensiblement de grandeur vers le sommet de la tige où elles sont petites, engaînantes, lancéolées, acuminées ; fleurs petites, à odeur de punaise, en épi oblong un peu lâche ; bractées membraneuses, à une nervure, lancéolées, égales à l'ovaire ou un peu plus longues ; divisions du périgone d'un pourpre sale, verdâtre, ovales-lancéolées, un peu aiguës, soudées à la base, conniventes en casque acuminé : tablier pendant, d'un brun verdâtre, ponctué de pourpre à la base, demi-trifide, à lobes latéraux obliquement tronqués, crénelés, celui du milieu un peu plus allongé, oblong, obtus, entier ; éperon conique, arqué-descendant, 2—3 fois plus court que l'ovaire. ♃ (Mai, juin).

Dans les pâturages, sur les coteaux (Girod-Chant.). — Nyon, au-dessus de la campagne Calève ; près de Promenthou, au-dessous du moulin ; autour de Crassier (Gaud). — Genève, çà et là dans les prés humides : au marais de Troënex ; au bois des Frères ; entre Trélex et le pied du Jura, etc. (Reut.).

10. O. globuleux. — *O. globosa.*

Linn. Sp. 1332. — DC. Fl. fr. n. 2006. — Duby, Bot. gall. p. 445. — Gaud. Fl. helv. 5. p. 427. — Poir. Ency. 4. p. 589. — Koch, Syn. p. 685.

Hall. Helv. tab. 27. fig. 1. — J. Saint-Hil. Pl. fr. tab 906.
— J. Bauh. Hist. 2. p. 765. fig. 5. (*ex Dal.*). — Dalech.
Hist. p. 1556. fig. 2. (*mala*).

Tige cylindrique, feuillée dans toute sa longueur, haute
de 3—5 décim., un peu flexueuse, fistuleuse; feuilles engaînantes, alternes, un peu glauques, les inférieures oblongues, les supérieures oblongues - lancéolées plus courtes,
acuminées, appliquées contre la tige; épi court, très dense,
globuleux-pyramidal, souvent un peu aigu; bractées lancéolées, acuminées, à une seule nervure, les inférieures
quelquefois à 3, égales à l'ovaire ou plus longues; fleurs
petites, d'un rouge clair, ou lilas, souvent renversées, à
divisions supérieures du périgone distinctes, en casque cam-
panulé, ovales-acuminées, à pointe terminée en spatule :
tablier ascendant, ponctué, à 3 lobes oblongs, le moyen
plus large et plus allongé, échancré, ayant ordinairement
une petite dent au milieu de l'échancrure; éperon grêle,
presque cylindrique, arqué-descendant, 2—3 fois plus court
que l'ovaire. ⚥ (Juin, juillet).

Salins, à Poupet, sur la sommité du côté de Saint-Thiébaud ; dans
les pâturages de Boujaille ; à Thoirette ; sur le sommet du Salève ; sur
le Thoiry ; la Dôle ; le Montendre ; le Chasseral ; le Chasseron ; le Mont-
d'Or ; le mont Damin ; sur Tête-de-Rang, la Tourne et Pouilleret. —
Au-dessus d'Arzier ; à Longirod (Gaud.). — Entre Kellenberg et Wasserfall, etc. (Hagenb.).

c. Tablier à 3 lobes courts, élargis.

11. O. Bouffon. — *O. Morio.*

Linn. Sp. 1333. — DC. Fl. fr. n. 2009. — Duby, Bot. gall.
p. 444. — Gaud. Fl. helv. 5. p. 429. — Poir. Ency. 4. p.
590. — Koch, Syn. p. 683.

Hall. Helv. tab. 33. fig. 2. — Vaill. Bot. par. tab. 31. fig.
13. et 14. — J. Saint-Hil. Pl. fr. tab. 905. — Moris. sect.
12. tab. 12. fig. 5. — J. Bauh. Hist. 2. p. 761. fig. 5. —
Tabern. ic. p. 661. fig. 1. — Dalech. Hist. p. 1552. fig.

3. — Dod. pempt. p. 256. fig. 2. — Lob. ic. p. 176. fig. 2.

Tige feuillée à la base, haute de 1—2 décim. ; feuilles oblongues-lancéolées : les inférieures obtuses, très étalées : les supérieures aiguës, engaînantes, appliquées ; épi court, lâche, à 8—12 fleurs ; bractées lancéolées, colorées, à une seule nervure, les inférieures presque à 5, de la longueur de l'ovaire ; fleurs grandes, de couleur pourpre-noirâtre plus ou moins foncé, lilas ou roses, rarement blanches, odorantes, à divisions supérieures du périgone conniventes, ovales, obtuses, en casque ovoïde court, marquées de nervures parallèles verdâtres : tablier ovale très large, ponctué de pourpre, à 5 lobes élargis, crénelés, les 2 latéraux réfléchis, le moyen tronqué-échancré ; éperon cylindrique, obtus, ascendant, quelquefois un peu épaissi à l'extrémité, égalant presque l'ovaire. ♃ (Avril, mai).

Commun partout dans les prés, les pâturages et sur les coteaux. — Les tubercules de l'*O. morio* et de l'*O. mascula* sont farineux, et on en retire, surtout en Orient, une substance alimentaire, connue sous le nom de *Salep*, employée dans la convalescence comme analeptique : on en fait des potages, des gelées, des pâtes, etc., et on en met dans le chocolat.

12. O. pâle. — *O. pallens.*

Linn. Mant. 292. — DC. Fl. fr. n. 2018. — Duby, Bot. gall. p. 444. — Gaud. Fl. helv. 5. p. 459. — Poir. Ency. 4. p. 594. — Koch, Syn. p. 686.

Hall. Helv. tab. 50.

Cette espèce ressemble beaucoup à l'*O. Sambucina,* mais il est facile de l'en distinguer à ses tubercules oblongs non divisés, et à ses bractées plus courtes, à une seule nervure, non veinées-réticulées. Tige solide, haute de 16—25 centim.; feuilles ovales-oblongues, un peu aiguës ou obtuses, les supérieures plus étroites, lancéolées ; épi oblong, pauciflore, un peu lâche ; bractées jaunâtres, membraneuses, à une seule nervure, dépourvues de veines réticulées, lancéo-

lées, de la longueur de l'ovaire ; fleurs assez grandes, jaunâtres, à odeur de sureau ; divisions supérieures du périgone ovales, obtuses, les 2 latérales extérieures à la fin
réfléchies, à 5 nervures, les intérieures plus étroites, à une
seule nervure, conniventes avec la supérieure : tablier non
ponctué, convexe, pubescent-pulvérulent, légèrement trilobé, à lobes presque égaux et entiers, le moyen tronqué-
échancré ; éperon conique, obtus, courbé-ascendant, presque
égal à l'ovaire. ⚥ (Avril, mai).

Aux environs d'Ornans (Girod-Chant.).

13. O. mâle. — *O. mascula.*

Linn. Sp. 1333. — DC. Fl. fr. n. 2010. — Duby, Bot. gall.
  p. 444. — Gaud. Fl. helv. 5. p. 430. — Poir. Ency. 4. p.
  590. — Koch, Syn. p. 687.
Hall. Helv. tab. 53. fig. 1. — Vaill. Bot. par. tab. 31. fig.
  11. et 12. — J. Bauh. Hist. 2. p. 765. fig. 1. — Ta' ern.
  ic. p. 660. fig. 2. — Dod. pempt. p. 236. fig. 1. — Lob.
  ic. p. 176. fig. 1.
Tige haute de 3—4 décim., spongieuse, presque fistuleuse,
d'un rouge pourpre au sommet ; feuilles oblongues-lancéolées, aiguës, larges, quelquefois tachetées : les supérieures
étroitement engaînantes, acuminées ; épi allongé, peu serré ;
bractées lancéolées-acuminées, d'un rouge pourpre, à une
seule nervure, de la longueur de l'ovaire ; épi à la fin
allongé, cylindrique, lâche ; fleurs grandes, purpurines,
rarement blanches, à divisions extérieures du périgone
ovales-lancéolées, à 5 nervures, non rayées de vert, comme
dans l'*O. Morio,* très ouvertes, les 2 latérales réfléchies,
les intérieures plus courtes, conniventes : tablier ponctué,
pulvérulent, en coin à la base, à 3 lobes profonds, larges,
crénelés, les latéraux comme tronqués, un peu réfléchis,
celui du milieu un peu plus allongé, échancré ou bifide, ce
qui rend le tablier presque à 4 lobes ; éperon épais, obtus,
cylindrique, horizontal ou ascendant, presque de la longueur
de l'ovaire. ⚥ (Mai, juin).

Très commun dans les prés humides, dans les bois et parmi les buissons.

β. *Albiflora*. Hagenb. Fl. basil. 2. p. 555. var. γ. — Fleurs entièrement blanches.

Sur le mont Diélisberg (Hagenb.).

14. O. à fleurs lâches. — *O. laxiflora*.

Lam. Fl. fr. 3. p. 504. — DC. Fl. fr. n. 2011. — Duby, Bot. gall. p. 444. — Gaud. Fl. helv. 5. p. 451. — Poir. Ency. 4. p. 591. — Koch, Syn. p. 687.
Vaill. Bot. par. tab. 51. fig. 53. et 54. — J. Saint-Hil. Pl. fr. tab. 905.

Tige de 3—4 décim. et quelquefois davantage, grêle, fistuleuse, feuillée dans toute sa longueur; feuilles allongées, linéaires-lancéolées, acuminées, pliées en gouttière; épi allongé, très lâche; bractées à 3—5 nervures, lancéolées, très aiguës, colorées, égalant au moins l'ovaire; fleurs d'un pourpre foncé, à divisions supérieures du périgone oblongues, obtuses, les latérales extérieures réfléchies : tablier large, en coin et plus pâle à la base, à 3 lobes, les 2 latéraux larges, arrondis, crénelés, réfléchis, le moyen souvent un peu plus court, comme tronqué, échancré, quelquefois presque nul; éperon cylindrique, obtus, un peu échancré au sommet, horizontal ou ascendant, plus court que l'ovaire. ♃ (Mai, juin).

Dans les prés humides de la tuilerie de Clucy, près de Salins, et dans ceux de la Vilette, près d'Arbois. — Au marais de Duilliers, près de Nyon (Gaud.). — Genève, dans les prés marécageux à l'entrée du marais de Sionet, du côté du chemin de Vandœuvre (Reut.).

β. *Palustris*. Koch, Syn. p. 687. — *O. palustris* (Jacq.). DC. Fl. fr. supp. n. 2010ᵃ. — Tabern. ic. p. 667. fig. 1. — Tablier à 3 lobes, celui du milieu échancré, égalant les 2 latéraux ou les dépassant à peine.

Les prés marécageux du pied du Jura (DC.). — Les prés humides au-dessus de Dornach et Bruderholz (Mieg, in Hagenb.)? — Nyon, au

marais de Duilliers (Monnard). — Genève, au marais de Roellebot
(Reut.).

§ 2. *Racine à 2 tubercules palmés au sommet.*

* *Divisions supérieures du périgone conniventes, les 2 extérieures
latérales étalées ou dressées.*

15. O. Sureau. — *O. Sambucina.*

Linn. Sp. 1334. — DC. Fl. fr. n. 2020. — Duby, Bot. gall.
  p. 444. — Gaud. Fl. helv. 5. p. 441. — Poir. Ency. 4. p.
  597. — Koch, Syn. p. 686.
Clus. Hist. 1. p. 269. fig. 2. — J. Bauh. Hist. 2. p. 770.
  fig. 4. (*ead.*).

Tubercules napiformes, entiers, ou à 2—5 divisions au
sommet; tige haute d'environ 2 décim., solide, feuillée,
munie à la base de gaînes membraneuses; feuilles oblongues,
rétrécies à la base, obtuses : les supérieures plus étroites,
lancéolées, aiguës; épi oblong, un peu lâche, pauciflore;
bractées lancéolées, de la longueur des fleurs ou plus longues, toutes nerveuses et veinées-réticulées; fleurs assez
grandes, inodores, ordinairement jaunâtres, à divisions
supérieures du périgone oblongues, un peu obtuses, les
latérales extérieures étalées, les autres conniventes : tablier
ordinairement ponctué de pourpre et rayé de lignes jaunes
plus foncées, à la base, pubescent-pulvérulent, à 5 lobes peu
profonds, légèrement crénelés, les latéraux réfléchis, le
moyen plus étroit, quelquefois échancré; éperon cylindrique-
conique, obtus, descendant, de la longueur de l'ovaire. ♃
(Mai, juillet).

Dans les pâturages du Jura, en descendant de la Dôle à la Vasserode
(Reut.).

β. *Purpurea.* Koch, Syn. p. 687. — *O. Sambucina.*
var. β. *incarnata.* Gaud. Fl. helv. 5. l. c. — DC. Fl. fr. l. c.
var. β. — Fleurs purpurines; bractées un peu plus courtes.

Dans les mêmes localités, mélangée avec la var. α. (Reut.).

16. O. à larges feuilles. — *O. latifolia.*

Linn. Sp. 1334. — DC. Fl. fr. n. 2021. — Duby, Bot. gall.
p. 443. — Gaud. Fl. helv. 5. p. 442. — Poir. Ency. 4.
p. 596. — Koch, Syn. p. 687.
Hall. Helv. tab. 52. fig. 1. — Vaill. Bot. par. tab. 31. fig.
1-5. — Moris. sect. 12. tab. 15. fig. 3. — J. Bauh. Hist.
2. p. 774. fig. 1. — Tabern. ic. p. 685. fig. 2. — Dalech.
Hist. p. 1562. fig. 2. — Dod. pempt. p. 241. fig. 1.
(*ead.*). — Lob. ic. p. 191. fig. 1. (*ead.*).

Tubercules épais, un peu comprimés, divisés au sommet
en 3—4 lobes fusiformes; tige épaisse, feuillée, fistuleuse,
haute de 3—4 décim.; feuilles étalées, d'un vert sombre,
quelquefois tachetées de brun : les inférieures ovales ou
oblongues, obtuses : les supérieures plus petites, lancéolées, acuminées; fleurs purpurines, en épi serré, oblong
ou cylindrique; bractées lancéolées, purpurines, rudes sur
les bords, à 3—5 nervures avec des veines transversales,
les inférieures plus longues que les fleurs; divisions supérieures du périgone ovales-lancéolées, les 2 latérales extérieures étalées, ascendantes, les autres conniventes : tablier
rayé, ponctué, divisé en 3 lobes peu marqués, les latéraux
crénelés, réfléchis, le moyen ordinairement un peu saillant;
éperon cylindrique-conique, un peu obtus, descendant, plus
court que l'ovaire. ♃ (Mai, juin).

Commun dans les prés humides de la plaine et des montagnes.

β. *Albiflora.* Fleurs d'un blanc pur.

Salins, dans les prés humides de Raty, entre Ivory et Chilly.

γ. *Angustifolia.* Hagenb. Fl. basil. 2. p. 359. — Gaud.
Syn. p. 762. var. β. — Feuilles allongées, étroites, linéaires-
lancéolées.

Avec la var. α., mais beaucoup plus rare.

17. O. à feuilles tachetées. — *O. maculata.*

Linn. Sp. 1335. — DC. Fl. fr. n. 2022. — Duby, Bot. gall.
p. 443. — Gaud. Fl. helv. 5. p. 443. — Poir. Ency. 4.
p. 596. — Koch, Syn. p. 687.
Hall. Helv. tab. 52. fig. 1. — Vaill. Bot. par. tab. 31. fig.
9. et 10. — Moris. sect. 12. tab. 14. fig. 5. (*series* 5.).—
J. Bauh. Hist. 2. p. 774. fig. 2. et p. 775. fig. 1. et 2. (*flore
albo*). — Tabern. ic. p. 681. fig. 1. et p. 682. fig. 1. —
Dalech. Hist. p. 1562. fig. 1. et p. 1569. fig. 1. — Dod.
pempt. p. 240. fig. 2. — Lob. ic. p. 188. fig. 1. (*ead.*).

Tubercules comprimés, divisés en lobes allongés, palmés;
tige ferme, solide, non fistuleuse, feuillée, haute de 3—5
décim. ; feuilles de largeur variable, ordinairement tachées
de brun noirâtre, insensiblement décroissantes : les inférieures oblongues, les intermédiaires lancéolées, rétrécies à
la base, les supérieures plus petites, linéaires-lancéolées,
acuminées, en forme de bractées; épi oblong ou cylindrique,
un peu conique, obtus, serré; bractées lancéolées-acuminées,
à 3 nervures avec des veines transversales : les inférieures
plus longues que l'ovaire, les autres de même longueur;
fleurs de couleur variable, roses, purpurines, quelquefois blanches, ordinairement tachetées, particulièrement
sur le tablier, de points et de lignes purpurines; divisions
supérieures du périgone conniventes, les latérales extérieures
étalées : tablier presque aplani, à 3 lobes, les latéraux
larges, crénelés, le moyen plus étroit, entier, aigu ou
arrondi; éperon cylindrique-conique, descendant, obtus,
plus court que l'ovaire. ♃ (Juin, juillet).

Commun dans les prés et les bois de la plaine et des montagnes.

** *Divisions intérieures du périgone toutes étalées.*

18. O. à long éperon. — *O. conopsea.*

Linn. Sp. 1335. — DC. Fl. fr. n. 2024. — Duby, Bot.
gall. p. 443. — Gaud. Fl. helv. 5. p. 446. — Poir. Ency.

4. p. 596. — *Gymnadenia conopsea* (**R. Brown.**). Koch, Syn. p. 688.

Hall. Helv. tab. 29. fig. 2. — Vaill. Bot. par. tab. 30. fig. 8. — J. Bauh. Hist. 2. p. 778. fig. 1. (*mala*). — Moris. sect. 12. tab. 14. fig. 1. (*series 3.*). — Tabern. ic. p. 680. fig. 1. et 2. — Dalech. Hist. p. 1562. fig. 3. (*ead.*). — Lob. ic. p. 189. fig. 2. (*ead.*).

Tubercule comprimé, divisé en lobes grêles, palmés ; tige grêle, cylindrique, ferme, haute de 4—5 décim. ; feuilles allongées, étroites, lancéolées ou lancéolées-linéaires, aiguës, pliées en gouttière : les supérieures plus petites, acuminées, en forme de bractées ; épi grêle, allongé, cylindrique, aigu, un peu lâche ; bractées vertes, lancéolées, acuminées, à 3 nervures, égalant ou dépassant l'ovaire ; fleurs petites, d'un rouge clair, tirant quelquefois un peu sur le violet, non panachées, odorantes ; divisions extérieures du périgone oblongues, étalées, obtuses, égales entre elles : tablier étalé, rétréci et un peu plus pâle à la base, à 3 lobes ovales, obtus, très entiers, le moyen un peu plus petit ; éperon allongé, très grêle, courbé en arc, 2 fois plus long que l'ovaire. ♃ (Juin, juillet).

Commun dans les lieux incultes, parmi les buissons, dans les prés montueux et les bois. On le trouve à la Dôle mélangé avec l'espèce suivante.

19. O. odorant. — *O. odoratissima.*

Linn. Sp. 1335. — DC. Fl. fr. n. 2023. — Duby, Bot. gall. p. 443. — Gaud. Fl. helv. 5. p. 444. — Poir. Ency. 4. p. 597. — *Gymnadenia odoratissima* (Rich.). Koch, Syn. p. 689.

Hall. Helv. tab. 29. fig. 1. — J. Bauh. Hist. 2. p. 777. fig. 5. (*mala*).

Tubercules palmés, à divisions grêles, allongées ; tige grêle, raide, haute d'environ 2—3 décim., feuillée dans une partie de sa longueur, presque nue dans le haut ; feuilles linéaires, aiguës, en gouttière, allant en diminuant de gran-

deur vers le sommet de la tige où elles sont linéaires-subulées; épi allongé, grêle, cylindrique, un peu lâche, surtout
dans le bas, un peu aigu et serré au sommet; bractées lancéolées, acuminées; à 3 nervures, égales ou plus longues
que l'ovaire; fleurs un peu plus petites que dans l'espèce
précédente, ordinairement purpurines ou roses, quelquefois
blanches, répandant une odeur forte de vanille, à divisions
extérieures du périgone oblongues, obtuses, les 2 latérales
étalées : tablier à 3 lobes ovales, obtus, entiers, celui du
milieu un peu plus large et plus long; éperon grêle, recourbé, presque égal à l'ovaire. ♃ (Juin, juillet).

Sur le Mont-d'Or? — Sur la Dôle, dans les paturages rocailleux,
principalement sur les pentes rapides du côté du Châlet, et dans les
prés humides de son pied, près de la maison des Rouges et de Bonmont
(Reut.). — Et au-dessus de la naissance de la vallée des Dappes (Marcou). — Bâle, dans les prés, à Michelfeld; le long de la route près de
Hollstein (à fleurs rouges et blanches); commune dans les pâturages du
mont Diélisberg; sur les monts Kallen; Havenstein, etc. (Hagenb.). —
A Burtigny; Trélex (Rapin). — Sur la Dôle (à fleurs blanches et roses)
(Gaud.). — Roche de Moutiers-Grandval (Thurmann).

20. O. parfumé. — *O. suaveolens.*

Vill. Dauph. 2. p. 58. — DC. Fl. fr. supp. n. 2026ᵃ. — Duby,
  Bot. gall. p. 445. — Gaud. Fl. helv. 5. p. 446. — Poir.
  Ency. 4. p. 597. — *Nigritella suaveolens.* Koch, Syn.
  p. 690.
Vill. Dauph. l. c. tab. 1. (*mala*).

Cette espèce a le port de l'*O. nigra*, et presque les caractères de l'*O. odoratissima.* Tubercules divisés profondément en 2—3 lobes; tige haute de 1—2 décim., feuillée à
sa partie inférieure; feuilles étroites, presque linéaires,
pliées en gouttière, insensiblement décroissantes : les supérieures en forme de bractées, appliquées contre la tige; épi
ovoïde-conique assez dense; bractées vertes, de la longueur
de l'ovaire; fleurs rouges, demi-renversées, d'une odeur
agréable, à divisions extérieures du périgone distinctes,

ovales-lancéolées, un peu aiguës, presque égales et dressées : tablier ovale, obtus, presque aplani, entier, ou à 5 lobes peu marqués, formés par 2 dents latérales obtuses situées vers le milieu, le moyen plus long ; éperon coloré, cyilndrique-subulé, presque de la longueur de l'ovaire. ♃ (Juin, juillet).

Cette espèce rare a été trouvée sur la Dôle, en 1822, par M. Monnard (Gaud.).

Sect. II. Tablier prolongé à la base en sac renflé. — Satyrium. Linn.

§ 1. *Racine à 2 tubercules entiers.*

21. O. à odeur de bouc. — *O. hircina.*

Crantz, Act. holm. p. 207. — DC. Fl. fr. n. 2019. — Duby, Bot. gall. p. 446. — Gaud. Fl. helv. 5. p. 448. — *Satyrium hircinum.* Linn. Sp. 1357. — Poir. Ency. 6. p. 577. — *Himanthoglossum hircinum* (Spreng.). Koch, Syn. p. 689.

Hall. Helv. tab. 25. — Lam. illust. tab. 726. fig. 1. — Vaill. Bot. par. tab. 30. fig. 6. et α. — Moris. sect. 12. tab. 12. fig. 9. — J. Bauh. Hist. 2. p. 756. fig. 1. — Tabern. ic. p. 671. fig. 2. et p. 672. fig. 1. — Dalech. Hist. p. 1553. fig. 1. — Dod. pempt. p. 237. fig. 1. — Lob. ic. p. 177. fig. 1. (*ead.*).

Tige haute de 4—5 décim., épaisse, cylindrique, feuillée, fistuleuse ; feuilles larges, oblongues-lancéolées, demi-étalées, aiguës, pliées en carène, allant en décroissant : les supérieures étroites, acuminées, membraneuses ; épi gros, allongé, lâche ; bractées membraneuses, blanchâtres, linéaires-subulées, très étroites, à 3 nervures, doubles au moins de la longueur de l'ovaire ; fleurs grandes, d'un blanc sale, ou verdâtres, à odeur de bouc ; divisions supérieures du périgone ovales, obtuses, conniventes-en casque large et court, rayé intérieurement de vert et de pourpre : tablier

blanchâtre, tacheté de pourpre à la base, à 5 lanières linéaires, allongées, les latérales plus courtes, ondulées,
celle du milieu très longue, pendante, égalant 3 fois la
longueur de l'ovaire, tordue en spirale, bifides au sommet ;
éperon court, conique, un peu obtus. ♃ (Mai, juin).

Les lieux herbeux, les prés secs : sur une petite colline herbeuse, à
côté de la tour de Vadans, près d'Arbois ; sur le penchant de Bregille ,
du côté de Besançon, et à la citadelle au lieu dit Jardin du Comman-
dant. — Au Mail, près de Neuchâtel ; à Saint-Blaise (L. Benoit, cat.).
— A Piérabot ; au Pertuis-du-Sot ; au bois de l'Iter (Gagnebin). —
Dans la vallée de Mijoux, au-dessous de la Faucille (Commerson). —
Autour d'Orbe (Monnard). — Autour de Nyon, au bois Bougis ; à
Bussigny ; au chemin des Philosophes, et dans les chemins et les prés
voisins, etc. (Gaud.). — Au Creux-de-Genthod ; entre Versoix et
Coppet ; à Champel ; à Vernier ; au bois de Prangins, près de Nyon
(Reut.). — Çà et là aux environs de Bâle (Hagenb.).

§ 2. *Racine à 2 tubercules palmés au sommet.*

22. O. verdâtre. — *O. viridis.*

Crantz, Aust. p. 491. — DC. Fl. fr. n. 2025. — Duby,
Bot. gall. p. 443. — Gaud. Fl. helv. 5. p. 449. — *Saty-
rium viride.* Linn. Sp. 1337. — Poir. Ency. 6. p. 577.
— *Habenaria viridis* (R. Brown.). Koch, Syn. p. 690.
Hall. Helv. tab. 26. fig. 2. — Lam. illust. tab. 726. fig. 2.
— Vaill. Bot. par. tab. 31. fig. 6. 7. et 8.

Tubercules imparfaitement palmés, à lobes fusiformes ,
non comprimés ; tige fistuleuse, garnie de feuilles écartées,
haute de 15—20 centim. ; feuilles nerveuses, veinées-réticulées, étroitement engaînantes à la base : les inférieures
ovales-oblongues, obtuses : les supérieures 1—2, plus
courtes, lancéolées, un peu aiguës ; épi oblong ou cylindrique, lâche ; bractées linéaires, lancéolées, veinées-réticulées, plus longues que les fleurs à la base de l'épi, et de
même longueur ou les dépassant à peine au sommet ; fleurs
d'un vert jaunâtre, à divisions supérieures du périgone conniventes en casque presque hémisphérique, les extérieures

ovales, obtuses, à 3 nervures, les 2 intérieures étroites, linéaires, à une seule nervure : tablier d'un vert jaunâtre, pendant, oblong ou linéaire, un peu convexe, à 3 lobes au sommet, le moyen très court ou presque nul ; éperon très court, obtus, un peu renflé en bourse. ♃ (Juin, juillet).

Les prés et les pâturages un peu humides de la plaine et des montagnes : Salins, dans les prés humides entre Saisenay et la Grange-David ; sur la côte de Belin ; sur Poupet, au-dessus de Préron ; dans les pâturages de Montigny ; de Levier ; de Boujaille ; sur le Larmont, à Pontarlier ; sur le Thoiry ; la Dôle ; la Dent-de-Vaulion ; le Chasseron ; le Creux-du-Vent ; le Chasseral. — A Nyon, dans les prés au-dessus de Calève (Gaud.). — Dans les pâturages du Locle ; des Ponts (Depierre, cat.). — Genève, à Châtelaine, au bois des Frères, à Salève (Reut.). — Bâle, dans les pâturages des monts Wasserfall ; Vogelberg ; Ramstein ; Bolchen ; Diétisberg ; Farnsburg, etc. (Hagenb.).

23. O. noir. — *O. nigra.*

Scop. Carn. ed. 2. n. 1123. — DC. Fl. fr. n. 2026. — Duby, Bot. gall. p. 442. — Gaud. Fl. helv. 5. p. 451. — *Nigritella angustifolia.* Koch, Syn. p. 690. — *Satyrium nigrum.* Linn. Sp. 1338. — Poir. Ency. 6. p. 578. Hall. Helv. tab. 27. fig. 2. — Lam. illust. tab. 726. fig. 3. — J. Bauh. Hist. 2. p. 778. fig. 2. — Tabern. ic. p. 681. fig. 1. — Dalech. Hist. p. 1569. fig. 2.

Tubercules comprimés, palmés, à divisions fusiformes ; tige grêle, de 8—16 centim., feuillée presque jusqu'au sommet ; feuilles 10—20, dressées, finement ciliées-rudes à la loupe, très étroites, linéaires, un peu obtuses, pliées en gouttière : les supérieures plus étroites et plus courtes, linéaires subulées ; épi court, ovoïde ou conique, arrondi au sommet, très serré ; bractées lancéolées-linéaires, plus longues que les fleurs, d'un pourpre foncé au sommet ; fleurs très petites, d'un pourpre noirâtre, renversées, répandant une odeur très agréable de vanille, à divisions supérieures du périgone lancéolées-linéaires, étalées : tablier ovale-acuminé ; éperon très court, obtus, un peu renflé en bourse, 3 fois plus court que l'ovaire presque globuleux. ♃ (Juin—août).

Les pâturages des hautes montagnes : sur le Thoiry ; la Dôle ; le
Salève ; le Montendre ; la Dent-de-Vaulion ; le Marchairuz ; le Colom-
bier ; le Mont-d'Or ; le Creux-du-Vent ; le Chasseron ; le Chasseral ; sur
Tête-de-Rang ; sur les montagnes de la Tourne et de Pouilleret, etc.

§ 3. *Racine à fibres épaisses, fasciculées.*

24. O. blanchâtre. — *O. albida.*

Scop. Carn. ed. 2. n. 1124. — DC. Fl. fr. n. 2027. — Duby,
  Bot. gall. p. 445. — Gaud. Fl. helv. 5. p. 452. — *Satyrium albidum.* Linn. Sp. 1338. — Poir. Ency. 6. p. 578.
  — *Gymnadenia albida.* Koch, Syn. p. 689. — *Habenaria albida.* R. Brown.

Hall. Herb. tab. 26. fig. 1. — Mich. Nov. Gen. tab. 26.
  fig. 1.

Racine composée de fibres épaisses, charnues, fasciculées,
longues, aiguës, divergentes ; tige de 2—3 décim., feuillée
dans la plus grande partie de sa longueur ; feuilles nerveuses, veinées-réticulées : les inférieures oblongues-obo-
vales, obtuses, les supérieures lancéolées, aiguës ; épi
grêle, cylindrique, allongé, serré ; bractées lancéolées, de
la longueur de l'ovaire, le dépassant souvent à la base de
l'épi, fleurs d'un blanc sale, très petites, à divisions supérieures du périgone ovales, obtuses, conniventes-en casque
presque arrondi : tablier trifide, à lobes entiers, divergents,
les latéraux aigus, le moyen oblong, obtus, un peu plus
allongé ; éperon épais, obtus, de moitié plus court que l'o-
vaire. ♃ (Juin—août).

Les pâturages des montagnes : Poupet, au-dessus de Préron, et sur
la sommité au-dessus de Combelle ; les pâturages de Levier, à la Côte ;
de Boujaille ; sur le Reculet ; la Dôle. — Sur Tête-de-Rangz ; à Roulier,
près de la Brevine ; et sur le Chasseral (Hall.). — Bâle, sur le mont
Gelterkinden ; au-dessus de Schafmatt, et près d'Oltingen (Hagenb.).

β. *Fleurs dépourvues d'éperon.*

2. OPHRYS. — *OPHRYS.* Swartz.

Périgone irrégulier à 6 divisions, les supérieures étalées
ou rapprochées en casque, l'inférieure ou le tablier (*labellum*) dépourvu d'éperon ; stigmate convexe, placé en avant
du style ; anthère biloculaire terminale ; masses polliniques
2, distinctes, pédicellées, divisées en granules anguleux.
Tubercules de la racine entiers.

§ 1. *Divisions supérieures du périgone en casque ; tablier
à 3 divisions linéaires , la moyenne plus longue, bifide.*
— Aceras. R. Brown.

1. O. Homme-pendu. — *O. anthropophora.*

Linn. Sp. 1343. — DC. Fl. fr. n. 2030. — Duby, Bot. gall.
   p. 446. — Gaud. Fl. helv. 5. p. 456. — Poir. Ency. 4. p.
   572. — *Aceras antropophora.* Koch, Syn. p. 692.
Hall. Helv. tab. 25. — Vaill. Bot. par. tab. 31. fig. 19. et
   20. — Lam. illust. tab. 727. fig. 2. (*ead.*). — Moris. sect.
   12. tab. 12. fig. 2.
Tubercules arrondis, accompagnés de fibres épaisses, allongées ; tige de 2—5 décim., ferme ; feuilles rapprochées
de la base, ovales-lancéolées, nerveuses, à nervures séparées par des veines transversales : les supérieures oblongues,
aiguës, étroitement engaînantes ; épi allongé, cylindrique,
ordinairement lâche et peu serré ; bractées jaunâtres, membraneuses, lancéolées, aiguës ou acuminées, à une seule
nervure, plus courtes que l'ovaire ; fleurs d'un jaune verdâtre, médiocres, figurant en quelque sorte un homme ou
un singe pendu par la tête ; divisions supérieures du périgone, conniventes-en casque horizontal, les extérieures
ovales ou ovales-lancéolées, purpurines sur les bords, les
2 intérieures linéaires : tablier ferrugineux, allongé, peu-

dant, plus long que l'ovaire, à 3 lanières filiformes, la moyenne plus longue, profondément bifide, à lobes ordinairement séparés par une petite dent. ♃ (Mai, juin).

Sur les collines et les coteaux, dans les prés montagneux un peu humides : sur une petite colline herbeuse à côté de la tour de Vadans, près d'Arbois; au Creux-du-Vent. — Sur Chaudanne, Bregille, et près de Morre, à la hauteur du Creux-d'Enfer, à Besançon (Guérin). — Les baies près de Grand-Vaire (Girod-Chant.). — Genève, sur les fortifications; à Sous-Terre (Reut.). — Sur les collines entre Crans et Céligny; près de Trélex, à la Colline (Gaud.). — Orbe, à Monchérand, près du ruisseau de la Douvière; à Neuchâtel, au Pertuis-du-Sot, entre Plan et Piérabot (Hall.). — Bâle, près d'Oltingen; entre Laufelfingen et Diétisberg; près d'Olsberg, etc. (Hagenb.).

§ **2. *Divisions supérieures du périgone ouvertes, étalées; tablier ovale, plus ou moins élargi, ordinairement convexe.*** — Ophrys. R. Brown.

2. O. Mouche. — *O. myodes.*

Jacq. ic. rar. tab. 71. — DC. Fl. fr. n. 2051. — Duby, Bot. gall. p. 447. — Gaud. Fl. helv. 5. p. 457. — Poir. Ency. 4. p. 572. — *O. insectifera. var. α. myodes.* Linn. Sp. 1343. — *O. muscifera.* Koch, Syn. p. 691.

Hall. Helv. tab. 24. fig. 2. — Vaill. Bot. par. tab. 31. fig. 17. et 18. — Lam. illust. tab. 727. fig. 2. (*ead.*). — J. Bauh. Hist. 2. p. 767. fig. 1. (*pessima*). — Tabern. ic. p. 662. fig. 1. — Dalech. Hist. p. 1555. fig. 2. — Dod. pempt. p. 258. fig. 3. — Lob. ic. p. 181. fig. 1. (*ead.*).

Tubercules arrondis; tige grêle, cylindrique, feuillée à la base, haute presque de 3 décim.; feuilles lancéolées; épi très lâche, pauciflore, allongé; bractées vertes, lancéolées, plus longues que l'ovaire; fleurs écartées, oblongues, ayant quelque ressemblance avec une mouche; divisions supérieures du périgone étalées, verdâtres, lancéolées, obtuses, à 3 nervures, les 2 intérieures plus courtes, dressées, linéaires-filiformes, pubescentes, d'un pourpre noirâtre;

tablier velouté, oblong, pendant, pourpre-brun, un peu convexe, marqué à la base d'une tache glabre, presque carrée, d'un gris bleuâtre, à 3 lobes, les latéraux étroits, le moyen 2—3 fois plus long, oblong, un peu dilaté à l'extrémité, profondément échancré, sans appendice. ♃ (Mai, juin).

Sur les collines herbeuses, dans les lieux découverts des bois : Salins, à Veley ; sur le Mont-d'Or ; à Fuans, route de Besançon à Morteau. — Autour de Montbéliard, abondamment (J. B.). — Nyon, au bois de Crans ; au bord du bois Bougis le long du chemin, abondamment ; autour de Longirod ; entre Vincy et Bugneaux ; sur le Weissenstein (Gaud.). — Genève, à Sous-Terre ; au bois des Frères ; du Vangeron, etc. (Reut.). — Bâle, sur le mont Mutet ; sur la colline entre Hornlein et Wenkenhof ; près de Gundeldingen ; d'Olsberg, etc. (Hagenb.). — Neuchâtel, à Piérabot et aux Plans (Divernoy). — Porentruy (Vernier).

3. O. Araignée. — *O. aranifera.*

Huds. Angl. ed. 2. 392. — DC. Fl. fr. supp. n. 2031ₐ. — Duby, Bot. gall. p. 447. — Gaud. Fl. helv. 5. p. 462. — Poir. Ency. supp. 4. p. 167. n. 7. — Koch, Syn. p. 691. Vaill. Bot. par. tab. 31. fig. 15. et 16. — Tabern. ic. p. 668. fig. 2. — Dod. pempt. p. 258. fig. 2. — Lob. ic. p. 180. fig. 2. (*ead.*).

Tubercules arrondis ; tige de 15—25 centim., feuillée, pleine, légèrement anguleuse ; feuilles ovales-oblongues, nerveuses, étalées-recourbées : les supérieures engaînantes, aiguës ; épi allongé, très lâche, à 3—5 fleurs ; bractées herbacées, concaves, aiguës, égales ou plus longues que l'ovaire ; divisions extérieures du périgone oblongues, obtuses, étalées, roulées en dessous par les bords, d'un blanc verdâtre, jamais rosées, à 3 nervures peu apparentes, les 2 intérieures plus courtes, presque glabres, lancéolées, obtuses, un peu roulées par les bords : tablier large, obovale, velouté, d'un brun foncé ou ferrugineux, convexe, réfléchi par les bords, entier, obtus au sommet ou légèrement échancré, marqué de 2 lignes longitudinales parallèles glabres, d'une couleur livide, tantôt distinctes, tantôt réunies à la base par une bande transversale, comme dans la lettre grecque π; étamines à bec très court. ♃ (Mai, juin).

Sur les collines, dans les lieux arides et incultes : Salins, au pied de Poupet, dans les lieux incultes au-dessus des vignes; sur les rochers au bord de la route vers Saint-Joseph, etc. — Nyon, sur les bords du Boiron, au-dessous d'Eysins et ailleurs (Gaud.). — Bâle, sur le mont Mutet; près d'Olsberg et d'Oberweiler, etc. (Hagenb.). — Genève, à Sous-Terre, au bois des Frères, du Vangeron, etc. (Reut.).

4. O. Faux-miroir. — *O. Pseudo-speculum.*

DC. Fl. fr. supp. n. 2030[b]. — Koch, Syn. p. 692.
Reich. Cent. 9. fig. 1153.

Tige haute de 15—25 centim.; feuilles ovales-lancéolées ; divisions extérieures du périgone oblongs, obtus, jaunâtres, les 2 intérieures linéaires, dépassant à peine l'étamine à bec très court; tablier arrondi, entier et presque aigu, ou à peine à 3 dents, jaune en dessous et sur les bords souvent déjetés, brun en dessus, marqué au centre de 2 sillons livides glabres, bordés d'un filet jaune et réunis par un demi-cercle embrassant la base. ♃ (Mai, juin).

Sur les coteaux aux environs de Besançon ; d'Ornans (Mut.).

5. O. Frelon. — *O. arachnites.*

Reichard, Fl. mœno-francof. 2. p. 89. (1772). — DC. Fl. fr. supp. n. 2032. — Duby, Bot. gall. p. 447. — Gaud. Fl. helv. 5. p. 460. — Koch, Syn. p. 691. — *O. insecti-fera. var. η. arachnites.* Linn. Sp. 1343.
Hall. Helv. tab. 24. fig. 1. — Vaill. Bot. par. tab. 30. fig. 10. 11. 12. et 13. — Lam. illust. tab. 772. fig. *h. i. l. m.* (*eœd.*).

Tubercules arrondis; tige de 15—25 centim.; feuilles ovales-oblongues, les supérieures lancéolées, engaînantes, aiguës; bractées lancéolées, nerveuses, concaves, aiguës, de la longueur de l'ovaire ; épi très lâche , pauciflore ; divisions extérieures du périgone oblongues , obtuses , à 3 nervures, très étalées, blanchâtres ou rosées , à carène verdâtre , les 2 intérieures étroites, enroulées en corne , veloutées, 2—3 fois plus courtes ; étamine à bec court, obtus ; tablier ample , convexe , obovale , presque indivis, les lobes latéraux étant peu distincts, d'un pourpre ferrugineux velouté, marqué à la base d'une tache glabre , d'un brun-noirâtre et de lignes polygonales jaunâtres, terminé par un appendice verdâtre , glabre , charnu , rhomboïdal ou à 3 dents , infléchi. ♃ (Mai, juin).

Salins, au pied de Poupet, dans les lieux incultes au-dessus des vignes , à Préron, et au-dessous de la Grangette ; sur une butte à Badoz au pied de Belin ; sur la pelouse de Saint-André ; sur les rochers au bord de la route vers Saint-Joseph , etc.; aux environs de Besançon. — De Nyon (Gaud.). — Genève, au pied de Salève ; au bois des Frères, au bord du Rhône sous Aïre, etc. (Reut.). — Bâle , sur les monts Mutet ; Dornac, etc. (Hagenb.). — Porentruy, fréquent (Thurmann).

6. O. Abeille. — *O. apifera.*

Huds. Fl. angl. ed. 1. p. 340. — DC. Fl. fr. supp. n. 2032ª. — Duby, Bot. gall. p. 447. — Gaud. Fl. helv. 5. p. 459. — Poir. Ency. supp. 4. p. 166. in Obs. 6. — Koch. Syn. p. 692. — *O. insectifera. var. ι.* Linn. Sp. 1343. Hall. Helv. tab. 24. fig. 4. et 5. — Vaill. Bot. par. tab. 30. fig. 9. et litt. *a.*

Tige de 2—3 décim. ; feuilles ovales-oblongues ou lancéolées , aiguës ; fleurs assez grandes, peu nombreuses , écartées, en épi très lâche ; bractées lancéolées , de la longueur de l'ovaire ; divisions extérieures du périgone elliptiques, obtuses, très étalées, quelquefois même réfléchies, de couleur rose ou blanchâtres, avec la carène et les bords un peu verdâtres , les 2 intérieures vertes ou jaunâtres, linéaires, pubescentes , très petites, une fois plus courtes que l'étamine à bec allongé et recourbé-ascendant : tablier convexe, d'un brun pourpre velouté, à 3 lobes, les latéraux courts, situés à la partie postérieure, oblongs, ayant à leur base une bosse velue, le moyen obovale, marqué au milieu d'une grande tache glabre, jaunâtre, entourée de lignes concentriques, terminé par 5 lobes petits, recourbés en dessous, celui du milieu ayant un appendice glabre. ♃ (Juin, juillet).

Les coteaux et les lieux incultes et arides : Salins, dans les mêmes lieux que l'espèce précédente, plus rare ; aux environs de Besançon. — Nyon, au bois de Prangins ; au bois Bougis ; et dans la plaine inculte qui est au-dessous, le long du bois de Crans ; au-dessus de Cesille, au-dessus de Begnins, etc. (Gaud.). — Genève, çà et là dans les mêmes localités que l'espèce précédente (Reut.). — Bâle, dans les prés au-dessus de Monchenstein ; près d'Olsberg ; de Tullingen, etc. (Hagenb.). — Porentruy, fréquent (Vernier).

§ 3. *Divisions du périgone ouvertes en cloche, les 2 intérieures plus longues, élargies à la base ; tablier trifide, gibbeux à la base.* — Herminium. R. Brown.

7. O. à un tubercule. — *O. Monorchis.*

Linn. Sp. 1342. — DC. Fl. fr. n. 2028. — Duby, Bot. gall. p. 447. — Gaud. Fl. helv. 5. p. 454. — Poir. Ency. 4. p. 571. — *Herminium Monorchis.* Koch, Syn. p. 695.

Hall. Helv. tab. 22. fig. 4. — Micheli, Nov. Gen. tab. 26. fig. 3. — Moris. sect. 12. tab. 15. fig. 8. — J. Bauh. Hist. 2. p. 768. fig. 3.

Tubercule globuleux, ordinairement unique ; tige grêle, ferme, de 10—15 centim., feuillée à la base ; feuilles 2—3, lancéolées, presque radicales, alternes, rapprochées ; épi grêle, cylindrique, allongé, un peu lâche ; bractées dressées, lancéolées, aiguës, presque de la longueur de l'ovaire ; fleurs 15—20, petites, un peu obliques, d'un vert jaunâtre ; divisions extérieures du périgone ouvertes en cloche, ovales, obtuses, les 2 intérieures plus longues, linéaires, élargies à la base : tablier petit, trifide, à lanières divergentes, les latérales aiguës, la moyenne un peu plus longue presque obtuse. ♃ (Mai, juillet).

Sur les collines herbeuses, dans les prés et les pâturages montagueux : les prés en face de Cise, près de Champagnole ; le pied du Mont-d'Or, près des Longevilles-du-Bas ; les prés en montant dans le bois de sapin au sud de Pontarlier ; les prés entre Supt et Andelot, près de Salins, etc. — Nyon, dans les bruyères, entre les chemins de Gingins et de Trélex, et au-dessous du bois Bougis, en abondance (Gaud.). — Genève, derrière le bois de la Bâtie, au sommet des pentes escarpées du bord du Rhône ; au bois des Frères ; de Veirier, etc. (Reut.). — Bâle, autour du château Birseck ; sur le mont Wasserfall, et çà et là dans les pâturages et sur les pentes herbeuses des montagnes (Hagenb.). — Neuchâtel, aux environs du Locle (Depierre, cat.). — Au-dessus des Ponts ; près des Brenets et à la Ferrière (L. Benoît, cat.).

TRIBU II. — LIMODORÉES. Koch.

Anthère libre ; masses polliniques composées d'un grand nombre de lobules anguleux, élastiquement cohérents, ou farineuses, souvent adhérentes à leur base à une glande nue.

5. ÉPIPOGON. — *EPIPOGIUM*. Gmelin.

Périgone renversé, étalé ; tablier genouillé, à lame dressée, prolongé postérieurement en éperon enflé, dressé ; anthère courtement stipitée, insérée au sommet trifide du stigmate ; masses polliniques lobulées, stipitées ; ovaire pédicellé non tordu en spirale.

1. E. de Gmelin. — *E. Gmelini*.

Rich. Orch. p. 36. — Duby, Bot. gall. p. 450. — Gaud. Fl. helv. 5. p. 488. — Koch, Syn. p. 693. — *Limodorum Epipogium*. DC. Fl. fr. n. 2049. — *Satyrium Epipogium*. Linn. Sp. 1338. — Poir. Ency. 6. p. 581. Vill. Dauph. tab. 1. fig. 2. (*mala*).

Racine transversale, courte, comprimée, rameuse, obtusément dentée, noirâtre, succulente, à peine fibreuse ; hampe de 16—24 centim., faible, blanchâtre, spongieuse et fistuleuse, munie de 2—4 écailles écartées, membraneuses,

triangulaires, appliquées, un peu engaînantes ; fleurs 3—4,
grandes, pédicellées, jaunâtres, renversées, pendantes, ordinairement dirigées d'un seul côté : bractées membraneuses,
ovales-lancéolées, de la longueur de l'ovaire ; divisions
extérieures du périgone étalées, linéaires, un peu obtuses,
ponctuées : les intérieures de même longueur, mais plus
larges, presque lancéolées : tablier ample, concave, occupant la partie supérieure de la fleur, largement ovale-lancéolé, presque mucroné, muni à la base de 2 lobes ou
oreillettes arrondies, d'un blanc légèrement violacé, très
entier, tacheté de pourpre et marqué sur les côtés de lignes
de même couleur, prolongé à la base en éperon court, d'un
rose clair ; ovaire sillonné, presque globuleux. ♃ (Juillet,
août).

Dans les lieux ombragés des bois de hêtres et de sapins : sur le Chasseron (DC.). — Neuchâtel, dans les bois entre les Ponts et la Chaux-
du-Milieu ; à la Ferrière et à Valangin (L. Benoît, cat., *et ex specimine*). — Sur le mont Vorburg, près de Delémont (Frisch-Joset).

4. LIMODORE. — *LIMODORUM*. Tournef.

Divisions du périgone dressées-étalées ; tablier genouillé,
à lame dressée, prolongé en éperon à la base ; anthère terminale, libre ; masses polliniques grenues, sessiles ; ovaire
pédicellé, non tordu en spirale.

1. L. avorté. — *L. abortivum.*

Swartz, Nov. Act. holm. 6. p. 80. — DC. Fl. fr. n. 2048.
— Duby, Bot. gall. p. 450. — Gaud. Fl. helv. 5. p. 480.
— Poir. Ency. 4. p. 599. — Koch, Syn. p. 694. — *Orchis abortiva.* Linn. Sp. 1336.
Hall. Helv. tab. 36. fig. 2.
Racine composée de tubercules horizontaux, allongés,
cylindriques, fasciculés ; tige haute de 3 décim. et souvent
davantage, droite ou flexueuse, épaisse, cylindrique, à
feuilles remplacées par des écailles lancéolées, engaînantes,

un peu lâches, de couleur violacée, ainsi que la tige ; épi allongé, lâche, composé de 8—12 fleurs, grandes, violettes, écartées, dressées contre la tige, portées sur de courts pédicelles un peu épaissis au sommet ; bractées larges, lancéolées, aiguës, plus courtes que l'ovaire qu'elles enveloppent en partie ; divisions extérieures du périgone lancéolées, ouvertes, presque conniventes, la supérieure plus large, concave, ovale-lancéolée, les 2 intérieures latérales plus étroites et plus courtes : tablier entier, ascendant, ovale, ondulé, terminé à la base par un éperon allongé, subulé, de la longueur de l'ovaire. ♃ (Mai, juin).

Dans les bois : sur le mont de Bregille, près de Besançon (Girod-Chant.). — Nyon, dans le petit bois près de Pontfarbé ; dans le bois le long de la rive droite de la Promenthouse, au-dessous de la route ; au-dessous d'Eysins, près du Boiron (Gaud.). — Genève, çà et là dans les bois ombragés du pied de Salève ; de Crevin ; dans le bois des Frères ; dans le Nans de Vernier ; à Collonge-sous-Monthoux, etc. (Reut.). — Neuchâtel, au bas des Chênes et autour de Fontaine-André ; au-dessus de Montchérand, près d'Orbe, où le ruisseau la Douvière se précipite (Hall.). — Bâle, près d'Olsberg (Muller).

5. ÉPIPACTIS. — EPIPACTIS. Swartz.

Périgone dressé-étalé, à 6 divisions ; tablier indivis, sans éperon, presque articulé-interrompu au milieu, concave à la base, embrassant les organes sexuels ; stigmate oblique, terminal ; anthère à 2 loges, placée derrière le stigmate qu'elle recouvre presque entièrement ; masses polliniques sessiles, grenues.

§ 1. *Ovaire sessile, tordu ; divisions du périgone dressé, presque conniventes.* — Cephalanthera. Rich.

1. E. pâle. — E. pallens.

Swartz, Nov. Act. holm. 6. p. 232. — Duby, Bot. gall. p. 449. — *E. lancifolia.* DC. Fl. fr. n. 2044. — *E. grandiflora.* Gaud. Fl. helv. 5. p. 469. — *Serapias grandi*

flora. Lam. Ency. 2. p. 350. — *Cephalanthera pallens*
(Rich.). Koch, Syn. p. 694.

J. Saint-Hil. Pl. fr. tab. 188. — Hall. Helv. tab. 41. —
Moris. sect. 12. tab. 11. fig. 12. — Tabern. ic. p. 724.
fig. 2.

Racine composée de fibres allongées, charnues, fasciculées; tige glabre, cylindrique, feuillée, haute de 3—4
décim., munie à la base de quelques écailles roussâtres, engaînantes; feuilles sessiles, fermes, ovales, aiguës, dans le
bas de la tige, ovales-lancéolées et lancéolées-acuminées,
dans le haut, à nervures rapprochées, parallèles, séparées
par quelques veines transversales peu nombreuses; épi allongé,
très lâche, de 5—10 fleurs grandes, dressées, blanchâtres,
axilaires dans les feuilles supérieures qui vont en diminuant
de grandeur en montant et servent de bractées; divisions du
périgone dressées, presque conniventes, les extérieures lancéolées, obtuses, les intérieures ovales plus courtes : tablier
court, obtus, dressé, un peu concave et jaunâtre à la base,
ovale-en cœur, marqué de 3 lignes d'un jaune plus foncé;
bractées plus longues que l'ovaire glabre, les inférieures
foliacées, plus longues que les fleurs. ♃ (Juin, juillet).

Les bois montagneux : Salins, à Mont-Servant, au lieu dit le Cal-
vaire ; dans les bois de Cernans ; de Sainte-Anne ; de Migette ; de Salins,
en descendant de la Grange-de-Vaux à Nans ; de Pontarlier ; au Creux-
du-Vent. — Aux environs d'Arbois (Dumont). — Genève, dans les
bois : au Vangeron ; au bois des Frères ; au pied de Salève, etc. (Reut.).
— Les bois montagneux aux environs de Bâle, où elle n'est pas rare
(Hagenb.).

2. E. en glaive. — *E. ensifolia*.

Swartz, l. c. p. 252. — DC. Fl. fr. n. 2040. — Duby, Bot.
gall. p. 449. — Gaud. Fl. helv. 5. p. 470. — *Cephalanthera ensifolia* (Rich.). Koch, Syn. p. 694.

Tournef. Inst. tab. 249. fig. A. B. (*flos*).

Racine composée de fibres épaisses, fasciculées; tige haute
de 3—4 décim., feuillée dans toute sa longueur; feuilles

presque distiques , étroites , allongées , lancéolées : les supérieures linéaires-lancéolées, acuminées ; épi nu , non feuillé
comme dans l'espèce précédente; bractées inférieures souvent
égales à l'ovaire glabre , ou un peu plus longues, les supérieures plus courtes; fleurs d'un blanc de neige , plus nombreuses , moins écartées et un peu moins grandes que dans
l'espèce précédente ; divisions extérieures du périgone lancéolées-aiguës : tablier de moitié plus court que les autres
divisions du périgone , obtus, marqué d'une tache jaune au
sommet. ⚥ (Juin, juillet).

Çà et là dans les bois, et parmi les buissons : Salins, dans les bois de
sapins en montant de Chappois à Gardebois; et en allant de la Vessoye
à la route de Censeau; Levier, sur la Côte, parmi les buissons. — Genève , çà et là : au bois des Frères; au pied de Salève ; dans le bois de
Crevin (Reuter.). — Bâle , dans les bois des montagnes, plus rare
(Hagenb.).

3. E. rouge. — *E. rubra*.

All. Fl. ped. 2. n. 1857. — DC. Fl. fr. n. 2042. — Duby,
Bot. gall. p. 449. — Gaud. Fl. helv. 5. p. 471. — *Sera-*
pias rubra. Linn. Syst. nat. ed. 13. 2. p. 594. — Lam.
Ency. 2. p. 351. — *Cephaleuthera rubra* (Rich.). Koch,
Syn. p. 694.
Hall. Helv. tab. 42. — Moris. sect. 12. tab. 11. fig. 5. —
J. Bauh. Hist. 3. p. 2. p. 517. fig. 1. — Clus. Hist. 1. p.
273. fig. 2. (*ead.*). — Tabern. ic. p. 725. fig. 1. (*bona*).

Racine allongée , rampante , garnie de fibres charnues;
tige haute de 5—5 décim. , pubescente dans le haut, entièrement feuillée , garnie à la base d'écailles engaînantes lâches, roussâtres; feuilles presque comme dans l'espèce précédente , lancéolées ou linéaires-lancéolées, acuminées, très
nerveuses , sessiles, les inférieures moins longues, un peu
obtuses; épi lâche , de 6—15 fleurs purpurines , plus grandes
que dans l'espèce précédente , munies de bractées étroites ,
lancéolées-acuminées, plus longues que l'ovaire dressé , pubescent; divisions extérieures du périgone légèrement pubes-

centes , ainsi que les bractées , à 5—5 nervures, lancéolées-
acuminées , conniventes, les 2 intérieures glabres, un peu
plus courtes mais plus larges, et d'un pourpre plus foncé :
tablier ovale-acuminé, de même longueur que les autres
divisions intérieures, plus pâle , défléchi, marqué de lignes
ondulées ponctuées de jaune. ♃ (Juin, juillet).

Çà et là dans les bois des montagnes : assez commun dans le bois de
sapins au-dessus de la route entre Noiraigue et le Brot, en face du
Creux-du-Vent. — Au-dessus de Bonmont, de Trélex et de Longirod
(Gaud.). — Genève, à Salève, etc. (Reut.). — Neuchâtel, à la Vanne ;
au bois d'Iter et à Piérabot (Gagnebin). — Au-dessus de Mathod et de
Monchérand ; à Bussigny, etc. (Hall.). — Bâle, çà et là dans les bois
montagneux (Hagenb.).

§. 2. *Ovaire non tordu , rétréci en pédicelle tordu ;*
périgone en cloche étalée. — Epipactis. Rich.

4. E. à larges feuilles. — *E. latifolia.*

All. Fl. ped. 2. n. 1853. — DC. Fl. fr. n. 2039. — Duby,
  Bot. gall. p. 449. — Gaud. Fl. helv. 5. p. 465. — Lam.
  Ency. 2. p. 550. — Koch , Syn. p. 694. — *Serapias lati-*
  folia. Linn. Mant. 490.
J. Saint-Hil. Pl. fr. tab. 708. — Hall. Helv. tab. 40. —
Moris. sect. 12. tab. 11. fig. 1. — J. Bauh. Hist. 5. p. 2. p.
  516. fig. 1. — Clus. Hist. 1. p. 273. fig. 1. — Tabern. ic.
  p. 724. fig. 1. — Dalech. Hist. p. 1312. fig. 2. — Dod.
  pempt. p. 384. fig. 1. (*ic. Clus.*). — Lob. ic. p. 512.
  fig. 1. (*ead.*).
Racine composée de fibres allongées, fasciculées ; tige
haute de 5—5 décim. , raide , feuillée, anguleuse , munie à
la base d'écailles roussâtres, engaînantes ; feuilles embrassantes, fermes, nerveuses, à 5—7 nervures principales :
les inférieures courtes, ovales, obtuses, ou un peu aiguës ,
prolongées en gaîne à la base : les supérieures oblongues-
lancéolées, aiguës, à peine engaînantes : celles du sommet
étroites, sessiles, lancéolées-acuminées ; fleurs plus ou moins
odorantes, nombreuses, penchées ou pendantes, plus petites

que dans les espèces précédentes , d'un vert grisâtre plus ou moins rougeâtre , disposées en épi allongé , unilatéral , assez garni ; bractées lancéolées-acuminées, très finement dentelées, les inférieures plus grandes que les fleurs, allant en diminuant de grandeur vers le sommet de l'épi où elles atteignent à peine la longueur de l'ovaire rétréci en pédicelle ; divisions extérieures du périgone ovales-lancéolées , conniventes dans la jeunesse , les intérieures ovales , plus larges : tablier plus court que les divisions du périgone , défléchi , ovale en cœur , acuminé , d'un pourpre brunâtre ; ovaire glabre ou légèrement pubescent. ♃ (Juin - août).

Çà et là dans les bois et parmi les buissons, commun.

β. *Rubiginosa*. Gaud. Fl. helv. 5. l. c. — Koch , Syn. p. 695. — Fleurs d'un rouge ferrugineux ; lame du tablier réniforme , échancrée , un peu frangée.

Les collines arides ou pierreuses.

γ. *Minor*. Hagenb. Fl. basil. 2. p. 579. — *Serap. parviflora*. Pers. En. 2. 512? — Plante plus grêle , à feuilles et fleurs plus petites.

Les mêmes lieux que la variété précédente.

5. E. des marais. — *E. palustris*.

Crantz, Aust. 6. p. 462. — DC. Fl. fr. n. 2058. — Duby, Bot. gall. p. 450. — Gaud. Fl. helv. 5. p. 467. — Koch, Syn. p. 695. — *Serapias palustris*. Lam. Ency. 2. p. 550. — *Serapias longifolia*. Linn. Mant. p. 490. J. Saint-Hil. Pl. fr. tab. 706. — Hall. Helv. tab. 59. — J. Bauh. Hist. 3. p. 2. p. 516. fig. 2.

Racine rampante, horizontale, charnue, garnie de fibres ; tige haute de 3—5 décim. , feuillée , garnie à la base d'écailles engaînantes roussâtres ou purpurines ; feuilles nerveuses , fermes : les inférieures courtes, ovales ou ovales-lancéolées, engaînantes-tubuleuses : les intermédiaires sessiles ou à peine engaînantes , plus étroites , allongées , lancéolées ,

allant en diminuant de longueur vers le sommet de la tige :
les supérieures acuminées ; épi lâche, à 6—12 fleurs presque
unilatérales, d'un blanc rougeâtre, plus grande que dans
l'espèce précédente, penchées ou pendantes et portées sur
des pédoncules plus longs ; divisions du périgone ouvertes,
les extérieures ovales-lancéolées, légèrement pubescentes en
dehors et d'un vert grisâtre, souvent d'une teinte purpurine
en dedans, les intérieures ovales, blanchâtres ou rosées à la
base, un peu plus courtes : tablier ovale, étalé, arrondi,
crénelé sur les bords, blanc, marqué de lignes purpurines,
égalant les autres divisions du périgone ; bractées lancéolées
plus courtes que les fleurs, ou même que l'ovaire oblong,
allongé, pubescent. ♃ (Juin, juillet).

Salins, dans un lieu marécageux du bois de Racine, au-dessous
d'une petite fontaine ; au marais de Vaucy, près d'Arbois ; au bord du
lac à Yverdon ; au marais des Ponts ; dans les prés marécageux des environs de Pontarlier ; de Champagnole. — Genève, dans les marais un
peu tourbeux : au pied de Salève, abondamment ; au-dessus d'Archamp ;
au marais de Troënex (Reuter.). — Bâle, dans les lieux marécageux
à Michelfeld ; le long de la Birse ; près de Bettiken ; d'Olsberg et dans
les pâturages humides du mont Diétisberg, etc. (Hagenb.). — Moutiers-Grandval (Thurmann).

6. NÉOTTIE. — *NEOTTIA*. Rich.

Fleurs pédonculées, dirigées en avant ; périgone presque
régulier, à divisions lâches, conniventes en casque : tablier
étalé, non éperonné, bifide, continu, creusé en dessous en
fossette déprimée ; anthère terminale, persistante, insérée au
bord postérieur du gynostème, recouvrant presque le stigmate
transversal, acuminé ; masses polliniques sessiles, grenues.

§ 1. *Feuilles nulles, remplacées par des écailles.* —
Neottidium. R. Brown.

1. N. Nid-d'oiseau. — *N. Nidus-avis.*

Rich. Orchid. 37. — Gaud. Fl. helv. 5. p. 472. — Koch,
Syn. p. 695. — *Epipactis Nidus-avis* (All.). DC. Fl. fr.

n. 2043. — Duby, Bot. gall. p. 449. — *Ophrys Nidus-avis.* Linn. Sp. 1339. — Poir. Ency. 4. p. 566.
J. Saint-Hil. Pl. fr. tab. 913. — Hall. Helv. tab. 57. — Moris. sect. 12. tab. 16. fig. 18. — Clus. Hist. 1. p. 270. fig. 1. (*benè, excl. descript. quæ ad Limodorum abortivum pertinet*). — J. Bauh. Hist. 2. p. 782. fig. 3. (*ex Clusio*). — Dalech. Hist. p. 1075. fig. 1.

Racine composée d'un grand nombre de fibres courtes, épaisses, charnues, rapprochées, fasciculées; tige haute de 3—4 décim., fistuleuse, pubescente-glanduleuse dans le haut, blanchâtre, un peu anguleuse, dépourvue de feuilles, mais garnie d'écailles membraneuses roussâtres, lancéolées, engaînantes, recouvrant presque entièrement la tige qui devient d'un brun roux par la dessication, et ayant tout-à-fait le port d'une *Orobanche;* épi allongé, très lâche à la base, serré au sommet; bractées d'un blanc sale, lancéolées, plus courtes que l'ovaire; fleurs roussâtres, de grandeur médiocre, à divisions supérieures du périgone concaves, ovales, obtuses, conniventes-en casque : tablier allongé, presque pendant, à 2 lobes divergents. ♃ (Mai, juin).

Cette plante parasite sur les racines des arbres, n'est pas rare : on la trouve çà et là dans les bois taillis et de sapins, aux lieux frais et ombragés.

§ 2. *Feuilles* 2, *opposées.* — Listera. R. Brown.

2. N. ovale. — *N. ovata.*

Bluff. et Fing. Comp. Fl. germ. 2. p. 435. — Gaud. Fl. helv. 5. p. 474. — *Epipactis ovata* (All.). DC. Fl. fr. n. 2044. — Duby, Bot. gall. p. 449. — *Ophrys ovata.* Linn. Sp. 1340. — Poir. Ency. 4. p. 568. — *Listera ovata* (R. Brown.). Koch, Syn. p. 695.
J. Saint-Hil. Pl. fr. tab. 914. — Hall. Helv. tab. 57. — Moris. sect. 12. tab. 11. fig. 1. — J. Bauh. Hist. 3. p. 2. p. 555. fig. 2. — Tabern. ic. p. 725. fig. 2. — Dalech. Hist. p. 1261. fig. 1. — Dod. pempt. p. 242. fig. 1. — Lob. ic. p. 302. fig. 2. (*ead.*).

Racine composée de fibres brunâtres, allongées, fasciculées; tige haute de 3—5 décim., garnie à la base d'écailles
membraneuses engaînantes, et de 2 feuilles opposées situées
vers le tiers de sa hauteur, glabre et anguleuse au-dessous
des feuilles, pubescente-glanduleuse au-dessus et munie
de 1—2 petites écailles bractéiformes; feuilles grandes,
ovales ou elliptiques, nerveuses, à 5—7 nervures principales; fleurs petites, d'un vert pâle ou jaunâtre, nombreuses,
pédicellées, munies de bractées ovales-acuminées, plus
courtes que le pédicelle, formant un épi grêle allongé, très
lâche; divisions supérieures du périgone verdâtres, conniventes, ovales, obtuses, concaves, les 2 intérieures plus
étroites, linéaires, obtuses : tablier 2—3 fois plus long, pendant, d'un vert jaunâtre, divisé profondément en 2 lobes linéaires, obtus, peu divergents. ♃ (Mai , juin).

Commune dans les bois montagneux et dans les prés qui en sont
voisins.

β. *Trifolia.* Hagenb. Fl. basil. 2. p. 575. — Gaud. Fl.
helv. 5. l. c. — Tabern. ic. p. 725. fig. 1. — Tige à 5
feuilles ternées.

Les mêmes lieux, plus rare.

3. N. en cœur. — *N. cordata.*

Rich. Orch. 37. — Gaud. Fl. helv. 5. p. 475. — *Epipactis
cordata* (All.). DC. Fl. fr. n. 2045. — Duby, Bot. gall.
p. 449. — *Ophrys cordata.* Linn. Sp. 1340. — Poir.
Ency. 4. p. 568. — *Listera cordata* (R. Brown.). Koch,
Syn. p. 695.
Hall. Helv. tab. 22. fig. 3. — Moris. sect. 12. tab. 11. fig.
4. — J. Bauh. Hist. 5. p. 2. p. 534. fig. 2.

Cette espèce a le port de la précédente dont elle paraît
être une miniature. Racine composée d'un petit nombre de
fibres grêles, fasciculées; tige tendre, faible, à peine pubescente-glanduleuse au-dessus des feuilles, haute de 8—12
centim., rarement plus, munie vers le milieu de sa longueur
de 2 feuilles opposées, tendres, ovales en cœur, un peu

élargies à la base, veinées-réticulées, à 3—5 nervures peu
apparentes, souvent mucronées au sommet; épi court lâche,
à 6—8 fleurs très petites, d'abord verdâtres, puis jaunâtres,
légèrement purpurines, portées sur des pédicelles très
grêles, à peu près de la longueur de l'ovaire, munis à la
base de petites bractées ovales-aiguës, égalant à peine la
longueur du pédicelle; divisions du périgone écartées, les
extérieures ovales-lancéolées, obtuses, les intérieures plus
étroites et plus courtes : tablier pendant, presque double de
la longueur des autres divisions du périgone, à 2 lobes profonds, divergents, linéaires acuminés, muni de 2 dents à
la base. ♃ (Mai—juillet).

Dans les forêts ombragées des montagnes, aux lieux frais un peu
humides : en montant de la Faucille à la Dôle, en face de Lavatey.
Au Creux-du-Vent. — Aux Pontins, près de la forge, dans le val
d'Erguël; aux Pruats (Gagnebin). — En montant sur le Chasseral,
entre les pâturages de Bienne et le châlet du Milieu (Hall.). — Sur le
mont Arzière, au-dessus d'Arzier (Ducros).

7. GOODYÈRE. — GOODYERA. R. Brown.

Fleurs presque sessiles, disposées en épi unilatéral; divisions extérieures du périgone conniventes, les 2 intérieures
latérales plus grandes, étalées, défléchies : tablier sans éperon, entier, gibbeux-concave à la base, rétréci au sommet
en languette un peu défléchie; anthère libre, persistante,
stipitée, insérée sur le côté postérieur du stigmate bifide;
masses polliniques sessiles, granulées, à granules anguleux;
ovaire non tordu.

1. G. rampante. — G. repens.

R. Brown. in Hort. kew. ed 2. tom. 5. p. 198. — Gaud. Fl.
helv. 5. p. 486. — Koch, Syn. p. 696. — Neottia repens
(Swartz). DC. Fl. fr. n. 2037. — Duby, Bot. gall. p. 448.
— Satyrium repens. Linn. Sp. 1339. — Poir. Ency. 6.
p. 581.
Hall. Helv. tab. 22. fig. 4. — J. Bauh. Hist. 2. p. 770. fig.
2. (excl. descript.).

Racine rameuse, comme articulée, rampante, émettant quelques jets étalés ; tige cylindrique, pubescente, haute de 1—2 décim., garnie à la base de feuilles ovales, glabres, un peu obtuses, veinées en réseau, la plupart radicales, rétrécies en pétiole engaînant : les supérieures étroites, lancéolées, aiguës, engaînantes à la base et appliquées ; épi grêle, long de 3—6 centim., pubescent, serré, unilatéral, tordu en spirale ; bractées lancéolées-acuminées, dépassant souvent l'ovaire ; fleurs blanchâtres, pubescentes, petites, odorantes, à divisions extérieures presque dressées, les 2 intérieures latérales étalées-défléchies, lancéolées : tablier concave à la base, rétréci en languette courte, lancéolée, presque réfléchie. ♃ (Juin, juillet).

Les bois ombragés des montagnes : aux Convers, près de Ferrière, aux prés du Bas ; au pied des rochers dans le val de Moutiers-Grandval ; au pied des rochers au-dessus de la forêt du droit de Cortebert, et dans les bois autour de Vallangin (Gagnebin). — Aux environs d'Orbe (Rapin). — A Salève, au bois de Crevin ; au-dessus d'Archamp (Reut.). — Dans les bois de Bôle et de Montmollin (L. Benoit, cat. et *ex specim.*). — Bâle, sur les monts autour d'Olsberg, Wasserfall, etc., et sur les sommités du Jura, où elle est commune, et même aux environs de la ville (Hagenb.). — Roche de Moutiers-Grandval (Thurm.).

8. SPIRANTHE. — *SPIRANTHES*. Rich.

Fleurs disposées en épi unilatéral tordu en spirale ; divisions extérieures latérales du périgone ouvertes, la supérieure couchée sur les 2 intérieures latérales conniventes, étalées au sommet ; tablier dépourvu d'éperon, entier, crénelé, très obtus, canaliculé à la base, à lame recourbée ; anthère libre, sessile, persistante, insérée sur le côté postérieur du stigmate bifide ; masses polliniques sessiles, granulées, à granules presque réunis par 4.

1. S. d'été. — *S. æstivalis.*

Rich. Orch. 36. — Gaud. Fl. helv. 5. p. 477. — *Neottia æstivalis.* DC. Fl. fr. n. 2037. — Duby, Bot. gall. p. 448.

— Koch , Syn. p. 696. — *Ophrys æstivalis*. Poir. Ency.
4. p. 567. — *Ophrys spiralis. var. γ*. Linn. 1340. (*ex
Hagenb.*).

Hall. Helv. tab. 38. — Mich. Nov. Gen. tab. 26. fig. 2.

Racine composée de 2—4 tubercules fusiformes , allongés ;
tige de 15—25 centim., grêle, presque glabre, feuillée dans
le bas ; feuilles lancéolées-linéaires, étroites, demi-dressées ,
vertes, pliées en carène : les supérieures plus petites, engaînantes, acuminées ; épi allongé, grêle, tordu en spirale ;
bractées ovales-acuminées, plus longues que l'ovaire ; fleurs
petites, blanchâtres, écartées, à divisions latérales extérieures
libres , la supérieure connivente avec les 2 latérales intérieures, libres au sommet ; tablier un peu déprimé à la
base, ovale, obtus, étalé, un peu crénelé sur les côtés. ♃
(Juillet, août).

Les pâturages et les prés humides et fangeux : au bord du lac à
Yverdon. — Nyon, au marais de Duilliers et de Coinsins (Gaud.). —
Au marais de Divonne (Reut.). — Bâle, dans les lieux humides autour
de Neudorf (Hagenb.). — Morges (Rapin).

2. S. d'automne. — *S. autumnalis.*

Rich. Orch. 57. — Gaud. Fl. helv. 5. p. 478. — Koch ,
Syn. p. 696. — *Neottia spiralis* (Sw.). DC. Fl. fr. n.
2035. — Duby, Bot. gall. p. 448. — *Ophrys spiralis.*
Linn. Sp. 1340. (*excl. var. γ.*). — Poir. Ency. 4. p. 567.
Moris. sect. 12. tab. 14. fig. 5. — J. Bauh. Hist. 2. p.
769. fig. 1. (*ferè ead.*). — Dalech. Hist. p. 1535. fig. 5.
(*benè*). — Dod. pempt. p. 259. fig. 2. — Lob. ic. 1. p.
186. fig. 1. (*ead.*).

Tubercules plus courts que dans l'espèce précédente,
ovoïdes, oblongs, garnis souvent de quelques fibres ; tige de
1—2 décim., grêle, dépourvue de feuilles, munie d'écailles
engaînantes, acuminées ; feuilles radicales ovales ou ovales-
oblongues, aiguës, étalées, un peu glauques, rétrécies en
un court pétiole à la base, et réunies en faisceau latéral ;
épi pubescent, grêle, allongé, tordu en spirale ; bractées

ovales, acuminées, plus longues que l'ovaire; fleurs blanches, petites, odorantes, pubescentes, à divisions supérieures
lancéolées, conniventes, ouvertes au sommet; tablier obovale, échancré, un peu crénelé. ♃ (Août—octobre).

Les prés et les pâturages humides : Salins, dans les prés, aux Arsures, à gauche de la route d'Arbois; sur Arèle, du côté des vignes de
Chandeneux; à Bellague, au-dessus de l'entrepôt de Dournon; dans
les clairières du bois de Chailluz, près de Besançon; au bord de la forêt
de Chaux, à la Grande-Loye. — Aux environs d'Ornans (Girod-Chantrans). — Genève, parmi les bruyères de la plaine Saint-Georges,
derrière le bois de la Bâtie; au bord du Rhône, sous Aïre, etc. (Reut.).
— Bâle, autour d'Olsberg, de Delémont, etc. (Hagenb.). — Porentruy, fréquent (Thurmann).

TRIBU III. — MALAXIDINÉES. Koch.

Anthère libre; pollen céracé ou composé de granules à la
fin réunis en une masse compacte.

9. CORALLORHIZE. — *CORALLORHIZA*. Hall.

Feurs légèrement pédonculées; divisions supérieures du
périgone libres, rapprochées en casque, les 2 extérieures
latérales déjetées, contiguës au tablier obovale-oblong, canaliculé à la base, un peu échancré de chaque côté, à éperon court, caché dans les lobes extérieurs du périgone;
anthère libre, terminale, caduque; pollen composé de 4
petites masses solides, presque globuleuses, à la fin réunies
en une seule céracée.

1. C. de Haller. — *C. Halleri.*

Rich. Orch. 39. — Duby, Bot. gall. p. 450. — Gaud. Fl.
helv. 5. p. 485. — *Cymbidium corallorhiza* (Sw.). DC.
Fl. fr. n. 2047. — *Ophrys corallorhiza.* Linn. Sp. 1339.
— Poir. Ency. 4. p. 567. — *Corallorhiza innata* (Brown).
Koch. Syn. p. 696.

Hall. Helv. tab. 44. — Moris. sect. 12. tab. 16. fig. 21. —
J. Bauh. Hist. 5. p. 2. p. 783. fig. 1. — Clus. Hist. 2.
p. 120. fig. 2. — Tabern. ic. p. 848. fig. 2.

Racine horizontale, formée de ramifications irrégulières,
flexueuses, charnues, semblables à des branches de corail ;
tige haute de 15—20 centim., glabre, cylindrique, tendre,
blanchâtre, dépourvue de feuilles, munie de quelques
écailles engaînantes, tubuleuses, roussâtres ; épi grêle,
composé de 5—10 fleurs un peu écartées, petites, d'un
blanc verdâtre, d'abord dressées, ensuite pendantes, portées sur des pédicelles beaucoup plus courts que l'ovaire
oblong, non tordu, munies à la base de bractées blanchâtres,
petites, étroites, ordinairement plus courtes que les pédicelles ; divisions extérieures du périgone aiguës, les 2 latérales pendantes de chaque côté du tablier et paraissant en
faire partie ; tablier ovale-oblong, blanc, en gouttière, un
peu échancré de chaque côté, ponctué de pourpre à la base.
♃ (Juin—août).

Les forêts de sapins du haut Jura : au fond du Creux-du-Vent, au
pied des sapins, près de la fontaine. — Sur la montagne Darnain ; à
la combe de Pelu ; à la Jacques, à Sombaille ; au haut du bas Mon-
sieur, et près de la Chaux-de-Fonds (Gagnebin). — Sur le Montendre (Péterson). — A Entre-deux-Monts, près du Locle ; au bord de
la Combe, près des Ponts (Depierre, cat.). — Dans les bois au-dessus
des Ponts ; à la Brevine ; sur le mont Damain (L. Benoît, cat.). —
Bâle, dans les bois ombragés de la vallée de Delémont, etc. (Hagenb.).

TRIBU IV. — CYPRIPÉDIÉES. Koch.

Fleurs à deux étamines.

10. SABOT. — *CYPRIPEDIUM*. Linn.

Fleur pédonculée, dirigée en avant ; divisions du périgone
étalées, presque en croix ; tablier grand, renflé en sac ouvert en dessus, en forme de sabot ; gynostème trifide au
sommet, à lobes latéraux antérifères, le moyen stérile,
concave, en forme de bouclier, recouvrant le stigmate
oblong, situé entre les anthères ; ovaire non tordu.

1. S. de Vénus. — *C. Calceolus.*

Linn. Sp. 1346. — DC. Fl. fr. n. 2050. — Duby. Bot. gall.
p. 451. — Gaud. Fl. helv. 5. p. 490. — Poir. Ency. 6.
p. 381. — Koch, Syn. p. 697.

Hall. Helv. tab. 43. — Lam. illust. tab. 729. fig. 1. —
Tournef. Inst. tab. 249. — Barr. ic. fig. 260. — Moris.
sect. 12. tab. 11. fig. 14. — J. Bauh. Hist. 3. p. 2. p.
518. fig. 1. — Clus. Hist. 1. p. 272. fig. 1. — Dalech.
Hist. p. 1146. fig. 1. — Dod. pempt. p. 180. fig. 1. —
Lob. ic. p. 312. fig. 2. (*ead.*).

Racine rampante, garnie de longues fibres blanchâtres ;
tige haute de 5—4 décim. et souvent davantage, feuillée,
munie à la base d'écailles engaînantes, roussâtres ; feuilles
nerveuses, fermes, d'un vert foncé, grandes, pubescentes
sur les nervures, particulièrement en dessous, embrassant
la tige : les inférieures ovales, aiguës, les supérieures
ovales-lancéolées et lancéolées-acuminées ; fleurs 1—2,
terminales, très grandes, pédonculées, penchées, munies
à la base d'une bractée très grande, foliacée ; divisions du
périgone au nombre de 4, étalées, disposées en croix,
souvent un peu contournées, aiguës, d'un brun pourpre, la
supérieure ovale-lancéolée, les 2 latérales linéaires-lancéolées, plus étroites, l'inférieure lancéolée, souvent bifide au
sommet, provenant de la soudure des divisions latérales
extérieures du périgone ; tablier ample, plus court que les
autres divisions du périgone, un peu oblique, presque pendant, enflé en sac ou en sabot, ouvert en dessus à la base,
ovoïde ou oblong, un peu comprimé, jaunâtre, veiné, marqué en dedans de lignes et de points pubescents de couleur
purpurine. ♃ (Mai, juin).

Les bois des montagnes aux lieux ombragés : au Creux-du-Vent, au
lieu dit le Rochat ; à la côte de Noiraigue. — A Salève, dans les endroits
herbeux ; au-dessus d'Archamp, en petite quantité, environ à la moitié de la hauteur, à droite du lieu où croit l'*Atragene Alpina*. On l'indique aussi aux environs de Monetier (Reut.). — Neuchâtel, au pied des

moulins de Pertuis, et à Pertuis de Combe-Grède (Gagnebin). — A Chaumont (L. Benoît, cat.). — Nyon, aux Côtes au-dessus de Trélex (Mme Prior). — Bâle, très rare.

FAMILLE CXI.

Iridées. Juss.

Périgone tubuleux à la base, adhérent à l'ovaire, à 6 divisions pétaloïdes ; étamines 3, insérées à la base des divisions extérieures du périgone ; anthères oblongues, à 2 loges s'ouvrant en dehors ; ovaire à 3 loges, à ovules nombreux, disposés sur 2 rangs ; placentas centraux ; stigmates 3, simples ou laciniés ou pétaloïdes ; capsule à 3 loges, à 3 valves, portant au milieu les cloisons ; graines sur 2 rangs à l'angle interne des loges. Embryon dans un périsperme charnu ou corné. — Herbes à racine tubéreuse, à feuilles alternes, en glaive ou linéaires ; spathe membraneuse, uniflore, à 2 valves.

1. IRIS. — *IRIS.* Linn.

Périgone tubuleux à la base, à 6 divisions pétaloïdes, 3 externes grandes, étalées-réfléchies, 3 internes plus petites, dressées ou conniventes ; étamines 3, distinctes ; style court, prolongé en 3 grands lobes pétaloïdes stigmatiques, souvent échancrés, recouvrant les étamines.

§ 1. *Divisions extérieures du périgone barbues à la base interne.*

1. I. Germanique. — *I. Germanica.*

Linn. Sp. 55. — DC. Fl. fr. n. 1990. — Duby, Bot. gall. p. 451. — Gaud. Fl. helv. 1. p. 90. — Lam. Ency. 3. p. 294. — Koch, Syn. p. 700.

Chaum. Fl. méd. tab. 303. — Bull. Herb. tab. 141. — Moris. sect. 4. tab. 5. fig. 4. (*series* 3.). — J. Bauh. Hist. 2. p.

709. fig. 1. — Clus. Hist. 1. p. 219. fig. 1. — Tabern.
ic. p. 648. fig. 1. — Dalech. Hist. p. 1611. fig. 1.

Racine épaisse, horizontale, charnue, noueuse, garnie
de fibres, d'une saveur âcre et d'une odeur de violette
lorsqu'elle est sèche; tige haute de 3—5 décim., rameuse,
lisse, fistuleuse; feuilles distiques, planes, ensiformes,
longues d'environ 3 décim., un peu courbées en faux,
glabres, entières, comme dans les autres espèces de ce
genre, s'engaînant les unes dans les autres à la base;
spathes oblongues, obtuses, scarieuses, situées à la base
des pédoncules; fleurs grandes, odorantes, d'un pourpre
violet foncé, à divisions extérieures du périgone larges,
obovales, planes, étalées-réfléchies, veinées, munies à la
base d'une raie barbue, à poils blanchâtres ou jaunâtres, les
intérieures ovales, dressées; stigmates pétaloïdes, bifides, à
lobes aigus. ♃ (Mai, juin). Vulg. *Flambe, Glias.*

Sur les rochers et les vieux murs : Salins, sur les rochers au-dessous
du château de Vaugrenans, et le long de la route de Saint-Joseph, au-
dessus de la Baume-au-Soulier; sur les rochers à Château, avec le
Sempervivum tectorum, etc. — Bâle, sur les murs du château de
Monchenstein, etc. (Hagenb.). — Sur le Wuache, près du village de
Chaumont (Reut.). — Racine fraiche purgative, à haute dose vénéneuse, sèche incisive et apéritive, sialagogue étant mâchée; mise dans
le linge, elle lui donne une odeur de violette fort agréable; ses pétales,
pilés avec de la chaux et macérés, donnent le *vert d'Iris* employé dans
la peinture en détrempe et à l'aquarelle.

§ 2. *Divisions extérieures du périgone non barbues.*

2. I. Faux-Acore. — *I. Pseud'Acorus.*

Linn. Sp. 56. — DC. Fl. fr. n. 1993. — Duby, Bot. gall.
p. 452. — Gaud. Fl. helv. 1. p. 92. — Lam. Ency. 3. p.
299. — Koch, Syn. p. 701.

J. Saint-Hil. Pl. fr. tab. 199. — Bull. Herb. tab. 157. —
Moris. sect. 4. tab. 6. fig. 11. — J. Bauh. Hist. 2. p. 732.
fig. 1. (*pessima*). — Tabern. ic. p. 645. fig. 1. — Dalech.

Hist. p. 1619. fig. 1. (*pessima*). — Dod. pempt. p. 248.
fig. 1. — Lob. ic. p. 58. fig. 1. (*ead.*).

Racine longue, rameuse, formant une souche horizontale
charnue, épaisse, fibreuse, rougeâtre intérieurement; tige
haute de 9—12 décim., cylindrique, un peu comprimée,
souvent flexueuse au sommet; feuilles allongées, lancéolées-
linéaires, acuminées, ensiformes; de la longueur des tiges
et quelquefois même plus longues, engaînantes à la base, à
nervure dorsale saillante; spathes verdâtres, un peu renflées, aiguës, situées à la base des pédoncules; fleurs
grandes, d'un beau jaune, pédonculées, terminales; divisions extérieures du périgone ovales, grandes, onguiculées;
non barbues; agréablement veinées de lignes d'un pourpre
noirâtre, étalées-réfléchies, les intérieures linéaires, dressées, presque spatulées, plus courtes et plus étroites que les
lanières échancrées du stigmate; capsule trigone, oblongue,
aiguë. ⚥ (Juin, juillet). Vulg. *Iris* ou *Glayeul des marais, Iris jaune.*

Le long des ruisseaux, dans les marais et les fossés : aux environs de
Salins; de Besançon; de Montbéliard; de Bâle; de Soleure; de Genève;
de Neuchâtel, etc. — Sa racine est astringente et vénéneuse; bouillie
avec la couperose, elle donne une couleur noire et ses fleurs une couleur jaune; ses graines torréfiées ont été proposées comme succédanées
du café.

3. I. fétide. — *I. fœtidissima.*

Linn. Sp. 57. — DC. Fl. fr. n. 1994. — Duby, Bot. gall. p.
452. — Koch, Syn. p. 701. — *I. fœtida.* Lam. Ency. 3.
p. 299.

Chaum. Fl. méd. tab. 205. — Moris. sect. 4. tab. 5. fig. 2.
— J. Bauh. Hist. 2. p. 751. fig. 1. et 2. — Tabern. ic. p.
650. fig. 2. — Dalech. Hist. p. 1621. et 1622. fig. 1. — Dod.
pempt. p. 247. fig. 2.

Racine épaisse, horizontale, garnie de fibres; tige haute
de 3—5 décim., multiflore, assez grêle, un peu comprimée,
anguleuse d'un côté; feuilles ensiformes, lancéolées-linéaires,

étroites, dressées, striées-nerveuses, d'un vert obscur, acuminées, presque de la longueur de la tige, engaînantes à la
base, répandant une odeur fétide lorsqu'elles sont froissées ;
fleurs d'un bleu gris ou plombé, rayées de noir, de grandeur
médiocre, pédonculées, solitaires dans une spathe assez
grande ; divisions extérieures du périgone moins larges que
dans l'espèce précédente, obovales-oblongues, les intérieures
plus étroites, oblongues-lancéolées, rétrécies à la base,
égalant ou dépassant peu les lanières du stigmate ; ovaire
trigone ; capsule renfermant des graines d'un beau rouge
vif, luisantes, globuleuses, presque charnues, en forme de
baie de la grosseur d'un pois, persistant très long-temps
attachées sur les valves étalées de la capsule, et se faisant
remarquer de très loin dans cet état. ♃ (Juin, juillet).

Cette espèce, qui ne se trouve pas en Suisse, n'est pas rare dans les
bois un peu humides des environs de Salins ; dans les bois de Poupet ;
de Bovard ; de Château ; de Bagney ; d'Onay ; de la Chapelle ; de Mouchard, etc.

4. I. de Sibérie. — *I. Sibirica.*

Linn. Sp. 57. — Gaud. Fl. helv. 1. p. 94. — Koch, Syn.
p. 702. — *I. pratensis.* Lam. Ency. 3. p. 300. — DC. Fl.
fr. n. 1997. — Duby, Bot. gall. p. 452.
Lam. illust. tab. 55. fig. 4. — Moris. sect. 4. tab. 6. fig. 13.
— J. Bauh. Hist. 2. p. 728. fig. 1. et 2. et p. 729. fig. 1
Clus. Hist. 1. p. 229. fig. 1. et 2. (*ic. Dod.*). — Tabern.
ic. p. 649. fig. 1. — Dod. pempt. p. 246. fig. 1. — Lob.
ic. p. 69. fig. 2.
Racine garnie d'un grand nombre de fibres noirâtres ; tige
grêle, haute de 6—9 décim., cylindrique, plus longue que
les feuilles, fistuleuse, nue à sa partie supérieure ; feuilles
étroites, allongées, linéaires, ensiformes, acuminées ; fleurs
2—4, d'un beau bleu, assez grandes, odorantes, portées sur des pédoncules inégaux ; spathes un peu courtes,
lâches, lancéolées, aiguës, blanchâtres, scarieuses ; divisions extérieures du périgone obovales, rétrécies en on-

glet court d'un brun jaunâtre, à lame d'un bleu clair, agréablement veinée de violet : les intérieures dressées, elliptiques, également rétrécies en onglet, violettes, à veines plus foncées, plus longues que les lanières bifides et dentées au sommet du stigmate. ⚥ (Juin).

Les prés humides : dans la vallée de Joux , entre l'Abbaye et les Bioux (Schl., Ed. Boissier, Leresche, Muret.). — Bâle, à Michelfeld (*hodiè desideratur.* Hagenb.).

2. GLAYEUL. — *GLADIOLUS.* Linn.

Périgone en cornet, à 6 divisions inégales, presque disposées en 2 lèvres ; étamines ascendantes ; style allongé ; stigmates 3 , oblongs , étalés ; capsule trigone ; graines presque ailées.

1. G. commun. — *G. communis.*

Linn. Sp. 52. — DC. Fl. fr. n. 1999. — Duby, Bot. gall. p. 452. — Lam. Ency. 2. p. 723. — Gaud. Syn. p. 28. — Koch , Syn. p. 699. — *G. palustris.* Gaud. Fl. helv. 1. p. 97.

J. Saint-Hil. Pl. fr. tab. 172. — Lam. illust. tab. 32. fig. 4, —Bull. Herb. tab. 8.—Moris. sect. 4. tab. 4. fig. 3. et 4. — Dod. pempt. p. 209. fig. 1. — Lob. ic. p. 98. fig. 2. (*ead.*).

Bulbe ovoïde, charnue, recouverte d'une tunique filamenteuse ; tige simple, dressée, feuillée, haute de 3—5 décim. ; feuilles radicales plus longues que celles de la tige, étroites, ensiformes, aiguës, nerveuses, glabres, comme toute la plante, embrassant la tige par une gaîne comprimée latéralement à la manière des *Iris;* fleurs 5—8, en épi unilatéral un peu lâche, sessiles, grandes, alternes, horizontales, ordinairement purpurines, munies à la base de 2 spathes bractéiformes, opposées, dressées, inégales, raides, nerveuses, lancéolées, l'extérieure plus grande ; périgone à tube court légèrement courbé, à divisions onguiculées, les supérieures conniventes, les inférieures en spatule, presque égales, un peu écartées. ♃ (Mai, juin).

Cultivé dans les jardins comme plante d'ornement. — Aux environs de Baume et ailleurs (Girod-Chant.).

2. G. embriqué. — *G. imbricatus.*

Linn. Sp. 52. — Gaud. Syn. p. 28. — Koch, Syn. p. 699. — *G. communis.* Gaud. Fl. helv. 1. p. 97. — *G. Marschallii.* Poir. Ency. supp. 2. p. 789.
Reichenb. Cent. 6. fig. 818.

Cette plante se rapproche beaucoup de la précédente, dont elle diffère par sa bulbe plus petite, toujours double; par sa tige plus grêle, ses fleurs plus petites, plus nombreuses, en grappe unilatérale plus serrée, caduques en herbier; par son périgone à tube courbé, à divisions supérieures latérales réfléchies au sommet, les inférieures ovalescunéiformes, inégales, les 2 latérales plus courtes; enfin par sa capsule courte, presque pyriforme. ♃ (Mai, juin).

Entre Burdigny et Thoiry (J. B.). — Nyon, sur le bord de la Promenthouse, près de son embouchure (Monnard). — Cultivé en Suisse dans les jardins.

5. SAFRAN. — *CROCUS.* Linn.

Périgone à tube grêle, très long, à limbe régulier en cloche, à 6 divisions; étamines insérées sur le tube; stigmates 5, colorés, élargis et incisés ou dentés au sommet.

1. S. printanier. — *C. vernus.*

All. Fl. ped. n. 509. — DC. Fl. fr. n. 2003. — Duby, Bot. gall. p. 453. — Gaud. Fl. helv. 1. p. 87. — Poir. Ency. 6. p. 584. — Koch, Syn. p. 698. — *C. sativus var. β. vernus.* Linn. Sp. 50.
Moris. sect. 4. tab. 2. fig. 5. et 4. — J. Bauh. Hist. 2. p. 641. fig. 1. — Clus. Hist. 1. p. 205. et 204. fig. 1. et 2.

Bulbes géminées, placées l'une sur l'autre et recouvertes d'une enveloppe filamenteuse brunâtre ; feuilles toutes radicales, très étroites, longues, dressées, glabres, linéaires, un peu obtuses au sommet, à carène un peu large et blanchâtre, sortant avec la hampe d'une gaîne membraneuse, composée d'écailles inégales, sèches, minces, scarieuses, striées, souvent ponctuées, tronquées obliquement au sommet et se recouvrant les unes les autres ; hampes 1—3, simples, hautes de 5—8 centim., presque triangulaires, égales ou un peu plus courtes que les feuilles, entourées à la base d'une spathe engaînante très mince, d'un blanc argenté ; fleurs assez grandes, violettes, blanches ou rayées de lignes violettes, ayant le port de la *Colchique ;* périgone à tube allongé, à limbe à 6 divisions profondes, dressées, elliptiques ou lancéolées, plus courtes que le tube, les 3 intérieures un peu plus petites, barbues à la gorge ; stigmate dressé, trifide, de couleur orangée, atteignant ordinairement la moitié de la longueur du limbe du périgone, à lanières dressées, dilatées en crête et dentées au sommet ; anthères égalant les filets barbus à la base ; capsule non striée. ♃ (Mars , avril).

Cette plante n'est pas rare dans les pâturages du haut Jura, peu après la fonte des neiges : à la sortie de la forêt de sapins en allant de Salins à Censeau ; aux environs de Pontarlier ; de Champagnole ; du Locle ; des Ponts ; de Bâle ; de Bellelay ; près de Burtigny ; à Gingins, etc.; au sommet du Salève ; sur la Dôle ; le Suchet ; le Mont-d'Or, etc. — Le Mont-Terrible, commun (Thurmann).

FAMILLE CXII.

Amaryllidées. R. Brown.

Périgone monophylle tubuleux, adhérent à l'ovaire, à 6 divisions pétaloïdes, à estivation embriquée, les 3 extérieures recouvrant les autres, souvent muni d'une couronne à la gorge ; étamines 6, épigynes, à filets libres, rarement soudés, à anthères introrses ; ovaire infère ; style simple ; stigmate quelquefois trilobé ; capsule à 3 loges polyspermes, à 3 valves portant les cloisons au milieu. Embryon presque droit; périsperme charnu; radicule tournée vers l'ombilic. — Racine bulbeuse (dans nos espèces), à tuniques concentriques; hampe à 1, rarement 2 fleurs sortant d'une spathe.

α. Périgone muni d'une couronne à la gorge.

1. NARCISSE. — *NARCISSUS*. Linn.

Périgone en soucoupe, à limbe régulier à 6 divisions, muni à la gorge d'une couronne pétaloïde (*nectaire*, Linn.) cylindrique ou en cloche, renfermant 6 étamines insérées sur le tube, les alternes plus courtes; stigmate trifide.

§ 1. *Périgone à tube allongé, à couronne courte, évasée.*

1. N. des poètes. — *N. poeticus.*

Linn. Sp. 414. — DC. Fl. fr. n. 1979. — Duby, Bot. gall. p. 455. — Gaud. Fl. helv. 2. p. 473. — Poir. Ency. 4. p. 422. — Koch, Syn. p. 702.
Bull. Herb. tab. 306. — Barr. ic. fig. 959. — Moris. sect. 4. tab. 8. fig. 1. — J. Bauh. Hist. 2. p. 600. fig. 1. — Tabern. ic. p. 609. fig. 2. — Dalech. Hist. p. 1517. fig. 1. — Dod. pempt. p. 223. fig. 1. — Lob. ic. p. 112. fig. 1. (*ead.*).
Bulbe ovoïde; feuilles toutes radicales, presque de la longueur de la hampe, linéaires, obtuses, étroites, presque planes, un peu glauques, obtusément carénées, entourées d'une gaîne membraneuse à la base; hampe comprimée, à 2 angles, striée, uniflore, rarement biflore, haute d'environ 2—3 décim.; spathe allongée, mince, scarieuse, lancéolée; fleur grande, d'une odeur très agréable, un peu penchée; périgone à 6 divisions planes, ovales, mucronées, d'un blanc pur, étalées, muni à la gorge d'une couronne courte, en roue, jaunâtre, crénelée, à bord d'un beau rouge écarlate; capsule obovoïde, assez grosse. ♃ (Mai). Vulg. *Jeannettes.*

Commun dans les prés montagneux : Salins, dans les prés de la tuilerie de Clucy ; dans les prés de Dournon ; de Villeneuve ; de Levier ;
de Boujaille ; de Lemuy, etc. — Çà et là aux environs de Nyon (Gaud.).
— Sur la Dôle et le Creux-du-Vent. — Dans le val de Motiers-Travers ;
autour de la Brevine ; aux Combes de Vallanvron ; au Cul-des-Prés
(Gagnebin). — Sur le mont Aubert, au-dessus de Grandson (Ducros).
— Genève, çà et là dans les prés : au bord de l'Arve, près des jardins ;
à Collonge-sous-Salève (Reut.). — Bâle, dans les prés, rare (Hagenb.).

β. Angustifolius. Gaud. Syn. p. 270. — Divisions du
périgone blanchâtres, lancéolées-acuminées, écartées ;
feuilles larges de 4—6 millim., plus courtes que la hampe.

Sur la Dôle ; à la Sèche-des-Embornats (Gaud.).

2. N. à deux fleurs. *N. biflorus.*

Curt. Bot. mag. tab. 197. — DC. Fl. fr. supp. n. 1980[a] ? —
Duby, Bot. gall. p. 455? — Poir. Ency. 4. p. 427. —
Gaud. Fl. helv. 2. p. 474. — Koch, Syn. p. 703.
Clus. Hist. 1. p. 156. fig. 1. (*bona*). — Dod. pempt. p.
223. fig. 2. (*ead.*). — Lob. ic. p. 124. fig. 1. (*ead.*).

Port de l'espèce précédente ; feuilles dressées, un peu
glauques, linéaires, obtuses presque planes, un peu larges,
obtusément carénées, à bords un peu infléchis, plus longues
que la hampe qui est striée, comprimée, à 2 angles, biflore,
rarement à 1, 3 fleurs ; spathe grande, un peu enflée, tubuleuse à la base, ordinairement à 2 lobes ; fleurs penchées,
presque de même grandeur que dans l'espèce précédente,
mais d'une odeur moins agréable ; périgone à divisions
ovales, jaunâtres, à couronne très courte, jaune, en soucoupe, bordée de crénelures blanchâtres et scarieuses.
♃ (Mai).

Nyon, sur les bords du Boiron, autour des carrières où elle est
commune, probablement échappée des jardins (Gaud.). — Genève,
dans les prés, çà et là, entre Drize et Troënex ; près de Sierne, au
Petit-Sacconex (David, in Reut.).

§ 2. *Périgone à tube court, à couronne en cloche allongée.*

5. N. Faux-Narcisse. — *N. Pseudo-Narcissus.*

Linn. Sp. 414. — DC. Fl. fr. n. 1980. — Duby, Bot. gall.
p. 454. — Gaud. Fl. helv. 2. p. 475. — Poir. Ency. 4. p.
422. — Koch, Syn. p. 703.
J. Saint-Hil. Pl. fr. tab. 268. — Barr. ic. fig. 929. et 930.
— Moris. sect. 4. tab. 8. fig. 10. — J. Bauh. Hist. 2. p.
591. fig. 1. — Tabern. ic. p. 611. fig. 2. — Dod. pempt.
p. 227. fig. 1. — Lob. ic. p. 117. fig. 2. (*ead.*).

Bulbe ovoïde ; feuilles toutes radicales, presque de la
longueur de la hampe, d'un vert un peu glauque, linéaires,
obtuses, un peu épaisses, légèrement canaliculées ; hampe
de 2—3 décim., un peu comprimée, à 2 angles, légèrement
striée, uniflore, rarement biflore ; spathe lancéolée, mince,
scarieuse ; fleur grande, d'un beau jaune, penchée ou horizontale, portée sur un court pédoncule caché dans la spathe ;
périgone obconique, à 6 divisions ascendantes ou étalées,
ovales-lancéolées, d'un jaune pâle, quelquefois presque
blanchâtre, à couronne d'un jaune plus foncé, en cloche allongée un peu évasée au sommet et dentée-crénelée. ♃
(Mars, avril). Vulg. *Olives.*

Commun dans les bois de taillis, surtout un an ou deux après la
coupe : Salins, à Poupet, aux Emboussous, contre la côte Guillaume ;
dans le bois de Chaudreux ; aux Aiguillons de Saisenay ; dans le bois de
Château ; parmi les buissons en allant de Dournon à la Grange de la
Mare, etc. — A Tête-de-Rangz, et sur la montagne de la Tourne
(L. Benoit, cat.). — Dans les vergers au Val-de-Ruz (Depierre, cat.).
— Sur la Dôle (Gaud.). — A Thoiry (Reut.). — Aux environs de
Bâle : près de Liestal ; entre Monchenstein et Arlesheim, etc. (Ha-
genbach).

β. *Périgone dépourvu de couronne à la gorge.*

2. NIVÉOLE. — *LEUCOÏUM.* Linn.

Périgone à 6 divisions égales, rapprochées en cloche
épaissie au sommet ; étamines égales ; stigmate simple, aigu.

1. N. printanière. — *L. vernum.*

Linn. Sp. 414. — DC. Fl. fr. n. 1984. — Duby, Bot. gall.
p. 457. — Gaud. Fl. helv. 2. p. 472. — Poir. Ency. 5.
p. 175. — Koch, Syn. p. 703.
Lam. illust. tab. 250. fig. 1. — J. Bauh. Hist. 2. p. 590.
fig. 1. et 2. (*pessima*). — Clus. Hist. 1. p. 168. fig. 1.
(*ic. Dod.*). — Tabern. ic. p. 613. fig. 2. — Dalech.
Hist. p. 1525. fig. 2. — Dod. pempt. p. 230. fig. 2. —
Lob. ic. p. 125. fig. 1. (*ead.*).

Bulbe ovoïde, arrondie; feuilles 3—4, planes, un peu
élargies, linéaires, obtuses, d'un vert foncé, plus courtes
que la hampe, enveloppées à la base de gaînes membraneuses; hampe striée, à 2 angles peu saillants, haute d'environ 2 décim., terminée par une fleur blanche, rarement 2,
penchée ou pendante, d'une odeur très agréable, portée sur
un pédoncule grêle presque entièrement caché dans la spathe
lancéolée, obtuse, tubuleuse à la base, d'un vert blanchâtre, particulièrement sur les bords; périgone en cloche à
divisions ovales, conniventes, terminé en appendice court,
épais, obtus, verdâtre; anthères allongées, blanchâtres, à
2 loges s'ouvrant par un trou au sommet; style blanc en
massue, verdâtre au sommet, terminé par un stigmate court
linéaire; ovaire pyriforme. ♃ (Février, mars).

Commune dans les bois et les prés humides : Salins dans les bois de
Racine; de Château; dans les prés au-dessus du Gout-de-Conche (et
aussi à 2 fleurs, Th. Babey), etc.; dans le vallon au-dessous de Morre,
près de Besançon. — Autour de Bonmont et de Trélex (Gaud.). — Au
Cul-des-Prés; à Auvernier (L. Benoît, cat.). — Au Saut-du-Doubs; à
Goudebas (Depierre, cat.). — Sur les pentes au pied de Salève, parti-
culièrement à gauche du Pas-de-l'Échelle (Reut.). — Bâle, sur le mont
Mutet; près de Liestal; d'Arisdorf (Hagenb.).

3. GALANTINE. — *GALANTHUS.* Linn.

Périgone à 6 divisions, les 3 extérieures demi-étalées, les
intérieures plus courtes, dressées, échancrées au sommet;
étamines égales; stigmate simple.

1. G. Perce-neige. — *G. nivalis*.

Linn. Sp. 413. — DC. Fl. fr. n. 1987. — Duby, Bot. gall.
p. 457. — Gaud. Fl. helv. 2. p. 471. —Lam. Ency. 2.
p. 590. — Koch, Syn. p. 703.

J. Saint-Hil. Pl. fr. tab. 154. (*perigonium* 12 *partitum*).
Lam. illust. tab. 230. — Moris. sect. 4. tab. 9. fig. 23.
— J. Bauh. Hist. 2. p. 591. fig. 1. — Clus. Hist. 1. p.
169. fig. 1. (*ic. Dod.*). — Tabern. ic. p. 614. fig. 1. —
Dalech. Hist. p. 1526. fig. 1. — Dod. pempt. p. 230. fig.
1. — Lob. ic. p. 123. fig. 2. (*ead.*).

Bulbe ovoïde ; feuilles 2—3, ordinairement plus courtes
que la hampe, planes ou un peu carénées, linéaires-obtuses,
un peu élargies dans le haut, entourées à la base d'une
membrane mince, engaînante, tronquée au sommet ; hampe
cylindrique, uniflore, haute de 15—20 centim. ; spathe cylindrique, tubuleuse à la base, blanche et membraneuse
sur les bords, souvent courbée et bifide au sommet ; fleur
blanche, inodore, assez grande, penchée, portée sur un
pédicelle grêle caché en partie dans la spathe ; divisions extérieures du périgone obovales-oblongues, rétrécies à la
base, striées en long, les intérieures une fois plus courtes,
oblongues - obcordées, marquées au sommet d'une tache
verdâtre en forme de croissant ; étamines plus courtes que
les divisions intérieures du périgone, à filets très courts,
sétacés, portant des anthères dressées, à 2 loges, lancéolées-
acuminées, en cœur à la base ; style filiforme plus long que
les étamines ; capsule ovoïde, à 3 loges, à 3 valves, à
graines ovoïdes. ♃ (Février, mars).

Dans les prés couverts et montagneux, où elle n'est pas commune : à
la Chaux-de-Fonds ; à Trélex, près de Nyon (Gaud.). — Aux environs
de Dombresson, à Moutru (L. Benoît). — Sur les Crétets, à la Chaux-
de-Fonds (Depierre, cat.). — Bâle, autour du château de Vorburg,
près de Delémont (Hagenb.). — Morges (Rapin). — Montbéliard ;
Delle (Mut.).

FAMILLE CXIII.

Asparagées. Juss.

FLEURS unisexuelles dans un petit nombre de genres : périgone à 6, rarement 4—8 divisions ; étamines en même nombre que les divisions du périgone, à filets libres (soudées en godet dans le *Ruscus*), insérées sur le réceptacle ou sur le périgone ; anthères introrses ; ovaire libre ou adhérent, à 3 loges renfermant chacune un ou plusieurs ovules fixés à l'angle interne ; styles 1—3 ; baie succulente, presque globuleuse, à 3 loges monospermes, quelquefois à une seule par avortement. Embryon ordinairement très petit, dans un périsperme charnu ou corné. — Herbes ou sous-arbrisseaux à feuilles éparses, alternes ou verticillées ; fleurs diversement disposées, situées dans l'axe de petites bractées.

α. Fleurs hermaphrodites ; ovaire libre.

1. ASPERGE. — *ASPARAGUS* Linn.

Périgone cylindrique en cloche à 6 divisions ; étamines 6 ; ovaire à 3 loges renfermant chacune 2 ovules ; style 1 ; stigmates 3, réfléchis ; fruit en baie. —Feuilles en faisceaux, munies de stipules.

1. A. officinale. — *A. officinalis.*

Linn. Sp. 448. (*excl. var. α. et β.*). — DC. Fl. fr. n. 1853. — Duby, Bot. gall. p. 458. — Gaud. Fl. helv. 2. p. 525. —Lam. Ency. 1. p. 294. — Koch, Syn. p, 704. J. Saint-Hil. Pl. fr. tab. 943. — Lam. illust. tab. 249. — Moris. sect. 1. tab. 1. fig. 4. — J. Bauh. Hist. 3. p. 2. p. 726. fig. 1. —Tabern. ic. p. 138. fig. 1. — Clus. Hist. 2. p. 179. fig. 1. — Dod. pempt. p. 703. fig. 1. — Lob. ic. p. 786. fig. 2. (*ead.*).

Racine composée de grosses fibres charnues, fasciculées, produisant au printemps un grand nombre de pousses ou turions dressés, épais, cylindriques, tendres, écailleux, un peu renflés au sommet, comestibles, se développant insensiblement en tiges raides, hautes de 9—12 décim., dressées, lisses, très rameuses, à rameaux presque ascendants en pyramide; feuilles sétacées, nombreuses, fasciculées, molles, d'un vert gai, disposées 4—6 ensemble par faisceaux munis de petites stipules membraneuses, presque ternées, blanchâtres : les intérieures très petites; fleurs éparses, d'un vert jaunâtre, à pédoncules filiformes articulés vers le milieu, souvent dioïques par avortement, disposées 1 - 5 ensemble à l'origine des rameaux; périgone en cloche, à divisions lancéolées; baie presque sphérique, de la grosseur d'un pois, devenant d'un rouge vif en mûrissant. ⚥ (Juin, juillet).

Généralement cultivée dans les jardins potagers : Salins, dans une haie le long du chemin des vignes de Margilliens, où j'en remarque un pied depuis bien des années; j'en ai aussi observé un grand nombre de jeunes pieds, en 1836, croissant spontanément, au travers d'un champ cultivé à Saint-Joseph, après la moisson; sur les bord du lac à Yverdon. — Genève, çà et là dans les sables au bord du Rhône, sous Aïre, etc. (Reut.). — Le long du Rhin et de la Birse, et çà et là dans les haies des jardins, aux environs de Bâle (Hagenb.). — L'Asperge est diurétique et apéritive : on y a découvert un principe nouveau, l'*Asparagine*, que l'on regarde comme un calmant surtout dans les excitations du système vasculaire; cette plante communique aux urines une odeur fétide particulière, que le vinaigre fort ou l'acide hydro-chlorique font cesser. Quelques gouttes d'essence de térébenthine changent, dit-on, cette odeur fétide en une odeur de violette. Le sirop d'Asperge est sédatif.

2. STREPTOPE. — *STREPTOPUS*. Michaux.

Périgone en cloche à 6 divisions, munies à la base d'une fossette nectarifère oblongue; étamines 6, à anthères plus longues que les filets; style 1; stigmate obtus; baie à 3 loges à plusieurs graines.

1. S. à feuilles embrassantes. — *S. amplexifolius.*

DC. Fl. fr. n. 1856. — Duby, Bot. gall. p. 459. — Koch,
Syn. p. 704. — *Streptopus amplexicaulis.* Poir. Ency.
7. p. 467. — *Uvularia amplexifolia.* Linn. Sp. 436. —
Gaud. Fl. helv. 2. p. 500.

Lam. illust. tab. 247. fig. 1. — Barr. ic. fig. 720. — Moris.
sect. 13. tab. 4. fig. 11. — J. Bauh. Hist. 3. p. 2. p.
530. fig. 1. — Clus. Hist. 1. p. 276. fig. 2. (*ic. Dod.*).
— Tabern. ic. p. 756. fig. 2. — Dod. pempt. p. 346.
fig. 2.

Racine très rameuse, composée d'un grand nombre de
fibres épaisses, tortueuses, entrelacées; tige rameuse,
dressée, flexueuse, cylindrique, feuillée, haute de 3—5
décim.; feuilles ovales ou ovales-lancéolées, acuminées,
grandes, nerveuses, à 5—7 nervures principales, alternes,
embrassantes, à oreillettes arrondies; fleurs blanchâtres,
pendantes, portées sur des pédoncules axilaires, uniflores,
filiformes, allongés, genouillés-déjetés au milieu; périgone
en cloche, à 6 divisions lancéolées, réfléchies au sommet;
baie ovoïde, rouge à la maturité. ♃ (Juillet, août).

Dans les bois des hautes montagnes : Neuchâtel, au fond de la combe
Biosse, vers le mont Chasseral; à la Chaux-d'Abel; aux combes de Va-
lanvron, et au mont Pouilleret dans les abîmes (Hall.). — Au pré
Roulier (L. Benoît).

3. PARISETTE. — *PARIS.* Linn.

Périgone divisé jusqu'à la base en 8 lanières étalées horizontalement, 4 extérieures plus larges, caliciformes, et 4
intérieures très étroites, tenant lieu de corolle; étamines 8,
à filets herbacés portant les anthères soudées au milieu;
styles 4, à stigmates simples; baie à 4 loges renfermant
chacune 4—8 graines.

1. P. à quatre feuilles. — *P. quadrifolia.*

Linn. Sp. 527. — DC. Fl. fr. n. 1857. et in Ency. 5. p. 18.
— Duby, Bot. gall. p. 459. — Gaud. Fl. helv. 3. p. 49.
— Koch, Syn. p. 705.

J. Saint-Hil. Pl. fr. tab. 971. — Lam. illust. tab. 319. —
Bull. Herb. tab. 119. — Moris. sect. 15. tab. 3. fig. 6. —
J. Bauh. Hist. 3. p. 2. p. 615. fig. 1. — Tabern. ic. p.
720. fig. 1. — Dalech. Hist. p. 1515. fig. 1. — Dod.
pempt. p. 444. fig. 1. — Lob. ic. p. 267. fig. 1. (*ead.*).

Racine longue, épaisse, horizontale, garnie de fibres;
tige cylindrique, glabre, ainsi que les autres parties de la
plante, dressée, simple, uniflore, haute de 2—3 décim.,
garnie à son sommet d'un seul verticille de 4, quelquefois
de 5, rarement de 3 feuilles sessiles, étalées, d'un vert
sombre, ovales ou obovales, élargies, courtement acuminées, à 3 nervures principales; fleur verte, assez grande,
portée sur un pédoncule grêle, anguleux, long d'environ 15
centim., uniflore, terminal, sortant du milieu du verticille
de feuilles; périgone étalé, à 8 divisions, les extérieures
vertes, étroites, lancéolées-acuminées, les intérieures un
peu plus courtes, linéaires - filiformes, d'un vert jaunâtre;
filets des étamines un peu plus courts que les lanières intérieures du périgone, verdâtres, subulés, portant vers le
milieu de leur longueur, sur le côté interne, des anthères
linéaires, soudées dans toute leur longueur (j'ai des échantillons dont le périgone est à 10 lobes, 5 extérieurs et 5
intérieurs, et à 10 étamines); styles 4, linéaires, étalés ou
réfléchis, d'un pourpre noirâtre; baie d'un violet noir, globuleuse, légèrement tétragone, succulente, de la grosseur
d'une petite cerise; graines anguleuses, sur 2 rangs dans
chaque loge. ♃ (Mai, juin).

Cette plante n'est pas rare : on la trouve çà et là, dans les bois
couverts.

4. MUGUET. — *CONVALLARIA*. Linn.

Périgone globuleux ou cylindrique, à 6 dents ou lobes ;
étamines 6 ; ovaire à 3 loges à 2 ovules ; stigmate obtus,
trigone ; baie à 3 loges monospermes, tachetée à la base
avant la maturité.

§ 1. *Périgone cylindrique-en cloche, verdâtre au sommet.*
— Polygonatum. Tournef.

1. M. verticillé. — *C. verticillata.*

Linn. Sp. 451. — DC. Fl. fr. n. 1858. — Duby, Bot. gall.
p. 459. — Gaud. Fl. helv. 2. p. 527. — Poir. Ency. 4.
p. 368. — Koch, Syn. p. 705.
Moris. sect. 13. tab. 4. fig. 14. — J. Bauh. Hist. 3. p. 2. p.
531. fig. 1. — Clus. Hist. 1. p. 277. fig. 1. (*ic. Dod.*).
— Tabern. ic. p. 757. fig. 2. — Dalech. Hist. p. 1623.
fig. 2. — Dod. pempt. p. 345. fig. 2. — Lob. ic. p. 805.
fig. 1 (*ead.*).

Racine horizontale, épaisse, blanchâtre ; tige dressée,
simple, fistuleuse, raide, très feuillée, un peu rude, anguleuse, haute de 4—6 décim. ; feuilles linéaires-lancéolées,
aiguës, nerveuses, un peu rudes sur les nervures et les
bords, verticillées, ordinairement au nombre de 4 par verticille, quelquefois 3, 5, 6, plus longues que les entre-
nœuds ; fleurs petites, blanches, vertes au sommet, oblongues, tubuleuses, pendantes, à dents ou lobes obtus,
réfléchis, barbus aux extrémités, portées sur des pédoncules
axilaires, rameux, munis au-dessous de chaque fleur d'une
petite bractée blanchâtre, membraneuse, subulée ; baie
rouge, globuleuse, un peu plus grosse qu'un pois. ♃ (Juin,
juillet).

Çà et là dans les bois montagneux : Salins, dans la plupart des bois
environnants ; dans les forêts de sapins de Levier ; de Villers ; de
Boujaille ; de Censeau, etc. ; aux environs de Pontarlier ; de Champa-

gnole ; de Besançon ; au Creux-du-Vent ; sur le Thoiry ; à Salève, près d'Archamp ; au-dessus de Bonmont et de Trélex, près de Nyon, et dans les environs de Bâle, etc. — Sur le Mont-Terrible (Thurm.).

2. M. à tige anguleuse. — *C. polygonatum.*

Linn. Sp. 451. — DC. Fl. fr. n. 1859. — Duby, Bot. gall. p. 459. — Gaud. Fl. helv. 2. p. 528. — Poir. Ency. 4. p. 368. — Koch, Syn. p. 705.
J. Saint-Hil. Pl. fr. tab. 347. — Barr. ic. fig. 711. n. 1. — J. Bauh. Hist. 3. p. 2. p. 529. fig. 2. — Clus. Hist. 1. p. 176. fig. 1. (*ic. Dod.*). — Tabern. ic. p. 756. fig. 1. — Dod. pempt. p. 546. fig. 1.

Racine horizontale, épaisse, blanchâtre, garnie de fibres ; tige simple, un peu comprimée, anguleuse, arquée, haute de 3—5 décim., feuillée dans sa moitié supérieure et munie à la base de quelques écailles engaînantes lancéolées ; feuilles alternes, ovales-oblongues, embrassantes, disposées de chaque côté de la tige en forme d'ailes, d'un vert un peu glauque, nerveuses ; fleurs blanches, pendantes, tubuleuses, un peu renflées, vertes au sommet, à 6 dents ou lobes courts, obtus, un peu barbus aux extrémités, portées sur des pédoncules simples, ordinairement à une, quelquefois 2 fleurs ; baie assez grosse, noire-bleuâtre, globuleuse. ♃ (Mai, juin). Vulg. *Sceau-de-Salomon.*

Cette plante n'est pas rare dans les bois, parmi les buissons et quelquefois dans les lieux arides et pierreux : aux environs de Salins ; d'Arbois ; de Besançon ; de Genève ; de Nyon ; du Locle ; de Bâle ; au Creux-du-Vent, etc.

3. M. multiflore. — *C. multiflora.*

Linn. Sp. 452. — DC. Fl. fr. n. 1861. — Duby, Bot. gall. p. 459. — Gaud. Fl. helv. 2. p. 529. — Poir. Ency. 4. p. 369. — Koch, Syn. p. 705.
Bull. Herb. tab. 507. — Clus. Hist. 1. p. 275. fig. 2. (*ic. Dod.*). — Tabern. ic. p. 755. fig. 2. — Dalech. Hist.

p. 1625. fig. 1. — Dod. pempt. p. 345. fig. 1. — Lob. ic.
p. 637. fig. 1. (*ead.*).

Cette espèce ressemble beaucoup à la précédente, mais il
est facile de l'en distinguer. Sa tige est ordinairement plus
élevée, ayant 5—6 décim. de hauteur, cylindrique, arquée
au sommet; ses feuilles sont alternes, embrassantes, ovales-
oblongues, presque obtuses; ses fleurs sont plus petites, également verdâtres au sommet, cylindracées, à lobes lancéolés, étalés, barbus aux extrémités, au nombre de 3—6 sur un
pédoncule rameux, axilaire; filets des étamines très courts,
barbus; baie noire-violette. ♃ (Mai, juin).

Dans les bois un peu ombragés, dans les haies et les buissons, assez
commune.

β. *Major.* Gaud. Fl. helv. 2. l. c. — DC. Fl. fr. supp.
n. 1861. var. *β.* — *C. latifolia.* DC. Fl. fr. n. 1860. (*non
Jacq.*). — Tige haute de 9—12 décim., épaisse, anguleuse, moins arquée, un peu flexueuse; feuilles très grandes,
longues de 15—16 centim. et larges de 6—8, glabres, à
nervures saillantes.

Salins, dans le bois d'Ivrey, en allant à Barterans. — A Chéserex,
au pied de la Dôle, un peu au-dessous du château de Bonmont (Gaud.).

§ 2. *Périgone presque globuleux en godet, entièrement
blanc. — Lilium convallium. Tournef.*

4. M. de mai. — *C. majalis.*

Linn. Sp. 451. — DC. Fl. fr. n. 1862. — Duby, Bot. gall.
p. 459. — Gaud. Fl. helv. 2. p. 526. — Poir. Ency. 4.
p. 567. — Koch, Syn. p. 705.

J. Saint-Hil. Pl. fr. tab. 262. — Lam. illust. tab. 248. —
Bull. Herb. tab. 219. — Moris. sect. 13. tab. 4. fig. 1.
— J. Bauh. Hist. 3. p. 2. p. 531. fig. 3. et p. 535. fig.
1. — Tabern. ic. p. 754. fig. 2. — Dalech. Hist. p. 838.
fig. 1. — Dod. pempt. p. 205. fig. 1. — Lob. ic. p. 172.
fig. 2. (*ead.*).

Racine blanchâtre, rampante; feuilles ovales-lancéolées,
aiguës, pétiolées, radicales, au nombre de 2, rarement 3,
nerveuses, enveloppées à la base de 3—4 écailles lancéolées, engaînantes, minces, membraneuses, blanchâtres ou
purpurescentes; hampe latérale, demi-cylindrique, égale
ou plus courte que les feuilles, haute de 1—2 décim.,
grêle, raide, sortant des écailles de la base, un peu arquée
au sommet, terminée par une grappe de fleurs blanches,
d'une odeur très agréable, penchées ou pendantes, unilatérales, au nombre de 6—12, portées sur des pédicelles
grêles, arqués, alternes, uniflores, munis à la base d'une
petite bractée blanchâtre, lancéolée, membraneuse, de
moitié plus courte que le pédicelle; périgone presque glo-
buleux-en godet, à 6 dents ou lobes réfléchis; baie globuleuse, d'un beau rouge, de la grosseur d'un pois. ♃ (Avril,
mai).

Çà et là dans les bois montagneux et parmi les buissons. — Les fleurs
fraîches de Muguet sont céphaliques; les fleurs et les racines séchées et
réduites en poudre sont sternutatoires. On cultive une variété de cette
plante à fleurs doubles.

5. MAÏANTHÈME. — *MAÏANTHEMUM*. Wiggers.

Périgone à 4 divisions étalées ou réfléchies; étamines 4;
style 1; stigmate obtus; baie globuleuse, à 2 loges monospermes, souvent tachetée avant la maturité.

1. M. à deux feuilles. — *M. bifolium.*

DC. Fl. fr. n. 1863. — Duby, Bot. gall. p. 459. —Koch,
Syn. p. 706. — *Convallaria bifolia.* Linn. Sp. 452. —
Gaud. Fl. helv. 2. p. 531. — Poir. Ency. 4. p. 371.
Moris. sect. 13. tab. 4. fig. 7. — Barr. ic. fig. 1212. —
J. Bauh. Hist. 3. p. 2. p. 534. fig. 1. — Tabern. ic. p.
754. fig. 1. — Dalech. Hist. p. 1260. fig. 1. — Dod.
pempt. p. 205. fig. 2. — Lob. ic. p. 505. fig. 1. (*ead.*).

Racine blanchâtre, rampante, articulée, garnie de fibres aux articulations; tige simple, dressée, flexueuse au sommet, anguleuse, haute de 10—15 centim., munie à la base de quelques écailles blanchâtres, engaînantes, membraneuses, portant vers le sommet ordinairement 2 feuilles, rarement 3, alternes, en cœur, aiguës ou acuminées, à oreillettes arrondies et écartées, nerveuses, courtement pétiolées, garnies en dessous de quelques poils sur les nervures, et un peu rudes sur les bords; fleurs blanches, très petites, odorantes, au nombre de 15—20 en épi terminal pédonculé, portées sur des pédicelles grêles, uniflores, sortant au nombre de 1—2 d'une petite écaille tronquée, semblable à celle qui se trouve vers le milieu du pédoncule de la grappe; périgone à 4 divisions profondes, ovales ou oblongues, étalées ou réfléchies; anthères blanches, petites, arrondies; baie petite, d'un rouge écarlate. ♃ (Mai, juin).

Dans les bois ombragés, particulièrement dans les forêts de sapins : Salins, dans le bois du Sepois, près d'Ivory ; dans le bois de Redde, et de Château, en petite quantité ; dans les forêts de sapins d'Arc ; de Levier ; de la Joux, route de Censeau ; de Chappois, etc.; au Creux-du-Vent ; dans la forêt du Risoux, au-dessus de la Chapelle-des-Bois ; en montant au Chasseral, depuis le val Saint-Imier. — Neuchâtel, dans les forêts au-dessus des Ponts (L. Benoît, cat.). — A Pouilleret (Depierre, cat.). — à Salève (Reut.). — Bâle, sur le mont Mutet ; entre Mutenz et Monchenstein, etc. (Hagenb.).

β. *Fleurs dioïques; ovaire libre.*

6. FRAGON. — *RUSCUS.* Linn.

Fleurs dioïques. Périgone à 6 divisions étalées; étamines soudées en tube, portant 3 anthères dans les fleurs *mâles*, et nu dans les fleurs *femelles;* style court; stigmate orbiculaire; baie globuleuse, à 3 loges renfermant chacune 2 graines.

1. F. piquant. — *R. aculeatus.*

Linn. Sp. 1474. — DC. Fl. fr. n. 1866. — Duby, Bot. gall. p. 460. — Gaud. Fl. helv. 6. p. 506. — Lam. Ency. 2. p. 526. — Koch, Syn. p. 706.

Lam. illust. tab. 835. — Bull. Herb. tab. 243. — Mill. illust.
tab. 96. — Moris. sect. 13. tab. 5. fig. 1. — Barr. ic. fig.
517. — J. Bauh. Hist. 1. p. 1. p. 579. fig. 1. — Tabern.
ic. p. 863. fig. 2. — Dalech. Hist. p. 245. fig. 1. — Dod.
pempt. p. 744. fig. 1. — Lob. ic. p. 637. fig. 2. (*ead.*).

Sous-arbrisseau à racine épaisse, dure, cylindrique, rameuse, garnie de fibres; tige dressée, raide, haute de 3—4
décim., verte, glabre, finement striée, nue dans le bas,
rameuse au sommet, à rameaux ascendants; feuilles ellip-
tiques-acuminées, piquantes, nombreuses, alternes, rapprochées, presque sessiles, d'un vert foncé, dures, coriaces,
striées, munies à la base, ainsi que les rameaux, d'une
petite écaille blanchâtre, membraneuse, lancéolées-acuminées; fleurs petites, axilaires, portées sur des pédoncules
uniflores, soudés avec la nervure moyenne des feuilles jusqu'au tiers de leur longueur, et munis à ce point d'une
petite bractée lancéolée-acuminée; étamines soudées par les
filets en un petit urcéole d'un violet foncé ou bleuâtre,
terminé par les anthères dans les fleurs mâles, nu dans les
fleurs femelles et traversé par le style qui le dépasse un
peu; périgone à 6 divisions d'un blanc verdâtre, légèrement
purpurines à la base, les 3 extérieures ovales, les intérieures un peu plus courtes et plus étroites; baie globuleuse,
un peu plus grosse qu'un pois, rouge, d'une saveur dou-
ceâtre. ♄ (Mars, avril). Vulg. *Buis piquant.*

Dans les bois chauds et un peu arides des montagnes, et au pied des
rochers : Salins, dans le bois Mouchard ; dans le bois de Bagney ; de la
Chapelle, en montant à By, abondamment, et dans celui de Folle ; au
pied des rochers au-dessus de Pagnoz; à Poupet, au-dessus de Pré-
Rond et en face de la ville ; à Château, du côté de la côte de Saint-
André, etc. — Genève, dans les rocailles au Fort-de-l'Écluse et dans
les haies au Petit-Sacconex (Reut.). — La racine de cette plante est employée comme diurétique.

γ. Fleurs dioïques; ovaire adhérent.

7. TAMINIER. — *TAMUS.* Linn.

Fleurs dioïques. Périgone en cloche, à 6 divisions.
Mâles : étamines 6. *Femelles :* périgone adhérent à l'ovaire,

à 6 divisions persistantes, à 6 étamines très courtes, avortées ; ovaire à 3 loges renfermant chacune 2 ovules ; style
trifide ; stigmates réfléchis ; baie à 3 loges, chacune à 2
graines.

1. T. commun. — *T. communis.*

Linn. Sp. 1458. — DC. Fl. fr. n. 1868. — Duby, Bot. gall.
     p. 460. — Gaud. Fl. helv. 6. p. 285. — Poir. Ency. 7.
     p. 566. — Koch, Syn. p. 707.
J. Saint-Hil. Pl. fr. tab. 366. — Lam. illust. tab. 817. —
     Mill. illust. tab. 89. — Moris. sect. 1. tab. 1. fig. 6. —
     J. Bauh. Hist. 2. p. 148. fig. 1. — Tabern. ic. p. 892.
     fig. 1.— Dalech. Hist. p. 1412. fig. 1. — Dod. pempt.
     p. 401. fig. 1. — Lob. ic. p. 625. fig. 1. (*ead.*).

Racine grosse, épaisse, charnue, cylindrique, noirâtre en
dehors ; tige faible, rameuse, glabre, striée, grimpant sur
les plantes voisines, et s'élevant jusqu'à la hauteur de 2—3
mètres ; feuilles écartées, minces, en cœur, luisantes, surtout en dessous, acuminées, à 2 oreillettes arrondies, séparées par un large sinus également arrondi, à 7 nervures,
portées sur de longs pétioles grêles, munis à la base de 2
stipules lancéolées, réfléchies ; fleurs axilaires, petites, d'un
vert jaunâtre : les mâles en grappes grêles, allongées, très
lâches, longuement pédonculées, munies de petites bractées
sétacées : les femelles en grappes courtes, paniculées ; baie
arrondie, presque globuleuse, succulente, rouge, d'une saveur fétide ; graines ovoïdes, lisses. ♃ (Mai, juin). Vulg.
Vigne noire.

Dans les bois, parmi les haies et les buissons : Salins, çà et là dans
la plupart des bois environnants et dans les haies et les buissons, aux
lieux ombragés ; aux environs d'Arbois ; de Besançon ; de Genève ; de
Nyon ; de Bâle, plus rare ; à la côte de Noiraigue ; au Creux-du-
Vent, etc.

FAMILLE CXIV.

Liliacées. DC.

Fleurs hermaphrodites. Périgone libre, pétaloïde, à 6
lobes ou à 6 divisions disposées par 3 sur 2 rangs; étamines
6, insérées sur le réceptacle ou sur le périgone et opposées
à ses divisions; anthères introrses; ovaire simple, libre,
sessile, trigone, à 3 loges renfermant, dans l'angle central,
les ovules disposés sur 2 rangs; style 1, à 3 sillons ou
trigone (nul dans la *Tulipe*); stigmates 3 ou à 3 lobes;
capsule à 3 loges, à 3 valves portant les cloisons au milieu;
graines nombreuses, fixées dans l'angle central des loges.
Embryon placé dans un périsperme charnu ou cartilagineux;
radicule tournée vers l'ombilic. — Plantes herbacées, à racine ordinairement bulbeuse; feuilles engaînantes ou sessiles,
à nervures simples, parallèles; fleurs munies de spathes ou
de bractées, disposées en grappe ou en ombelle.

TRIBU I. — TULIPÉES. Koch.

Périgone à 6 divisions; graines nombreuses, planes,
superposées en séries dans chaque loge, à test toujours pâle
ou brun, non crustacé.

1. TULIPE. — *TULIPA*. Linn.

Périgone en cloche, à 6 divisions dépourvues de fossettes
nectarifères à la base; style nul; stigmate à 3 lobes épais,
sessile; capsule oblongue, trigone, à 3 loges, à 3 valves;
graines planes. — Racine bulbeuse.

1. T. sauvage. — *T. sylvestris.*

Linn. Sp. 438. — DC. Fl. fr. n. 1903. — Duby, Bot. gall.
p. 462. — Gaud. Fl. helv. 2. p. 502. — Poir. Ency. 8. p.
133. — Koch, Syn. p. 707.

J. Saint-Hil. Pl. fr. tab. 376. — Moris. sect. 4. tab. 17. fig.
9. — J. Bauh. Hist. 2. p. 677. fig. 1. — Clus. Hist. 1. p.
151. fig. 1. et fig. 2. 3. — Tabern. ic. p. 615. fig. 1. —
Dalech. Hist. p. 1550. fig. 1. et p. 1529. fig. 2. 3. (*ic.*
Clus.). — Dod. pempt. p. 252. fig. 1. 2. (*eœd.*). — Lob.
ic. p. 125. fig. 1. et 2. 3. (*eœd.*).

Bulbe petite, ovoïde, enveloppée d'écailles brunes renfermant souvent des bulbilles ou cayeux ; tige dressée, cylindrique, flexueuse, arquée au sommet, grêle, haute d'environ
3 décim., à 1, rarement 2 fleurs terminales ; feuilles alternes,
étroites, linéaires-lancéolées, aiguës, pliées en gouttière,
les inférieures plus larges ; fleurs petites, jaunes, odorantes,
penchées avant l'épanouissement, à divisions du périgone
dressées, lancéolées, aiguës, un peu barbues au sommet,
les extérieures plus étroites, verdâtres, surtout à leur partie
inférieure ; étamines à filets élargis et barbus à la base, ainsi
que les divisions intérieures du périgone ; anthères allongées,
quadrangulaires, à 2 loges ; stigmate à 5 lobes courts, sessile ; capsule oblongue, trigone, à 5 loges polyspermes. ♃
(Avril, mai).

Très commune dans beaucoup de vignes du vignoble de Salins; dans
les vignes de Beure, près de Besançon ; d'Arbois ; de Poligny ; de Lons-
le-Saunier, etc.; Genève, dans une haie près de Sierne, au bord de
l'Arve (Reut.). — Nyon, près de Viex, et à Morges, autour de Coppet
(Gaud.). — Bâle, dans les vignes au pied du mont Mutet et autour de
Monchenstein, etc. (Hagenb.).

2. T. de Gesner. — *T. Gesneriana.*

Linn. Sp. 438. — DC. Fl. fr. n. 1905. — Duby, Bot. gall.
p. 461. — Poir. Ency. 8. p. 155.

J. Saint-Hil. Pl. fr. tab. 375. — Lam. illust. tab. 244.
— Moris. sect. 4. tab. 17. fig. 1. et 2. — J. Bauh. Hist.
2. p. 663. fig. 2. — Clus. Hist. 1. p. 139. fig. 1. — Dalech. Hist. p. 1524. fig. 4. et p. 1529. fig. 1. — Dod.
pempt. p. 231. fig. 1. et 2. — Lob. ic. p. 126. fig. 1. et
p. 127. fig. 2. — Swerts, Floril. tab. 8. 9. et 10.

Tige dressée , uniflore ; feuilles larges, lancéolées, ondu -
lées ; fleur jaune , rouge , blanche , ou panachée, également
dressée , inodore , à divisions du périgone obovales , obtuses,
non barbue au sommet et à filets des étamines glabres. ♃
(Mai). Vulg. *Tulipe des fleuristes.*

Cette espèce est généralement cultivée, comme plante d'ornement,
pour l'éclat et la vivacité de ses couleurs, ainsi que pour le grand
nombre de variétés qu'elle présente. Elle est originaire d'Orient, d'où
elle a été apportée en 1559 ; mais on l'a trouvée depuis, croissant spontanément dans la Provence, le pays de Nice, la Savoie, et dans presque
toutes les autres contrées méridionales de l'Europe.

2. FRITILLAIRE. — *FRITILLARIA.* Linn.

Périgone en cloche à 6 divisions munies à la base d'une
fossette nectarifère ; style 1 ; stigmate 3 ; capsule trigone ;
graines planes.

1. F. Méléagre. — *F. Meleagris.*

Linn. Sp. 436. — DC. Fl. fr. n. 1907. — Duby, Bot. gall.
    p. 462. — Gaud. Fl. helv. 2. p. 499. — Lam. Ency. 2.
    p. 530. — Koch , Syn. p. 708.
J. Saint-Hil. Pl. fr. tab. 348. (*mala*). — Lam. illust. tab.
    245. fig. 1. — Moris. sect. 4. tab. 18. fig. 1. — J. Bauh.
    Hist. 2. p. 681. et 682. fig. 1. — Clus. Hist. 1. p. 152.
    et 153. fig. 1. — Dalech. Hist. p. 1530. fig. 3. — Dod.
    pempt. p. 233. fig. 1. — Lob. ic. p. 156. fig. 1. (*ead.*).
    — Swerts, Floril. tab. 7. fig. 4.

Bulbe solide à 2 tubercules enveloppés de tuniques ; tige
haute de 15—25 centim. , grêle, cylindrique, blanchâtre
dans le bas, d'un vert purpurescent et tachetée dans le haut,
arquée au sommet, garnie de 3—5 feuilles éparses , linéaires-
lancéolées, aiguës, canaliculées, souvent ondulées et réfléchies, les radicales marcescentes ou nulles ; fleurs 1—2,
terminales, penchées, presque pendantes, assez grandes,
en cloche , à divisions ovales-lancéolées , verdâtres à la base,

de couleur violette un peu sombre, avec des taches quadrangulaires plus pâles disposées en damier, conniventes
au sommet; étamines à anthères oblongues, de la longueur
du filet; stigmate à 3 lobes; capsule trigone, à 3 loges polyspermes. ♃ (Mai, juin).

Les prés humides et fangeux : les prés humides de Nozeroy. — Les
bords du Doubs, parmi les broussailles, entre Pontarlier et le château
de Joux (Girod-Chant.). — A Goudeba, près des Brenets; autour de
Moron et aux Essertilles (Hall.). — Dans l'île du Doubs (la Grande-
lle), entre le Saut-du-Doubs et la Grande-Combe , abondamment; au-
delà du Fort-de-l'Écluse (Gaud.).

2. F. impériale. — *F. imperialis.*

Linn. Sp. 435. — DC. Fl. fr. n. 1909. — Duby, Bot. gall.
  p. 462. — Lam. Ency. 2. p. 549.
J. Saint-Hil. Pl. fr. tab. 147. — Lam. illust. tab. 245. fig. 2.
  — Tournef. Inst. tab. 197. et 198. — Moris. sect. 4. tab.
  19. fig. 2. et 4. — J. Bauh. Hist. 2. p. 697. fig. 4. —
  Clus. Hist. 1. p. 127. et 128. — Tabern. ic. p. 657. fig.
  2. — Dalech. Hist. p. 1493. fig. 2. — Dod. pempt. p. 202.
  fig. 2. — Lob. ic. p. 171. fig. 2.

Bulbe épaisse, charnue, contenant un suc âcre qui, suivant Orfila, peut facilement occasionner la mort chez les
animaux; tige haute de 6—10 décim., garnie d'un grand
nombre de feuilles éparses, rapprochées, linéaires-lancéolées, aiguës, glabres; fleurs pendantes, grandes, de couleur orangée, d'une odeur désagréable, formant à la partie
supérieure de la tige une couronne surmontée d'une touffe
de feuilles. ♃ (Avril, mai). Vulg. *Couronne impériale.*

Cette belle plante, originaire d'Orient, d'où elle a été apportée en
1570, est généralement cultivée depuis long-temps dans les jardins
d'agrément.

3. LIS. — *LILIUM.* Linn.

Périgone à 6 divisions en cloche ou roulées en dehors,
marquées d'un sillon nectarifère canaliculé ou fermé, nais-

sant de la base ; style. 1 ; stigmate épais , trigone ; graines planes.

1. L. blanc. — *L. candidum.*

Linn. Sp. 433. — DC. Fl. fr. n. 1910. Duby, Bot. gall.
p. 462. — Gaud. Fl. helv. 2. p. 496. — Lam. Ency. 3.
p. 554.
Lam. illust. tab. 246. fig. 1. — Moris. sect. 4. tab. 21. fig.
13. — J. Bauh. Hist. 2. p. 685. fig. 1. — Tabern. ic. p.
438. fig. 2. — Dalech. Hist. p. 1492. fig. 1. — Dod.
pempt. p. 197. fig. 1. — Lob. ic. p. 163. fig. 1. (*ead.*).

Bulbe blanchâtre, très grosse , composée d'un grand
nombre d'écailles charnues, embriquées ; tige cylindrique ,
haute de 6 — 10 décim., simple, glabre, très feuillée ; feuilles
éparses, rapprochées , lancéolées, aiguës, un peu ondulées
sur les bords , allant en diminuant de grandeur vers le
sommet de la tige ; fleurs grandes, blanches , très belles ,
pédonculées , d'une odeur suave , mais forte et dangereuse ,
au nombre de 5—8 en grappe terminale. ♃ (Juin , juillet).

Dans le Jura, près du comté de Neuchâtel , dans des lieux assez éloi-
gné de toute habitation (DC.). — Sur le mont Schlossberg au-dessus de
Neuveville (Hall.). — On le trouve aussi près de Grenoble , et dans les
champs de Nice, etc., croissant naturellement. Cultivé dans les jardins dont
il fait le principal ornement ; il passe pour être originaire de l'Orient.

2. L. Martagon. — *L. Martagon.*

Linn. Sp. 435. — DC. Fl. fr. n. 1914. — Duby, Bot. gall.
p. 463. — Gaud. Fl. helv. 2. p. 498. — Lam. Ency. 3.
p. 537.
J. Saint-Hil. Pl. fr. tab. 217. — Lam. illust. tab. 246. fig.
3. — Moris. sect. 4. tab. 20. fig. 7. — J. Bauh. Hist. 2. p.
692. fig. 3. — Clus. Hist. 1. p. 134. fig. 2. — Tabern. ic.
p. 640. fig. 2. — Dalech. Hist. p. 1493. fig. 1. — Dod.
pempt. p. 201. fig. 1. — Lob. ic. p. 168. fig. 1. (*ead.*).

Bulbe écailleuse d'un jaune doré ; tige de 6—10 décim., dressée, simple, feuillée, tachetée de points d'un pourpre noirâtre ; feuilles verticillées par 5—8, ovales-lancéolées, rétrécies à la base en un court pétiole, étalées, à 5—7 nervures, alternes et plus petites à la partie supérieure de la tige ; fleurs plus ou moins nombreuses, de grandeur médiocre, odorantes, penchées ou pendantes, portées sur des pédoncules uniflores, arqués, munis à la base d'une bractée lancéolée-acuminée, formant une grappe terminale lâche ; divisions du périgone épaisses, roulées en dehors, d'un pourpre sale plus ou moins foncé, marquées intérieurement de points d'un brun pourpre. ♃ (Juillet, août).

Commun dans les bois montagneux, et dans les prés montueux voisins des bois : Salins, dans les bois de Sery ; de Bovard ; de Poupet, près du Gout-de-Conche et au-dessus d'Ivrey ; de Salgret ; de Pretin ; de Cernans ; les pâturages de Villers ; les environs de Champagnole, en allant à Loulle ; de Pontarlier ; sur le Suchet ; la Dôle ; le Salève ; dans les bois aux environs du Locle ; des Ponts ; sur les Moutus, et la montagne de la Tourne ; aux environs de Bâle, etc.

β. *Albiflorum*. Gaud. Syn. p. 277.

Sur le penchant de la montagne de Chaumont, et vers le Mail, à Neuchâtel (Depierre, cat.).

γ. *Majus*. Gaud. Fl. helv. 2. l. c. — Tige haute de 10—15 décim. ; fleurs nombreuses.

Aux environs de Salins. — A Pertuis, le long des Convers et au Bec-de-l'Oiseau (Gagnebin). — Dans les haies et au bord des champs, en montant sur le Suchet (Gaud.). — Sur le Salève (Rai.).

TRIBU II. — ASPHODÉLÉES. Juss.

Périgone à 6 divisions ; graines arrondies ou anguleuses, peu nombreuses dans chaque loge, à test ordinairement noir et crustacé.

4. ÉRYTHRONE. — ERYTHRONIUM. Linn.

Périgone en cloche à la base, à 6 divisions étalées-réfléchies au sommet, les 3 intérieures munies de 2 callosités à la base interne ; style 1, allongé, à 5 stigmates ; capsule globuleuse, rétrécie à la base ; graines arrondies.

1. E. Dent-de-chien. — *E. Dens-canis.*

Linn. Sp. 437. — DC. Fl. fr. et supp. n. 1902. — Duby, Bot. gall. p. 463. — Gaud. Fl. helv. 2. p. 501. — Koch, Syn. p. 709. — *E. longifolium.* Poir. Ency. 8. p. 660.

Lam. illust. tab. 244. fig. 1. — Moris. sect. 4. tab. 5. fig. 1. et 2. — J. Bauh. Hist. 2. p. 680. fig. 1. — Clus. Hist. 1. p. 266. fig. 1. et 2. (*fl. albo*). — Tabern. ic. p. 652. fig. 1. — Dalech. Hist. p. 1566. fig. 1. et p. 1567. fig. 2. — Dod. pempt. p. 203. fig. 1. — Lob. ic. p. 196. fig. 1. (*ead.*).

Bulbe oblongue, charnue, blanchâtre, accompagnée de bulbilles plans-convexes ayant quelque ressemblance avec les dents canines ; hampe uniflore, rougeâtre, dressée, un peu flexueuse, haute de 15—20 centim., munie à la base de 2 feuilles oblongues-elliptiques, glabres, un peu obtuses, tachetées de pourpre à la face supérieure, rétrécies en un pétiole assez long, enveloppant la partie inférieure de la hampe ; fleur penchée, terminale, assez grande, purpurine ; divisions du périgone lancéolées-elliptiques, aiguës, verdâtres à la base, étalées-réfléchies dès le milieu, les intérieures munies de 2 callosités à la base interne ; étamines insérées à la base des divisions du périgone, à filets élargis, lancéolés-subulés, à anthères dressées, d'un pourpre foncé ; style dilaté au sommet, un peu plus long que les étamines, à 5 stigmates jaunâtres ; capsule obovoïde-trigone, à 5 loges polyspermes. ♃ (Avril, mai).

Dans les bois, les broussailles, sur les pentes des ravins, au nord : sur le Jura, au-dessus de Genève (Lobel). — Au bois de la Bâtie, sur le revers à gauche du grand ravin ; au bord du Rhône, près du moulin de Lesvaux ; dans les bois de Bernex ; dans le grand ravin dit le Nant-de-l'Anion, en grande abondance ; au bois des Frères ; dans le ravin de Pinchat, etc. (Reut.). — Sous le mont Didier, près de Thoirette

(Capellani)? — Dans les haies au-dessus de la route vers le bois de Vangeron, près des bords du lac, entre Genève et Genthod (Hall.).

5. ASPHODÈLE. — *ASPHODELUS*. Linn.

Périgone à 6 divisions étalées ; filets des étamines dilatés à la base en voûte cachant l'ovaire ; style indivis ; capsule presque globuleuse, à 3 loges, renfermant des graines anguleuses. — Pédoncules articulés.

1. A. jaune. — *A. luteus*.

Linn. Sp. 445. — DC. Fl. fr. n. 1915. — Duby, Bot. gall. p. 463. — Gaud. Fl. helv. 2. p. 519. — Lam. Ency. 1. p. 300. — Koch, Syn. p. 710.

J. Saint-Hil. Pl. fr. tab. 41. — Moris. sect. 4. tab. 1. fig. 6. — J. Bauh. Hist. 2. p. 652 fig. 2. — Tabern. ic. p. 655, fig. 1. — Dalech. Hist. p. 1590. fig. 2. — Dod. pempt. p. 208. fig. 1. — Lob. ic. p. 91. fig. 2. (*ead.*).

Racine composée de fibres charnues, cylindriques, fasciculées ; tige dressée, simple, ferme, très feuillée, haute de 6—10 décim. ; feuilles éparses, rapprochées, nombreuses, striées, linéaires-subulées, pliées en carène, ce qui les rend trigones, élargies à la base en gaîne scarieuse ; fleurs jaunes, assez grandes, portées sur des pédoncules courts, munis à la base d'une bractée scarieuse ovale-acuminée, disposées en épi terminal dense, allongé ; divisions du périgone jaunes, à nervure verte ; étamines inégales, déjetées-ascendantes ; style filiforme, allongé ; stigmate entier ; capsule arrondie-trigone ; graines tétraèdres. ♃ (Mai, juin).

Cette plante, qui est cultivée dans les jardins, se trouve en Suisse dans la Valteline.

6. CZACKIE. — *CZACKIA*. Andrzeiowsk.

Périgone en entonnoir, à 6 divisions ; ovaire porté sur un carpophore court, élevé sur le réceptacle ; étamines déje-

tées-ascendantes, insérées sous l'ovaire au sommet du carpophore; anthères incombantes; style indivis; stigmate à 3
lobes peu marqués; capsule presque hexagonale; graines
anguleuses.

1. C. fleur de Lis. — *C. Liliastrum.*

Andr. Czack. Monog. — Koch, Syn. p. 710. — Duby, Bot.
   gall. p. 464. — *Hemerocallis Liliastrum.* Linn. Sp. edit.
   1. p. 324. — DC. Fl. fr. n. 1921 — *Anthericum Liliastrum.* Linn. Sp. 445. — Gaud. Fl. helv. 2. p. 524. —
   Phalangium Liliastrum. Poir. Ency. 5. p. 245.
Tourn. Inst. tab. 194. (*flos, fructus et radices*). — Moris.
   sect. 4. tab. 1. fig. 8. — J. Bauh. Hist. 2. p. 656. fig. 1.
   — Dalech. Hist. p. 852. fig. 2.
Racine composée de fibres blanchâtres, épaisses, cylindriques, fasciculées; feuilles toutes radicales, allongées,
linéaires, aiguës, dressées, semblables à des feuilles de
graminées, élargies à la base en gaîne membraneuse,
planes, légèrement canaliculées; hampe de 4—5 décim.,
ferme, cylindrique, glabre, entièrement nue, terminée par
3—5 fleurs blanches, odorantes, grandes, très belles, 2—3
fois plus petites que celles du *Lis*, un peu penchées, presque
unilatérales, portées sur des pédoncules glabres, munis à la
base d'une bractée membraneuse lancéolée-acuminée, plus
longue qu'eux; périgone en entonnoir à la base, à limbe en
cloche à 6 divisions oblancéolées, rétrécies dans le bas,
diaphanes, à 3 nervures très apparentes; étamines déjetées-
ascendantes, à anthères jaunes, sagittées; stigmate légèrement pubescent, à 3 lobes peu marqués. ♃ (Juillet,
août). Vulg. *Lis de saint Bruno.*

Cette belle plante se trouve dans les pâturages herbeux et escarpés du
Jura : dans le petit vallon d'Ardran, en montant de Thoiry au Reculet ;
à la Dôle du côté du châlet (Reuter). — Les montagnes au midi de
Baume (Girod-Chant.).

7. ANTHÉRIC. — *ANTHERICUM*. Linn.

Périgone à 6 divisions étalées; étamines insérées sur le
réceptacle à la base des divisions du périgone, à filets droits,
subulés, à anthères incombantes (fixées par le dos); style
indivis; capsule ovoïde-globuleuse, presque trigone, à 3
sillons; graines anguleuses, sur 2 rangs. — Pédoncules articulés.

1. A. fleur de Lis. — *A. Liliago*.

Linn. Sp. 445. — Gaud. Fl. helv. 2. p. 523. — Koch, Syn.
   p. 710. — *Phalangium Liliago*. DC. Fl. fr. n. 1931. —
   Duby, Bot. gall. p. 464. — Poir. Ency. 5. p. 245.
Lam. illust. tab. 240. fig. 2. — Moris. sect. 4. tab. 1.
   fig. 10. — J. Bauh. Hist. 2. p. 635. fig. 2. — Tabern.
   ic. p. 245. fig. 1. — Dod. pempt. p. 106. fig. 2. — Lob.
   ic. p. 48. fig. 1. (*ead.*).
Racine composée de fibres blanchâtres, épaisses, allongées, cylindriques; feuilles toutes radicales, dressées, plus
courtes que la hampe, étroites, linéaires-acuminées, pliées
en gouttière, élargies à la base en gaîne membraneuse;
hampe très simple, cylindrique, dressée, ferme, haute de
3—4 décim., terminée par une grappe lâche de 8—20 fleurs
blanches, de grandeur médiocre, inodores, portées sur des
pédoncules munis à la base d'une bractée membraneuse
ovale-acuminée, de même longueur ou plus courte qu'eux;
divisions du périgone oblongues-lancéolées, obtuses, à 3 nervures, diaphanes; style déjeté-ascendant. ⚥ (Mai, juin).

Dans les lieux chauds et arides des montagnes : Salins, au-dessus
des rochers de Goaille ; au pied de la pointe de Poupet, au-dessus de la
roche des Cinq-Heures ; au pied des rochers de Château, près du chemin
qui descend à Pretin ; au-dessus de Mainay, près d'Arbois ; aux environs de Thoirette. — Genève, au bois de Bay, au bord du Rhône, près
de Penay, à Salève (Reuter). — Au pied du Jura au-dessus de Nyon ;
au bois de Prangins (Gaud.). — Bâle, à Michelfeld ; sur le mont Mulet ;
près de Liestal ; sur le mont Wasserfall, etc. (Hagenb.).

2. A. rameux. — *A. ramosum.*

Linn. Sp. 445. — Gaud. Fl. helv. 2. p. 522. — Koch, Syn.
p. 710. — *Phalangium ramosum.* DC. Fl. fr. n. 1950.
— Duby, Bot. gall. p. 464. — Poir. Ency. 5. p. 250.

J. Bauh. Hist. 2. p. 655. fig. 1. — Tabern. ic. p. 244. fig.
2. — Dalech. Hist. p. 852. fig. 5. — Dod. pempt. p. 106.
fig. 1. (*mala*). — Lob. ic. p. 47. fig. 2. (*ead.*).

Racine composée de longues fibres blanchâtres, fasciculées ; feuilles nombreuses, presque toutes radicales, étroites,
linéaires-acuminées, planes, un peu en gouttière ; hampe
de 4—6 décim., dressée, cylindrique, ferme, rameuse
dans le haut, nue, ou munie seulement à la base d'une
feuille courte et étroite ; fleurs plus petites que dans l'espèce
précédente, blanches, portées sur des pédoncules grêles,
assez longs, munis d une bractée petite, lancéolée-subulée,
disposées le long des rameaux en grappes formant une panicule terminale étalée ; divisions du périgone lancéolées,
étalées, à 5 nervures, diaphanes comme dans l'espèce précédente ; style droit, souvent un peu courbé au sommet,
mais non déjeté ; graines ovoïdes. ⚁ (Juin, juillet).

Commun dans les lieux incultes et arides du pied des montagnes.

8. SCILLE. — *SCILLA.* Linn.

Périgone à 6 divisions étalées ou presque en cloche ; étamines glabres, filiformes, insérées à la base des divisions
du périgone ; anthères incombantes ; style indivis ; stigmate
obtus ; graines arrondies. — Pédoncules non articulés.

1. S. à deux feuilles. — *S. bifolia.*

Linn. Sp. 443. — DC. Fl. fr. n. 1936. — Duby, Bot. gall.
p. 465. — Gaud. Fl. helv. 2. p. 514. — Poir. Ency. 7.
p. 715. — Koch, Syn. p. 714.

Moris. sect. 4. tab. 12. fig. 15. — Clus. Hist. 1. p. 184. fig.
3. (*ic. Dod.*) — J. Bauh. Hist. 2. p. 579. fig. 2-3. —
Dalech. Hist. p. 1515. fig. 2. et 3. — Dod. pempt. p. 219.
fig. 2. — Lob. ic. p. 100. fig. 2. (*ead.*).

Bulbe ovoïde, solide ; hampe de 10—16 centim., dressée,
cylindrique ; feuilles radicales, au nombre de 2, rarement 3,
presque de la longueur de la hampe, étalées ou recourbées,
d'un beau vert, linéaires-lancéolées, planes, un peu canaliculées, obtuses et roulées en capuchon au sommet ; fleurs
bleues, couleur de chair ou blanches, au nombre de 4—8
en grappe lâche, presque unilatérale, portées sur des pédoncules fort longs dans le bas de la grappe et allant en
diminuant de longueur vers le sommet, munis à la base
d'une bractée tronquée peu marquée ; divisions du périgone
6, quelquefois 8, linéaires-oblongues, obtuses, étalées,
ordinairement d'un beau bleu, plus pâles sur la carène ;
étamines à filets d'un bleu pâle, élargis à la base, subulés
au sommet, à anthères d'un bleu violet foncé ; ovaire bleu,
ainsi que le pistil. ♃ (Mars, avril).

Cette plante est très commune : elle embellit nos bois taillis, à une
époque où il y a encore peu d'autres fleurs, en mêlant son bleu d'azur
au blanc rosé de l'*Anémone sylvie*, avec laquelle elle se trouve ordinairement, quoique fleurissant un peu plus tôt.

2. S. élégante. — *S. amœna.*

Linn. Sp. 443. — DC. Fl. fr. n. 1937. — Duby, Bot. gall.
p. 465. — Gaud. Fl. helv. 2. p. 515. — Poir. Ency. 6.
p. 737. — Koch, Syn. p. 714.
J. Bauh. Hist. 2. p. 582. fig. 1. (*mala*). — Clus. Hist. 1.
p. 184. fig. 1. (*ead.*).

Bulbe ovoïde, solide ; hampe anguleuse de 10—16 centim. ; feuilles toutes radicales, dressées, linéaires-lancéolées,
obtuses et un peu en capuchon au sommet, striées-nerveuses,
plus longues que la hampe, larges de 1—2 centim., plus
nombreuses que dans l'espèce précédente, rétrécies à la

base et courtement engaînantes ; fleurs d'un beau bleu, un peu penchées, au nombre de 4—6 en grappe lâche, dressée, portées sur des pédoncules filiformes, également d'un beau bleu, plus courts qu'elles, munis à la base d'une bractée très courte, tronquée ; divisions du périgone lancéolées, obtuses, étalées en étoile ; filets des étamines filiformes, subulés ; anthères d'un brun violet. ♃ (Avril , mai).

Les vergers des environs de Crans, près de Nyon (Gaud.). — Les haies près d'Olsberg, probablement échappée des jardins (Hagenb.). — Girod-Chantrans indique la *Scilla autumnalis*. Linn. dans les forêts du pays bas et des montagnes, sans désigner de lieux : il cite encore la *Scilla nutans* (*Hyacinthus non scriptus*. Linn.), qu'il indique dans les prés, le long des haies ; mais n'ayant pas d'autres renseignements sur ces deux plantes, nous ne ferons que les signaler ici à l'attention des botanistes jurassiens.

9. JACINTHE. — *HYACINTHUS*. Tourn.

Périgone tubuleux-en cloche, à 6 divisions étalées; étamines insérées sur le tube ; capsule globuleuse, à 3 sillons, à loges polyspermes.

1. J. d'Orient. — *H. Orientalis.*

Linn. Sp. 454. — DC. Fl. fr. n. 1923. — Duby, Bot. gall. p. 466. — Lam. Ency. 3. p. 191.

J. Saint-Hil. Pl. fr. tab. 202. — Moris. sect. 4. tab. 11. fig. 10. 11. et 12. — J. Bauh. Hist. 2. p. 575. fig. 1. et p. 766. fig. 1. 2. 3. 4. — Tabern. ic. p. 625. fig. 2. — Clus. Hist. 1. p. 174. et 175. fig. 1. 2. — Dalech. Hist. p. 1507. fig. 3. et p. 1508. et 1509. fig. 1. 2. — Dod. pempt. p. 216. fig. 2. et 3. — Lob. ic. p. 104. et 105. fig. 1. 2.

Bulbe ovoïde, recouverte d'écailles sèches, d'un gris violacé; feuilles allongées, les unes dressées, les autres étalées, linéaires, obtuses, un peu en gouttière, d'un beau vert; hampe de 2—3 décim., dressée, cylindrique, tendre, terminée par une grappe de fleurs assez grandes, bleues, blanches, rougeâtres ou jaunâtres, d'une odeur très suave, un peu lâche, presque unilatérale; périgone en entonnoir ventru à la base, à 6 lobes étalés, oblongs, obtus, réfléchis au sommet. ♃ (Avril, mai).

Cette belle plante, dont on a obtenu par la culture un grand nombre de variétés à fleurs doubles, de couleurs très variées, est originaire d'Orient. On la cultive comme plante d'ornement.

10. GAGÉE. — *GAGEA*. Salisbur.

Périgone à 6 divisions persistantes, conniventes à la base, plus ou moins étalées au sommet ; filets des étamines subulés, non dilatés à la base ; anthères dressées ; style indivis ; stigmate trigone ; graines arrondies.

§ 1. *Bulbe unique.*

1. G. jaunâtre. — *G. lutea.*

Schult. Syst. veg. p. 7. p. 538. — Koch, Syn. p. 713. — *G. lutea. β. sylvatica.* Duby, Bot. gall. p. 467. — *Ornithogalum luteum.* Gaud. Syn. p. 279. *et O. sylvaticum* (Pers.). ejusd. Fl. helv. 2. p. 503. — DC. Fl. fr. supp. n. 1942ᵃ. — *O. minimum. var. β.* Poir. Ency. supp. 4. p. 192. — *O. luteum. β.* Linn. Sp. 439.

J. Saint-Hil. Pl. fr. tab. 285. — J. Bauh. Hist. 2. p. 624. fig. 1. (*ic. Dod.*). — Clus. Hist. 1. p. 188. fig. 2. (*ead.*). — Tabern. ic. p. 632. fig. 1. — Dalech. Hist. p. 1502. fig. 3. — Dod. pempt. p. 222. fig. 1. — Lob. ic. p. 149. fig. 1. (*ead.*).

Bulbe ovoïde, simple, de la grosseur d'une noisette, entourée d'écailles brunâtres, donnant naissance à une seule feuille radicale, rarement 2, linéaire-lancéolée, dressée, large de 6—10 millim., longuement rétrécie et blanchâtre à la base, élargie et roulée en capuchon au sommet, brusquement acuminée, nerveuse, plane, d'un vert un peu glauque, égalant ou dépassant la hampe : les florales au nombre de 2, rarement 3—4, presque opposées, inégales,

lancéolées, à peu près de la longeur des fleurs, un peu
lanugineuses sur les bords; hampe un peu comprimée,
striée-anguleuse, haute de 15—20 centim., terminée par
5—6 fleurs lâches, étalées, disposées en ombelle, portées
sur des pédoncules inégaux et uniflores, à peine lanugineux,
longs de 2—6 centim.; divisions du périgone lancéolées,
obtuses, jaunâtres, verdâtres sur la carène. ♃ (Avril, mai).

Salins, dans les buissons et le long de la haie à gauche de la route,
un peu avant d'arriver au village d'Andelot.—Dans la forêt de Chailluz,
près de Besançon (Girod-Chant. *Sub nomine Ornithog. lutei*). — Sur
la Dôle (Gaud.). — Genève, à Veirier, dans la haie à gauche, dans le
petit chemin qui descend au bord de l'Arve (Reut.). — Bâle, dans le
petit bois derrière la Maison-Neuve (Hagenb.).

§ 2. *Bulbes 2, réunies dans une enveloppe commune.*

2. G. des champs. — *G. arvensis.*

Schult. Syst. veg. 7. p. 547. — Koch, Syn. p. 712. — *Gagea
villosa.* Duby, Bot. gall. p. 467. — *Ornithogalum minimum.* DC. Fl. fr. n. 1913. — *Ornith. arvense* (Pers.).
Gaud. Fl. helv. 2. p. 509. — *Ornith. villosum.* Poir.
Ency. supp. 4. p. 192. et *Ornith. luteum.* ejusd. Ency. 4.
p. 612.
Tabern. ic. p. 653. fig. 1. (*fol. radical. destituta*).

Racine composée d'une bulbe presque globuleuse, ordinairement accompagnée d'une autre plus petite, enveloppées
ensemble d'écailles brunâtres, produisant chacune une
feuille radicale; hampe dressée, anguleuse, sortant d'entre
les 2 bulbes, haute de 4—10 centim.; feuilles radicales 2,
presque une fois plus longues que la hampe, ordinairement
recourbées-flexueuses, glabres, opposées, très étroites,
linéaires, carénées-en gouttière : les florales ordinairement
au nombre de 2, beaucoup plus larges, inégales, lancéolées-acuminées, pubescentes, opposées; fleurs plus nombreuses que dans l'espèce précédente (5—9), disposées en
corymbe, portées sur des pédoncules inégaux, pubescents,

souvent rameux à la base, munis de bractées linéaires-subulées ; divisions du périgone lancéolées, aiguës, pubescentes,
étroites, allongées, verdâtres en dehors, jaunâtres en dedans.
♃ (Avril , mai).

Les prés autour de Buvilly, près de Poligny. — Genève, entre l'Arve
et l'Aïre ; près du pied de Salève (Reut.). — Bâle, près de Mutenz et
Prateln ; dans le petit bois à droite de la Maison-Neuve, etc. (Hagenb.).
— Nyon, à Pontfarbé (Rapin). — Porentruy, dans les champs (Thurm.).

β. *Bulbiferum.* Gaud. Fl. helv. 2. l. c. — Hagenb. Fl.
basil. 1. p. 511. — Moris. sect. 4. tab. 13. fig. 13. — Bulbilles granuliformes, agglomérées à l'aisselle des feuilles
florales ou des pédoncules.

Nyon, entre la campagne la Redoute et Prangins, en petite quantité
(Gaud.). — Bâle, les champs près de Mutenz (Hagenb.).

11. ORNITHOGALE. — *ORNITHOGALUM.* Linn.

Périgone à 6 divisions marcescentes, conniventes à la
base, étalées au sommet ; étamines 6, insérées sur le réceptacle ou un peu adhérentes à la base du périgone, à anthères
incombantes : les 3 opposées aux divisions externes du périgone à filets dilatés à la base ; style indivis ; stigmate obtus ;
ovaire obtusément trigone ; graines presque globuleuses ou
anguleuses. — Pédoncules non articulés.

§ 1. *Filets des étamines lancéolés , simples au sommet.*

* *Fleurs en corymbe.*

1. O. en ombelle. — *O. umbellatum.*

Linn. Sp. 441. — DC. Fl. fr. n. 1948. — Duby, Bot. gall.
p. 467. — Gaud. Fl. helv. 2. p. 512. — Poir. Ency.
4. p. 615. — Koch, Syn. p. 711.
J. Saint-Hil. Pl. fr. tab. 844. — J. Bauh. Hist. 2. p. 630.
fig. 1. — Tabern. ic. p. 630. fig. 1. — Dalech. Hist. p.
1582. fig. 2. — Dod. pempt. p. 221. fig. 1. — Lob. ic.
p. 148. fig. 2. (*ead.*).

Bulbe ovoïde, entourée d'écailles brunâtres; hampe cylindrique, haute de 1—2 décim.; feuilles toutes radicales, linéaires, très étroites, en gouttière, étalées, glabres, obtuses; fleurs assez grandes, s'ouvrant le matin aux rayons du soleil, se fermant à l'ombre, disposées en grappe corymbiforme terminale, peu garnie, portées sur des pédoncules uniflores, allongés dans le bas, plus courts au sommet, ce qui donne à la grappe la forme de corymbe, munis à la base de bractées blanchâtres, membraneuses, demi-embrassantes, lancéolées-acuminées, plus courtes que les pédoncules, n'atteignant que la moitié de leur longueur dans les fleurs inférieures; divisions du périgone obtuses, très blanches, avec une large bande verte sur le dos; filets des étamines blancs, membraneux, élargis, lancéolés-acuminés, portant des anthères jaunes. ♃ (Mai, juin). Vulg. *Dame d'onze heures.*

Les vignes, les champs et les prés : Salins, dans les vignes de Vignettes et de Poil-de-Chien; et dans celles dites Lafenet, au-dessous des carrières de gypse, en assez grande quantité, avec la *Tulipa sylvestris*; les prés de Chilley; de la Chapelle; de Cramans; d'Ivory; de la Vilette, près d'Arbois; de la Grange-de-Vaivre et de Port-Lesney. — Genève, au bord de l'Aïre à la queue d'Arve, etc. (Reut.). — A Nyon, Bonmont, etc. (Gaud.). — Bâle, aux environs de Liestal, Benken, Ormalingen, Olsberg et Augst, etc. (Hagenb.). — Neuchâtel, dans les champs d'Areuse et de Grand-Champ (Depierre, cat.). — Aux environs de Colombier (L. Benoît, cat.).

** *Fleurs en grappe allongée.*

2. O. jaunâtre. — *O. Sulphureum.*

Roem. et Schult. Syst. 7. p. 519. — Koch, Syn. p. 711. — *O. Pyrenaïcum.* DC. Fl. fr. n. 1945. var. α. — Duby, Bot. gall. p. 467. — Gaud. Fl. helv. 2. p. 510. — Poir. Ency. 4. p. 613.

J. Saint-Hil. Pl. fr. tab. 843. — Lam. illust. tab. 242. fig. 2. — Moris. sect. 4. tab. 13. fig. 5. — J. Bauh. Hist. 2. p. 627. fig. 1. et 2. — Clus. Hist 1. p. 187. fig. 1. (*ic. Dod.*). — Dalech. Hist. p. 1589. fig. 2. — Dod. pempt. p. 209. fig. 1. — Lob. ic. p. 93. fig. 1. (*ead.*).

Bulbe ovoïde; feuilles toutes radicales, molles, tombantes, linéaires, pliées en gouttière, moins longues que la hampe, marcescentes déjà avant la fleuraison; hampe raide, cylindrique, grêle, très simple, glabre, haute de 6—10 décim., terminée par une grappe allongée, composée d'un grand nombre de fleurs d'un jaune verdâtre, dressées, rapprochées et serrées contre l'axe de l'épi avant l'épanouissement, ensuite étalées, plus écartées, portées sur des pédicelles grêles, plus longs à l'époque de la fleuraison, munis à la base d'une bractée membraneuse, lancéolée-acuminée, plus courte que les pédicelles; divisions du périgone linéaires-oblongues, obtuses, jaunâtres, striées de vert sur le dos; graines noires, ridées, anguleuses. ♃ (Juin, juillet).

Commun dans les bois, le long des haies, et parmi les buissons; aux environs de Salins; de Besançon; d'Arbois; de Genève; de Bâle, etc.

§ 2. *Filets des étamines à 3 dents au sommet, la moyenne anthérifère.*

3. O. à fleurs penchées. — *O. nutans.*

Linn. Sp. 441. — DC. Fl. fr. n. 1949. — Duby, Bot. gall. p. 467. — Gaud. Fl. helv. 2. p. 513. — Poir. Ency. 4. p. 617. — Koch, Syn. p. 711.

Moris. sect. 4. tab. 13. fig. 9. — J. Bauh. Hist. 2. p. 631. fig. 1. — Clus. Hist. app. 2. p. 9. tab. 9.

Bulbe simple, conique; feuilles toutes radicales, molles, linéaires, obtuses, en gouttière, plus courtes que la hampe, larges de 6—8 millim.; hampe dressée, cylindrique, tendre, glabre, amincie à la base, haute de 3—4 décim., terminée par une grappe de 5—10 fleurs grandes, très belles, penchées ou pendantes, à la fin unilatérales, portées sur des pédoncules plus courts qu'elles, munis à la base d'une bractée membraneuse lancéolée-acuminée, une fois plus longue que le pédoncule; divisions du périgone oblongues-lancéolées, vertes sur le dos, blanches et membraneuses sur les bords; étamines de moitié plus courtes que le péri-

gone, à filets élargis, rapprochés en tube, 3 alternativement
plus courts et presque subulés, tous à 3 dents, la moyenne
portant l'anthère. ♃ (Avril, mai).

Dans les vergers autour de Crans, près de Nyon (Gaud.). — Les
lieux herbeux et les vergers aux environs de Genève, au Pâquis et près
du Petit-Sacconex, etc. (Reuter). — Çà et là, aux environs de Bâle
(Hagenb.).

12. AIL. — *ALLIUM.* Linn.

Périgone à 6 divisions en cloche ou étalées; étamines plus
ou moins adhérentes par la base, soit entre elles, soit aux
divisions du périgone, à anthères incombantes; style indivis;
stigmate obtus; graines anguleuses. — Fleurs en ombelle ou
en tête terminale, remplacées en tout ou en partie, dans
quelques espèces, par des bulbes sessiles, et sortant d'une
spathe ordinairement scarieuse, à une ou 2 valves.

§ 1. *Bulbe allongée en rhizome, recouverte de plusieurs*
enveloppes fibreuses; tige feuillée, à feuilles planes,
alternes; étamines simples. — Anguinum. Don.

1. A. victoriale. — *A. victorialis.*

Linn. Sp. 424. — DC. Fl. fr. n. 1965. — Duby, Bot. gall.
p. 471. — Gaud. Fl. helv. 2. p. 494. — Koch, Syn. p.
715. — *A. plantagineum.* Lam. Ency. 1. p. 65.
Gaud. Fl. helv. 2. tab. 14. fig. 15. — Moris. sect. 4. tab.
15. fig. 16. — J. Bauh. Hist. 2. p. 566. fig. 2. (*mala,*
sine flor.). — Clus. Hist. 1. p. 189. fig. 2. (*ic. Dod.*). —
Tabern. ic. p. 487. fig. 1. — Dalech. Hist. p. 1547. fig.
1. — Dod. pempt. p. 684. fig. 1.
Bulbe oblique, allongée, presque cylindrique, recouverte
de plusieurs tuniques brunâtres, fibreuses-réticulées; tige
haute de 3 décim. et plus, feuillée jusque vers le milieu
de sa longueur, cylindrique et tachée dans le bas, anguleuse
au sommet, garnie de 2—3 feuilles pétiolées, planes ellip-

tiques, nerveuses, obtuses, assez semblables aux feuilles du *Plantago media*. Linn., engaînantes à la base, et souvent de 2—5 autres une fois plus étroites; spathe scarieuse, très courte, à une valve; ombelle compacte, globuleuse, assez grande, capsulifère, composée de fleurs médiocres d'un blanc verdâtre, jaunâtres sur le sec, à divisions du périgone inégales, les intérieures ovales presque planes, les extérieures plus courtes, convexes en dehors, canaliculées en dedans; étamines simples, dilatées à la base, presque une fois plus longues que le périgone; capsule à 5 angles arrondis. ♃ (Juillet, août).

Sur la Dôle, parmi les rochers du côté du couchant (Gaud.). — Sur le Creux-du-Vent et le Chasseral (Hall.). — Au Roulier, près de la Ronde-Fontaine (L. Benoît, cat.).

§ 2. *Bulbe oblongue; feuilles larges, toutes radicales; hampe nue; étamines simples.* — Molium. Don.

2. A. des ours. — *A. ursinum.*

Linn. Sp. 451. — DC. Fl. fr. n. 1966. — Duby, Bot. gall. p. 471. — Gaud. Fl. helv. 2. p. 495. — Koch, Syn. p. 715. — *A. petiolatum.* Lam. Ency. 1. p. 69.

Gaud. Fl. helv. 2. tab. 14. fig. 16. — Moris. sect. 4. tab. 15. fig. 15. — J. Bauh. Hist. 2. p. 566. fig. 1. — Dalech. Hist. p. 1546. fig. 2–5. — Dod. pempt. p. 683. fig. 2. — Lob. ic. p. 159. fig. 1. (*ead.*).

Bulbe simple, oblongue, blanchâtre, peu épaisse, ayant, ainsi que toute la plante, une forte odeur d'ail lorsqu'on la froisse; hampe nue, dressée, presque trigone, haute d'environ 5 décim.; feuilles peu nombreuses, toutes radicales, elliptiques-lancéolées, aiguës, dressées, d'un beau vert, nerveuses, portées sur de longs pétioles dilatés à la base en une gaîne blanchâtre, membraneuse; ombelle grande, presque plane, un peu convexe, composée de fleurs blanches, odorantes, assez grandes, portées sur des pédicelles grêles, très ouvertes; spathe blanchâtre, scarieuse, caduque.

à valves ovales-lancéolées, plus courte que les pédicelles ;
divisions du périgone linéaires-lancéolées ; étamines simples,
filiformes, une fois plus courtes que le périgone, à anthères
blanches ; capsule à 5 angles arrondis. ♃ (Avril, mai).

Çà et là dans les bois, les haies et les buissons, aux lieux un peu
humides, frais et ombragés.

§ 5. *Rhizome horizontal portant la bulbe ; hampe placée
à côté du faisceau de feuilles ; étamines simples. —*
Rhizirideum. Don.

3. A. anguleux. — *A. angulosum.*

Linn. Sp. 450. — DC. Fl. fr. n. 1958. — Gaud. Fl. helv. 2.
    p. 495. — Lam. Ency. 1. p. 68. — *A. senescens.* Duby,
    Bot. gall. 470.
Gaud. Fl. helv. 2. tab. 14. fig. 14. — Barr. ic. p. 485. fig.
    1. — J. Bauh. Hist. 2. p. 564. fig. 2. — Clus. Hist. 1. p.
    195. fig. 2. — Tabern. ic. p. 485. fig. 1.

Racine transversale (rhizome), presque ligneuse, garnie
de fibres allongées, portant la bulbe ; hampe de 1—5 décim.
et quelquefois davantage, nue, enveloppée seulement à la
base par les gaînes des feuilles toutes radicales, comprimée,
striée-anguleuse, à 2 angles opposés plus ou moins aigus ;
feuilles linéaires, obtuses, de la largeur de la hampe, et
ordinairement de moitié plus courtes, lisses, planes, un peu
en gouttière, convexes et nerveuses en dessous ; spathe très
courte, à 2—5 divisions obtuses, soudées à la base ; ombelle
hémisphérique, capsulifère, d'environ 5 centim. de diamètre, composée de 15—50 fleurs purpurines, à divisions du
périgone ouvertes en cloche, oblongues-lancéolées, d'une couleur plus foncée sur la carène ; étamines saillantes au-dessus
du périgone, ou de même longueur que lui ; capsule à 5
angles arrondis. ♃ (Juillet, août).

α. Petræum. Gaud. Syn. p. 275. — DC. Fl. fr. l. c.
var. *α.* — *A. angulosum.* Jacq. Aust. tab. 542. — *A. fallax*
(Don.). Koch, Syn. p. 716. — Gaud. Fl. helv. 2. tab. 14.

fig. 14. — Barr. ic. fig. 1022. — J. Bauh. Hist. 2. p. 564.
fig. 2. — Clus. Hist. 1. p. 195. fig. 2. — Tabern. ic. p. 485.
fig. 1. — Feuilles non carénées en dessous ; ombelle arrondie ; étamines saillantes au-dessus du périgone.

Sur les coteaux, parmi les rochers des montagnes : Salins, sur les
rochers au-dessus d'Ivrey, du côté de Bys ; à la Châtelaine, près
d'Arbois ; parmi les rochers à gauche de la route de Genève, au-delà
de Cise, près de Champagnole ; à Ouhans, près de la source de la Loue ;
dans les bois, entre Foncine-le-Haut et la Chapelle-des-Bois ; sur le
Mont-d'Or ; au-dessus du Creux-du-Vent ; sur les sommités du Colombier et du Reculet ; à la perte du Rhône, etc.

ß. Palustre. Gaud. Syn. l. c. — *A. acutangulum*
(Schrad.). Koch, Syn. p. 716. — Willd. En. supp. p.
16. — Moris. sect. 4. tab. 15. fig. 14. — J. Bauh. Hist. 2.
p. 564. fig. 5. — Clus. Hist. 1. p. 196. fig. 1. — Tige
plus élevée ; feuilles carénées en dessous ; ombelle presque
nivelée ; étamines de la longueur du périgone, ou le dépassant peu.

Dans les lieux humides et marécageux : Genève, dans les prés marécageux près de Choulex et au marais de Sionet (Reut.). — A Yverdon
(Gaud.).

§ 4. *Tige feuillée jusque vers le milieu de sa longueur ;
feuilles planes en gouttière ; étamines munies de 2 dents
courtes à la base.* — Scorodon. Koch.

4. A. cultivé. — *A. sativum.*

Linn. Sp. 425. — DC. Fl. fr. n. 1952. — Duby, Bot. gall.
p. 468. — Gaud. Fl. helv. 2. p. 484. — Lam. Ency. 1.
p. 66. — Koch, Syn. p. 718.
Gaud. Fl. helv. 2. tab. 11. fig. 7. — Moris. sect. 4. tab. 15.
fig. 9. — J. Bauh. Hist. 2. p. 555. — Dalech. Hist. p.
1546. fig. 1. — Dod. pempt. p. 682. fig. 1. — Lob. ic.
p. 158. fig. 1. (*ead.*).
Bulbe arrondie, prolifère, ou composée de plusieurs
bulbes plus petites, ovoïdes-oblongues, aiguës, connues

sous le nom de *gousses d'ail*, recouvertes de plusieurs tuniques minces, blanches ou rougeâtres; tige dressée, cylindrique, haute de 5—6 décim., garnie dans sa partie inférieure de feuilles linéaires planes, lisses, aiguës, un peu en gouttière; spathe ovale-arrondie, acuminée en pointe allongée, plus longue que l'ombelle; fleurs petites, peu nombreuses, blanchâtres ou rougeâtres, longuement pédonculées, avortant souvent, disposées en ombelle peu garnie, très bulbifère; étamines saillantes, plus longues que le périgone, alternativement munies à la base, de chaque côté, de dents beaucoup plus courtes que le filet. ♃ (Juillet, août).

Cette plante, que l'on trouve en Provence et en Piémont, est généralement cultivée pour l'usage de la cuisine, comme assaisonnement, surtout dans les provinces méridionales.

§ 5. *Tige feuillée à la base ou jusque vers le milieu de sa longueur; étamines à filets alternativement plus larges et à 3 pointes, la moyenne anthérifère.* — Porrum. Tournef.

* *Ombelle capsulifère.*

5. A. Poireau. — *A. Porrum.*

Linn. Sp. 423. — DC. Fl. fr. n. 1950. — Duby, Bot. gall. p. 468. — Gaud. Fl. helv. 2. p. 482. — Lam. Ency. 1. p. 64. — Koch, Syn. p. 718.
Gaud. Fl. helv. 2. tab. 11. fig. 5. — Moris. sect. 4. tab. 15. fig. 1. — J. Bauh. Hist. 2. p. 551. fig. 2. et 3. — Tabern. ic. p. 484 fig. 1. — Dalech. Hist. p. 1542. fig. 2. — Dod. pempt. p. 688. fig. 1. — Lob. ic. p. 154. fig. 2. (*ead.*).

Bulbe allongée, très simple, recouverte par les gaînes des feuilles inférieures, garnie à la base de fibres allongées; tige dressée, haute d'environ un mètre, garnie jusqu'au milieu de feuilles un peu épaisses, planes, pliées en carène,

larges de 2—3 centim., d'un vert glauque, lisses sur les
bords, quelquefois ciliées ; spathe monophylle caduque,
courtement conique ; fleurs blanchâtres, à carène rougeâtre
un peu rude, en ombelle grande, globuleuse, très dense,
portées sur des pédoncules filiformes, colorés, longs de 3—4
centim. ; étamines dépassant peu le périgone, alternativement simples, subulées, et plus larges, à 3 pointes, la
moyenne anthérifère ; capsule à 3 angles arrondis ; un peu
amincie au sommet. ② (Juin, juillet).

Cultivé dans les jardins potagers pour l'usage de la cuisine : se trouve
dans les champs et les vignes autour de Genève (J. Bauh. et Rai), et
des bords du Rhin à Bâle (Hagenb.), sans doute échappé des jardins :
c'est ainsi que je l'ai trouvé plusieurs fois à Salins, sur les graviers au
bord de la Furieuse, au-dessous de Saint-Joseph.

6. A. Faux-Poireau. — *A. Ampeloprasum.*

Linn. Sp. 423. — DC. Fl. fr. n. 1951. — Duby, Bot. gall.
　　p. 468. — Gaud. Fl. helv. 2. p. 483. — Lam. Ency. 1.
　　p. 64. — Koch, Syn. p. 718.
Gaud. Fl. helv. 2. tab. 11. fig. 6. — Mich. Nov. Gen. tab.
　　24. fig. 5. — Moris. sect. 4. tab. 15. fig. 12. — Clus. Hist.
　　1. p. 190. fig. 1. — Dalech. Hist. p. 1549. fig. 2. (*ead*).
　　— Dod. pempt. p. 690. fig. 1. (*ead.*). — Lob. ic. p. 157.
　　fig. 1. (*ead.*).
Bulbe ovoïde, solide, prolifère à la base, ce qui distingue
principalement cette espèce de la précédente ; tige latérale,
haute de 3—6 décim., cylindrique, garnie jusqu'au milieu
de feuilles planes, épaisses, larges de 12 millim. et plus,
carénées, rudes sur les bords : fleurs blanchâtres ou rosées,
vertes sur la carène, nombreuses, en ombelle globuleuse,
portées sur des pédoncules anguleux, lisses ; divisions du
périgone en cloche, ovales-aiguës, les extérieures rudes sur
la carène ; étamines dépassant un peu le périgone, à filets
alternativement simples et à 3 pointes, la moyenne anthérifère, de la longueur du filet ; capsule très obtuse, non carénée. ⚥ (Juin, juillet).

Cette plante très rare se trouve au bord du Rhin, près de Neudorf, en Alsace, un peu au-delà des confins de notre Flore (Hagenb.).

7. A. rond. — *A. rotundum.*

Linn. Sp. 425. — DC. Fl. fr. supp. n. 1951ᵃ. — Duby, Bot. gall. p. 468. — Gaud. Fl. helv. 2. p. 481. — Lam. Ency. 1. p. 64? — Koch, Syn. p. 718.

Gaud. Fl. helv. 2. tab. 10. fig. 4. — Mich. Nov. Gen. tab. 24. fig. 5? (*fl. pallido*). — Moris sect. 4. tab. 14. fig. 4. (*series* 2.). — Clus. Hist. 1. p. 195. fig. 1. (*ead.*, *stamina perperàm exserta*).

Bulbe formée de bulbilles nombreux, enveloppés d'une tunique; tige haute de 4—5 décim., grêle, cylindrique, feuillée dans sa moitié inférieure; feuilles planes, lancéolées-linéaires, aiguës, large de 4—6 millim., à carène saillante, à gaîne nerveuse; fleurs purpurines, en ombelle globuleuse, dense, portées sur des pédoncules courts, les latéraux presque réfléchis; spathe très courte, caduque; périgone en cloche, à divisions extérieures rudes sur la carène, les intérieures plus pâles, à peine carénées; étamines plus courtes que le périgone, à filets alternativement simples et à 3 pointes, la moyenne portant l'anthère 5 fois plus courte que le filet; capsule trigone, presque globuleuse. ♃ (Juin — août).

Les champs et les vignes autour de Béfort et de Montbéliard (Lachenal). — Autour de Genève (J. B. et Rai). — Sur le Salève (de Charpentier). — Bâle, parmi les rochers au bord du Rhin (C. B.)?

8. A. à tête ronde. — *A. sphærocephalum.*

Linn. Sp. 426. — DC. Fl. fr. n. 1975. — Duby, Bot. gall. p. 468. — Gaud. Fl. helv. 2. p. 479. — Lam. Ency. 1. p. 66. — Koch, Syn. p. 719.

Gaud. Fl. helv. 2. tab. 10. fig. 5. — Mich. Nov. Gen. tab. 24. fig. 2. — Moris. sect. 4. tab. 14. fig. 7? — J. Bauh. Hist. 2. p. 563. fig. 2? (*ead.*).

Bulbe anguleuse, irrégulière, accompagnée de 2—3 bulbilles quelquefois placés au-dessus les uns des autres à la base de la tige, enveloppés de tuniques blanchâtres; tige dressée, cylindrique, dure, feuillée dans sa moitié inférieure, haute de 3—6 décim.; feuilles longues, fistuleuses, demi-cylindriques, en gouttière en dessus, marcescentes; fleurs oblongues, cylindriques, purpurines, à divisions du périgone planes, lancéolées, carénées, à carène lisse plus foncée, nombreuses, formant une ombelle sphérique dense, à la fin un peu conique; spathe blanchâtre, à valves acuminées, plus courtes que l'ombelle; pistils et étamines saillants hors de la fleur, alternativement à 3 pointes, la moyenne anthérifère de moitié plus courte que le filet. ♃ (Juin, juillet).

Sur les collines, dans les lieux chauds, arides ou pierreux : Salins, au pied de Poupet, au-dessus d'Ivrey; à Château; à Saint-Joseph, sur les rochers le long de la route; à la Châtelaine; aux environs d'Arbois; de Poligny; de Sellières; de Besançon; de Genève, à Salève, au-dessus du Pas-de-l'Echelle, etc., et à Genthod, dans les graviers au bord du lac; aux environs de Nyon; de Bâle, etc.

**** *Ombelle toujours bulbifère.***

9. A. des vignes. — *A. vineale.*

Linn. Sp. 428. — DC. Fl. fr. n. 1976. — Duby, Bot. gall. p. 469. — Gaud. Fl. helv. 2. p. 478. — Lam. Ency. 1. p. 67. — Koch, Syn. p. 719. — *A. arenarium.* Linn. Fl. suec. (*ex Fries.*).

Gaud. Fl. helv. 2. tab. 10. fig. 2. — Moris. sect. 4. tab. 15. fig. 4. — Dod. pempt. p. 685. fig. 1. — Lob. ic. p. 155. et 156. fig. 2. — Fuchs. Hist. 737.

Bulbe prolifère; tige dressée, cylindrique, grêle, haute de 4—8 décim., garnie jusqu'au milieu de 2—3 feuilles grêles, nerveuses, lisses, presque cylindriques, étroitement canaliculées, fistuleuses, marcescentes; spathe courte, caduque, largement ovale-acuminée, prolongée en pointe li-

néaire-subulée ; ombelle petite , globuleuse , souvent géminée , bulbifère , souvent chevelue par l'effet de la germination
des bulbilles sur la plante même ; fleurs petites , peu nombreuses , purpurines ou verdâtres , long-temps fermées , réunies en faisceau vers le centre de l'ombelle ; spathe courte ,
caduque , largement ovale , acuminée-linéaire , dépassant
quelquefois les bulbilles ; divisions du périgone lancéolées-linéaires ; étamines alternativement simples , subulées , souvent
plus courtes que le périgone , les 5 autres plus longues , lancéolées , divisées jusque vers le milieu en 5 pointes , les
latérales saillantes , filiformes , plus longues que la moyenne
anthérifère qui dépasse elle-même la longueur du filet. ♃
(Juin , juillet).

Çà et là dans les champs, les vignes, et sur les collines : aux environs
de Salins ; de Poligny ; d'Arbois ; de Genève ; de Nyon, près de Duilliers
et de Promenthou ; de Bâle , etc.

10. A. des sables. — *A. Scorodoprasum.*

Linn. Sp. 425. (*excl. var. β.*). — Koch, Syn. p. 719. —
A. arenarium. Smith , Brit. 556. — Duby, Bot. gall. ap-
pend. p. 1006. — Hagenb. Fl. basil. 1. p 505. — Gaud.
Fl. helv. 2. p. 484. *et plurim. auct. germ.*

Gaud. Fl. helv. 2. tab. 12. fig. 8. — Clus. Hist. 1. p. 193.
fig. 1. — Tabern. ic. p. 485. fig. 2.

Bulbe prolifère ; tige dressée , grêle , cylindrique , haute
de 6 décim. , feuillée jusqu'au milieu ; gaînes allongées , cylindriques , tubuleuses ; feuilles graminiformes , larges de
4—8 millim. , planes , carénées , un peu convexes sur le
dos , ciliées-rudes sur les bords ; fleurs petites , en cloche ,
purpurines , à divisions du périgone un peu rudes et plus
foncées sur la carène , portées sur des pédicelles un peu
épais , infléchis , longs de 12 millim. , disposées en ombelle
globuleuse , pauciflore , bulbifère , munie d'une spathe
courte , caduque , à valves ovales , inégales , courtement
acuminées, ne dépassant pas l'ombelle ; étamines plus courtes

que le périgone , alternativement à 3 pointes, celle du milieu staminifère de moitié plus courte que le filet. ♃ (Juin,
juillet).

Bâle , dans les haies près de Riehen ; dans les haies des champs près
de Saint-Jacob ; sur le mont Mutet, dans les lieux herbeux au couchant, etc. (Hagenb.). — Koch dit qu'il n'a pu trouver jusqu'ici aucune
véritable différence entre cette espèce et l'*A. arenarium* des auteurs.

§ 6. *Tige feuillée jusque vers le milieu ; étamines toutes
simples ; spathe à 2 valves prolongées en pointe très
longue.* — Codonoprasum. Koch.

11. A. des lieux cultivés. — *A. oleraceum.*

Linn. Sp. 429. — DC. Fl. fr. n. 1968. — Duby, Bot. gall.
p. 469. — Gaud. Fl. helv. 2. p. 487. — Koch , Syn. p.
719. — *A. virens.* Lam. Ency. 1. p. 67.

Gaud. Fl. helv. 2. tab. 12. fig. 10. — Moris. sect. 4. tab. 14.
fig. 2. (*series* 2.). — Clus. Hist. 1. p. 194. fig. 1.

Bulbe simple , petite, ovoïde ou arrondie , blanchâtre ; tige
haute de 5—6 décim., grêle , ferme , cylindrique , feuillée
jusqu'au milieu ; feuilles linéaires , fistuleuses , dressées ,
demi-cylindriques-en gouttière , striées , un peu rudes en
dessous ; ombelle lâche, composée d'un petit nombre de
fleurs en cloche , trigones , d'un blanc sale , rougeâtre ou
verdâtre , portées sur de longs pédicelles , les latérales souvent pendantes , entremêlées d'un grand nombre de bulbilles ; spathe à 2 valves inégales , ventrues à la base , terminées par une longue corne dépassant l'ombelle ; divisions
du périgone lancéolées , obtuses , purpurines sur la carène ;
étamines simples , subulées , un peu soudées à la base ,
égales au périgone ou un peu plus longues ; ovaire prisma-
tique ; graines noires , à 3 angles. ♃ (Juin , juillet).

Commun dans les champs et les lieux cultivés.

12. A. en carène. — *A. carinatum.*

Linn. Sp. 426. — DC. Fl. fr. n. 1954. — Duby, Bot. gall.
p. 470. — Gaud. Fl. helv. 2. p. 488. — Lam. Ency. 1.
p. 66. — Koch , Syn. p. 719.
Gaud. Fl. helv. 2. tab. 15. fig. 11. —Moris. sect. 4. tab. 14.
fig. 5. — Clus. Hist. 1. p. 195. fig. 2. — Lob. ic. p. 156.
fig. 1.

Bulbe ovoïde , prolifère ; tige haute de 5 décim. et plus ,
lisse , cylindrique, garnie jusqu'au milieu de feuilles larges
de 3—4 millim. , un peu épaisses, mais non fistuleuses , linéaires , obtuses, un peu en gouttière , striées-nerveuses en
dessous et un peu carénées , un peu rudes sur les bords
quand elles sont fanées ; spathe à 2 valves persistantes, concaves , nerveuses , inégales , acuminées , prolongées en bec
très long ; ombelle bulbifère , entremêlée de quelques pédoncules florifères , lisses , longs presque de 3 centim. , souvent réfléchis , portant des fleurs trigones - en cloche , à
divisions du périgone linéaires-lancéolées , obtuses, violacées, les extérieures carénées, obtuses, les intérieures légèrement échancrées ; étamines plus longues que la fleur, à filets
subulés , un peu soudés à la base entre eux et avec les divisions du périgone ; capsule trigone-en poire. ♃(Juin, juillet).

Les champs, les vignes, les lieux cultivés : Salins , dans les champs
d'Ivrey et de Saint-Thiébaud du côté de la ville ; au bord des champs près
de la Grange-David, le long de la route, et aux Emboussoux , etc.; aux
environs de Besançon ; de Neuchâtel ; de Nyon ; de Bâle; de Genève, etc.
— De Porentruy (Thurm.).

13. A. paniculé. — *A paniculatum.*

Linn. Sp. 428. — DC. Fl. fr. n. 1972. et ejusd. supp. n.
1971ᵃ. (*in observ.*). — Gaud. Fl. helv. 2. p. 490. — Lam.
Ency. 1. p. 67. — Duby, Bot. gall. in append. p. 999.
— *A. flexum* (Wald. et Kit.). Koch, Syn. p. 720. *var. β.*
capsuliferum.
Gaud. Fl. helv. 2. tab. 13. fig. 12.

Bulbe ovoïde-conique, enveloppée de tuniques allongées, brunâtres ; tige dressée, cylindrique, quelquefois un peu flexueuse, feuillée dans sa moitié inférieure, haute d'environ 3 décim. ; feuilles demi-cylindriques-en gouttière, épaisses, striées-nerveuses, à nervures et bords rudes, prolongées à la base en une longue gaîne rude, tubuleuse ; ombelle capsulifère, lâche, composée de 20—40 fleurs étalées, portées sur de longs pédoncules grêles, inégaux, colorés, un peu épaissis au sommet ; les extérieurs plus longs, souvent pendants ; spathe à 2 valves inégales, nerveuses, lancéolées-acuminées, terminée par une longue corne dépassant de beaucoup l'ombelle ; fleurs d'un pourpre violet, à divisions du périgone, obovales ou oblongues comme tronquées ; étamines simples, élargies à la base, subulées, plus longues que le périgone, à filets et anthères violettes avant l'émission du pollen, un peu plus courtes que le pistil. ♃ (Juillet, août).

Salins, à Poupet, sur la sommité au-dessus de Saint-Thiébaud ; au-dessus des vignes de Neuchâtel. — Entre Neuchâtel et le Chasseral ; et sur les rochers de la forêt de Moiry, au sud de Romainmotier, sous le Praz (Rapin). — Dans le Jura, au-dessus de Genève (DC.).

14. A. intermédiaire. — *A. intermedium.*

DC. Fl. fr. n. 1971ᵃ. — Duby, Bot. gall. p. 469. — De Brébisson, Fl. norm. p. 332. — *A. paniculatum.* Bast. Essai, p. 126. (*non Linn.*, DC.).

Tige dressée, haute de 3 décim. ou plus, garnie de quelques feuilles étroites, striées, demi-cylindriques, subulées ; fleurs rougeâtres, disposées en ombelle lâche, portées sur des pédoncules inégaux, capillaires, très longs, pendants, entremêlés quelquefois de bulbilles peu nombreux ; spathe à 2 valves inégales, linéaires, fistuleuses au sommet, égalant 2—3 fois la longueur de l'ombelle ; divisions du périgone lancéolées, obtuses ; style court ; étamines non saillantes hors de la fleur, de la longueur du périgone. ♃ (Juillet, août).

Dans le Jura, à Chiavari, etc. (DC). Je ne connais pas cette localité.
— Girod-Chantrans indique encore dans les bois de la rive droite de
l'Ognon l'*A. pallens*. Linn., qui ressemble beaucoup à cette espèce,
mais je n'en ai pas encore vu jusqu'ici d'échantillons appartenant au
Jura.

§ 7. *Tige feuillée à la base; feuilles fistuleuses, cylindri-*
ques ou demi-cylindriques; spathe courte, à 2 valves.
— Schœpoprasum. Koch.

15. A. Civette. — *A. Schœnaprasum.*

Linn. Sp. 432. — DC. Fl. fr. n. 1973. — Duby, Bot. gall.
p. 469. — Gaud. Fl. helv. 2. p. 485. — Lam. Ency. 1.
p. 70. — Koch, Syn. p. 720.

Gaud. Fl. helv. 2. tab. 12. fig. 9. — Moris. sect. 4. tab. 14.
fig. 4. — Tabern. ic. p. 486. fig. 2. — Dalech. Hist. p.
1541. fig. 1. — Dod. pempt. p. 689. fig. 1. — Lob. ic. p.
154. fig. 1.

Bulbes petites, ovoïdes, agglomérées, gazonnantes;
hampes solides, munies de quelques feuilles à la base,
dressées, un peu fermes, cylindriques, hautes de 15—20
centim. ; feuilles grêles, dressées, cylindriques, fistuleuses,
subulées, lisses, dilatées en gaîne à la base, un peu plus
courtes que la tige ou hampe; ombelle capsulifère, presque
globuleuse, serrée, d'environ 2—3 centim. de diamètre;
spathe à 2 valves ovales-arrondies, acuminées, rougeâtres,
à nervures plus foncées, presque de la longueur de l'ombelle; fleurs dressées, presque cylindriques, plus longues
que les pédicelles, purpurines, à divisions du périgone
lancéolées-aiguës, dressées, peu ouvertes, un peu réfléchies au sommet, marquées d'une nervure longitudinale
plus foncée; étamines plus courtes que le périgone. ⚥ (Juin,
juillet).

Les lieux marécageux, inondés : les marais sablonneux près de Promenthou, sur l'une et l'autre rive de la Promenthouse (Gaud.). —
Cultivé pour l'usage de la cuisine sous les noms de *Ciboule, Ciboulette.*

β. *Alpinum*. Gaud. Fl. helv. 2. l. c. — DC. Fl. fr. supp.
n. 1973. — Koch, Syn. p. 721. — *A. foliosum*. Clarion,
apud DC. Fl. fr. in add. n. 1975*. — Bulbes peu gazonnantes; tige plus élevée, fistuleuse, haute de 5 décim. et
quelquefois plus, garnie de 1—2 feuilles plus épaisses; pédicelles égalant presque la fleur; divisions du périgone lancéolées-acuminées.

Dans les prés tourbeux de la Chapelle-des-Bois; sur la Dôle, dans
un lieu humide, au-dessous du sommet, du côté de France. — Les
prairies humides des rives de l'Orbe, sous le Brassus (Leresche). — Sur
toute la rive du Rhin, parmi les rochers et les graviers (Hagenb.).

16. A. Échalotte. — *A. ascalonicum*.

Linn. Sp. 429. — DC. Fl. fr. n. 1974. — Duby, Bot. gall.
p. 468. — Lam. Ency. 1. p. 70. — Koch, Syn. p. 721.
Moris. sect. 4. tab. 14. fig. 5. — Dalech. Hist. p. 1539.
fig. 1.

Bulbes petites, oblongues, fasciculées; hampe cylindrique, feuillée à la base, fleurissant rarement dans nos
jardins; feuilles également cylindriques, subulées, fistuleuses; ombelle petite, serrée, globuleuse, composée de
fleurs purpurines peu ouvertes; spathe bivalves, plus courte
que l'ombelle; étamines alternativement munies d'une dent
courte de chaque côté de la base, à la fin un peu plus
longue que le périgone à divisions linéaires, aiguës, à carène plus foncée. ♃ (Juin, juillet).

Cette plante, originaire du Levant, est cultivée dans les jardins pour
l'usage de la cuisine.

17. A. Ognon. — *A. Cepa*.

Linn. Sp. 431. — DC. Fl. fr. n. 1967. — Duby, Bot. gall.
p. 469. — Gaud. Fl. helv. 2. p. 478. — Lam. Ency. 1.
p. 69. — Koch, Syn. p. 721.
Gaud. Fl. helv. 2. tab. 10. fig. 1. — Chaum. Fl. méd. tab.
252. — Moris. sect. 4. tab. 14. fig. 1. — J. Bauh. Hist.

2. p. 547. fig. 1. — Tabern. ic. p. 483. fig. 2. — Dalech.
Hist. p. 1538. fig. 1. — Dod. pempt. p. 687. fig. 1. —
Lob. ic. 1. p. 150. fig. 2.

Bulbe simple, rouge ou blanche, déprimée-arrondie,
recouverte de tuniques membraneuses, sèches, minces et
colorées; tige de 6—10 décim., feuillée à la base, fistuleuse,
renflée au-dessous du milieu, plus longue que les feuilles
cylindriques, fistuleuses, aiguës; ombelle globuleuse,
grande, très garnie, composée de fleurs d'un blanc verdâtre, portées sur des pédoncules filiformes; divisions du
périgone linéaires-elliptiques; étamines plus longues que le
périgone, alternativement munies d'une dent de chaque
côté de la base élargie. ♃ (Juin, juillet).

Cultivé dans les jardins potagers pour l'usage de la cuisine : on ignore
quelle est précisément sa patrie. — L'ognon, surtout la variété blanche
qui est plus douce, est calmant et maturatif en cataplasme ; on en prépare des tisanes pectorales; le suc est diurétique : il sert à faire une
encre sympathique.

18. A. fistuleux. — *A. fistulosum.*

Linn. Sp. 432. — Koch, Syn. p. 721. — Poir. Ency. supp.
1. p. 271.
Moris. sect. 4. tab. 14. fig. 2. — Dod. pempt. p. 687. fig.
2. — Lob. ic. p. 150. fig. 2.

Bulbe oblongue ; hampe de 3—5 décim., nue, feuillée
seulement à la base, fistuleuse, renflée au milieu; feuilles
également fistuleuses, cylindriques, ventrues, rétrécies aux
deux bouts, épaisses de 6—12 millim., environ de la longueur de la hampe; ombelle capsulifère, globuleuse,
compacte, munie d'une spathe plus courte qu'elle ; fleurs
blanches; étamines simples, non dentées, plus longues que
le périgone. Cette espèce est très voisine de la précédente,
dont elle diffère par sa bulbe oblongue, et par ses étamines
toutes simples, non dentées à la base. ♃ (Juin, juillet).
Vulg. *Ognon d'hiver*.

Cultivé pour l'usage de la cuisine, mais rarement.

TRIBU III. — HÉMÉROCALLIDÉES. R. Brown.

Périgone monophylle à 6 divisions; loges de la capsule à un petit nombre de graines de forme variable, à test noir (dans nos espèces).

15. HÉMÉROCALLE. — *HEMEROCALLIS*. Linn.

Périgone en entonnoir, à tube monophylle, cylindrique, à limbe en cloche, à 6 divisions; étamines déjetées-ascendantes, à filets subulés, insérés sur la base du périgone; capsule trigone; graines globuleuses.

1. H. jaune. — *H. flava.*

Linn. Sp. 462. — DC. Fl. fr. n. 1920. — Duby, Bot. gall. p. 471. — Gaud. Fl. helv. 2. p. 557. — Lam. Ency. 3. p. 103. — Koch, Syn. p. 721.

Moris. sect. 4. tab. 21. fig. 1. — J. Bauh. Hist. 2. p. 700. fig. 1. — Clus. Hist. 1. p. 137. fig. 2. — Dalech. Hist p. 1499. fig. 1. — Dod. pempt. p. 204. fig. 1. — Lob. ic. p. 92. fig. 2. (*ead.*).

Racine composée de tubercules oblongs, épais, fasciculés; hampe nue, cylindrique, dressée, plus longue que les feuilles, un peu rameuse au sommet, haute de 4—6 décim.; feuilles radicales, dressées, lancéolées-linéaires, aiguës, carénées; fleurs d'un jaune clair, presque sessiles, odorantes, au nombre de 1—3 sur chaque rameau, formant une sorte de corymbe; divisions du périgone planes, aiguës, simplement nerveuses, non veinées; anthères hastées, acuminées; stigmate presque à 3 lobes. ♃ (Juin). Vulg. *Lis Asphodèle.*

Montbéliard (Wetzel). — Cultivé dans les jardins comme plante d'ornement.

2. H. fauve. — *H. fulva.*

Linn. Sp. 462. — DC. Fl. fr. n. 1919. — Duby, Bot. gall.
p. 471. — Gaud. Fl. helv. 2. p. 538. — Lam. Ency. 3.
p. 103. — Koch, Syn. p. 721.
J. Saint-Hil. Pl. fr. tab. 189. — Moris. sect. 4. tab. 21. fig.
3. — J. Bauh. Hist. 2. p. 701. fig. 1. — Tabern. ic. p.
655. fig. 2. — Dalech. Hist. p. 1499. fig. 2. et p. 1590.
fig. 3. — Dod. pempt. p. 204. fig. 2. — Lob. ic. p. 93.
fig. 1. (*ead.*).

Cette espèce se rapproche beaucoup de la précédente,
mais elle est plus grande dans toutes ses parties, et ses
fleurs sont d'un jaune rougeâtre ou orangé, et non d'un
jaune clair, à divisions intérieures veinées et ondulées sur
les bords. Racine composée de tubercules allongés, oblongs,
libreux, fasciculés; hampe de 6—10 décim., divisée au
sommet en 3—4 rameaux courts; feuilles radicales, dressées, lancéolées-linéaires, en carène; fleurs fauves ou
d'un jaune rougeâtre, inodores, au nombre de 3—5 sur
chaque rameau, grandes, courtement pédonculées, plus
vivement colorées en dedans qu'en dehors, à divisions intérieures du périgone obtuses, nerveuses et veinées, ondulées
sur les bords; étamines presque aussi longues que le périgone, à anthères oblongues, obtuses; stigmate hémisphérique. ♃ (Juin—août).

Montbéliard, au coteau Jouvence (Wetzel). — Genève, dans les
haies à Frontenex et au bord de l'Aïre, près du bois de la Bâtie, probablement échappée des jardins (Reut.). — Cultivée dans les jardins
comme l'espèce précédente.

14. MUSCARI. — *MUSCARI.* Tournef.

Périgone ovoïde-globuleux ou cylindrique, resserré en
grelot à la gorge, à limbe court, à 6 dents; étamines insérées sur le tube, à filets subulés, glabres; style terminé par
un stigmate obtus; capsule à 3 angles saillants, à 3 loges
renfermant 2 graines arrondies.

1. M. à grappe. — *M. racemosum.*

Mill. Dict. 5. p. 198. n. 3. — DC. Fl. fr. n. 1926. — Duby, Bot. gall. p. 466. — Gaud. Fl. helv. 2. p. 535. — Koch, Syn. p. 722. — *Hyacinthus racemosus.* Linn. Sp. 455. — *H. juncifolius.* Lam. Ency. 3. p. 194.

J. Bauh. Hist. 2. p. 571. fig. 1. — Clus. Hist. 1. p. 181. fig. 1. (*ic. Dod.*). — Tabern. ic. p. 625. fig. 2. — Dalech. Hist. p. 1511. fig. 1. — Dod. pempt. p. 217. fig. 1. (*ead.*). — Lob. ic. p. 107. fig. 2. (*ead.*).

Bulbe ovoïde, formée de tuniques, souvent accompagnée de cayeux à la base; hampe nue, haute de 12—16 centim., dressée, cylindrique; feuilles molles, linéaires, lâches, étalées, tombantes, plus longues que la hampe, tortillées, canaliculées, larges de 3—4 millim., rétrécies à la base; grappe terminale, courte, oblongue, dense, composée de fleurs ordorantes d'un bleu violet foncé, ovoïdes, à 6 dents blanchâtres, penchées ou pendantes, portées sur des pédicelles courts, filiformes, munis de bractées courtes, tronquées : les supérieures plus petites, dressées, d'un bleu plus clair, stériles, presque sessiles. ♃ (Avril, mai).

Les vignes, les prés, les lieux cultivés : Salins, dans une vigne à Chandeneux; dans les prés de Cramans, au bord de la Loue, en allant au Château-de-Roche ; dans les vignes de Port-Lesney; dans les vignes du Petit-Fort-Bregille, à Besançon. — Sur les revers des monts Chaudanne et Bregille (Girod-Chant.). — Les vignes de Neuchâtel (Depierre, cat.). — Aux environs de Rochefort, de Bôle et de Colombier (L. Benoît, cat.). — Aux environs de Nyon (Gaud.). — De Genève, dans les champs, les vergers et les vignes (Reut.). — De Bâle (Hagenb.).

2. M. Botride. — *M. botryoïdes.*

Mill. Dict. 5. p. 197. n. 1. — DC. Fl. fr. n. 1927. — Duby, Bot. gall. p. 466. — Gaud. Fl. helv. 2. p. 553. — Lam. Ency. 5. p. 193. — Hagenb. Fl. basil. 2. append. p. 521.

— Koch , Syn. p. 722. — *Hyacinthus botryoïdes*. Linn. Sp. 455.

J. Bauh. Hist. 2. p. 572. fig. 1. — Clus. Hist. 1. p. 181. fig. 2. — Tabern. ic. p. 628. fig. 2. — Lob. ic. p. 108. fig. 1.

Bulbe ovoïde, formée de tuniques, ordinairement accompagnée de cayeux à la base ; hampe de 15—20 centim., dressée, un peu plus longue que les feuilles, grêle, cylindrique ; feuilles dressées au moins à leur partie inférieure, un peu raide, rétrécies à la base, lancéolées-linéaires, un peu pliées en gouttière, larges de 4—8 millim., obtuses, un peu ondulées sur les bords, calleuses au sommet ; grappe terminale, courte, composée de fleurs peu odorantes, ovoïdes-presque globuleuses, penchées ou pendantes, à la fin un peu écartées, surtout les inférieures, d'un bleu clair, à dents blanchâtres très courtes : les supérieures dressées, ordinairement obconiques et stériles, portées sur des pédoncules plus courts. ♃ (Avril, mai).

Sur le revers de Chaudanne et de Bregille, près de Besançon (Girod-Chant.). — Et à la Chapelle-des-Buis, derrière la Citadelle (Guérin). — Genève, au-delà du pont de l'Arve (J.-B.).

5. M. à toupet. — *M. comosum.*

Mill. Dict. 5. p. 157. n. 2. —DC. Fl. fr. n. 1928. — Duby, Bot. gall. p. 466. — Gaud. Fl. helv. 2. p. 552. — Lam. Ency. 3. p. 192. — Koch, Syn. p. 722. — *Hyacinthus comosus*. Linn. Sp. 455.

Moris. sect. 4. tab. 11. fig. 1. — J. Bauh. Hist. 2. p. 574. fig. 3. — Dalech. Hist. p. 1512. fig. 1. — Dod. pempt. p. 218. fig. 1. (*ead.*). — Lob. ic. p. 106. fig. 1. (*ead.*).

Bulbe blanchâtre, solide ; hampe dressée, ferme, cylindrique, haute de 3—5 décim. ; feuilles très longues, molles, lâches, étalées, linéaires, obtuses, un peu épaisses, planes, larges de 10—12 millim., pliées en gouttière, rétrécies à la base ; grappe terminale, allongée, occupant quelquefois presque la moitié de la hampe dans son entier développement, très lâche, composée d'un grand nombre de fleurs cylindracées-anguleuses, un peu resserrées à la gorge, d'un brun verdâtre, portées sur des pédoncules plus longs qu'elles, étalés horizontalement : celles du sommet plus rapprochées, nombreuses, plus petites, stériles, d'un beau bleu, portées sur de longs pédoncules grêles, redressés et de même couleur, formant une houppe au sommet de la grappe; capsule triangulaire; graines noires, ridées, anguleuses. ♃ (Mai, juin).

Çà et là dans les champs cultivés : Salins, dans les champs de la Grange-Feuillet; de Château; de Cramans; des environs de Thoirette; de Genève; de Nyon; de Bâle; de Neuchâtel, aux environs de Colombier et de Boudry, etc.

FAMILLE CXV.

Colchicacées. DC.

FLEURS ordinairement hermaphrodites. Périgone à 6 divisions pétaloïdes colorées; étamines 6, insérées sur le réceptacle ou sur le périgone, à anthères extrorses; ovaire 1, libre, à 1 style, ou 3 ovaires soudés ensemble par la base et terminés chacun par un style ou par un stigmate, et contenant plusieurs ovules attachés à l'angle central des loges; fruit composé de 3 follicules uniloculaires distinctes, ou plus ou moins soudées en une capsule à 3 loges, à 3 valves à bords rentrants servant de cloisons, se séparant à la maturité en autant de follicules qui s'ouvrent longitudinalement sur le côté intérieur; graines nombreuses, attachées au bord interne des valves. Embryon dans un périsperme charnu.

1. BULBOCODE. — *BULBOCODIUM.* Linn.

Périgone en entonnoir, à 6 divisions rétrécies à la base en onglets allongés, étroits, connivents en tube, portant chacun une étamine au sommet; ovaire 1; style simple, allongé; stigmates 3; capsule trigone, à loges se séparant à la fin au sommet et s'ouvrant en dedans.

1. B. printanier. — *B. vernum.*

Linn. Sp. 422. — DC. Fl. fr. n. 1901. — Duby, Bot. gall.
p. 473. — Gaud. Fl. helv. 2. p. 476. — Lam. Ency. 1.
p. 512. — Koch. Syn. p. 723.
Lam. illust. tab. 230. — Vill. Dauph. 2. tab. 2. fig. 1. —
J. Bauh. Hist. 2. p. 652. fig. 2.

Bulbe ovoïde, petite, recouverte de tuniques brunâtres;
feuilles ordinairement 3, un peu plus courtes que la fleur,
lancéolées-linéaires, obtuses, dressées, sortant avec la fleur
d'une gaîne commune; fleur radicale, en entonnoir, de couleur lilas, rarement blanche; divisions du périgone à onglets très étroits, blancs, connivents à la base, un peu enroulés au sommet, longs de 6—8 centim., à limbe de 3
centim., lancéolé, obtus, large de 6—8 millim.; étamines
au sommet de l'onglet, plus courtes que le limbe; capsule
petite, trigone, s'élevant à peine hors de terre. ♃ (Mars,
avril).

Sur le Mont-d'Or, vers la fin de juin, au bord de quelques amas de
neige (Girod-Chant.)

2. COLCHIQUE. — *COLCHICUM.* Linn.

Périgone en entonnoir, à tube très long, partant de la
bulbe, à limbe à 6 divisions portant les étamines à leur
base, à anthères oblongues, oscillantes; ovaire 1; styles 3,
très longs, à stigmates courbés; capsule formée de 3 follicules polyspermes, renflés, soudés ensemble à la base.

1. C. d'automne. — *C. autumnale.*

Linn. Sp. 485. — DC. Fl. fr. n. 1897. — Duby, Bot. gall. p.
473. — Gaud. Fl. helv. 2. p. 599. — Lam. Ency. 2. p.
62. — Koch, Syn. p. 723.
J. Saint-Hil. Pl. fr. tab. 102. — Bull. Herb. tab. 18. —
Lam. illust. tab. 267. — Moris. sect. 4. tab. 3. fig. 1. —

J. Bauh. Hist. 2. p. 649. fig. 1. — Dod. pempt. p. 460.
fig. 2. — Lob. ic. p. 143. fig. 1. (*ead.*).

Bulbe grosse, ovoïde, charnue, recouverte de tuniques brunâtres, déchirées, donnant naissance à 1—3 fleurs grandes, paraissant en automne, de couleur lilas, rarement blanches, à tube très long, blanc, à limbe à 6 divisions oblongues-elliptiques, obtuses, les 3 intérieures un peu plus courtes; styles 3, très longs, à stigmates simples, oblongs, un peu recourbés; étamines insérées à la base des divisions du périgone et plus courtes qu'elles; feuilles dressées, lancéolées, d'un beau vert, un peu carénées, enveloppant le fruit et ne se montrant qu'au printemps suivant; capsule pédicellée, à 3 follicules renflés, polyspermes, libres au sommet. ♃ (Août—octobre). Vulg. *Tue-chien, Mort-aux-poules.*

Très commune dans les prés un peu humides. — Les bulbes de la Colchique sont solides et composés d'amidon; mais ils contiennent en outre un suc laiteux extrêmement âcre et vénéneux pour l'homme et les animaux, pouvant occasionner les accidents les plus graves et même la mort.

β. *Vernum.* Gaud. Fl. helv. 2. l. c. — Fleurs paraissant au printemps avec les feuilles; divisions du périgone plus étroites.

Salins, dans les prés, à Saint-Joseph et ailleurs.

3. VÉRATRE. — *VERATRUM.* Linn.

Périgone à 6 divisions; étamines 6, à filets allongés, à anthères presque globuleuses, s'ouvrant en travers en 2 valves; styles 3, courts; capsules 3, oblongues, soudées ensemble par leur base, libres au sommet, à 2 valves, à graines nombreuses, comprimées-aplanies ou ailées au sommet. — Fleurs polygames par avortement.

1. V. blanc. — *V. album.*

Linn. Sp. 1479. — DC. Fl. fr. n. 1895. — Duby, Bot. gall. p. 474. — Gaud. Fl. helv. 6. p. 310. — Poir. Ency. 8. p. 337.

J. Saint-Hil. Pl. fr. tab. 383. — Hall. Herb. tab. 155. —
Lam. illust. tab. 843. — Moris. sect. 12. tab. 4. fig. 1. —
J. Bauh. Hist. 3. p. 2. p. 654. fig. 1. et 2. — Clus. Hist.
1. p. 274. fig. 1. — Tabern. ic. p. 720. fig. 2. — Dalech.
Hist. p. 1632. fig. 1. (*mala*). — Dod. pempt p. 583. fig.
1. — Lob. ic. p. 311. fig. 1. (*ead.*).

Racine épaisse, tubéreuse, garnie de longues fibres; tige
dressée, haute de 10—15 décim., ferme, épaisse, cylindrique, feuillée, pubescente, rameuse au sommet; feuilles
alternes, fort grandes, ovales-elliptiques, plissées sur les
nervures, pubescentes en dessous, engaînantes à la base, à
gaîne tronquée au sommet : les supérieures oblongues-lancéolées; fleurs assez grandes, blanchâtres en dedans, verdâtres en dehors, ou verdâtres sur les deux faces, nombreuses, presque sessiles ou courtement pédicellées, munies
de bractées ovales ou lancéolées, pubescentes, égales au
pédicelle ou plus longues, les inférieures presque de la
longueur des fleurs; celles-ci sont disposées en panicule
terminale ample, allongée, composée de rameaux en grappes
simples ou rameuses, pubescentes; divisions du périgone
oblongues, elliptiques-lancéolées, ciliées-dentelées, étalées,
pubescentes en dehors et marquées de nervures parallèles
verdâtres; capsules oblongues terminées en pointe recourbée.
♃ (Juillet, août).

Les bois, les buissons et les pâturages des montagnes.

α. *Albicans*. Gaud. Fl. helv. 6. l. c. var. B. — *V. album*.
Koch, Syn. p. 724. — Feuilles à gaîne tronquée obliquement : les inférieures largement ovales ou presque arrondies; fleurs hermaphrodites, blanchâtres en dedans, verdâtres en dehors.

Salins, dans les bois de Poupet; de Bovard; sur Belin et Saint-
André; parmi les buissons de la côte d'Arloz; à Boujaille, etc. Elle se
trouve aussi dans les pâturages du haut Jura, mais plus rarement que
la var. β.; sur le Suchet; le Montendre; le Chasseral; le Reculet; la
Dôle, etc. — Le Mont-Terrible (Thurm.).

β. *Virescens*. Gaud. Fl. helv. 6. l. c. var. A. — *V. Lo-
bellianum* (Bernh.). Koch, Syn. p. 724. — Feuilles infé-

rieures oblongues, à gaîne tronquée transversalement ;
fleurs verdâtres en dedans et en dehors, plus lâches, la
plupart mâles, à bractées inférieures plus longues.

Salins, rare : j'en ai vu quelques pieds dans la grande clairière du
bois de Bovard, plus commun sur le haut Jura : sur la Dôle ; derrière
la Faucille, près du Grand-Châlet ; dans le vallon d'Ardran, etc.

4. TOFIELDIE. — *TOFIELDIA*. Huds.

Périgone à 6 divisions, entouré à la base d'un petit involucre ordinairement à 3 lobes ; étamines 6, à anthères s'ouvrant par 2 fentes longitudinales ; styles subulés ; capsules
3, soudées jusqu'au-delà du milieu, s'ouvrant en dedans au
sommet ; graines nombreuses, oblongues, cylindriques.

1. T. des marais. — *T. calyculata.*

Wahlenb. Helv. p. 68. — Gaud. Fl. helv. 2. p. 594. — Koch,
   Syn. p. 725. — *T. palustris* (Huds.). DC. Fl. fr. n. 1894.
   — Duby, Bot. gall. p. 474. — *Narthecium calyculatum.*
   Poir. Ency. 4. p. 431. — *Anthericum calyculatum.* Linn.
   Sp. 447.
Lam. illust. tab. 268. — J. Bauh. Hist. 2. p. 611. fig. 1.
   (*non descript.*). — Clus. Hist. 1. p. 198. fig. 2.
Racine fibreuse, produisant un grand nombre de feuilles
comprimées-fasciculées, gazonnantes, planes, dressées, ensiformes, lisses, nerveuses, glabres, pliées en carène dans
leur moitié inférieure, comprimées-engaînantes à la manière
des *Iris :* les caulinaires alternes, plus courtes, peu nombreuses ; tige haute de 12—24 centim., cylindrique, nue à
sa partie supérieure, ferme, dressée, beaucoup plus longue
que les feuilles ; fleurs petites, rapprochées, verdâtres, en
épi terminal cylindrique, portées sur des pédicelles courts,
uniflores, munis d'une petite bractée lancéolée, aiguë ; involucre monophylle à 2—3 lobes ovales, un peu aigus ;
divisions du périgone ovales-lancéolées, aiguës ; étamines de
la longueur du périgone ou un peu plus longues, à anthères
blanches. ♃ (Juin—août).

Les prés humides des montagnes : sur la Dôle ; la chaîne du Colombier ; au Creux-du-Vent ; sur les saillies de rochers au bord de la route, entre la Faucille et Lavatay ; dans la tourbière d'Entre-Côtes, au-dessus de Grand-Chalem. — Au pied de Salève, près de Collonge et d'Archamp (Reut.). — Au marais des Ponts, de Pouilleret (Depierre. cat.). — Nyon, au bois de Prangins et près de la Promenthouse, au-dessus de Clarens (Gaud.). — Bâle, sur les monts Wasserfall ; Diétisberg ; autour de Ramstein, etc. (Hagenb.).

FAMILLE CXVI.
Joncées. DC.

Fleurs hermaphrodites. Périgone libre, scarieux, à 6 divisions en forme de glumes, sur 2 rangs ; étamines 6, plus rarement 3, opposées aux divisions du périgone, à filets subulés, à anthères à 2 loges ; ovaire 1, libre ; style 1, à 3 stigmate filiformes poilus ; capsule ordinairement à 3 loges, à 3 valves portant les cloisons au milieu, à graines nombreuses, fixées au bord interne des cloisons, rarement à une loge à 3 valves sans cloisons, renfermant 3 graines situées à la base des valves. Embryon presque cylindrique, à la base d'un périsperme charnu. — Port des *Cypéracées* ; feuilles engaînantes ; fleurs en cyme ou en panicule, rarement en épi, munies de bractées scarieuses.

1. JONC. — *JUNCUS.* Linn.

Périgone à 6 divisions glumacées ; étamines 6, rarement 3 ; capsule à 3 loges polyspermes, à 3 valves portant les cloisons au milieu. — Feuilles glabres, cylindriques ou un peu comprimées.

§ 1. *Chaumes nus.*

* *Feuilles nulles ou en forme de chaumes stériles.*

1. J. aggloméré. — *J. conglomeratus.*

Linn. Sp. 464. — DC. Fl. fr. n. 1832. — Gaud. Fl. helv. 2. p. 543. — Lam. Ency. 3. p. 264. — Koch, Syn.

p. 726. — *J. communis. var. α*. Duby, Bot. gall. p. 475.

Lam. illust. tab. 250. fig. 1. — Leers, Herb. tab. 13. fig. 1. — Moris. sect. 8. tab. 10. fig. 7. — J. Bauh. Hist. 2. p. 520. fig. 2. — Dalech. Hist. p. 984. fig. 1. — Lob. ic. p. 84. fig. 3.

Racine transversale, très tenace; chaumes nus, dressés, verts, hauts de 5—6 décim., fermes, lisses, finement striés, remplis d'une moelle blanche non interrompue, munis à la base de gaînes brunes ou rougeâtres, non luisantes, oblongues, obtuses, souvent mucronées; corymbe latéral, sessile, décomposé, compacte, en forme de capitule arrondi; fleurs petites, portées sur des pédoncules subdivisés, à pédicelles courts, inégaux, munis de bractées; divisions du périgone lancéolées, très aiguës, brunâtres, verdâtres sur la carène; étamines 3; style presque nul; capsule brune, ovoïde, presque globuleuse, trigone, tronquée-déprimée, luisante, de la longueur du périgone, terminée par un petit mamelon portant la base persistante du style. ⚥ (Juin, juillet).

Commun dans les marais, les fossés, les lieux humides ou fangeux.

β. ***Effusus***. Hoppe, décad. — Panicule plus lâche, plus élargie, diffuse.

2. J. épars. — *J. effusus.*

Linn. Sp. 464. — DC. Fl. fr. n. 1833. — Gaud. Fl. helv. 2. p. 542. — Lam. Ency. 3. p. 265. — Koch, Syn. p. 726. — *J. communis. var. β. effusus*. Duby, Bot. gall. p. 475.

Leers, Herb. tab. 13. fig. 2. — Moris. sect. 8. tab. 10. fig. 4. — J. Bauh. Hist. 2. p. 520. fig. 1. — Dalech. Hist. p. 985. fig. 1. — Dod. pempt. p. 605. fig. 2. — Lob. ic. p. 84. fig. 2. (*ead.*).

Chaumes nus, verts, remplis de moelle blanche non interrompue, très lisses à l'état frais, finement striés sur le

sec , garnis à la base de gaînes non luisantes, souvent mucronées, hauts de 5—6 décim.; fleurs petites, d'un brun
verdâtre pâle, en panicule lâche, décomposée, à pédoncules
divergents, plus ou moins allongés, subdivisés en pédicelles
inégaux, à bractées peu apparentes; divisions du périgone
lancéolées, très aiguës ; étamines 3 ; style presque nul ; capsule brunâtre , peu luisante, obovoïde, trigone, tronquée-
déprimée, de la longueur du périgone , mucronée par la
base du style persistante. ⚥ (Juin , juillet).

Commun dans les marais, les fossés , les lieux humides ou fangeux.

β. *Subglomeratus*. DC. Fl. fr. l. c. — Panicule plus resserrée , agglomérée-globuleuse.

5. J. glauque. — *J. glaucus*.

Ehrhart, beit. 6. p. 83. — DC. Fl. fr. supp. n. 1834. —
Duby, Bot. gall. p. 475. — Gaud. Fl. helv. 2. p. 541. —
Koch, Syn. p. 727. — *J. inflexus*. Lam. Ency. 3. p. 265.
— DC. Fl. fr. n. 1839. *et mult. auct. et ut videtur, etiam
Linnæi*. — *J. tenax*. Poir. Ency. supp. 3. p. 156.
Leers , Herb. tab. 13. fig. 5. — Moris. sect. 8. tab. 10. fig.
13. — Dalech. Hist. p. 985. fig. 2.

Racine transversale , garnie de fibres très fortes ; chaumes
de 5—6 décim. du hauteur, assez grêles , d'un vert glauque,
fermes et raides , tenaces, finement et profondément striés,
à moelle interrompue par des cellules vides , terminés au-
dessus de la panicule par un prolongement grêle, allongé,
très aigu , courbé, à la fin tortillé au sommet, garnis à la
base de gaînes alternes, striées , d'un pourpre noirâtre, très
luisantes, comme vernissées ; panicule latérale, raide, décomposée , à pédoncules inégaux ; fleurs brunâtres, presque
cylindriques, à 6 étamines , à divisions du périgone étroites,
lancéolées, très aiguës, mucronées, striées, les extérieures
un peu plus longues, dépassant la capsule oblongue-ellip-
tique, brune, subtrigone, luisante, un peu obtuse, mucronée par la base du style persistante. ⚥ (Juin—août). Vulg.
Jonc des Jardiniers.

Commun le long des chemins et des fossés, dans les lieux humides.

β. *Longicornis*. Bast. DC. Fl. fr. supp. l. c. — Prolongement de la hampe, au-dessus de la panicule, très long.

** *Feuilles distinctes et non semblables aux chaumes.*

4. J. raide. — *J. squarrosus.*

Linn. Sp. 465. — DC. Fl. fr. n. 1838. — Duby, Bot. gall. p. 475. — Gaud. Fl. helv. 2. p. 547. — Lam. Ency. 3. p. 267. — Koch, Syn. p. 731.

Moris. sect. 8. tab. 9. fig. 15. (*opt.*). — Tabern. ic. p. 224. fig. 1.

Racine composée de fibres allongées, noirâtres, très fortes; chaume nu, un peu anguleux, raide, haut de 2—4 décim., entouré à la base par les feuilles radicales nombreuses, en touffe épaisse, linéaires-en gouttière, striées en dessous, raides, égalant à peine la moitiè de la longueur du chaume, resserrées à la base et s'enveloppant entre elles au moyen de leur gaîne membraneuse brunâtre, et brusquement étalées; fleurs grosses, brunâtres, sessiles, au nombre de 1—5 sur chaque pédicelle, formant une panicule terminale raide, dressée, composée, à rameaux en corymbe; étamines 6; divisions du périgone lancéolées, aiguës, ou un peu obtuses, brunâtres, scarieuses et blanchâtres sur les bords, égalant ou dépassant à peine la capsule ovoïde-trigone, obtuse, à peine mucronée, luisante; graines brunes, ovoïdes, renflées d'un côté, striées-rudes. ♃ (Juillet, août).

Les fossés des prairies (Girod-Chant.)?

5. J. en tête. — *J. capitatus.*

Weigel, Obs. bot. p. 30. (1772). — Gaud. Fl. helv. 2. p. 548. — Hagenb. Fl. basil. 1. p. 325. et supp. p. 69. — Koch, Syn. p. 729. — *J. ericetorum* (Poll.). DC. Fl.

fr. n. 1836. — Duby, Bot. gall. p. 475. — Poir. Ency. supp. 3. p. 156.

J. Bauh. Hist. 2. p. 523. fig. 1.

Racine fibreuse ; chaumes nus, filiformes, dressés, gazonnants, hauts de 6—8 centim. ; feuilles radicales, sétacées, canaliculées et obscurément engaînantes à la base, presque dressées, plus courtes que le chaume ; fleurs sessiles, au nombre de 5—8 en capitule solitaire, terminal, accompagué quelquefois de 1—2 autres pédonculés, muni d'un involucre formé de 3—5 bractées ovales, concaves, longuement acuminées : l'extérieure 1—2 fois plus longue que le capitule, égalant même quelquefois la longueur du chaume dont elle paraît être le prolongement, ce qui fait paraître les fleurs latérales ; divisions du périgone ovales-lancéolées, acuminées-mucronées, les extérieures plus longues, carénées, scarieuses sur les bords ; étamines 3 ; capsule ovoïde-trigone, obtuse, plus courte que les divisions du périgone. ① (Juin—août).

Les champs humides des environs de Bonfol, près de Prondrutc (Frisch). — Près de Ferrette (Reckle).

§ 2. *Chaumes feuillés.*

* *Feuilles de la tige non articulées.*

6. J. des crapauds. — *J. bufonius.*

Linn. Sp. 466. — DC. Fl. fr. n. 1844. — Duby, Bot. gall. p. 476. — Gaud. Fl. helv. 2. p. 557. — Lam. Ency. 3. p. 269. — Koch, Syn. p. 732.

Leers, Herb. tab. 13. fig. 8. — Barr. ic. fig. 263. et 264. — Moris. sect. 8. tab. 9. fig. 14. — J. Bauh. Hist. 2. p. 510. fig. 2. — Tabern. ic. p. 225. fig. 2.

Racine fibreuse, annuelle ; chaumes de 8—16 centim., gazonnants, inégaux, les extérieurs plus courts, obliques, les autres dressés, cylindriques, paniculés-dichotomes au sommet ; feuilles plus courtes que le chaume, très étroites, linéaires-en gouttière, très fines, cylindriques au sommet, élargies à la base en gaîne fendue, blanchâtres et membraneuses sur les bords, à peine auriculées ; rameaux florifères allongés, anguleux, dichotomes, peu divergents, munis à la base d'une feuille florale ; fleurs blanchâtres ou verdâtres, solitaires ou géminées, latérales et terminales, écartées, presque sessiles dans les bifurcations des rameaux, garnies à la base de branctées courtes et scarieuses ; divisions du périgone dressées, lancéolées-acuminées, plus longues que la capsule : les extérieures carénées, blanchâtres et scarieuses sur les bords : les intérieures planes, moins aiguës, également scarieuses, un peu plus courtes ; capsule ovoïde-oblongue, obtuse, non mucronée. ① (Juin – août).

Commun le long des chemins, dans les lieux humides et dans les terres argileuses.

7. J. de Vaillant. — *J. Tenageia.*

Ehrh. beit. 4. p. 148. — DC. Fl. fr. n. 1843. — Duby, Bot. gall. p. 476. — Gaud. Fl. helv. 2. p. 558. — Poir. Ency. supp. 3. p. 157. — Koch, Syn. p. 731.

Vaill. Bot. par. tab. 20. fig. 1.

Racine fibreuse ; chaumes de 1—2 décim., nombreux, cylindriques-comprimés, grêles, raides, paniculés-dichotomes au sommet ; feuilles linéaires-sétacées, un peu en gouttière, courtes, élargies à la base en gaîne fendue, membraneuse sur les bords, à 2 oreillettes au sommet ; fleurs petites, brunâtres, presque arrondies, sessiles, solitaires, écartées, axilaires, latérales et terminales, formant une panicule lâche, dichotome, à rameaux filiformes étalés ou divariqués ; divisions du périgone presque égales, ovaleslancéolées, aiguës, scarieuses sur les bords : les extérieures mucronées, les intérieures obtuses, égalant la capsule ovoïde-globuleuse, très obtuse, non mucronée. ① (Juin, juillet).

Les terres argileuses inondées l'hiver : le long des bords de l'étang de Vaudrey et de Chavanne, près de Sellières. — Bâle, à Michelfeld (Lachenal).

β. *Filiformis. J. Tenageia. var.* γ. Gaud. Syn. p. 294. — Plante de 2—3 centim. de hauteur, à chaume et feuilles presque capillaires, à 1—2 rameaux à 1—2 fleurs.

Au bord des étangs de Vaudrey, de Chavanne, etc.

8. J. bulbeux. — *J. bulbosus.*

Linn. Sp. 466. — DC. Fl. fr. n. 1842. — Duby, Bot. gall.
   p. 477. — Gaud. Fl. helv. 2. p. 556. — Lam. Ency. 5.
   p. 269. — *J. compressus* (Jacq.). Koch, Syn. p. 731.
Leers, Herb. tab. 15. fig. 7. — Barr. ic. fig. 747. n. 1. et
   fig. 114. n. 1. — Moris. sect. 8. tab. 9. fig. 11. — J. Bauh.
   Hist. 2. p. 522. fig. 5.

Racine horizontale, rampante, noirâtre, fibreuse, émettant çà et là des chaumes inégaux, simples, dressés, un peu comprimés, à une seule feuille, hauts de 2 – 3 décim., un peu raides, nus au sommet, garnis dans le bas de feuilles dressées, linéaires-en gouttière, aiguës, plus courtes que le chaume : les florales inégales, situées à la base des rameaux, l'inférieure dépassant ordinairement la panicule ; fleurs petites, brunâtres, le plus souvent solitaires, rarement agglomérées, sessiles, en panicule terminale un peu allongée, composée de rameaux inégaux, corymbifères, dressés ; divisions du périgone ovales-oblongues, très obtuses, brunâtres, vertes sur le dos, blanchâtres-membraneuses sur les bords, plus courtes que la capsule très obtuse, presque globuleuse, luisante, brunâtre, arrondie sur les angles, légèrement mucronée par la base du style une fois plus court que l'ovaire. ♃ (Juillet, août).

Commun le long des chemins humides, dans les fossés et les lieux marécageux.

9. J. de Gérard. — *J. Gerardi.*

**Lois. Notice, p. 60. — DC. Fl. fr. supp. n. 1842ª. — Duby,
Bot. gall. p. 476. — Poir. Ency. supp. 5. p. 708. —
Koch, Syn. p. 731. — *J. Bottnicus.* Vallenb. Fl. lapp.
p. 82.**
Barr. ic. fig. 747. n. 2.

Cette espèce ressemble beaucoupà la précédente, dont elle
diffère par son port plus délicat, son chaume plus élevé, plus
grêle, presque cylindrique, haut de 3—4 décim., à feuille florale inférieure dépassant de beaucoup la panicule qui est
plus grêle, plus raide, dressée, lâche et peu garnie; par ses
feuilles d'un vert plus clair, linéaires-en gouttière; par ses
fleurs écartées, plus petites, à divisions du périgone moins
brunes, égales, ovales-oblongues, un peu obtuses, un peu
calleuses et légèrement infléchies au sommet, vertes sur le
dos et peu membraneuses sur les bords, égalant presque la
capsule oblongue-ovoïde, brune, très obtuse, luisante,
presque trigone, mucronée; style de la longueur de l'ovaire.
♃ (Juillet, août).

Salins : le long des bords humides du chemin des vignes de Rousset;
les prés humides d'Arc-sous-Montenot, etc.

**** *Feuilles noueuses-articulées.***

10. J. couché. — *J. supinus.*

**Mœnch. Enum. pl. hass. n. 296. — DC. Fl. fr. n. 1846. —
Duby, Bot. gall. p. 476. — Koch, Syn. p. 730. — *J. sub-
verticillatus* (Wulf.). Gaud. Fl. helv. 2. p. 555. — *J.
mutabilis. var. β. et γ.* Lam. Ency. 3. p. 270. — *J. bul-
bosus.* Linn. Sp. ed. 1. p. 327.**
**Larey, Fl. Côte-d'Or, tab. 6. fig. 1. et 2. — Moris. sect. 8.
tab. 9. fig. 3. et 4.**

Racine fibreuse, gazonnante; chaumes filiformes, de
8—16 centim., feuillés, dressés ou ascendants, subdicho-

tomes ; feuilles courtes , très fines , filiformes-en gouttière ,
presque insensiblement articulées , engaînantes à la base , à
gaînes fendues , scarieuses et blanchâtres sur les bords , un
peu auriculées au sommet ; fleurs petites , réunies au nombre
de 2—5 en capitules latéraux et terminaux, sessiles et pédonculés, souvent entourées de 2—5 petites feuilles sétacées munies de gaînes à la base , et de bractées scarieuses
blanchâtres ; divisions du périgone lancéolées , presque
égales , brunâtres ou purpurines , vertes sur le dos : les extérieures aiguës, carénées, les intérieures un peu plus
courtes ; étamines 5 ; capsule oblongue , obtuse , mucronée ,
dépassant le périgone. ♃ (Juillet , août).

Les lieux humides et marécageux : Salins, dans une mare d'eau à
sec, dans le bois de Cramans ; sur les bords de l'étang de Vaudrey.

β. *Repens*. Koch, Syn. p. 730. — *J. uliginosus*. Roth.
Teut. 2. p. 405. — Chaumes couchés, allongés, radicants
aux nœuds.

Les mêmes lieux que la var. α.

γ. *Fluitans*. Koch , Syn. p. 730. — *J. fluitans*. Lam.
Ency. 3. p. 270. — DC. Fl. fr. n. 1847. — Duby, Bot. gall.
p. 476. — Lorey, Fl. Côte-d'Or, tab. 6. fig. 3. — Scheuchz.
Gram. tab. 7. fig. 10. — Chaumes allongés , filiformes ,
flottant à la surface de l'eau.

Arc-et-Senans, dans une mare d'eau au bord du chemin qui conduit
dans la forêt de Chaux, à une petite distance du bord.

11. J. à fruits luisants. — *J. lamprocarpus*.

Ehrh. Germ. exsic. déc. 13. n. 126. — Duby, Bot. gall. p.
477. — Gaud. Fl. helv. 2. p. 551. — Koch, Syn. p. 729.
— *J. acutiflorus*. Poir. Ency. supp. 3. p. 158. — *J. sylvaticus. var.* DC. Fl. fr. n. 1849. — *J. articulatus. var.*
α. *et* β. Linn. Sp. 465.

Moris. sect. 8. tab. 9. fig. 2. — J. Bauh. Hist. 2. p. 521.
fig. 2.

Racine fibreuse ; chaumes dressés ou ascendants, lisses, cylindriques, peu compressibles, non écailleux à la base, hauts de 1—4 décim.; feuilles noueuses-articulées, un peu comprimées, ainsi que le chaume, élargies à la base en gaîne fendue également comprimée ; fleurs d'un brun foncé, disposées en panicule terminale dressée, peu fournie, à rameaux inégaux, divergents, composée de capitules axilaires, latéraux et terminaux, sessiles et pédonculés, de 4—7 fleurs ; divisions du périgone égales, lancéolées : les extérieures aiguës, les intérieures obtuses, scarieuses sur les bords, de moitié plus courtes que la capsule trigone, d'un brun noir, luisante, ovoïde-lancéolée, mucronée. ♃ (Juin, juillet).

Les fossés, les lieux humides : dans la tourbière de Pontarlier ; au bord du lac à Yverdon. — Aux environs de Bâle, commun (Hagenb.). — Genève, dans les marais et les fossés humides, commun (Reut.).

β. *Viviparus*. Gaud. Fl. helv. 2. 1. c. — J. Bauh. Hist. 2. p. 521. fig. 2. (*partim*). — Panicule foliacée-prolifère.

γ. *Patens*. Gaud. Fl. helv. 2. 1. c. — Chaumes raides ; feuilles plus grêles ; divisions du périgone et capsule d'un brun plus clair.

12. J. des Alpes. — *J. Alpinus*.

Vill. Dauph. 2. p. 233. — Koch, Syn. p. 730. — *J. ustulatus* (Hoppe). Gaud. Fl. helv. 2. p. 553. — *J. Fusco-ater* (Schreb.). Hagenb. Fl. basil. 1. p. 327. et 2. append. p. 502. — *J. micranthus*. Desv. Andeg. 82. n. 184.

Cette espèce ressemble beaucoup à la précédente, mais on l'en distingue de suite à son port plus grêle, et à ses fleurs plus petites, moins nombreuses. Chaume dressé, grêle, raide, à 2 feuilles, haut de 3—5 décim.; feuilles comprimées, noueuses-articulées ; fleurs d'abord verdâtres, puis d'un brun roux, au nombre de 3—5 et souvent plus, en capitules petits, axilaires, latéraux et terminaux, sessiles et pédonculés, formant une panicule terminale, rameuse, dressée, à rameaux inégaux peu ouverts ; divisions du périgone égales, d'un brun noirâtre à la maturité, un peu

obtuses, presque striées, à peine scarieuses sur les bords,
plus courtes que la capsule ovoïde-oblongue, obtuse, trigone,
courtement mucronée, d'un brun noir, un peu luisante. ⚥
(Juillet, août).

Les prés tourbeux de la Chapelle-des-Bois. — Nyon, autour de
Longirod; sur les bords du lac de Joux, près du Sentier et de l'Abbaye
(Gaud.). — Autour des Ponts (Seringe et Brunner). — Bâle, dans les
marais et les lieux humides (Hagenb.). — Dans les sables humides au
confluent de l'Arve et du Rhône; au-dessous de Veirier et de Gaillard, etc. (Reut.).

13. J. à fleurs aiguës. — *J. acutiflorus.*

Ehrh. beit. 6. p. 86. — Duby, Bot. gall. p. 477. — Gaud.
   Fl. helv. 2. p. 550. — *J. sylvaticus. var.* DC. Fl. fr. n.
   1849. — *J. articulatus. var. γ.* Linn. Sp. 465. —
   J. sylvaticus (Reichard). Koch, Syn. p. 729.
Moris. sect. 8. tab. 9. fig. 1. (*ex Duby*).

Chaumes dressés fermes, garnis de 2—3 feuilles, amincis au sommet, haut de 4—8 décim.; feuilles cylindriques
ou légèrement comprimées, noueuses-articulées, engaînantes
à la base; fleurs 1—2 fois plus petites qu'au n. 11, au
nombre de 5—10 en capitules sessiles et pédicellés, formant
une panicule terminale très rameuse, à rameaux inégaux,
grêles, courts et divariqués; divisions du périgone d'un brun
clair, verdâtres, étroites, toutes très aiguës, acuminées : les
extérieures à peine plus longues, à pointe à la fin un peu
recourbée; capsule d'un brun fauve, ovoïde-pyramidale,
longuement acuminée, dépassant les divisions du périgone.
⚥ (Juillet, août).

Çà et là dans les fossés et les lieux marécageux : aux environs de Salins; de Besançon; de Champagnole, etc. — De Bonfol (Thurm.).

β. *Hagenbachianus.* Gaud. Fl. helv. 2. l. c. — *J. acutiflorus.* Hagenb. Fl. basil. 1. p. 329. -- Panicule moins
rameuse et plus resserrée; fleurs plus grandes, à divisions
du périgone plus courtement mucronées.

Aux environs de Bâle (Hagenb.).

14. J. à fleurs obtuses. — *J. obtusiflorus.*

Ehrhart, beit. 6. p. 83. — Duby, Bot. gall. p. 477. —
Gaud. Fl. helv. 2. p. 549. — Poir. Ency. supp. 3. p.
158. — Koch, Syn. p. 729. — *J. articulatus.* DC. Fl. fr.
n. 1848. — Lam. Ency. 3. p. 268.
Leers, Herb. tab. 13. fig. 6. — Moris. sect. 8. tab. 9. fig. 1.
(*ex Gaud.*).

Racine horizontale, gazonnante; chaumes dressés, feuill-
lés, très compressibles, étant peu garnis de moelle, hauts
de 4—8 décim., munis à la base d'écailles brunes; feuilles
d'un vert pâle, allongées, noueuses-articulées, légèrement
comprimées; fleurs petites, réunies 5—7 en capitules serrés,
hémisphériques ou presque globuleux, sessiles et pédonculés, disposés en panicule très rameuse, à pédoncules latéraux divariqués, souvent réfractés; divisions du périgone
égales, ovales-lancéolées, un peu obtuses, mucronulées, à
mucrone infléchi, d'un brun jaunâtre pâle, un peu scarieuses et blanchâtres sur les bords; capsule ovoïde-trigone,
d'un brun rougeâtre, presque obtuse, mucronée, à peine
plus longue que le périgone. ⚥ (Juillet, août).

Commun dans les lieux humides et marécageux.

2. LUZULE. — *LUZULA.* DC.

Périgone à 6 divisions glumacées; étamines 6; style 1;
stigmate 3; capsule uniloculaire à 3 graines, à 3 valves
dépourvues de cloison. — Feuilles planes, poilues çà et là.

§ 1. *Graines munies au sommet d'un appendice en forme
de crète; fleurs brunes ou fauves, solitaires, disposées
en corymbe ou en ombelle.*

1. L. poilue. — *L. pilosa.*

Willd. Enum. hort. berol. 1. p. 593. — Gaud. Fl. helv. 2.
p. 563. — Koch, Syn. p. 732. — *L. vernalis.* DC. Fl. fr.

n. 1825. — Duby, Bot. gall. p. 478. — Poir. Ency. supp.
3. p. 529. — *Juncus pilosus. α.* Linn. Sp. 468.
Leers, Herb. tab. 13. fig. 10. — Moris. sect. 8. tab. 9. fig.
1. — Tabern. ic. p. 227. fig. 2.

Racine presque rampante, fibreuse, gazonnante ; chaumes
nombreux, feuillés, dressés, très glabres, hauts de 2—3
décim.; feuilles radicales fasciculées, allongées, lancéolées-
linéaires, larges de 6—10 millim., poilues, particulièrement
sur les bords et à l'entrée des gaînes glabres; fleurs solitaires, nombreuses, en corymbe très lâche, simple, ou peu
divisée, à rameaux inégaux à 1—3 fleurs, d'abord dressés,
à la fin étalés-divariqués; divisions du périgone brunes,
ovales-lancéolées, aiguës, scarieuses et blanchâtres sur les
bords; capsule ovoïde-globuleuse, obtuse, mucronée; graines
munies au sommet d'un appendice blanchâtre courbé en
faux. ♃ (Avril, mai).

Commune dans les bois chauds, où elle fleurit dès les premiers jours
du printemps.

2. L. de Forster. — *L. Forsteri.*

DC. Syn. Fl. gall. p. 150. et Fl. fr. supp. n. 1825[a]. — Duby,
Bot. gall. p. 478. — Gaud. Fl. helv. 2. p. 564. — Poir.
Ency. supp. 3. p. 529. — Koch, Syn. p. 732.
DC. ic. gall. rar. tab. 2. (*optimè*). — Barr. ic. fig. 748. n. 2.
— Dalech. Hist. p. 429. fig. 2.

Cette espèce ressemble beaucoup à la précédente avec laquelle elle a été long-temps confondue, mais on l'en distin-
guera facilement à sa racine fibreuse non stolonifère ; à ses
feuilles 2 fois plus étroites, linéaires-acuminées, également
poilues sur les bords et à l'entrée de la gaîne ; à son corymbe
presque simple, irrégulier, à rameaux très inégaux, dressés, non étalés ou divariqués; aux divisions du périgone lancéolées-acuminées; à sa capsule ovoïde-trigone, aiguë, un
peu plus longue que le périgone ; enfin à ses graines terminées par un appendice droit, obtus et non courbé en faux.
♃ (Juin, juillet).

Les bois du Jura et de la plaine, près de Nyon (Gaud.). — Près d'Allamand (DC.). — Genève, abondamment dans les bois du Vangeron, de Ray, de Prangins, près de Nyon, etc. (Reut.). — Au Creux-du-Vent (Chaillet). — Bâle, çà et là dans les bois des montagnes du Jura : autour de Delémont, etc. (Hagenb.). — Dans le marais de la Brevine (Chaillet *ex* Depierre, cat.).

3. L. jaunâtre. — *L. flavescens*.

Gaud. Agrost. 2. p. 239. et ejusd. Fl. helv. 2. p. 564. — DC. Fl. fr. supp. n. 1825b. — Duby, Bot. gall. p. 476. — Koch, Syn. p. 732. — *L. Hostii* (Desv.). Poir. Ency. 3. p. 529.

Cette espèce ressemble par son inflorescence aux deux précédentes, mais on l'en distingue au premier coup-d'œil à la couleur jaunâtre de ses fleurs. Racine rampante, stolonifère, écailleuse; chaumes dressés, feuillés, hauts de 1—2 décim.; feuilles courtes, linéaires, larges de 2, rarement 4 millim. : les radicales étalées, recourbées; fleurs d'un jaune paille, peu nombreuses, munies de deux petites bractées florales largement triangulaires, aiguës, aristées et ciliées, disposées en corymbe ombelliforme ordinairement simple, à 4—6 pédoncules dressés-étalés, uniflores, rarement 1 ou 2 bi ou tri-flores, à peine longs de 3 centim., épaissis au sommet et munis à la base de bractées scarieuses, oblongues, tronquées, ciliées : la terminale presque sessile, avortée; divisions du périgone lancéolées : les intérieures aiguës, un peu plus longues, les extérieures mucronées, à carène aiguë; capsule assez grosse, jaunâtre, luisante, ovoïde-trigone, aiguë, mucronée, un peu plus longue que le périgone; graines munies au sommet d'un appendice courbé en faux. ♃ (Juin, juillet).

Au Creux-du-Vent (Chaillet). — Nyon, à la Grande-Aine, au-dessus d'Arzier et ailleurs dans le Jura (Gaud.). — Au pied de la Dôle, au bord de la route près de Lavatay (Reut.). — A Salève, près du châlet de la Tuile (Rapin).

*§ 2. Graine dépourvue d'appendice au sommet ou n'en
ayant qu'un très petit, peu apparent.*

* *Fleurs blanches ou blanchâtres, en fascicules disposés en corymbe
rameux; feuilles florales dépassant le corymbe.*

4. L. blanchâtre. — *L. albida.*

DC. Fl. fr. n. 1822. — Duby, Bot. gall. p. 478.— Gaud. Fl.
helv. 2. p. 565. — Poir. Ency. supp. 3. p. 552. — Koch,
Syn. p. 733. — *Juncus luzuloïdes.* Lam. Ency. 3. p.
272. — *J. pilosus. var. ε.* Linn. Sp. 467.
Leers, Herb. tab. 13. fig. 9. — Moris. sect. 8. tab. 9. fig. 5.

Racine presque rampante, stolonifère; chaume feuillé,
dressé, très grêle, haut de 3—5 décim.; feuilles allongées,
étroites, linéaires, poilues sur les bords : les florales dépassant la panicule; fleurs d'un blanc sale, rarement rougeâtres,
ovoïdes-oblongues, un peu luisantes, presque sessiles, fasciculées par 3—4, munies de petites bractées florales ovales,
à peine ciliées, disposées en corymbe rameux, à rameaux
filiformes, inégaux, décomposés et étalés, munis à la base
de bractées lancéolées ciliées; divisions du périgone ovales-
lancéolées, aiguës : les extérieures carénées, les intérieures
planes un peu plus longues; capsule ovoïde-trigone, brune,
mucronée, plus courte que le périgone. ♃ (Juin, juillet).

Dans les bois surtout des montagnes : au Creux-du-Vent; dans la
forêt de Chalezeule, près de Besançon ; aux environs de Champagnole.
— De Neuchâtel (Chaillet). — Bâle, sur le mont Mutet et la plupart
des bois montagneux (Hagenb.). — Porentruy, à Bonfol, commun
(Thurmann).

5. L. blanc de neige. — *L. nivea.*

DC. Fl. fr. n. 1821. — Duby, Bot. gall. p. 478. — Gaud.
Fl. helv. 2. p. 567. — Poir. Ency. supp. 3. p. 552. —
Koch, Syn. p. 733. — *J. niveus.* Linn. Sp. 468. — Lam.
Ency. 3. p. 272.

Moris. sect. 8. tab. 9. fig. 39. — Scheuchz. Gram. tab. 7.
fig. 7. — J. Bauh. Hist. 2. p. 429. fig. 2. — Dalech.
Hist. p. 426. fig. 2.

Cette espèce se rapproche beaucoup par son port de la
précédente, mais elle s'en distingue facilement par son
corymbe moins divisé, presque en ombelle, à divisions rapprochées, et par ses fleurs fasciculées, au nombre de 3—5,
allongées, elliptiques, fermées, d'un blanc d'ivoire, un peu
luisantes, portées sur des pédoncules courts, filiformes; divisions du périgone très inégales, lancéolées, aiguës : les
intérieures d'un tiers plus longues; capsule ovoïde-trigone,
brune, luisante, mucronée, beaucoup plus courte que le
périgone; graines brunes, ovoïdes, un peu luisantes, carénées d'un côté, à carène blanchâtre, prolongée en bec obtus
également blanchâtre. Anthères linéaires tordues, de la longueur du filet. ♃ (Juin, juillet).

Au-dessus de Bière, au pied du Montendre; aux environs de Gingins; au bois de Prangins, près de Nyon, et dans le bois d'Allamand,
entre Rolle et Morges (Gaud.). — Genève, commune dans les bois de
la plaine et du pied des montagnes : au bois de la Bâtie; des Frères, etc.
(Reut.).

** *Fleurs brunes ou fauves, en capitules pauciflores disposés en corymbe
rameux; feuilles florales moins longues que le corymbe.*

6. L. à larges feuilles. — *L. maxima.*

DC. Fl. fr. n. 1826. — Duby, Bot. gall. p. 479. — Poir.
Ency. supp. 3. p. 531. — Koch, Syn. p. 732. — *L. syl-
vatica.* Gaud. Fl. helv. 2. p. 568. — *J. montanus.* Lam.
Ency. 3. p. 273. — *J. pilosus. var. δ.* Linn. Sp. 468.
Moris. sect. 8. tab. 9. fig. 2. — J. Bauh. Hist. 2. p. 493.
fig. 2.

Racine transversale, ligneuse; chaume feuillé, dressé,
ferme, haut de 6—9 décim.; feuilles larges de 8—12 millim., plus courtes que le chaume, lancéolées-linéaires,
acuminées, poilues sur les bords et à l'entrée des gaînes;
fleurs brunes, grandes, nombreuses, réunies en capitules

de 1—4, portés sur des pédoncules allongés, formant un corymbe paniculé très rameux, à la fin divariqués; divisions du périgone presque égales, lancéolées-acuminées, d'un brun foncé, un peu luisantes, blanchâtres et scarieuses sur les bords, égalant ou dépassant quelquefois la capsule ovoïde-trigone, obtuse, mucronée. ♃ (Juin, juillet).

Cette espèce n'est pas rare dans les bois des environs de Salins, à Poupet; à Bovard; à Château; au Gout-de-Conche; dans le bois Mouchard, etc.; au Creux-du-Vent; sur les montagnes au-dessus de Nyon; au Reculet; à la Dôle; à Salève; aux environs de Bâle, etc.

7. L. brune. — *L. spadicea.*

DC. Fl. fr. n. 1824. — Duby, Bot. gall. p. 479. — Gaud. Fl. helv. 2. p. 569. — Poir. Ency. supp. 3. p. 551. — Koch, Syn. p. 733. — *J. pilosus. var. β.* Linn. Sp. 468.

Vill. Dauph. 2. tab. 6 *bis.* fig. 2. — Scheuchz. Gram. Prod. tab. 6. fig. 3. (*benè*).

Racine grêle, horizontale; chaumes grêles, feuillés, dressés, hauts de 2—3 décim.; feuilles linéaires, aiguës, courtes, fermes, glabres, poilues à l'entrée de la gaîne, larges de 2—4 millim.; fleurs brunes, petites, munies de bractées ciliées, réunies en fascicules de 3—5, portés sur des pédoncules courts, divergents, situés à l'extrémité des rameaux filiformes, inégaux, formant un corymbe lâche, décomposé; divisions du périgone d'un brun foncé, ovales-lancéolées, mucronées, presque égales; capsule ovoïde-obtuse, presque arrondie, mucronée, égalant ou dépassant peu le périgone. Cette espèce se distingue, au premier coup-d'œil, de la précédente par son chaume plus grêle, moins élevé; par ses feuilles beaucoup plus étroites, glabres, excepté à l'entrée de la gaîne; enfin, par ses fleurs plus petites, ainsi que son corymbe dont les pédoncules sont médiocrement divergents et non divariqués à angle droit. ♃ (Juin, juillet).

Au Creux-du-Vent (Gaud.).

§ 3. *Graines munies à la base d'un appendice conique.*

* *Fleurs brunes, en plusieurs épis petits réunis en un seul épi composé.*

8. L. en épi. — *L. spicata.*

DC. Fl. fr. n. 1828. — Duby, Bot. gall. p. 479. — Gaud.
Fl. helv. 2. p. 570. — Poir. Ency. supp. 3. p. 533. —
Koch, Syn. p. 754. — *J. spicatus.* Linn. Sp. 469. — Lam.
Ency. 3. p. 274. var. *β*.
Linn. Fl. lapp. tab. 10. fig. 4.

Racine oblique, fibreuse ; chaume dressé, feuillé, haut
de 1—2 décim.; feuilles courtes, lancéolées-linéaires, acuminées et pliées en gouttière au sommet, larges de 2—3
millim., presque glabres, poilues à l'entrée de la gaîne ;
fleurs d'un brun foncé, petites, fermées, en épi oblong
solitaire, terminal, penché, lobé à la base et quelquefois
interrompu, à lobes munis de bractées ovales lancéolées,
acuminées, ciliées, brunâtres, souvent prolongées en pointe
blanchâtre dépassant les lobes ; divisions du [périgone
presque égales, d'un brun noirâtre, ovales-acuminées-mu-
cronées, à mucrone et bords souvent un peu blanchâtres,
à bractées florales semblables aux divisions du périgone,
mais plus larges et ciliées, d'un brun foncé, roussâtres sur
les bords, blanchâtres au sommet ; capsule pâle, d'un blanc
jaunâtre, ovoïde-arrondie, obtuse, légèrement trigone, à
peine mucronée par la base du style, de la longueur du périgone ou un peu plus courte. ♃ (Juillet, août).

Sur la sommité du Jura, entre le Colombier et le Reculet, dans un
enfoncement où la neige avait long-temps séjourné. — Sur le Warne,
au-dessous du rocher de la Dôle (Gaud.). — Les pâturages du Reculet
(Reut.). — Mes échantillons du Jura diffèrent de ceux du Mont-d'Or
(en Auvergne) que j'ai en herbier, et de ceux que j'ai récoltés sur le
Montanvert, par leurs feuilles le double plus larges, par leurs bractées d'un brun foncé à la base, roussâtres sur les bords, et par les
capsules pâles, d'un blanc jaunâtre, et non d'un brun noirâtre.

*⁕ Fleurs brunes ou noirâtres, en épis arrondis en tête et disposés
en ombelles.*

9. L. des champs. — *L. campestris.*

DC. Fl. fr. n. 1827. var. *α.* — Duby, Bot. gall. p. 479. var. *α.*
— Gaud. Fl. helv. 2. p. 572. var. *α.* — Poir. Ency. supp.
3. p. 533. — Koch, Syn. p. 734. — *Juncus campestris.*
Linn. Sp. 468. var. *α.* — Lam. Ency. 3. p. 273. var. *α.*
Leers, Herb. tab. 13. fig. 5. — J. Bauh. Hist. 2. p. 493.
fig. 5.

Racine dure, plus ou moins rampante, fibreuse; chaumes
dressés, grêles, gazonnants, hauts de 1—2 décim.; feuilles
planes, linéaires-acuminées, larges de 2—4 millim., un peu
obtuses et calleuses au sommet, poilues sur les bords et à
l'entrée de la gaîne; fleurs d'un brun foncé, disposées en
épis ovoïdes ou arrondis, sessiles et pédonculés, dressés ou
pendants, au nombre de 3—7 formant une espèce d'ombelle ou de corymbe lâche, muni à la base de 1—2 folioles
bractéales poilues; divisions du périgone égales, lancéolées-
acuminées, mucronées, brunes, blanchâtres sur les bords,
un peu plus longues que la capsule pâle ou brunâtre, trigone,
ovoïde-arrondie, obtuse, légèrement mucronée. ⚥ (Avril,
mai).

Commune partout dans les prés secs et montueux, dans les lieux
incultes et au bord des bois.

10. L. multiflore. — *L. multiflora.*

Lejeune, Fl. de Spa, 1. p. 169. — DC. Fl. fr. supp. n.
1827ᵇ. — Duby, Bot. gall. p. 479. — Koch, Syn. p. 734.
— *L. campestris. var. δ. nemorosa.* Gaud. Fl. helv. 2.
p. 573. — *L. erecta. α.* Poir. Ency. supp. 3. p. 533.
Moris. sect. 8. tab. 9. fig. *prima.*

Racine fibreuse, gazonnante; chaumes dressés, grêles,
hauts de 2—4 décim.; feuilles linéaires, étroites, allongées,
poilues, surtout à l'entrée des gaînes; fleurs roussâtres ou

ferrugineuses, en épis ovoïdes plus nombreux que dans l'espèce précédente, disposés en corymbe ombelliforme, à pédoncules grêles, inégaux, dressés : celui du centre presque sessile; divisions du périgone lancéolées, acuminées, brunâtres, un peu blanchâtres sur les bords et un peu plus longues que la capsule arrondie, obtuse, mucronée, trigone, brunâtre. ♃ (Mai, juin).

Commune sur les collines, dans les bois montueux : Salins, dans le bois Mouchard, près de Saint-Cyr ; dans les bois de Château ; du Sepois, à Ivory, etc.; aux environs de Champagnole ; de Sellières. — De Genève, dans le bois au bord du Rhône, au-dessous de Saint-Georges (Reut.). — De Bâle, près d'Olsberg, de Delémont (Hagenb.). — Porentrui, à Bonfol, fréquente (Thurmann).

β. *Palescens. Juncus palescens.* Wahlenb. — *J. campestris. var.* β. Linn. l. c. — Chaume grêle, haut de plus de 3 décim.; feuilles étroites ; épis 5—7, petits, pâles, d'un blanc jaunâtre, ainsi que la capsule.

Dans le bois Mouchard.

γ. *Congesta.* Koch, [Syn. l. c. var. β. — *L. congesta.* DC. Fl. fr. supp. n. 1827ᵃ. — *L. campestris. var.* β. DC. Fl. fr. n. 1827. — Duby. Bot. gall. p. 479. — Chaume dressé, un peu raide, haut d'environ 3 décim.; épis pâles, brunâtres, presque sessiles ou courtement pédonculés, réunis en une seule tête lobée.

Très rare dans le Jura.

δ. *Nigricans.* Koch, Syn. l. c. var. γ. — *L. nigricans.* Desv. Journ. 1. p. 158. — *L. sudetica.* DC. Fl. fr. supp. n. 1827ᶜ. — Duby, Bot. gall. p. 479. — *L. campestris. var.* γ. *nigricans.* Gaud. Fl. helv. 2. p. 572. — Chaume grêle, haut de 3 décim. et plus; feuilles poilues à la base, souvent presque glabres; épis presque sessiles, en tête d'un brun noirâtre; divisions du périgone égalant ou dépassant peu la capsule noire. (Juillet, août).

Dans les tourbières des Pontins, au pied du Chasseral ; de la Chapelle-des-Bois ; de Roche-Fendue, au Locle; sur la Dôle ; le Colombier et le Reculet.

FAMILLE CXVII.

Cypéracées. Juss.

FLEURS glumacées, hermaphrodites ou unisexuelles, disposées en épis ou épillets, placées à l'aisselle d'écailles ou glumes à une seule valve (bractée extérieure), ou à 2 valves (bractées extérieure et intérieure), l'intérieure étant soudée à l'axe (dans le *Souchet*), ou transformée en urcéole (dans la *Laiche*); périgone hypogyne, divisé en 6 soies et plus, ou en un grand nombre (dans la *Linaigrette*), rarement moins par avortement, ou nul; étamines 3, à filets capillaires, à anthères acuminées au sommet et en cœur à la base; ovaire libre, simple; style 1; stigmates 2—3; fruit (achaine, noix, cariopse) ordinairement régulier, en toupie, trigone ou comprimé, souvent acuminé par le rudiment du style, monosperme, indéhiscent, nu, ou entouré par les soies du périgone persistant, ou renfermé dans un urcéole accru, persistant, semblable à une fausse utricule, tombant avec le périgone ou avec l'urcéole. Embryon très petit, situé à la base d'un périsperme farineux. — Herbes la plupart marécageuses et vivaces, à chaume cylindrique ou trigone, ordinairement sans nœuds; feuilles linéaires, à gaîne entière.

TRIBU I. — CYPÉRÉES. Koch.

Fleurs hermaphrodites; écailles embriquées sur 2 rangs plus ou moins réguliers.

1. SOUCHET. — *CYPERUS*. Linn.

Épillets comprimés, distiques, à écailles florales carénées, nombreuses, toutes florifères, ou 2—3 des inférieures plus petites et stériles; cariopse non accompagné de soies hypogynes. — Dans plusieurs espèces la valve intérieure existe,

mais soudée à l'axe qu'elle rend ailé; dans les autres elle est
à peine visible.

1. S. jaunâtre. — *C. flavescens.*

Linn. Sp. 68. — DC. Fl. fr. n. 1800. — Duby, Bot. gall. p.
483. — Gaud. Fl. helv. 1. p. 133. — Poir. Ency. 7. p.
255. — Koch, Syn. p. 735.
Lam. illust. tab. 38. fig. 1. — Moris. sect. 8. tab. 11. fig. 37.
— J. Bauh. Hist. 2. p. 471. fig. 1. — Dalech. Hist. p.
1006. fig. 2. (*ad sinistram*).
Racine fibreuse; chaumes de 6—18 centim., dressés,
légèrement triquètres, gazonnants, garnis seulement à la
base de feuilles plus courtes qu'eux, étroites, larges de 2
millim., linéaires, aiguës, carénées, à gaîne courte, tubuleuse; épillets comprimés, linéaires-lancéolés, obtus, d'un
vert jaunâtre, à écailles obtuses, carénées, à une seule nervure, embriquées sur 2 rangs opposés, réunis en faisceaux
sessiles et inégalement pédonculés, disposés en ombelle entourée d'un involucre à 2—3 folioles inégales, étalées, semblables aux feuilles; stigmates 2; cariopse d'un brun noirâtre, ovoïde arrondi, un peu comprimé. ⊙ (Juillet, août).

Les lieux humides et marécageux : Salins, dans le bois Mouchard ; au
marais de Vaucy, près d'Arbois; aux environs de Sellières; au marais
de Marigny, canton de Clairvaux; aux environs d'Orgelet; de Thoirette; de Genève; de Bâle, etc. — De Porentruy, à Bonfol (Thurm.).

2. S. brun. — *C. fuscus.*

Linn. Sp. 69. — DC. Fl. fr. n. 1799. — Duby. Bot. gall. p.
483. — Gaud. Fl. helv. 1. p. 134. — Poir. Ency. 7. p.
256. — Koch, Syn. p. 735.
Leers, Herb. tab. 1. fig. 2. — Moris. sect. 8. tab. 11. fig.
38. — J. Bauh. Hist. 2. p. 471. fig. 2.
Cette espèce a le port de la précédente, mais on l'en distingue de suite à la couleur brune de ses épillets. Racine
fibreuse; chaumes de 8—16 centim., triquètres, d'un vert
clair, mous, gazonnants; feuilles planes, pliées en carène ;

épillets linéaires, comprimés, d'un brun noirâtre, plus nombreux et plus petits que dans l'espèce précédente, comme dentés en scie par l'effet des écailles un peu écartées, ovales, aiguës, verdâtres sur la carène, réunis en faisceaux sessiles et inégalement pédonculés, disposés en ombelle entourée d'un involucre à 3 folioles semblables aux feuilles, dont 2 ordinairement très longues; stigmates 3; cariopse brunâtre, petit, triquètre, elliptique, aigu aux deux bouts. ⊕ (Juillet, août).

Les mêmes lieux que l'espèce précédente et souvent mêlée avec elle, mais plus rare.

2. CHOIN. — *SCHOENUS*. Linn.

Épillets distiques, ou obscurément distiques, disposés en tête ou en faisceau; écailles inférieures plus petites, stériles; stigmates 2—3; cariopse entouré à la base de soies hypogynes, rarement presque nu. — Les soies hypogynes sont hérissées d'aspérités qui les distinguent des filets des étamines toujours lisses.

§ 1. *Fruit obtus, non mucroné.* — Schœnus. Vahl.

1. C. ferrugineux. — *S. ferrugineus.*

Linn. Sp. 64. — DC. Fl. fr. n. 1793. — Duby, Bot. gall. p. 484. — Gaud. Fl. helv. 1. p. 102. — Lam. Ency. 1. p. 739. — Koch, Syn. p. 737.
Schrad. Germ. 1. tab. 1. fig. 4.
Racine fibreuse; chaumes de 2—3 décim., cylindriques, filiformes, gazonnants, garnis de gaînes écailleuses à la base, nus dans le reste de leur longueur; feuilles lisses, filiformes, canaliculées, beaucoup plus courtes que le chaume; épillets 2—3, rarement 4, fasciculés en capitule terminal linéaire-elliptique, aigu, d'un brun noirâtre ou ferrugineux, muni d'un involucre à 2 folioles : l'inférieure ovale-lancéolée, prolongée en pointe verte, égalant ou dé-

passant à peine le capitule : la supérieure beaucoup plus
courte, mucronée ; soies hypogynes 3—6, appliquées, égalant ou dépassant l'ovaire ; cariopse oblong. ♃ (Mai, juin).

Les marais et les prés tourbeux du comté de Neuchâtel, et près de
Saint-Blaise (Chaillet). — Autour de Nyon, rare (Gaud.). — Autour
de Gimel, Saubres et Burtigny (Ducros). — Le marais de Corneaux
(L. Benoît, *et ex specimine*). — Bâle, près de Bellelay, dans le val de
Delémont (Frisch-Joset). — Dans le marais de Divonne (Reut.).

2. C. noirâtre. — *S. nigricans*.

Linn. Sp. 64. — DC. Fl. fr. n. 1792. — Duby, Bot. gall. p.
448. — Gaud. Fl. helv. 1. p. 101. — Lam. Ency. 1. p.
739. — Koch, Syn. p. 737.
Lam. illust. tab. 38. fig. 1. — Scheuchz. Gram. tab. 7. fig.
12-14. — Magnol. Monsp. p. 144. ic. — Moris. sect. 8.
tab. 10. fig. 28.

Racine fibreuse, gazonnante ; chaumes de 2—4 décim.,
dressés, cylindriques, nus, excepté à la base où ils sont recouverts par les gaînes des feuilles ; celles-ci sont d'un vert
glauque, ainsi que le chaume, raides, sétacées, planes-
convexes, presque triquêtres, légèremeut canaliculées, atteignant la moitié de la longueur du chaume, un peu rudes
au sommet ; gaînes beaucoup plus larges que les feuilles
d'un brun foncé, fendues jusqu'à la base, plus pâles sur les
bords ; épillets au nombre de 5—10, d'un brun noirâtre,
presque sessiles, réunis en tête terminale ovoïde, courte,
épaisse, entourée d'un involucre à 2 folioles : l'inférieure
ovale, concave, échancrée au sommet et prolongée en une
longue pointe verte subulée, beaucoup plus longue que les
épillets : la supérieure plus courte, à pointe nulle ou ne les
dépassant pas ; stigmates 3 ; soies hypogynes, très courtes
et appliquées, ou presque nulles ; cariopse lisse, blanchâtre,
triquètre, obtus. ♃ (Mai, juin).

Dans le marais de Vaucy, près d'Arbois ; de Saône, près de Besançon. — D'Areuse, comté de Neuchâtel (L. Benoît, cat.). — Commun
dans les marais spongieux aux environs de Genève : au marais de
Troënex ; de Rœllebot, etc. (Reut.).

3. C. comprimé. — *S. compressus.*

Linn. Sp. 65. —Duby, Bot. gall. p. 484. — Gaud. Fl. helv.
1. p. 100. — Lam. Ency. 1. p. 741. — *Scirpus caricis.*
—DC. Fl. fr. n. 1781. — *Scirpus compressus.* Pers. Syn.
1. p. 66. — Koch, Syn. p. 744.
Leers, Herb. tab. 1. fig. 1. — Scheuchz. Gram. tab. 11. fig. 6.

Racine rampante, stolonifère ; chaumes presque cylindriques, légèrement trigones dans le haut, lisses, feuillés à
la base, hauts de 1—2 décim. ou un peu plus ; feuilles
planes, en gouttière, linéaires, plus courtes que le chaume,
un peu rudes sur les bords, en gaîne courte à la base ; épi
terminal distique, comprimé, roussâtre, muni d'un involucre
à une, quelquefois 2 folioles étroites, tantôt courtes, tantôt
très longues, composé de 10—12 épillets alternes, sessiles,
contigus, multiflores, oblongs, un peu aigus ; cariopse
obovoïde, comprimé, grisâtre, rétréci à la base, terminé par
le style persistant, entouré de 4—6 soies longues, dente-
lées-crochues. ♃ (Juin, juillet).

Les lieux humides et fangeux, assez commun : Salins, dans les prés
humides de Saisenay, etc.; d'Arc-sous-Montenot ; du Paquier, en allant
à Vannoz par la traverse ; au marais de Vaucy, etc.; aux environs de
Genève ; de Bâle, etc.

§ 2. *Fruit acuminé par la base endurcie et dilatée du style.*
— Rhynchospora. Vahl.

4. C. blanc. — *S. albus.*

Linn. Sp. 65. — DC. Fl. fr. n. 1794. —Duby, Bot. gall. p.
484. — Gaud. Fl. helv. 1. p. 103. — Lam. Ency. 1.
p. 741. — *Rhynchospora alba* (Vahl.). Koch, Syn.
p. 758.
Schuchz. Gram. tab. 11. fig. 11. — Moris. sect. 8. tab. 9.
fig. 59 ?

Racine fibreuse, produisant plusieurs chaumes fasciculés,
dressés, rarement ascendants, feuillés, hauts de 2—3 dé-

cim., trigones, gazonnants, un peu rudes dans le haut, et munis de 1—2 rameaux grêles ; feuilles étroites, pliées en carène, engaînantes à la base, plus courtes que le chaume ; épillets terminaux, fasciculés, presque en corymbe, blanchâtres, à la fin roussâtres, oblongs, aigus, légèrement pédicellés, munis à la base d'une foliole bractéiforme dressée, égalant ou dépassant peu le corymbe ; soies hypogynes 10, de la longueur du cariopse obovoïde, blanchâtre, luisant, comprimé, terminé en bec formé par le style persistant conique à la base ; étamines 2 ; stigmates 2, plus courts que le style. ♃ (Juillet, août).

Dans la plupart des tourbières du Jura : dans les tourbières de Pontarlier ; de Boujaille ; de Villeneuve, entre Salins et Levier ; de Noiraigue ; de Pont-Martel ; de la Brevine ; de Bief-du-Four ; des Rousses ; à la combe de Valauvron ; aux marais de Saône, près de Besançon ; de Marigny, canton de Clairvaux, etc. — Genève, à l'entrée du marais de Sionet et dans le chemin de Florissant ; dans le marais de Lossy (Reut.).

5. C. brun. — *S. fuscus.*

Linn. Sp. 1664. — DC. Fl. fr. n. 1795. — Duby, Bot. gall. p. 484. — Gaud. Fl. helv. 1. p. 104. — Lam. Ency. 1. p. 739. — *Rhynchospora fusca* (Rœm. et Sch.). Koch, Syn. p. 738.

Moris. sect. 8. tab. 11. fig. 40.

Racine longuement rampante ; chaumes de 15—25 cent., solitaires, légèrement triquètres, presque cylindriques, garnis seulement à leur partie inférieure de feuilles très fines pliées en gouttière, légèrement carénées, plus courtes que le chaume muni dans le haut de 1, rarement 2 rameaux ; épillets d'un brun ferrugineux, presque à 3 fleurs lancéolées-elliptiques, disposés en faisceaux terminaux pédonculés, presque géminés, munis de bractées ou feuilles florales beaucoup plus longues que les épillets ; étamines 3 ; stigmates 2, plus longs que le style ; soies hypogynes 3—4, doubles de la longueur du cariopse obovoïde, arrondi, comprimé, blanchâtre, luisant, terminé en bec formé par le style conique, persistant. ⚥ (Juin, juillet).

Bâle, dans une île du Rhin (Hagenb.). — Jura (Mut.).

TRIBU II. — SCIRPÉES. Koch.

Fleurs hermaphrodites; écailles embriquées en tous sens.

3. CLADIE. — *CLADIUM*. Patr. Brown.

Épillets embriqués en tous sens; écailles 5—6, les 3 inférieures plus petites, stériles; cariopse ovoïde, aigu, à écorce crustacée, fragile; style filiforme, caduc; soies hypogynes nulles.

1. C. Marisque. — *C. Mariscus*.

R. Brown, Prod. 1. p. 236. — Gaud. Fl. helv. 1. p. 60. — Koch, Syn. p. 738. — *Schœnus Mariscus*. Linn. Sp. 62. — DC. Fl. fr. n. 1796. — Duby, Bot. gall. p. 484. — Lam. Ency. 1. p. 759.

Bocc. Sic. tab. 39. fig. II. — Scheuchz. Gram. tab. 8. fig. 7-11. — Moris. sect. 8. tab. 11. fig. 24. — J. Bauh. Hist. 2. p. 504. fig. 1. — Lob. ic. p. 76. fig. 1.

Racine rampante, ligneuse; chaume noueux, feuillé, raide, cylindrique, trigone au sommet, fistuleux, haut de 9—12 décim.; feuilles très longues, fermes, linéaires-lancéolées, carénées, triquêtres au sommet, finement dentelées en scie sur les bords et la carène, ce qui les rend coupantes; gaîne courte, lisse; épillets roussâtres, biflores, ovoïdes-aigus, agglomérés en têtes sessiles et pédonculées, simples, géminées ou ternées, à pédoncules inégaux, formant une panicule rameuse, composée de corymbes terminaux et axilaires souvent géminés, accompagnés de bractées foliacées, longuement acuminées, de longueur variable, dépassant souvent le corymbe. ⚥ (Juillet, août).

Les fossés, les marais et les eaux stagnantes : dans le marais de Vaucy, près d'Arbois. — Autour de Grandson ; aux environs de Nyon, autour de Coinsins, Duilliers et Clarens (Gaud.). — Genève, au marais de Troënex et de Roellebot (Reut.). A l'embouchure de la Reuse (L. Benoît, cat.).

4. SCIRPE. — *SCIRPUS*. Linn..

Épillets régulièrement embriqués d'écailles en tous sens, les inférieures plus grandes, 1—2 à la base ordinairement stériles ; cariopse entouré de soies hypogynes plus courtes que les écailles, ou nu.

§ 1. *Style dilaté à la base, endurci et persistant sur le cariopse entouré de soies hypogynes.* — Eleocharis. R. Brown.

1. S. des marais. — *S. palustris.*

Linn. Sp. 70. — DC. Fl. fr. n. 1773. — Duby, Bot. gall. p. 485. — Gaud. Fl. helv. 1. p. 110. — Poir. Ency. 6. p. 748. — *Heleocharis palustris* (R. Brown). Koch, Syn. p. 738.

Poit. et Turp. Fl. par. tab. 59. — Lam. illust. tab. 38. fig. 1. — Leers, Herb. tab. 4. fig. 3.

Racine rampante, garnie de longues fibres ; chaumes de 5—6 décim., presque cylindriques, un peu comprimés, épais, spongieux et cloisonnés en dedans, gazonnants, munis à la base d'une gaîne tronquée d'un brun foncé, dépourvus de feuilles ; épi oblong, nu, solitaire, terminal, à écailles embriquées, brunes, oblongues, aiguës, à nervure dorsale verdâtre, un peu scarieuses sur les bords, les 2 inférieures plus courtes, stériles, ovales arrondies au sommet ; stigmates 2 ; cariopse obovoïde, jaunâtre, un peu comprimé, lisse, terminé par la base épaissie du style, et entouré de 5—6 soies hypogynes rudes, plus longues que lui. ⚥ (Juin—août).

Les marais, les fossés, le bord des étangs : Salins, à Ivory ; à la tuilerie de Clucy ; au bord de l'étang de Vaudrey ; dans le bois de Bovard, etc.; aux environs d'Arbois, de Besançon ; de Genève , de Bâle , etc.

β. *Minor.* Gaud. Fl. helv. l. c. — Épi ovoïde-lancéolé , pauciflore.

Nyon , autour de Promenthou , etc.

2. S. univalve. — *S. uniglumis.*

Mert. et Koch, Fl. Deuts. 1. p. 426. — Gaud. Fl. helv. 1. p. 111. — Hagenb. Fl. basil. 2. in append. p. 479. — Bréb. Fl. norm. p. 351. — *S. intermedius.* Thuill. Fl. par. ed. 2. p. 21. (*non Poir.*). — *S. palustris.* DC. Fl. fr. n. 1773. var. γ. — *Heleocharis uniglumis* (Link). Koch, Syn. p. 738.
Reichenb. Cent. 2. fig. 519.

Racine rampante ; chaumes de 2—3 décim., cylindriques, très grêles, un peu durs, lisses, striés, à gaîne tronquée, dépourvus de feuilles; épi d'un brun foncé, oblong, solitaire, terminal; écailles lancéolées, obtuses, à bords scarieux, blanchâtres, l'inférieure plus courte, large, arrondie, embrassant presque toute la base de l'épi, à nervure moyenne verdâtre, très étroite; stigmates 2; cariopse obovoïde, lisse, un peu comprimé. Très voisin du précédent, dont il diffère par le chaume plus grêle, l'épi plus foncé, à fleurs moins nombreuses, et par les écailles obtuses, dont l'inférieure large et courte embrasse presque entièrement la base de l'épi. ♃ (Juin—août).

Les marais tourbeux ; les lieux vaseux : au bord de l'Ain, au-dessus de Champagnole. — Bâle, près d'Olsberg, et autour de la ville (Hagenbach). — Genève, au bord des ruisseaux et des fossés, entre Saligny et Chougny; à Chêne et Ambilly, etc. (Reut.). — Près de Delémont (Thurmann).

β. *Arenarius.* Gaud. Fl. helv. 1. l. c. — Chaumes plus courts, plus raides, les stériles souvent courbés.

Les lieux sablonneux au bord du lac de Genève (Gaud.).

3. S. des tourbières. — *S. Bœothryon.*

Ehrh. Phyt. 31. — DC. Fl. fr. n. 1776. — Duby, Bot. gall.
p. 485. — Gaud. Fl. helv. 1. p. 109. — Poir. Ency. 6. p.
750. — *S. campestris.* DC. Fl. fr. n. 1777. — Poir. Ency.
6. p. 751. — *S. pauciflorus* (Lightfoot). Koch, Syn. p.
740.
Scheuchz. Gram. tab. 7. fig. 21.

Racine fibreuse, émettant quelques jets allongés, rampants, très fins; chaumes de 1—2 décim., grêles, cylindriques, inégaux, lisses, striés, gazonnants, fasciculés par petites touffes, munis à la base d'une gaîne allongée, tubuleuse, tronquée obliquement et dépourvue de feuilles; épi solitaire, ovoïde-lancéolé, terminal, de 4—6 fleurs, à écailles toutes fertiles, obtuses ou un peu aiguës, brunes, lancéolées, un peu scarieuses, les 2 inférieures presque égales, ovales, obtuses, plus grandes, largement scarieuses, égalant presque l'épi; stigmates 3; cariopse lisse, obovoïde-trigone, mucroné par la base persistante du style, entouré de 5—6 soies rudes qui le dépassent à peine. ♃ (Juin, juillet).

Les marais tourbeux, les lieux humides et argileux : près des bords de l'Ain, au-dessus de Champagnole; à la Chapelle-des-Bois. — Nyon, autour de Crans et de Trêlex. — Genève, au marais de Lossy, commun; au Piton de Salève, dans les petits marais qui sont derrière (Reuter.).

4. S. ovoïde. — *S. ovatus.*

Rot. Catal. 1. p. 5. — DC. Fl. fr. n. 1774. — Duby, Bot.
gall. p. 485. — Balb. Fl. ly. p. 769. — Gaud. Fl. helv. 1.
p. 112. — Poir. Ency. 6. p. 754. — *Heleocharis ovata*
(R. Brown). Koch, Syn. p. 739.
Moris. sect. 8. tab. 10. fig. 34. (*opt.*).

Racine fibreuse; chaumes nombreux, cylindriques, striés, un peu divergents, gazonnants, de longueur inégale dans la même touffe, plus ou moins grêles, hauts de 8—24 centim. , entourés à la base d'une gaîne tronquée ; épi ovoïde, nu, étroitement embriqué, d'un brun ferrugineux, à écailles presque toutes égales et fertiles, ovales, obtuses, un peu scarieuses sur les bords, à nervure dorsale verdâtre ; stigmates 2; cariopse obovoïde un peu comprimé, pâle, entouré de 6—8 soies grêles , rudes, plus longues que lui. ① (Juin—août).

Le bord des marais, des eaux stagnantes, et les lieux inondés l'hiver : Salins, dans le bois Mouchard ; au bord de l'étang de Vaudrey ; de Chavanne , et dans le marais de Chaux , aux environs de Sellières, etc.

§ 2. *Style caduc; cariopse dépourvu de soies hypogynes.*
— Isolepis. R. Brown.

** Épis solitaires terminaux.*

5. S. flottant. — *S. fluitans.*

Linn. Sp. 71.—DC. Fl. fr. n. 1785. — Duby, Bot. gall. p. 485. — Poir. Ency. 6. p. 754. — Koch, Syn. p. 740.
Scheuchz. Gram. tab. 7. fig. 20, —Moris. sect. 8. tab. 10. fig. 31.
Racine fibreuse, produisant des chaumes ou tiges grêles, allongées, couchées ou flottantes, feuillées, rameuses, molles, radicantes; feuilles linéaires, planes, étroites, longues, engaînantes et scarieuses à la base; pédoncules axilaires, longs de 4—8 centim. , alternes vers l'extrémité des rameaux, portant des épis petits, verdâtres, ovoïdes, solitaires, à 3—4 fleurs à écailles presque obtuses, les 2 inférieures plus grandes; style caduc , à 2 stigmates; cariopse comprimé , aigu sur les bords. ♃ (Juillet—septembre).

Dans les marais (Girod-Chant.). — Mes échantillons sont de Rennes, en Bretagne, et de Fontainebleau.

6. S. épingle. — *S. acicularis.*

Linn. Sp. 71. — DC. Fl. fr. n. 1784. — Duby, Bot. gall. p. 485. — Gaud. Fl. helv. 1. p. 106. — Poir. Ency. 6. p.

752. — *Heleocharis acicularis* (R. Brown). Koch , Syn,
p. 759.

Bocc. Sicil. tab. 20. fig. 4. —Moris. sect. 8. tab. 10. fig. 37.

Racine fibreuse, gazonnante, émettant de petits jets
capillaires, rampants; chaumes sillonnés-tétragones, très
déliés, capillaires, mous, hauts de 4—8 centim., munis à
la base d'une gaîne courte, tronquée, terminés par un épi
solitaire, ovoïde-aigu, très petit, à peine plus gros qu'une
tête d'épingle, à 4—5 fleurs d'un vert rougeâtre ou ferrugineux, à écailles ovales, obtuses, à carène verdâtre, les 2
inférieures plus grandes et embrassantes; stigmates 3; cariopse oblong, luisant, d'un blanc d'ivoire, légèrement
striés-nerveux longitudinalement, ordinairement nu, quelquefois garni de 1—4 soies hypogynes plus longues que lui.
①, ♃ (DC.) (Juin—août).

Les marais, le bord des eaux stagnantes : Salins, dans le bois Mouchard ; au bord de l'étang de Vaudrey ; aux environs de Sellières ; au
marais de Chaux ; au bord de l'étang de Chavanne ; de Lombard , etc.
— Nyon, à l'embouchure du Boiron (Gaud.). — Entre Genthod et
Versoix , au bord de l'étang de Drezon, etc. (Reut.). — Neuchâtel, au
bord des eaux stagnantes entre les allées de Colombier et Auvernier,
au bord du lac (L. Benoit, cat.).

** *Épis latéraux agrégés, rarement solitaires.*

7. S. sétacé. — *S. setaceus.*

Linn. Sp. 72. — DC. Fl. fr. n. 1786. — Duby, Bot. gall. p.
485. — Gaud. Fl. helv. 1. p. 117. — Poir. Ency. 6. p.
757. — Koch, Syn. p. 740.

Poit. et Turp. Fl. par. tab. 68. — Leers, Herb. tab. 1. fig.
6. — Moris. sect. 8. tab. 10. fig. 23.

Racine fibreuse ; chaumes grêles, filiformes, nus, glauques, dressés, cylindriques, gazonnants, réunis en petites
touffes hautes de 8—16 centim., garnis à la base d'une
gaîne tubuleuse striée, prolongée en une petite feuille pliée
en gouttière ; épis ovoïdes, petits, sessiles, solitaires , gémi-

nés ou ternés, à 6—12 fleurs, situés au sommet de la hampe, à l'aisselle d'une bractée sétacée, verticale, semblable au prolongement du chaume, ce qui les fait paraître latéraux ; écailles ovales, obtuses, mucronulées, brunes ou rougeâtres, avec la nervure dorsale verte ; cariopse obovoïde, brun, obtus, trigone, un peu comprimé, mucroné, strié en long ; stigmates 3. ☉ (Juillet, août).

Le bord des étangs, les lieux argileux et humides ; Salins, dans le bois Mouchard ; au bord de l'étang de Vaudrey et de Chavanne, près de Sellières ; au Grand-Abergement, près d'Arbois. — Nyon, près de Crans (Gay). — Bâle, près de la Maison-Neuve ; autour d'Olsberg et de Delémont (Hagenb.).

β. *Minimus*. Gaud. Fl. helv. 1. l. c. — Chaumes ayant à peine 2 centim. de haut.

Les champs humides autour de Calève, près de Nyon (Gaud.).

8. S. couché. — *S. supinus*.

Linn. Sp. 73. — DC. Fl. fr. n. 1787. — Duby, Bot. gall. p. 486. — Balb. Fl. lyon. p. 774. — Gaud. Fl. helv. 1. p. 119. — Poir. Ency. 6. p. 760. — Koch, Syn. p. 740.

Racine fibreuse ; chaumes de 1—2 décim., cylindriques, assez épais, étalés ou ascendants, réunis en touffe, garnis à la base de 1—2 gaînes prolongées en feuilles très courtes, convexes-en gouttière ; épis 1—8, ordinairement ternés, ovoïdes, sessiles, assez gros, à 7—15 fleurs, réunis dans l'axe de la bractée fendue à la base, dressée et presque de la longueur du chaume dont elle semble être le prolongement, ce qui les fait paraître latéraux ; écailles toutes fertiles, ovales, mucronées, concaves, d'un brun ferrugineux avec la carène verte ; stigmates 3 ; cariopse obovoïde, obtus, trigone, d'un brun noirâtre, profondément ridé en travers. ☉ (Juillet, août).

Nyon, sur la rive gauche du Boiron, à son embouchure (Gaud.). — Abondamment au bord du lac de Genève, entre Genthod et Versoix (Reut.). — Dans les terres sablonneuses et humides (Girod-Chant.).

9. S. à têtes rondes. — *S. Holoschœmus.*

Linn. Sp. 72. — DC. Fl. fr. n. 1788. — Duby, Bot. gall. p.
486. — Gaud. Fl. helv. 1. p. 115. — Poir. Ency. 6. p.
764. — Koch, Syn. p. 742.
Scheuchz. Gram. tab. 8. fig. 2–5. — Moris. sect. 8. tab. 10.
fig. 17. — Dalech. Hist. p. 987. fig. 1.

Racine horizontale, forte, épaisse, formant des gazons
très denses; chaumes tous fertiles, dressés, nombreux,
raides, durs, lisses, hauts de 6—9 décim., striés, cylindriques, nus, munis à la base de 3—4 gaînes souvent fendues par déchirement, sans feuilles ou prolongées en une
petite feuille longue de 3—6 centim.; épis globuleux,
verruqueux, compactes, pédonculés, à l'exception d'un seul
qui reste sessile, au nombre de 3—5, à pédoncules inégaux
formant une ombelle simple, munie d'un involucre à 2 folioles : l'inférieure verticale, beaucoup plus longue que les
pédoncules et semblable au prolongement du chaume, ce
qui fait paraître l'ombelle latérale : la supérieure étalée,
plus courte; écailles concaves, obovales en coin, tronquées,
à une seule nervure, quelquefois mucronées et ciliées;
stigmates 3; anthères mucronées; cariopse glabre, petit. ♃
(Juin, juillet).

Les sables au bord du lac Léman : au-dessous de Bossey; à l'embouchure de la Dulive et de l'Aubonne; à Versoix, vers la tuilerie (Gaud.).
— Genève, à Genthod et Versoix, parmi les graviers, où il forme des
touffes très compactes (Reut.).

§ 3. *Style caduc; cariopse entouré de soies hypogynes.* —
Scirpus. R. Brown.

* *Épi solitaire.*

10. S. gazonnant. — *S. cæspitosus.*

Linn. Sp. 71. — DC. Fl. fr. n. 1775. — Duby, Bot. gall. p.
486. — Gaud. Fl. helv. 1. p. 107. — Poir. Ency. 6. p.
750. — Koch, Syn. p. 759.

Scheuchz. Gram. tab. 7. fig. 18. — Moris. sect. 8. tab. 10. fig. 35.

Racine fibreuse, formant des gazons épais, tenaces; chaumes nombreux, serrés, hauts de 10—16 centim., raides, cylindriques, lisses, striés, garnis à la base de gaînes nombreuses, roussâtres, écailleuses, alternes, luisantes, embriquées : les supérieures plus étroites, tubuleuses, tronquées et prolongées en une petite foliole très courte, canaliculée ; épi court, ovoïde, roussâtre, solitaire, terminal, à 2—5 fleurs ; écailles toutes fertiles, obtuses, les 2 inférieures plus grandes, celle de la base presque de la longueur de l'épi et embrassante, terminée par une pointe calleuse semblable à un rudiment de feuilles ; stigmates 3 ; cariopse brunâtre, obovoïde, aplani en dedans, convexe en dehors et un peu caréné, ce qui le rend presque trigone, obtus, mucroné, entouré de 6 soies fines, lisses, plus longues que lui. ♃ (Juillet, août).

Dans la plupart des tourbières du Jura : dans celles de Pontarlier ; de Villeneuve ; de Boujaille ; de Noiraigue ; de Pont-Martel ; de la Brevine ; de la Chaux-du-Milieu ; de Sainte-Croix ; des Rousses ; de Bief-du-Four, etc.

** *Plusieurs épis.*

a. Chaume cylindrique.

11. S. des lacs. — *S. lacustris.*

Linn. Sp. 72. — DC. Fl. fr. n. 1778. — Duby, Bot. gall. p. 486. — Gaud. Fl. helv. 1. p. 115. — Poir. Ency. 6. p. 777. — Koch, Syn. p. 741.

Moris. sect. 8. tab. 10. fig. 1. — J. Bauh. Hist. 2. p. 522. fig. 2. — Tabern. ic. p. 249. fig. 1. — Dod. pempt. p. 605. fig. 1. — Lob. ic. p. 85. fig. 2.

Racine épaisse, articulée, rampante, stolonifère, garnie d'un grand nombre de fibres allongées; chaume de 1—2 mètres, cylindrique, dressé, ordinairement solitaire, nu, épais, vert, lisse, spongieux intérieurement, aminci au sommet, garni à la base de quelques gaînes brunes, al-

ternes, fendues, se séparant en réseau : les inférieures luisantes, écailleuses, les supérieures prolongées en feuilles
courtes, canaliculées ; épillets ovoïdes, roussâtres, nombreux, portés sur des pédoncules rudes, inégaux, simples
ou rameux, formant une panicule ou cyme terminale
décomposée, paraissant latérale par la direction verticale de
la foliole inférieure de l'involucre, qui semble former le
prolongement du chaume ; écailles obtuses, échancrées,
mucronées, glabres, scarieuses et ciliées sur les bords ;
anthères pubescentes au sommet ; stigmates 3 ; cariopse
petit, plan-convexe, presque triquêtre, muni à la base de
soies rudes, plus courtes que lui. ♃ (Juin, juillet).

Les eaux stagnantes ou ayant un cours lent : Salins, au bord de la
Loue ; du Doubs ; les mares d'eau à Ivory ; à la tuilerie de Clucy. —
Genève, dans l'étang de Genthod, etc. (Reut.). — Aux environs de
Bâle (Hagenb.). — On fait avec les tiges de cette plante des nattes, des
corbeilles et des chaises grossières.

12. S. de Tabernamontanus. — *S. Taberna-*
montani.

Gmel. Bad. 1. p. 101. — Gaud. Fl. helv. 1. p. 114. et 6. p.
337. et ejusd. Syn. p. 33. — Koch, Syn. p. 741. — Hagenb. Fl. basil. 2. in append. p. 478.
Tabern. ic. p. 250. fig. 1.

Cette espèce se distingue du *S. lacustris*, dont elle n'est
peut-être qu'une variété, par les écailles de ses épillets
ponctuées-rudes ; par ses stigmates au nombre de 2, et par
ses étamines glabres au sommet : toute la plante est ordinairement plus petite et ses gaînes sont dépourvues de
feuilles. ♃ (Juin, juillet).

Genève, dans les marais de Gaillard, au bord de la petite rivière
d'Aïre sous Lancy, etc. (Reuter). — Bâle, dans les îles du Rhin (Hagenb.).

b. Chaume trigone.

13. S. triangulaire. — *S. triqueter.*

Linn. Mant. 105. — DC. Fl. fr. n. 1779. — Duby, Bot.
  gall. p. 486. — Gaud. Fl. helv. 1. p. 123. — Poir. Ency.
  6. p. 775. — Koch, Syn. p. 742.
Moris. sect. 8. tab. 10. fig. 20.

Racine articulée, rampante, fibreuse, brunâtre; chaume
de 3—6 décim. et quelquefois davantage, solitaire, dressé,
raide, épais, trigone, à faces planes, muni dans le bas de
2—3 gaînes : les inférieures aiguës, sans feuille, la supérieure tubuleuse, triquêtre, prolongée en feuille linéaire-
lancéolée, carénée; épillets roussâtres, ovoïdes, courts,
sessiles et pédonculés, réunis en capitule terminal, mais
paraissant latéral par l'effet de la foliole de l'involucre
dressée, longue de 3—6 centim., aiguë, qui semble former
le prolongement du chaume; écailles ovales, brunes, échancrées, mucronées, frangées-ciliées; cariopse obovoïde lisse,
convexe sur le dos, mucroné; stigmates 2; soies hypogynes
rudes. ♃ (Juin, juillet).

Les lieux humides aux environs du lac de Genève; dans les marais
tourbeux du Jura (DC.). — Marais du Locle (Depierre, cat.).

14. S. piquant. — *S. pungens.*

Wal. Enum. 2. p. 255. — Koch. Syn. p. 742. — *S. tenui-*
folius. DC. Fl. fr. supp. n. 1777[b]. — Duby, Bot. gall. p.
  487. — *S. Rothii.* Hoppe. in Sturm. Germ. 1. fasc. 56.
  — Gaud. Fl. helv. 1. p. 124. — Hagenb. Fl. basil. 2.
append. p. 478.

Racine rampante; chaume de 3—4 décim., grêle, trigone,
à angles aigus, à faces déprimées, muni à la base de gaînes
toutes prolongées en feuilles : les inférieures plus molles,
longues de 3—8 centim., la supérieure plus raide et plus
longue, presque piquante, à carène aiguë, d'environ 15

centim. de longueur ; épillets 2—6, bruns, ovoïdes-oblongs, tous sessiles, agglomérés, munis d'une bractée foliacée, longue de 8—16 centim., triquêtre, à angles aigus, dressée, qui les fait paraître latéraux ; écailles ferrugineuses, à bord mince, échancrées, mucronées, frangées, à mucrone rude ; stigmates 2 ; cariopse lisse, comprimé, convexe sur le dos, entouré de soies hypogynes 2—5 fois plus courtes que lui. — Cette espèce est très voisine de la précédente, à laquelle plusieurs botanistes la réunissent comme variété ; mais on l'en distingue à son chaume plus court, plus raide, plus grêle, à angles aigus, à faces concaves ; à ses épillets sessiles, moins nombreux, 2—6, agglomérés, ovoïdes-oblongs, à écailles d'un brun ferrugineux ; à ses anthères plus longues, terminées par un appendice grêle, subulé, rude. ♃ (Juillet, août).

Sur le bord de la Thièle, entre les lacs de Bienne et de Neuchâtel (Chaillet).

15. S. maritime. — *S. maritimus.*

Linn. Sp. 74. — DC. Fl. fr. n. 1782. — Duby, Bot. gall. p. 487. — Gaud. Fl. helv. 1. p. 120. — Poir. Ency. 6. p. 768. — Koch, Syn. p. 743.

Scheuchz. Gram. tab. 9. fig. 9. 10. — Moris. sect. 8. tab. 11. fig. 25. — J. Bauh. Hist. 2. p. 495. fig. 1. — Tabern. ic. p. 221. fig. 2.

Racine épaisse, rampante ; chaume de 6—9 décim., trigone, un peu rude vers le sommet, nu, spongieux, muni à la base de gaînes courtes, prolongées en feuilles très longues, planes, linéaires, larges de 6—8 millim., rudes sur les bords ; épillets ovoïdes-oblongs, assez gros, d'un brun ferrugineux, sessiles et pédonculés, à pédoncules très inégaux, simples ou à 2—5 épillets, formant ensemble une cyme terminale, entourée d'un involucre à 2—4 folioles planes, inégales, rudes sur les bords ; écailles ovales, concaves, bifides au sommet, à lobes un peu frangés, séparés par une

pointe plus longue, subulée, qui est le prolongement de la
nervure moyenne; stigmates 3; cariopse obovoïde-trigone,
entouré de 3—4 soies rudes, plus courtes que lui. ♃ (Juillet, août).

Les marais de Chaux, de Chavanne, etc., près de Sellières; de
Vaucy, de Grozon, près d'Arbois; au bord du lac à Yverdon. — Près
du pont de Morges (Gaud.).

ß. Compactus. Gaud. Fl. helv. 1. l. c. et Syn. p. 36.—
Épillets tous sessiles.

Le bord du lac à Yverdon, avec la var. α.

16. S. des bois. — *S. sylvaticus.*

Linn. Sp. 75. — DC. Fl. fr. n. 1783. — Duby, Bot. gall.
   p. 487. — Gaud. Fl. helv. 1. p. 119. — Poir. Ency. 6.
   p. 770. — Koch, Syn. p. 743.
Lam. illust. tab. 38. fig. 2. — Leers, Herb. tab. 1. fig. 4. —
   Moris. sect. 8. tab. 11. fig. 15. — J. Bauh. Hist. 2. p. 504.
   fig. 2. — Lob. advers. p. 58. fig. 1.

Racine forte, horizontale, fibreuse; chaume de 5—10
décim., solitaire, dressé, lisse, fistuleux, trigone, garni de
feuilles larges d'environ un centim., planes, allongées, carénées, rudes sur les bords et la carène, engaînantes à la
base; épillets ovoïdes, courts, sessiles et pédonculés, d'un
vert noirâtre, nombreux, fasciculés, portés sur des pédoncules rudes, rameux, inégaux, formant une large panicule
décomposée, terminale, très rameuse, entourée d'un involucre de 3—5 folioles planes, inégales, rudes sur les bords
et la carène; écailles ovales, embriquées, carénées, légèrement mucronées; stigmates 3; cariopse pâle, très petit,
triquêtre, entouré de soies rudes un peu plus longues que
lui. ♃ (Juin, juillet).

Commun dans les prés humides, dans les fossés et au bord des eaux.

5. LINAIGRETTE. — *ERIOPHORUM*. Linn.

Épis embriqués en tous sens, à écailles paléacées, persistantes; étamines et stigmates 3; soies hypogynes ordinairement très nombreuses, lisses et à la fin très longues, entourant le cariopse et transformant les épis en une sorte de houppe soyeuse très blanche.

§ 1. *Soies hypogynes 4—6, à la fin allongées, ondulées-crépues.* — Trichophorum. Pers.

1. L. des Alpes. — *E. Alpinum.*

Linn. Sp. 77. — DC. Fl. fr. n. 1772. — Duby, Bot. gall.
     p. 487. — Gaud. Fl. helv. 1. p. 126. — Lam. Ency. 3.
     p. 526. — Koch, Syn. p. 745.

Lam. illust. tab. 39. fig. 3. — Scheuchz. Gram. tab. 7. fig.
     4. et append. tab. 8. fig. 1. (*opt.*).

Racine rampante; chaumes gazonnants, trigones, très grèles, rudes, feuillés seulement à la base, hauts de 1—2 décim.; feuilles très courtes, un peu rudes sur les bords, à gaîne tubuleuse, tronquée : les inférieures squamiformes; épi solitaire, ovoïde-oblong, très petit, pauciflore, terminal; écailles lancéolées, roussâtres, à nervure verdâtre : les 2 inférieures plus grandes, stériles, enveloppant la base de l'épi, l'extérieure à nervure prolongée en pointe obtuse, l'autre arrondie au sommet et dépourvue de pointe; cariopse brun, mucroné, légèrement trigone, entouré de 4—6 soies longues, ondulées-crépues, très blanches. ♃ (Juin—août).

Les tourbières de Pontarlier; de la Chapelle-des-Bois; de Pont-Martel ; de la Brevine ; des Pontins, au pied du Chasseral; marais de Pouilleret; des Rousses, etc.

§ 2. *Soies hypogynes nombreuses, droites, à la fin allongées. — Eriophorum. Pers.*

** Épi solitaire.*

2. L. à larges gaînes. — *E. vaginatum.*

Linn. Sp. 76. — DC. Fl. fr. n. 1770. — Duby, Bot. gall.
p. 487. — Gaud. Fl. helv. 1. p. 127. — Lam. Ency. 3. p.
526. — Koch, Syn. p. 745.
Poit. et Turp. Fl. par. tab. 49. — Scheuchz. Gram. tab. 7.
fig. 1. 2. 3. et append. tab. 7. fig. 1. — Moris. sect. 8.
tab. 9. fig. 6. — J. Bauh. Hist. 2. p. 514. fig. 2.

Racine fibreuse, gazonnante ; chaumes très simples, de
2—4 décim., grêles, légèrement trigones au sommet, un peu
raides, dressés, garnis jusqu'au milieu de gaînes tubuleuses :
les supérieures aphylles, renflées dans le haut ; feuilles radicales très nombreuses, étroites, allongées, trigones, striées,
celles du chaume beaucoup plus courtes, toutes engaînantes et
d'un roux ferrugineux à la base ; épi ovoïde-oblong, solitaire,
terminal, grisâtre, à écailles lancéolées, acuminées, membraneuses, d'un gris argenté, minces et diaphanes : les
inférieures stériles, plus grandes ; anthères grêles, linéaires,
allongées ; cariopse brun, petit, obovoïde - oblong, entouré
de soies nombreuses, allongées, denses, très blanches. ♃
(Avril, mai).

Dans les tourbières d'Andelot, de Villeneuve, de Boujaille, près de
Salins ; des Rousses ; des Ponts ; de Pontarlier ; de la Chaux-du-Milieu ;
de la Chaux-d'Abelle. — Abondamment dans un petit marais tourbeux
sur le Salève (Reut.). — Bâle, sur le mont Wasserfall ; dans le bois
d'Olsberg (Hagenb.).

*** Plusieurs épis.*

3. L. à larges feuilles. — *E. latifolium.*

Hoppe, Taschenb. p. 108. (1800). — Gaud. Fl. helv. 1. p.
129. — Koch, Syn. p. 745. — *E. polystachyum. var. β.*

Linn. suec. p. 17. — DC. Fl. fr. n. 1767. — Duby, Bot.
gall. p. 487. (*excl. var. β.*). — Lam. Ency. 3. p. 526.
Poit. et Turp. Fl. par. tab. 51. — Lam. illust. tab. 39. fig.
1. — Vaill. Bot. par. tab. 16. fig. 2. — Leers, Herb. tab.
1. fig. 5.

Racine épaisse, fibreuse ; chaume de 5—6 décim., presque
cylindrique, obscurément trigone, garni de feuilles planes,
larges de 4—6 millim., carénées, rudes sur les bords, terminées en pointe trigone ; gaînes inférieures fendues, les
autres tubuleuses, marquées à l'entrée d'une tache brune ;
épis ovoïdes, portés sur des pédoncules d'abord courts, puis
allongés, inégaux, filiformes, trigones, rudes, souvent rameux et portant au sommet 2—3 épis ; écailles florales lancéolées, obtuses, d'un vert sombre et livide ; bractées
foliacées, inégales ; soies blanches, nombreuses, une fois
plus longues que les épis ; cariopse trigone, un peu comprimé, brun, obtus, aminci à la base. ♃ (Avril, mai).

Commune dans les prés et les lieux humides et fangeux : Salins, dans
les prés de Saisenay ; dans le bois de Racine, etc.; à Boujaille ; à la
Chapelle-des-Bois ; au marais de Saône, près de Besançon ; de Vaucy,
près d'Arbois ; au marais des Ponts ; de la Châtagne, etc., aux environs
de Genève ; de Champagnole ; de Bâle ; de Pontarlier, etc.

4. L. à feuilles étroites. — *E. angustifolium.*

Roth. Germ. 2. p. 63. — DC. Fl. fr. n. 1768. — Duby, Bot.
gall. p. 487. — Gaud. Fl. helv. 1. p. 130. — Poir. Ency.
supp. 3. p. 446? — Koch, Syn. p. 745. — *E. polystachyum. var. α.* Linn. Fl. suec. p. 17.

Racine courte, tronquée, garnie de fibres fortes, accom-
pagnées de jets rampants ; chaume de 3—6 décim., cylindrique, légèrement trigone au sommet ; feuilles allongées,
étroites, linéaires, dures, carénées-canaliculées, trigones
au sommet, un peu rudes sur les bords ; épis ovoïdes, portés sur des pédoncules lisses, de longueur inégale, toujours
simples, pendants ; écailles lancéolées, un peu aiguës ; soies
blanches, nombreuses, 2—3 fois plus longues que l'épi ;

bractées foliacées, inégales; cariopse brun, trigone, un peu aigu. ♃ (Avril, mai).

α. Congestum. Koch, Syn. l. c. — Gaud. Fl. helv. 1, l. c. var. *α. Vaillantii.* — *E. Vaillantii.* Poit. et Turp. Flor. par. tab. 52. — DC. Fl. fr. supp. n. 1767$_a$. — *E. polystachyum.* var. *β.* Duby, Bot. gall. p. 487. — Vaill. Bot. par. tab. 16. fig. 1. — Pédoncules presque sessiles, ou beaucoup plus courts que les épis.

Salins, dans les prés humides de la tuilerie de Clucy; de Saisenay; de Raty, près d'Ivory; dans la tourbière de Boujaille; de Pontarlier, etc.

β. Laxum. Koch, Syn. l. c. — Gaud. Fl. helv. l. l. c. — La plupart des pédoncules égalant au moins l'épi.

Les mêmes lieux que la variété précédente, mais plus commune.

5. L. grêle. — *E. gracile.*

Koch in Roth. Catal. 2. app. p. 259. et ejusd. Syn. p. 746. — DC. Fl. fr. n. 1769. — Duby, Bot. gall. p. 487. — Gaud. Fl. helv. 1. p. 132. — Poir. Ency. supp. 3. p. 446. — *E. polystachyum.* var. *γ.* Linn. Fl. suec. p. 17. (*secund. Wahlenb.*).

Poit. et Turp. Fl. par. tab. 53.

Racine grêle, articulée, rampante; chaume d'environ 3 décim., très grêle, presque trigone, nu à sa partie supérieure; feuilles très étroites, trigones, canaliculées à leur partie inférieure, munies de gaînes tubuleuses lâches : celles de la tige 1—2, plus courtes, longues de 3—5 centim., à limbe triangulaire presque dès la base; épis 3—4, petits, brunâtres, oblongs, portés sur des pédoncules courts, très simples, presque dressés pendant la fleuraison, rudes-pubescents, dépassant à peine la bractée inférieure; bractées 2—3, larges et embrassantes à la base, l'inférieure plus grande, terminée en pointe trigone; écailles ovales-oblongues, brunâtres sur le dos ou à la base, à 3 nervures; cariopse ovoïde, trigone, étroit, entouré de soies assez longues, mais moins nombreuses que dans les deux espèces précédentes. ♃ (Mai, juin).

Les lieux humides et marécageux : Genève, commune dans le marais de Lossy (Reut.). — Bâle, entre Diétisberg et Leuffelfingen.

TRIBU III. — CARICÉES. Koch.

Fleurs unisexuelles; écailles imbriquées en tous sens.

6. LAICHE. — *CAREX*. Linn.

Fleurs monoïques, rarement dioïques, en épis androgynes ou unisexuels, munies chacune d'une écaille (bractée extérieure); étamines 3, rarement 2; fruit en urcéole capsuliforme, formé par l'involucre (bractée intérieure) persistant, entourant d'abord l'ovaire et ensuite la graine, percé au sommet d'un trou par où sort un style très court, à 2—3 stigmates velus, filiformes.

§ 1. *Épi solitaire au sommet du chaume.* — Psyllophoræ. Loisel.

* *Stigmates 2.*

a. Épi dioïque.

1. L. dioïque. — *C. dioïca.*

Linn. Sp. 1379. — DC. Fl. fr. n. 1695. — Duby, Bot gall. p. 488. — Gaud. Fl. helv. 6. p. 26. — Lam. Ency. 3. p. 378? (*excl. certò nonn. Syn.*). — Koch, Syn. p. 747. Schk. Car. trad. tab. A. fig. 1. — Mich. Nov. Gen. tab. 32. fig. 2. — Moris. sect. 8. tab. 12. fig. 22. et 36.

Racine rampante, stolonifère; chaumes légèrement trigones, très lisses, hauts de 8—16 centim., feuillés à la base et nus dans le reste de leur longueur; feuilles lisses, sétacées, carénées-trigones, les radicales plus courtes que le chaume; épi terminal, très simple, dioïque : le mâle grêle, linéaire, aigu, long de 8—12 millim., à écailles carénées,

ovales-lancéolées, un peu aiguës, d'un brun roussâtre, scarieuses sur les bords : épi femelle plus court, plus épais,
linéaire ou oblong, aigu, à écailles presque de même couleur que dans l'épi mâle, à marge blanchâtre, plus étroite ;
fruit un peu plus long que l'écaille, ascendant, d'un vert
brunâtre, ovoïde, mucroné, nerveux et strié en long,
aplani en dedans, convexe en dehors, un peu rude sur les
angles. ⚥ (Avril , mai).

Les tourbières de Pontarlier ; de Bélieu ; d'Andelot ; de Boujaille. — Au
marais de Trélasse, près de la route entre Saint-Cergue et les Rousses ;
dans le petit marais de Bossey, sous Salève, à droite du chemin de
Troinex ; au marais de Lossy (Reut.). — Nyon, près de Trélex et de
Clarens ; au-dessus de Bonmont et la Rippe ; près de Burtigny (Gaud.).

2. L. de Davall. — *C. Davalliana.*

Smith , Brit. 3. p. 964. — DC. Fl. fr. n. 1696. — Duby,
Bot. gall. p. 488. — Gaud. Fl. helv. 6. p. 27. — Poir.
Ency. supp. 3. p. 243. — Koch , Syn. p. 747.
Schk. Car. trad. tab. A. Q. W. fig. 2. — Mich. Nov. Gen.
tab. 32. fig. 1. — Scheuchz. Gram. tab. 11. fig. 9. et 10.

Racine fibreuse, gazonnante ; chaumes de 15—20 centim., nombreux, rapprochés, anguleux-striés, presque trigones, feuillés à la base, nus dans le reste de leur longueur,
rudes sur les angles ; feuilles radicales plus courtes que le
chaume , sétacées, carénées-trigones, également rudes sur
les angles : celles du chaume plus larges , plus courtes,
canaliculées ; épi très simple, terminal, le mâle grêle,
linéaire, aigu, portant souvent vers le milieu quelques
fleurs femelles : épi femelle plus épais et plus court ; fruits
d'un brun foncé, oblongs-lancéolés, étalés-recourbés, finement striés, à peine rudes au sommet, épaissis à la base,
terminés en bec déjeté en bas ; écailles ovales-aiguës, ferrugineuses, blanchâtres sur les bords , à nervure dorsale verdâtre. ⚥ (Avril , mai).

Salins, dans les prés humides et marécageux de Saisenay, et de la
tuilerie de Clucy ; de Boujaille ; dans les tourbières de Pontarlier ; d'Andelot ; au marais de Saône ; des Ponts ; du Locle , etc.

b. Épi androgyne.

3. L. puce. — *C. pulicaris.*

Linn. Sp. 1380. — DC. Fl. fr. n. 1697. — Duby, Bot. gall.
p. 488. — Gaud. Fl. helv. 6. p. 28. — Lam. Ency. 3.
p. 378. — Koch, Syn. p. 747.
Schk. Car. trad. tab. A. fig. 3. — Leers, Herb. tab. 14. fig.
1. — Mich. Nov. Gen. tab. 33. fig. 1. — Moris. sect. 8.
tab. 12. fig. 21.

Racine fibreuse, gazonnante; chaume de 15—20 centim.,
presque cylindrique, grêle, lisse, feuillé à la base; feuilles
sétacées, lisses, canaliculées; épi terminal très simple, androgyne, mâle au sommet; écailles brunes : celles des
fleurs mâles ovales oblongues, serrées, persistantes : celles
des fleurs femelles caduques, ovales-lancéolées, scarieuses
et blanchâtres au sommet; fruits lâches, oblongs, sans nervures, renflés au milieu et amincis en pointe aux deux
bouts, de couleur brune, réfléchis et presque pendants à la
maturité. ♃ (Mai, juin).

Les prés humides, les lieux marécageux : Salins, dans le bois de
Bovard, à la croisée du chemin de Saisenay à Geraise avec celui du
bois; au marais de Saône, près de Besançon. — Au bout des Rondes,
mairie de la Brevine (Chaillet). — Marais des Varodes, au Roulier
(L. Benoît, cat.). — Porentruy, à Bonfol (Thurmann).

** *Stigmates 3.*

4. L. pauciflore. — *C. pauciflora.*

Lightf. Fl. scot. 2. p. 543. — DC. Fl. fr. n. 1700. — Duby,
Bot. gall. p. 488. — Gaud. Fl. helv. 6. p. 29. — Poir.
Ency. supp. 3. p. 247. (*excl. var. β.*). — Koch, Syn. p.
748. — *C. leucoglochin.* Linn. supp. 402.
Schk. Car. trad. tab. A. fig. 4. (*opt.*).

Racine rampante? gazonnante, garnie de longues fibres
blanchâtres, flexueuses; chaumes de 8—12 décim., rap-

prochés en faisceaux, grêles, striés, presque trigones, entièrement lisses, feuillés à leur partie inférieure, garnis à la
base de gaînes roussâtres non prolongées en feuilles, ou n'en
portant qu'un rudiment; feuilles étroites, planes, linéaires,
pliées en carène, un peu rudes sur les bords, surtout au
sommet, presque de la longueur du chaume; épi terminal
très simple, pâle, androgyne, à 3—4 fleurs, la terminale
mâle, solitaire; écailles lancéolées, roussâtres, à peine scarieuses au sommet, à nervure verdâtre, caduques dans les
fleurs femelles; fruits pâles, d'un blanc jaunâtre, lancéolés,
amincis à la base et subulés au sommet, un peu écartés,
étalés-divariqués ou réfléchis. ♃ (Juin, juillet).

Les tourbières de Boujaille; de Bélieu; de Pontarlier; de la Chapelle-des-Bois; des Rousses; de la Brevine, près du lac; de Pont-
Martel; de la vallée de Joux. — Près du marais de Trélasse (Reut.).

§ 2. *Plusieurs épillets androgynes, sessiles, en épi continu
ou interrompu, rarement écartés ou paniculés; stigmates 2; bractée inférieure souvent foliacée.* — Vigneæ.
Koch.

* *Épillets mâles au sommet.*

a. Racine rampante.

5. L. à longue racine. — *C. chordorrhiza.*

Ehrh. in Linn. supp. 414. — DC. Fl. fr. n. 1711. — Duby,
Bot. gall. p. 489. — Gaud. Fl. helv. 6. p. 35. — Poir.
Ency. supp. 3. p. 249. — Koch, Syn. p. 749.
Schk. Car. trad. tab. G. et Ii. fig. 51.

Racine allongée, rampante; chaumes lisses, souvent accompagnés de quelques rameaux feuillés stériles, hauts de
2—3 décim., striés-anguleux au sommet, presque cylindriques à leur partie inférieure; feuilles des rameaux stériles,
dressées, un peu raides, linéaires, presque planes, acuminées, engaînantes à la base, plus courtes que les chaumes,

rudes sur les bords au sommet : celles des chaumes plus
courtes , également engaînantes : gaînes inférieures souvent
sans feuille ; épi ovoïde , terminal, composé de 5—5 épillets
agglomérés, mâles au sommet, de couleur ferrugineuse ;
bractées et écailles ovales, aiguës , roussâtres, scarieuses au
sommet et sur les bords ; fruit ovoïde , lisse , strié-nerveux,
d'un brun roux , terminé en bec lisse, scarieux et courtement bidenté au sommet. ♃ (Mai, juin).

Les tourbières de Pontarlier ; de Bélieu ; de la Vraconne et de la
Chaux, près de Sainte-Croix ; les fossés du marais des Ponts ; à la source
du Doubs , à Mouthe.

6. L. distique. — *C. disticha.*

Huds. Fl. angl. p. 403. — DC. Fl. fr. n. 1703. — Duby,
   Bot. gall. p. 489. — Koch, Syn. p. 750. — *C. intermedia* (Good.). Gaud. Fl. helv. 6. p. 33. — *C. spicata.*
   Lam. Ency. 3. p. 582. et Poir. Ency. supp. 3. p. 238.
Schk. Car. trad. tab. B. fig. 7. — Leers, Herb. tab. 14. fig.
   2. — Moris. sect. 8. tab. 12. fig. 32. (*ex Gaud.*).
Racine dure, rampante ; chaume de 5—5 décim., dressé,
trigone, rude sur les angles, garni dans sa moitié inférieure de feuilles longues, planes, carénées, un peu plus
courtes que le chaume, rudes sur les bords et la carène ;
épi oblong, continu ou interrompu à la base, composé
d'épillets ovoïdes, ferrugineux, alternes, sessiles, rapprochés , souvent distiques, les inférieurs et les supérieurs ordinairement femelles, les intermédiaires mâles ou androgynes ;
bractée inférieure ovale-oblongue , subulée, rude ; écailles
ovales , aiguës , scarieuses et blanchâtres sur les bords ; fruit
ovoïde , ferrugineux, acuminé, plan convexe, strié des deux
côtés , à 9—11 nervures , rude sur les bords, à bec bifide,
dépassant à peine l'écaille. ♃ (Mai, juin).

Les prés humides, les lieux fangeux : Salins, dans les prés humides
de la Grange-Feuillet, entre les deux routes ; de la Chapelle ; d'Arc-
sous-Montenot ; au voisinage de la tourbière d'Andelot, etc. ; dans le
marais de Saône à Besançon. — Genève, dans le marais de Sionet

(Reut.). — Près de Gland ; dans les marais entre Divonne et Crassier
(Gaud.). — Bâle, à Michelfeld ; à la Maison-Neuve, etc. (Hagenb.).

β. *Interrupta*. Gaud. Fl. helv. 6. l. c. — Hagenb. Fl.
basil. 2. p. 388. — Épillets inférieurs un peu écartés.

Salins, dans les mêmes lieux, mélangée avec la var. α. — Bâle, à
Michelfeld (Hagenb.). — Dans le comté de Neuchâtel (Chaillet). —
Près de Ferrières (Hall.).

b. Racines fibreuses.

7. L. compacte. — *C. vulpina.*

Linn. Sp. 1382. — DC. Fl. fr. n. 1705. — Duby, Bot. gall.
  p. 489. — Gaud. Fl. helv. 6. p. 44. — Lam. Ency. 3. p.
  382. var. α. — Koch , Syn. p. 750.
Schk. Car. trad. tab. C. fig. 10. — Leers, Herb. tab. 14.
  fig. 5. — Mich. Nov. Gen. tab. 33. fig. 13. et 14. — Moris.
  sect. 8. tab. 12. fig. 24. — J. Bauh. Hist. 2. p. 497. fig. 1.

Racine fibreuse, gazonnante ; chaume de 3—6 décim.,
ferme, trigone, à angles aigus très rudes, à faces déprimées,
garnis à la base de feuilles très longues, égalant ou dépassant le chaume, planes, larges de 4—8 millim., d'un vert
gai, très rudes sur les bords et la carène ; épi long de 3—6
centim., oblong, obtus, compacte, ou allongé et interrompu, composé de 5—8 épillets ovoïdes, sessiles, serrés,
mâles au sommet, les inférieurs plus lâches, munis de bractées ovales, scarieuses, terminées en pointe subulée rude ;
fruits d'un jaune verdâtre, ovoïdes, divergents à la maturité, plans-convexes, striés-nerveux, terminés en bec rude,
à 2 dents, dépassant à peine les écailles ovales-acuminées,
mucronées, rousses, verdâtres sur la nervure et les bords.
♃ (Mai, juin).

Commune dans les fossés, les lieux marécageux, au bord des eaux
stagnantes.

β. *Gracilis*. Gaud. Fl. helv. 6. l. c. — Épi allongé, à
épillets plus grêles et plus longs, plus écartés à la base.

γ. Nemorosa. Gaud. Fl. helv. 6. l. c. — *C. vulpina. β.* DC. Fl. fr. supp. n. 1705. — Bractée terminée en pointe sétacée plus longue que l'épi ; écailles plus longuement mucronées.

8. L. rude. — *C. muricata.*

Linn. Sp. 1382. — DC. Fl. fr. n. 1708. — Duby, Bot. gall. p. 489. — Gaud. Fl. helv. 6. p. 46. — Poir. Ency. supp. 3. p. 239. — Koch, Syn. p. 751. — *C. vulpina. β.* Lam. Ency. 3. p. 382.

Schk. Car. trad. tab. E. fig. 22. — Mich. Nov. Gen. tab. 33. fig. R. (*inter fig.* 15. *et* 19.). — Scheuchz. Gram. tab. 11. fig. 5.

Racine fibreuse, gazonnante ; chaume dressé, ferme, grêle, trigone, rude vers le sommet, garni dans le bas de feuilles dressées, d'un vert gai, étroites, un peu rudes sur les bords et la carène, égales ou un peu plus longues que le chaume ; épi oblong, presque cylindrique, dense ou un peu interrompu à la base, composé de 5—8 épillets sessiles, verdâtres, mâles au sommet ; fruits verts, ovoïdes, plans-convexes, sans nervures ou à nervures peu marquées, à la fin étalés en étoile, acuminés en bec court à 2 dents, à bords finement dentelés-rudes au sommet ; bractées ovales, souvent prolongées, plus ou moins, en foliole verdâtre, subulée, toujours plus courte que l'épi ; écailles ovales, brunâtres, mucronées, vertes sur la carène. ♃ (Mai, juin).

Commune dans les bois, les prés humides, au bord des chemins.

β. Nemorosa. Gaud. Fl. helv. 6. l. c. et ejusd. Syn. p. 778. — Chaume grêle ; feuilles gazonnantes, très longues, dépassant le chaume, recourbées pendantes ; épillets peu nombreux, 1—3 ; fruit vert.

Salins, dans le bois de Racine ; dans les prés humides d'Arc-sous-Montenot. — Les bois élevés du Jura au-dessus d'Arzier (Gaud.). — De Neuchâtel (Chaillet).

γ. Virens. Koch, Syn. l. c. var. *β.* — *C. virens.* Lam. Ency. 3. p. 384. — Schk. Car. trad. tab. Ee. fig. 91. —

Leers, Herb. tab. 14. fig. 3. — Épi plus allongé, interrompu
à la base ; écailles plus pâles ; fruit vert, souvent un peu
plus gros.

Cette variété est intermédiaire entre cette espèce et la suivante avec
laquelle on l'a souvent confondue, à cause de son épi plus allongé et
ses épillets plus écartés ; mais elle appartient réellement au *C. muricata*
par ses fruits verdâtres, étalés en étoile, quoique un peu moins : l'é-
pillet inférieur est quelquefois rameux, et varie par la bractée tantôt
plus longue que l'épi, tantôt plus courte ou presque nulle. Cette plante
se trouve çà et là dans les bois aux environs de Salins.

9. L. interrompue. — *C. divulsa.*

Good. Act. soc. Linn. Lond. 2. p. 160. — Koch, Syn. p. 751.
— DC. Fl. fr. n. 1707. — Duby, Bot. gall. p. 489. — Poir.
Ency. supp. 3. p. 254. — Gaud. Fl. helv. 6. p. 47 ? — *C.
canescens. var. a.* Lam. Ency. 3. p. 585. (*excl. Syn.*)

Schk. Car. trad. tab. Dd. et Ww. fig. 89. — Mich. Nov.
Gen. tab. 33. fig. 10. et 11. — Barr. ic. fig. 20. n. 2.

Racine fibreuse ; chaume de 3 — 4 décim. , grêle, trigone,
faible, rude sur les angles à sa partie supérieure ; feuilles
étroites, allongées-linéaires , un peu rudes sur les bords,
atteignant souvent la longueur du chaume ; épi allongé,
quelquefois un peu rameux à la base, composé de 5—8
épillets ovoïdes, sessiles, d'un blanc verdâtre, rapprochés
au sommet, écartés dans le bas, l'inférieur muni d'une
bractée prolongée en pointe sétacée, plus ou moins longue,
mais toujours plus courte que l'épi ; fruits ovoïdes, plans-
convexes, demi-dressés, sans nervures, prolongés en bec
marginé bifide, légèrement dentelé-rude ; écailles ovales-
acuminées, blanchâtres, marquées d'une raie verte sur le
dos, plus courtes que le fruit. ♃ (Mai, juin).

Les mêmes lieux que l'espèce précédente, mais beaucoup plus rare :
aux environs de Salins. — De Nyon (Gaud.). — D'Olsberg, canton de
Bâle (Hagenb.). — De Genève, dans les bois et le long des haies ombragées (Reut.).

10. L. arrondie. — *C. teretiuscula.*

Good. Act. soc. Linn. Lond. 2. p. 163. — DC. Fl. fr. supp. n.
1714a. — Duby, Bot. gall. p. 490. — Gaud. Fl. helv. 6. p.
42. — Poir. Ency. supp. 3. p. 259. — Koch, Syn. p. 751.
Schk. Car. trad. tab. **D**. fig. 19. et tab. **T**. fig. 69.

Racine oblique, presque rampante, fibreuse ; chaumes
de 3—4 décim. , grêles, striés, cylindriques dans le bas,
un peu trigones et rudes au sommet ; feuilles dressées,
étroites, linéaires, aiguës, un peu raides, pliées en carène,
de la longueur du chaume, et le dépassant même quelquefois, rudes sur les bords, la supérieure plus longue que les
autres ; épi long d'environ 3—5 centim., presque cylindrique, composé de 5—8 épillets oblongs, rapprochés, les
inférieurs plus distincts, formant une panicule resserrée en
forme d'épi simple ; bractées roussâtres, un peu scarieuses,
ovales, aiguës, terminées en pointe grêle, rude, ne dépassant pas l'épillet ; fruit ovoïde, gibbeux-convexe, nerveux
à la base sur le dos, lisse et non strié sur la face interne,
d'un brun foncé, luisant, dentelé-rude au sommet, terminé
en bec à 2 dents ; écailles ovales-acuminées, brunes, largement blanchâtre et scarieuse sur les bords. ♃ (Mai, juin).

Les tourbières de Boujaille ; de Pontarlier ; de Bélieu ; de la Cha-
pelle-des-Bois ; dans le marais de Saône , près de Besançon. — Nyon,
entre Promenthou et Sadex (Gaud.). — Comté de Neuchâtel (Chaillet).
— Bord d'un étang, à côté de la route entre Saint-Cergue et les Rousses
(Reut.). — A Weiherfeld près d'Olsberg, et près de Lostorf, canton de
Bâle (Hagenb.). — Marais de Lossy (Reut.).

β. Nana. Gaud. Fl. helv. l. c. — Chaume de 8—16
centim. ; épi presque simple.

Tourbières de Pontarlier et de la Chapelle-des-Bois.

11. L. paniculée. — *C. paniculata.*

Linn. Sp. 1383. — DC. Fl. fr. n. 1715. — Duby, Bot. gall.
p. 490. — Gaud. Fl. helv. 6. p. 40. — Lam. Ency. 3. p.
384 — Koch, Syn. p. 751.

Schk. Car. trad. tab. D. fig. 20. — Leers, Herb. tab. 14.
fig. 4. — Mich. Nov. Gen. tab. 33. fig. 7. — Scheuchz.
Gram. append. tab. 8. fig. 2. — Moris. sect. 8. tab. 12.
fig. 23.

Racine dure, épaisse, fibreuse, très gazonnante; chaume
de 6—9 décim., feuillé, à 3 angles aigus très rudes, à faces
planes; feuilles larges de 4—6 millim., linéaires, aiguës,
dures, pliées en carène, rudes sur les bords et la carène,
trigones au sommet, les inférieures plus courtes, celles de
la base semblables à des écailles engaînantes, d'un brun
roux, luisantes, striées, obtuses; épillets petits, nombreux,
d'un brun roux, panachés de blanc, ovoïdes-oblongs, rapprochés en épis ou rameaux alternes, quelquefois un peu
interrompus, formant une panicule à la fin ouverte, longue
de 8—10 centim.; bractées de la base des rameaux d'un
brun roux, ovales-aiguës, prolongées dans les inférieurs en
pointe sétacée; fruits bruns, divergents-étalés, ovoïdes,
lisses, luisants, gibbeux-convexes, dépourvus de nervures,
ou à 3 nervures peu apparentes à la base dorsale, marginés
et dentelés-rudes au sommet, prolongés en bec bifide, un
peu infléchi; écailles ovales-aiguës, ferrugineuses, blanchâtres et scarieuses sur les bords, à nervure verte, presque
de la longueur du fruit. ♃ (Mai, juin).

Le bord des marais, les lieux fangeux : Salins, dans les prés humides
de Raty, près d'Ivory; dans le bois de Racine; dans les prés humides
de la tuilerie de Clucy, etc. — Au marais de Goudeba, près de Re-
nans; à l'Échelette (Gagnebin). — Nyon, près de Clarens; entre
Duilliers et Coinsins vers la Promenthouse (Gaud.). — Genève, au bord
de l'Arve près d'Étrambières; au bord du Lion, près de Saint-Genis
(Reuter). — Bâle, sur le mont Mutet; à Michelfeld; au bord de la
Birse; près d'Olsberg, etc. (Hagenb.).

12. L. changeante. — *C. paradoxa.*

Willd. Act. acad. berol. 1794. p. 39. — DC. Fl. fr. n. 1714.
— Duby, Bot. gall. p. 490. — Gaud. Fl. helv. 6. p. 43. —
Poir. Ency. supp. 3. p. 258. — Koch, Syn. p. 752.
Schk. Car. trad. tab. E. fig. 21.

Racine gazonnante , composée de longues fibres ; chaumes
de 3—5 décim. , grêles , très rudes et triangulaires dans le
haut , à faces un peu convexes , garnis à la base de gaînes
d'un brun foncé ; feuilles dressées , un peu raides , linéaires ,
allongées , striées , pliées en carène , larges de 4 millim. ,
rudes sur les bords , presque de la longueur du chaume à
l'époque de la fleuraison ; épillets roussâtres , petits , sessiles ,
courts , rapprochés , disposés en panicule étroite , allongée ,
resserrée en forme d'épi : les inférieurs plus lâches , un peu
écartés , ovoïdes-oblongs , aigus ; bractées courtes , les inférieures lancéolées , subulées ; écailles ovales-oblongues ,
acuminées , brunes , à bords scarieux , blanchâtres ; fruits
ovoïdes-arrondis , bruns , ventrus et striés des deux côtés ,
de la longueur de l'écaille , à bec dentelé-rude , à peine
échancré. ♃ (Mai , juin).

Les marais, le bord des étangs : Salins, dans les endroits marécageux près de la tuilerie de Clucy ; dans le marais de Saône, près de Besançon. — Bâle, au bord des étangs autour de Delémont (Hagenb.). —
Genève, dans les prés humides près de Divonne (Reut.).

** *Épillets mâles à la base, alternes, en épi simple.*

a. Racine rampante.

13. L. brizoïde. — *C. brizoïdes.*

Linn. Sp. 1381. — DC. Fl. fr. n. 1720. — Duby, Bot. gall.
p. 491. — Gaud. Fl. helv. 6. p. 50. — Lam. Ency. 3. p.
385. — Koch, Syn. p. 752.
Schk. Car. trad. tab. C. et U. fig. 12. — Mich. Nov. Gen.
tab. 33. fig. 17.
Racine longuement rampante, fibreuse ; chaumes de
4—6 décim., très grêles, faibles, trigones, rudes sur les
angles, nus dans la plus grande partie de leur longueur,
penchés à la fin, munis à la base de quelques écailles roussâtres ; feuilles étroites, linéaires, très longues, égalant ou
dépassant le chaume à l'époque de la fleuraison, pliées en
carène, rudes sur les bords : les supérieures plus longues

que les autres ; épillets 5—9, sessiles, alternes, presque
distiques, oblongs-lancéolés, grêles, fusiformes, un peu
courbés en dehors en forme de corne, rapprochés mais
distincts, munis d'une bractée peu différente des écailles,
ordinairement un peu prolongées en alène ; écailles blanchâtres ou d'un vert blanchâtre, à la fin roussâtres, ovales-
oblongues, un peu obtuses, à nervure dorsale verte ; fruit
verdâtre, dressé, de la longueur de l'écaille, lisse, lancéolé, plan-convexe, étroitement ailé-membraneux et cilié-
rude sur les bords, rétréci en bec bifide. ♃ (Mai, juin).

Dans les forêts humides, aux lieux herbeux et ombragés : Salins,
dans le bois Mouchard, abondamment ; dans les bois Perrey et de
Pretin, abondamment ; dans le bois de Chavanne, aux environs de
Sellières, etc. — Bâle, sur le mont Mutet ; le long de la Birse ; dans
les buissons près de Friedlingen ; et les haies autour de Richen ; près
d'Olsberg, etc. (Hagenb,). — C'est cette plante qui nous est envoyée
par quelques contrées de l'Allemagne, et qui se vend sous le nom de
Crin végétal.

14. L. de Schréber. — *C. Schreberi.*

Schrank. Baier. Fl. 1. p. 278. (1789). — DC. Fl. fr. n. 1719.
— Duby, Bot. gall. p. 490. — Gaud. Fl. helv. 6. p. 51.
— Poir. Ency. supp. 3. p. 237. — Koch, Syn. p. 752.
Schk. Car. trad. tab. B. fig. 9.

Racine brune, longuement rampante, articulée, écailleuse, garnie de fibres nombreuses ; chaumes de 16—24
centim. de hauteur, un peu écartés, presque nus, dressés,
souvent un peu courbés, grêles, trigones, un peu rudes
sous l'épi, garnis dans le bas de feuilles dressées, étroites,
pliées en carène, un peu rudes sur les bords, de la longueur du chaume à l'époque de la fleuraison, ensuite plus
courtes ; épillets 5—6, alternes, sessiles, presque distiques, d'un brun ferrugineux, oblongs, droits, aigus aux
deux bouts, contigus, ovoïdes à la maturité, formant un épi
terminal composé, presque distique ; écailles ovales-lancéolées, aiguës, d'un brun ferrugineux, blanchâtres et scarieuses sur les bords, à nervure dorsale verdâtre ; bractée

inférieure ovale - lancéolée, terminée en pointe subulée ;
fruit ovoïde-aigu, strié, dressé, plan-convexe, de la longueur de l'écaille, dentelé - rude sur les bords, presque dès
la base, terminé en bec courtement bidenté. ♃ (Mai,
juin).

Salins, dans les prés fangeux de Raty, près d'Ivory. — Bâle, près
de Schiffmühle, entre la ville et le Grand- Huningue ; le long de la
route vers Mutenz (Hagenb.).

b. Racine fibreuse, gazonnante.

15. L. ovale. — *C. leporina.*

Linn. Sp. 1381. (*certè, quoad descript., non verò herbar.*).
— Gaud. Fl. helv. 6. p. 52. — Lam. Ency. 3. p. 382.
— Koch, Syn. p. 752. — *C. ovalis* (Good.). DC. Fl. fr.
n. 1718. — Duby, Bot. gall. p. 490.

Schk. Car. trad. tab. B. fig. 8. — Leers, Herb. tab. 14. fig.
6. — Scheuchz. Gram. tab. 10. fig. 15. — Moris. sect. 8.
tab. 12. fig. 29.

Racine fibreuse, tenace, gazonnante ; chaumes de 2—3
décim. , dressés ou un peu penchés au sommet, striés , un
peu anguleux, obscurément trigones, fistuleux, nus à leur
partie supérieure et un peu rudes au sommet ; feuilles
molles , planes, larges de 2 millim., un peu rudes sur la
carène et les bords , surtout vers le sommet ; épi oblong,
composé de 5—7 épillets sessiles, ovoïdes, obtus, brunâtres,
alternes, rapprochés, mais distincts, presque distiques ;
écailles roussâtres ou ferrugineuses, ovales-lancéolées, aiguës , à nervure verdâtre, scarieuses et un peu blanchâtres
sur les bords ; bractées semblables aux écailles, mais un
peu plus grandes, l'inférieure prolongée en arête rude,
dépassant quelquefois l'épi ; fruit ovoïde-acuminé, dressé,
plan-convexe, strié-nerveux, bordé d'une membrane diaphane, finement dentelée-rude, presque de la longueur de
l'écaille, terminé en bec à 2 dents. ♃ (Juin, juillet).

Les prés et les bois humides, le bord des fossés et des chemins : Salins, dans le bois Mouchard ; dans les prés marécageux de Raty , près d'Ivory ; dans la tourbière de Boujaille ; dans les prés de Chavanne , près de Sellières ; dans le marais de Saône, près de Besançon. — Genève , dans les pâturages humides, au sommet du Salève (Reuter.). — Bâle, à Michelfeld , à Friedlingen (Hagenb.).

β. *Alpina.* Gaud. Fl. helv. 6. 1. c. — Chaume de 8—16 centim. ; épillets presque ternés (2—3), moins rapprochés ; écailles ferrugineuses bordées de blanc.

Comté de Neuchâtel (Chaillet).

16. L. étoilée. — *C. stellulata.*

Good. Act. soc. Linn. Lond. 2. p. 144. — DC. Fl. fr. n. 1722. — Duby, Bot. gall. p. 491. — Gaud. Fl. helv. 6. p. 48. — Poir. Ency. supp. 5. p. 239. — Koch , Syn. p. 755. — *C. muricata.* Lam. Ency. 3. p. 383. (*non Linn.*). Schk. Car. trad. tab. C. fig. 14. — Leers , Herb. tab. 14. fig. 8. — Scheuchz. Gram. tab. 11. fig. 5. — Moris. sect. 8. tab. 12. fig. 26.

Racine gazonnante , formée de fibres dures , tenaces ; chaumes de 2—3 décim. , dressés , assez fermes , lisses , striés, trigones et un peu rudes au sommet ; feuilles linéaires, étroites , fermes, acuminées , pliées en carène , rudes sur les bords, presque trigones au sommet ; épillets 3—5 , sessiles, ovoïdes-arrondis , alternes , un peu écartés , à 4—12 fleurs ; bractée inférieure souvent prolongée en pointe sétacée plus ou moins longue , dépassant quelquefois l'épi ; écailles ovales-aiguës, d'un brun pâle , scarieuses et blanchâtres sur les bords , à nervure dorsale verte , plus courtes que les fruits ovoïdes, plans-convexes , étalés en étoile, dentelés-rudes sur les bords , striés-nerveux en dehors , lisses en dedans , terminés en bec allongé à 2 dents courtes. ⚥ (Mai, juin).

Les prés humides, les lieux fangeux : Salins , à Pontamougeard ; dans les prés humides de Raty, près d'Ivory ; à Boujaille, etc. ; dans le marais de Saône à Besançon. — Au-dessus de Bonmont ; entre le bois Bougis et Bel-Air , etc. (Gaud.). — Genève, sur le Salève , dans un petit marais derrière le piton du milieu (Reuter). — Bâle, çà et là dans les prés et pâturages humides, particulièrement des montagnes (Hagenb.). — Porentruy, à Bonfol (Thurmann).

17. L. espacée. — *C. remota.*

Linn. Sp. 1383. — DC. Fl. fr. n. 1723. — Duby, Bot. gall. p. 491. — Gaud. Fl. helv. 6. p. 59. — Lam. Ency. 3. p. 384. — Koch, Syn. p. 753.
Schk. Car. trad. tab. E. fig. 23. — Leers, Herb. tab. 15. fig. 1. — Moris sect. 8. tab. 12. fig. 17.

Racine fibreuse, gazonnante; chaumes de 4—6 décim., grêles, faibles, presque lisses et arrondis, un peu trigones et rudes au sommet, à la fin allongés et penchés; feuilles étroites, linéaires, très longues, presque de la longueur du chaume, rudes sur les bords, étalées; épillets 5—8, sessiles, solitaires, alternes, ovoïdes, d'un vert pâle : les supérieurs rapprochés, les inférieurs très écartés, à bractées foliacées très longues, celle de l'épillet inférieur dépassant souvent l'épi; écailles ovales-lancéolées, aiguës, scarieuses, blanchâtres, à nervure verdâtre, plus courtes que les fruits dressés, ovoïdes-acuminés, plans-convexes, striés-nerveux, d'un vert pâle, à bec rude à peine échancré. ⚥ (Mai, juin).

Les bois et les lieux ombragés, humides : Salins, dans le bois Mouchard ; de Racine; au bord de la route de Nans, au pied des Aiguillons de Saisenay; dans les bois de Redde vers la tuilerie de Clucy, et de Sery ; dans la forêt de sapins d'Arc et de Montorge, etc. ; dans le bois de Chalezeule, près de Besançon. — Comté de Neuchâtel (Chaillet). — Nyon, près de Bénex, dans le chemin creux au-dessous de la source sulfureuse (Gaud.). — Au bois Bougis et au-dessous de Céligny (Ducros). — Bâle, dans les bois, surtout des montagnes, non commune (Hagenb.). — Porentruy, fréquent (Thurm.).

18. L. allongée. — *C. elongata.*

Linn. Sp. 1383. — DC. Fl. fr. n. 1724. — Duby, Bot. gall. p. 491. — Gaud. Fl. helv. 6. p. 55. — Poir. Ency. suppl. 3. p. 256. — Koch, Syn. p. 753.

Schk. Car. trad. tab. E. fig. 25. — Scheuchz. Gram. tab. 11. fig. 4. (*bené*).

Racine formant des gazons touffus; chaumes de 3—5 décimètres, nombreux, trigones, très rudes, nus dans la plus grande partie de leur longueur, garnis à la base d'écailles d'un brun foncé; feuilles molles, planes, pliées en carène, trigones au sommet, rudes sur les bords et la carène, linéaires, dressées, de la longueur du chaume ou un peu plus longues; épillets 6—12, alternes, sessiles, oblongs, dressés, presque cylindriques, un peu écartés, surtout dans le bas, rapprochés au sommet, formant un épi allongé de 6—8 centim.; bractées presque semblables aux écailles ovales, obtuses, d'un brun ferrugineux, à nervure dorsale verte, blanchâtres et scarieuses sur les bords; fruits brunâtres, lancéolés, plans-convexes, striés-nerveux des deux côtés, non marginés, un peu rudes au sommet, à la fin divergents, presque étalés, à bec presque entier. ♃ (Mai, juin).

Les bois humides, les marais ombragés : Sellières, dans un bois à gauche de l'étang de Petit-Villey, en allant à Tassenière, rare. — Nyon, entre Bel-Air et le bois Bougis, et dans un petit marais du même bois (Gaud.). — Bâle, à Michelfeld; près d'Olsberg; dans les lieux humides autour de Bonfol, près de Porentruy (Hagenb. et Thurm.).

19. L. Héléonastes. — *C. Heleonastes.*

Ehrhart, in Linn. supp. 414. — Koch, Syn. p. 754. — Gaud. Syn. p. 779. et ejusd. Fl. helv. 7. p. 662.
Schk. Car. trad. tab. Ii. fig. 97.

Racine fibreuse, presque rampante; chaume à peine dressé, trigone, strié, rude, ordinairement plus long que les feuilles, haut de 2—3 décim.; feuilles planes, étroitement linéaires; pliées en carène, rétrécies au sommet en pointe rude, effilée; épillets au nombre de 3—4, ovoïdes, alternes, rapprochés en un épi oblong, composé, d'environ 15—20 millim. de longueur; bractée inférieure acuminée en arète dépassant ordinairement l'épillet; fruits ovoïdes, com-

primés-trigones, aigus, presque lisses, luisants, brunâtres,
à bec court, entier, à marge presque lisse, dépassant un
peu les écailles ovales, aiguës, d'un brun ferrugineux, à
nervure moyenne verdâtre, membraneuses et blanchâtres
sur les bords. ♃ (Juin).

Tourbières de Pontarlier ; de la Chaux et de la Vraconne, près de
Sainte-Croix ; de Bélieu.

20. L. blanchâtre. — *C. canescens*.

Linn. Sp. 1383. — Koch, Syn. p. 754. — Lam. Ency. 3. p.
583. var. β. — *C. curta* (Good.). DC. Fl. fr. n. 1721. —
Duby, Bot. gall. p. 491. — Gaud. Fl. helv. 6. p. 56. var.
α. — Poir. Ency. supp. 3. p. 256.
Schk. Car. trad. tab. C. fig. 13. -- Leers, Herb. tab. 14.
fig. 7.

Racine fibreuse, très gazonnante, presque rampante ;
chaumes de 2—4 décim., nombreux, dressés, lisses, striés,
un peu rudes au sommet ; feuilles d'un vert pâle un peu
glauque, dressées, pliées en carène, très longues, égalant
ou dépassant le chaume, rudes sur les bords et la carène ;
épillets 5—7, d'un vert pâle ou blanchâtre, sessiles,
alternes, courts, ovoïdes ou oblongs, peu écartés, surtout
à la base, dressés, formant un épi terminal peu allongé ;
écailles d'un blanc un peu roussâtre, ovales, aiguës, à nervure moyenne verdâtre, minces, scarieuses, plus courtes
que le fruit ; bractées peu différentes des écailles, l'inférieure un peu prolongée en pointe subulée ; fruits ovoïdes,
aigus, d'un blanc verdâtre, dressés, embriqués, plans-convexes, finement striés-nerveux, à bec court, entier. ♃
(Mai, juin).

Les prés humides, les lieux marécageux : Salins, dans les prés hu-
mides de Raty, près d'Ivory, et dans les tourbières d'Andelot ; de
Pontarlier, rare. — Aux Rousses ; dans la vallée de Joux ; au-dessus de
Saint-Cergue et d'Arzier (Gaud.). — A la Chaux-d'Abelle (E. Thomas).
— Bâle, dans les pâturages élevés des montagnes, au-dessus de Ru-
tihard, près d'Olsberg, rare (Hagenb.). — A la Trélasse (Reut.).

§ 3. *Épi terminal mâle, ordinairement solitaire, rarement femelle au sommet; épis femelles latéraux.* — Legitimæ. Koch.

** Stigmates 2.*

a. Fruit terminé en bec marginé, aplani intérieurement.

21. L. mucronée. — *C. mucronata.*

All. Fl. ped. 2. n. 2318. — DC. Fl. fr. n. 1727. — Duby, Bot. gall. p. 492. — Gaud. Fl. helv. 6. p. 68. — Poir. Ency. supp. 3. p. 264. — Koch, Syn. p. 754. Schk. Car. trad. tab. K. fig. 44. — Mich. Nov. Gen. tab. 32. fig. 5. (*med.*).

Racine fibreuse, gazonnante; chaumes de 16—32 centim., cylindriques, lisses, obscurément trigones; feuilles nombreuses, très fines, sétacées, convexes-canaliculées, un peu plus courtes que le chaume; épillets 2—3, bruns : le supérieur mâle, solitaire, lancéolé; écailles d'un brun foncé, lancéolées, aiguës, à bords blanchâtres, étroits, à nervure jaunâtre : épillets femelles 1—2, rapprochés, ovoïdes-arrondis, sessiles, l'inférieur muni d'une bractée foliacée, ovale, embrassante, d'un brun foncé, à nervure prolongée en foliole étroite, rude, dépassant souvent l'épi; fruits ovoïdes-oblongs, plans-convexes, légèrement pubescents à la loupe, hérissé sur les bords, rétrécis en bec courbé, marginé, bifide, dépassant l'écaille. ♃ (Juillet, août).

Les pâturages des montagnes : au Bec-de-l'Oiseau et à la Joux-du-Plane, comté de Neuchâtel (Gagnebin), rare.

b. Fruit sans bec, ou à bec cylindrique très court, tronqué obliquement ou à 2 dents.

22. L. raide. — *C. stricta.*

Good. Act. soc. Linn. Lond. 2. p. 196. — DC. Fl. fr. n. 1729. — Duby, Bot. gall. p. 492. — Gaud. Fl. helv. 6.

p. 71. — Poir. Ency. supp. 3. p. 242. — Koch, Syn. p.
735. — *C. verna.* Lam. Ency. 3. p. 395. var. *α.* (*non
Vill. nec Willd.*).

Schk. Car. trad. tab. **V.** fig. 73. — Leers, tab. 16. fig. 4.

Racine rampante, stolonifère, gazonnante ; chaume de
6—10 décim., trigone, rude sur les angles ; feuilles
linéaires, glauques, planes, pliées en carène, raides,
presque de la longueur du chaume à l'époque de la fleuraison, larges de 4 millim., rudes et coupantes sur les bords
et la carène, à gaîne déchirée-réticulée, celle des feuilles
inférieures mince, brunâtre, dégénérant en écaille à la
base du chaume ; épis de 5—8 centim. : les mâles 1—3,
terminaux, grêles, allongés, cylindriques, aigus, dressés,
quelquefois femelles à la base, à écailles d'un brun foncé,
oblancéolées, obtuses, étroitement blanchâtres sur les bords
et la nervure dorsale : les femelles 2—4, cylindriques,
obtus, un peu écartés, sessiles ou presque sessiles, panachés
de vert et de noir, l'inférieur légèrement pédicellé ; bractées
ou feuilles florales allongées, sans gaîne, dépassant souvent
l'épi, surtout l'inférieure qui est plus longue que les autres,
munies à la base de 2 petites oreillettes membraneuses,
roussâtres ; fruits verts, ovoïdes-elliptiques, embriqués sur
8 rangs, comprimés, striés-nerveux sur les deux faces, terminés par un bec court, cylindrique, plus larges et plus
longs que les écailles lancéolées, d'un brun noirâtre, à nervure dorsale verte. ♃ (Avril, mai).

Commune dans les marais, au bord des eaux stagnantes : Salins,
dans les prés humides de la Chapelle, le long des fossés ; dans les mares
de la tuilerie de Clucy ; dans les prés humides de Raty, près d'I-
vory, etc. ; aux environs de Besançon ; de Genève ; de Bâle, etc.

β. Minor. Gaud. Fl. helv. 6. l. c. — *C. stricta. var. β.
brachystachys.* Hagenb. Fl. basil. 2. p. 399. — Plante plus
petite, d'un vert gai ; épi mâle unique, femelle à la base :
les femelles 2—3, plus courts.

Dans les fossés desséchés autour de Promenthod (Gaud.).

23. L. gazonnante. — *C. cœspitosa.*

Linn. Sp. 1388. — DC. Fl. fr. n. 1728. — Duby, Bot. gall.
p. 492. — Gaud. Fl. helv. 6. p. 69. — Poir. Ency. supp.
5. p. 274. — Koch , Syn. p. 755.

Schk. Car. trad. tab. Aa. et Bb. fig. 85.

Racine longue, rampante, stolonifère; chaumes de 2—4
décim., grêles, à 3 angles aigus, presque lisses, un peu
rudes au sommet; feuilles planes, linéaires, carénées, d'un
vert glauque, rudes sur les bords, larges de 2—4 millim.,
dépassant souvent le chaume à l'époque de la fleuraison, à
gaînes entières; épi mâle solitaire, terminal, rarement 2,
grêle, cylindrique, un peu aigu, à écailles d'un brun noirâtre, oblongues, obtuses, à nervure fine, blanchâtre :
épis femelles 2—3, un peu écartés, sessiles, cylindriques,
dressés, un peu amincis à la base, obtus, longs de 12—16
millim., bigarrés de vert et de noir; bractées foliacées,
étroites, munies de 2 oreillettes petites, arrondies, d'un
brun foncé, l'inférieure plus longue, égalant ou dépassant
le chaume; fruits verts, embriqués sur 6 rangs, serrés,
glabres, elliptiques, obtus, comprimés, à plusieurs nervures, terminés par un bec cylindrique, entier, très court,
à écailles oblongues, obtuses, d'un brun noir, munies d'une
nervure dorsale verdâtre très fine, plus étroites et plus
courtes que le fruit. ♃ (Avril, mai).

Cette plante n'est pas rare dans les bois humides et les lieux marécageux de la plaine et des montagnes : Salins, dans les prés marécageux
de la Chapelle, entre la Furieuse et le bois de Folle ; dans les mares
de la tuilerie de Clucy; dans les prés marécageux de Raty, près d'I-
vory, etc.; dans le marais de Saône, près de Besançon. — Dans la
vallée de Joux; sur la Grande-Aîne au-dessus d'Arzier, etc. (Gaud.).
— Bâle, autour de Michelfeld; d'Olsberg, et de Delémont (Hagenb.).
— J'ai observé, sur un de mes échantillons, un fruit à 2 styles et 4
stigmates, dont l'urcéole renfermait 2 ovaires.

24. L. aiguë. — *C. acuta.*

Linn. Sp. 1388. — Duby, Bot. gall. p. 492. — Gaud. Fl.
helv. 6. p. 72. — Poir. Ency. supp. 3. p. 279. (*excl.
plur. Syn.*). — Koch, Syn. p. 756. — *C. gracilis* (Curt.).
DC. Fl. fr. n. 1750. — Balb. Fl. lyon. p. 754.

Schk. Car. trad. tab. Ee. et Ff. fig. 92.

Racine très rampante; chaume de 5—10 décim., trigone,
penché au sommet, rude sur les angles; feuilles linéaires,
planes, d'un vert gai, dressées-recourbées, rudes sur les
bords à leur partie supérieure, à gaînes entières, non fi-
lamenteuses, à la fin plus courtes que le chaume; épis
mâles 2—3, terminaux, linéaires, allongés, un peu trigones, de couleur ferrugineuse, à écailles étroites, oblongues, obtuses, à nervure verdâtre : épis femelles 2—4,
écartés, allongés, cylindriques, plus grêles que dans le
C. stricta, longuement atténués à la base, où les fleurs
sont lâches et écartées, les supérieurs quelquefois mâles au
sommet, les inférieurs courtement pédonculés et penchés à
la maturité; bractées foliacées, allongées, sans gaîne, à 2
oreillettes courtes, brunâtres, l'inférieure dépassant ordinairement le chaume; fruits glabres, ovoïdes-elliptiques,
d'un vert pâle, souvent roussâtres, striés-nerveux, comprimés, un peu renflés, à peu près de la longueur de l'écaille
oblongue-lancéolée, d'un brun noirâtre, à nervure dorsale
verdâtre. ♃ (Mai , juin).

Commune dans les marais, les prés fangeux et les fossés : Salins,
dans les mares de la Chapelle; de la tuilerie de Clucy; le long du petit
ruisseau de Raty, près d'Ivory, etc. — Bords du Doubs, à Besançon, etc. — Neuchâtel, à Noiraigue (Chaillet). — Bâle, dans les eaux
stagnantes au bord de la Birse ; dans les marais entre Augst et Gibenach, etc. (Hagenb.). — Au bord de l'Orbe à Yverdon (Gay). — Le
nombre des stigmates ne permet pas de confondre cette espèce avec les
C. paludosa et *riparia.*

** *Stigmates 3; épi terminal mâle, ou androgyne à fleurs inférieures mâles.*

a. **Fruit sans bec, ou à bec cylindrique tronqué obliquement ou à 2 dents.**

α. Bractées non engaînantes, ou à gaine très courte; fruit glabre.

25. L. de Buxbaume. — *C. Buxbaumii.*

Wahlenb. Act. holm. p. 164. (1803). — Gaud. Fl. helv. 6.
p. 66. — Poir. Ency. supp. 5. p. 262. — Koch, Syn. p.
756.

Schk. Car. trad. tab. Gg. fig. 76. (*bene*). et tab. X. fig. 76.
(*minùs bona*).

Racine épaisse, très rampante; chaumes de 3—6 décim.,
dressés, trigones, rudes au sommet, à la fin dépassant les
feuilles; celles-ci sont linéaires, planes, acuminées, triquêtres au sommet, rudes sur les bords et la carène, à
gaîne déchirée-réticulée; épis 3—4, panachés de vert et de
brun, ovoïdes-oblongs ou presque cylindriques, le terminal
androgyne, mâle à la base, les autres femelles, un peu
écartés, surtout l'inférieur qui est courtement pédicellé et
muni d'une longue bractée foliacée à 2 oreillettes brunâtres,
dépassant souvent le chaume, les autres bractées beaucoup
plus courtes; fruits glabres, ellipsoïdes, verdâtres, trigones, obtus, rétrécis à la base, à bec très court, cylindrique, légèrement bidenté, égalant presque l'écaille brune,
à nervure verte, prolongée en pointe aiguë. ♃ (Avril,
mai).

Dans les marais sous Valeyres, près d'Orbe (Reynier).

26. L. des lieux fangeux. — *C. limosa.*

Linn. Sp. 1386. — DC. Fl. fr. n. 1757. — Duby, Bot. gall·
p. 496. — Gaud. Fl. helv. 6. p. 92. — Lam. Ency. 5.
p. 390. — Koch, Syn. p. 757.

Schk. Car. trad. tab. X. fig. 78. et tab. Aaa. fig. 78. — Scheuchz. Gram. tab. 10. fig. 13.

Racine rampante, écailleuse, stolonifère; chaumes de 1—3 décim., dressés, trigones, striés, lisses ou un peu rudes dans le haut; feuilles glauques, linéaires-acuminées, étroites, pliées en carène, striées, rudes sur les bords, plus courtes que le chaume; épi mâle solitaire, terminal, grêle, lancéolé, aigu, dressé, roussâtre, à écailles ovales-oblongues, aiguës, unicolore, ferrugineuse, à nervure un peu saillante; épis femelles 1—2, rarement 3, courts, oblongs, portés sur des pédoncules grêles, penchés ou pendants; bractées foliacées, étroites, finement dentelées en scie, à gaîne très courte, brunâtre, à bord blanchâtre, tronquée; fruits verdâtres, un peu glauques, ovoïdes-arrondis, lisses, comprimés, nerveux sur les deux faces, à bec cylindrique, très court, tronqué, égalant l'écaille ovale, aiguë, d'un brun ferrugineux. ♃ (Mai, juin).

Dans les tourbières de Pontarlier; de la Chapelle-des-Bois; de la Brevine; de la Chaux-d'Abelle; des Ponts; de Bélieu. — Au marais de la Trélasse (Reut.).

β. Bractées non engaînantes, ou à gaîne très courte; fruit pubescent ou cotonneux.

27. L. à pilules. — *C. pilullifera.*

Linn. Sp. 1385. — DC. Fl. fr. n. 1734. — Duby, Bot. gall. p. 493. — Gaud. Fl. helv. 6. p. 77. — Lam. Ency. 3. p. 386. — Koch, Syn. p. 758. — *C. montana.* Linn. Sp. 1385. — *C. decumbens.* Ehrh. Calam. 70. — *C. filiformis.* Pollich. Palat. 2. p. 581.

Schk. Car. trad. tab. J. fig. 39. — Moris. sect. 8. tab. 12. fig. 16.

Racine fibreuse; chaumes de 15—30 centim., grêles, trigones, un peu rudes au sommet, ordinairement recourbés ou tombants à la maturité; feuilles fasciculées, un peu glauques, planes, rudes, étroites, linéaires, dressées, ca-

rénées, à gaîne pâle ; épis 3—4, contigus, rarement séparés : le mâle solitaire, terminal, lancéolé, aigu, à écailles
oblongues, obtuses, quelquefois mucronulées, d'un brun
ferrugineux, à nervure dorsale blanchâtre ; épis femelles
2—3, arrondis, petits, sessiles ; bractée inférieure scarieuse
sur les bords, prolongée en foliole linéaire-subulée, rude,
non engaînante à la base, plus longue que l'épi, mais ne
dépassant pas le chaume ; fruits petits, d'un vert cendré ou
brunissant, pubescents, obovoïdes-presque globuleux, trigones, à bec très court, entier, à peu près de la longueur
de l'écaille oblongue, mucronée, brune, plus pâle sur les
bords, à nervure dorsale verdâtre. ♃ (Avril, mai).

Les bois et les pâturages montagneux : aux environs de Salins ; d'Arbois ; de Besançon ; de Montbéliard ; de Bâle ; dans le comté de Neuchâtel. — Dans le marais de la Vraconne, près de Sainte-Croix
(Muret). — Au-dessous de Provence (Ducros).

28. L. cotonneuse. — *C. tomentosa.*

Linn. Mantis. p. 123. — DC. Fl. fr. n. 1732. — Duby, Bot.
gall. p. 492. — Gaud. Fl. helv. 6. p. 75. — Lam. Ency.
3. p. 587. — Koch, Syn. p. 758.
Schk. Car. trad. tab. F. fig. 28. — Leers, Herb. tab. 15.
fig. 7. — Scheuchz. Gram. tab. 10. fig. 11.

Racine rampante, stolonifère ; chaume de 2 —3 décim.,
filiforme, trigone, feuillé à la base, lisse ou un peu rude
au sommet ; feuilles étroites, linéaires, molles, carénées,
rudes sur les bords, plus courtes que le chaume ; épi mâle
solitaire, terminal, grêle, dressé, lancéolé, à écailles oblongues-lancéolées, aiguës, ferrugineuses, blanchâtres sur
les bords et la nervure dorsale ; épis femelles 1—2, courts,
presque sessiles, cylindriques, obtus, le supérieur rapproché
de l'épi mâle, l'inférieur un peu écarté, muni d'une bractée
foliacée étalée horizontalement, souvent plus longue que
l'épi, très courtement engaînante à la base ; fruits cendrés-
cotonneux, ovoïdes-presque globuleux, un peu trigones, à
bec court, à peine échancré, dépassant peu l'écaille ovale,
aiguë, brune, à nervure verdâtre large. ♃ (Avril, mai).

Les bois, les prés ombragés et autres lieux humides : Salins, au pied des marnières au-dessus de la Poussote ; le bois de Chalezeule, près de Besançon. — Nyon, au bois Bougis, et vers la route près de la tuilerie de Crans et ailleurs (Gaud.). — Genève, assez commun dans les prés ombragés et sur les bord des fossés (Reut.). — Bâle, dans un petit bois entre Rheinach et Dornach ; près d'Olsberg ; de Pechberg ; de Michelfeld, etc. (Hagenb.). — Neuchâtel, au Bec-de-l'Oiseau (d'Ivernois).

29. L. de montagne. — *C. montana.*

Linn. suec. ed. 2. p. 528. — DC. Fl. fr. n. 1733. — Duby, Bot. gall. p. 492. — Gaud. Fl. helv. 6. p. 76. — Lam. Ency. 3. p. 386. — Koch, Syn. p. 758.

Schk. Car. trad. tab. F. fig. 29. — Leers, Herb. tab. 16. fig. 6. — Scheuchz. Gram. tab. 10. fig. 8. et 9. (*malæ*).

Racine dure, rameuse, gazonnante, garnie de fibres ; chaume de 1—2 décim., rarement plus, feuillé à la base, grêle, faible, strié, presque trigone et un peu rude au sommet ; feuilles planes, fasciculées, étroites, linéaires, aiguës, un peu rudes sur les bords, à gaîne rougeâtre, entourées à la base du chaume, par les restes des feuilles anciennes formant une souche écailleuse dure, épaisse ; épi mâle solitaire, terminal, oblong, de 10—15 millim., d'un brun foncé, plus pâle en vieillissant, à écailles ovales, obtuses, à nervure dorsale fine, blanchâtre ; épis femelles 1—3, ordinairement 2, ovoïdes, sessiles, rapprochés de l'épi mâle, l'inférieur quelquefois un peu écarté ; bractées brunes, membraneuses, embrassantes, l'inférieure ordinairement échancrée, à nervure prolongée en pointe sétacée ne dépassant pas l'épi ; écailles d'un brun foncé noirâtre, ovales, obtuses, souvent un peu échancrées, mucronées et un peu plus courtes que le fruit verdâtre ou cendré, pubescent, obovoïde-oblong, un peu trigone, nerveux, aminci à la base, à bec court, entier ou à peine échancré au sommet. ♃ (Avril, mai).

Commune sur les collines, dans les pâturages et les prés secs aux environs de Salins ; de Besançon ; de Bâle ; de Genève ; de Neuchâtel, etc.

30. L. précoce. — *C. præcox.*

Jacq. Fl. Aust. 5. p. 23. — DC. Fl. fr. n. 1731. — Duby, Bot. gall. p. 493. — Gaud. Fl. helv. 6. p. 79. — Lam. Ency. 3. p. 386. — Koch, Syn. p. 759. — *C. filiformis.* Leers, Fl. Herb. n. 718. (*non Linn.*).

Schk. Car. trad. tab. F. fig. 27. — Leers, Herb. tab. 16. fig. 5. — Moris. sect. 8. tab. 12. fig. 11. (*mala*).

Racine dure, rampante, stolonifère; chaume de 1—2 décim., feuillé à la base, à 3 angles obtus, strié, assez ferme, lisse, un peu rude au sommet; feuilles vertes, planes, larges de 2—4 millim., fermes, étalées-recourbées, rudes sur les bords, triquêtres au sommet, plus courtes que le chaume; épi mâle solitaire, terminal, d'un brun roux, obovoïde-oblong, à écailles oblongues, un peu obtuses, unicolores, à nervure dorsale peu marquée; épis femelles 1—3, ovoïdes-oblongs, sessiles, ordinairement rapprochés, l'inférieur quelquefois un peu écarté, souvent pédonculé; bractées embrassantes, membraneuses sur les bords, prolongées en pointe sétacée, quelquefois foliacée dans l'épi inférieur et engaînante, cachant dans la gaîne une partie du pédoncule; fruits d'un vert cendré ou brunâtre, pubescents, obovoïdes, trigones, à bec très court, tronqué, entier, dépassant à peine l'écaille ovale, mucronée par le prolongement de la nervure dorsale. ♃ (Avril, mai).

Commune sur les collines sèches, dans les pâturages et les prés arides.

β. *Spicis fœmineis androgynis*, DC. Fl. fr. l. c. — Hagenb. Fl. basil. 2. p. 403. var. γ. — Épis femelles androgynes.

31. L. des ombrages. — *C. umbrosa.*

Hoppe, apud Sturm. 1. p. 57. —DC. Fl. fr. n. 1731*. in add. p. 722. — Duby, Bot. gall. p. 493. — Gaud. Fl. helv.

6. p. 80. — Poir. Ency. supp. 3. p. 270. — *C. longifolia*. Host. Gram. 4. tab. 85. — Koch , Syn. p. 759.
Schk. Car. trad. tab. Ffff. fig. 190.

Racine gazonnante, fibreuse, portant au collet les restes
fibreux des feuilles anciennes ; chaumes très grêles, dressés,
hauts de 3—4 décim. et plus, trigones, à la fin penchés,
lisses, à peine rudes au-dessous des épis; feuilles étroites ,
très longues, dressées , lâchement tombantes, rudes en dessous et sur les bords, presque de la longueur du chaume et
le dépassant même quelquefois; épi mâle solitaire, terminal,
d'un brun ferrugineux, obovoïde - oblong ; épis femelles
1—5, ovoïdes-oblongs, rapprochés ou peu écartés, sessiles,
l'inférieur pédonculé, à pédoncule presque entièrement caché
dans la gaîne de la bractée ordinairement prolongée en une
petite foliole; fruit obovoïde-trigone, pubescent, un peu
aminci aux deux bouts, à bec court, à peine échancré, dépassant peu l'écaille ovale , ferrugineuse, mucronée par le
prolongement de la nervure dorsale verte. ⚥ (Mai).

Dans les bois ombragés : Salins, au Gout-de-Conche ; dans les bois
de Poupet; de Redde, vers la tuilerie de Clucy, etc. ; aux environs
d'Arbois; de Besançon, dans le bois de Chalezeule; de Montbéliard ; de
Bâle ; de Neuchâtel , etc.

γ. Bractées engainantes; fruit pubescent.

32. L. nain. — *C. humilis.*

Leysser, Fl. hal. p. 175. (1761). — DC. Fl. fr. n. 1736. —
Duby, Bot. gall. p. 493. — Gaud. Fl. helv. 6. p. 84. —
Koch, Syn. p. 759. — *C. scariosa.* Lam. Ency. 3. p.
388. (*excl. Syn. præter Scheuchz.*).
Schk. Car. trad. tab. K. fig. 43. — Mich. Nov. Gen. tab.
32. fig. 8. — Scheuchz. Gram. tab. 10. fig. 1-2.

Racine ligneuse, transversale, épaisse, noirâtre, garnie
de longues fibres fortes et tenaces, produisant des souches
gazonnantes épaisses, fasciculées, entourées des restes
fibreux et brunâtres des anciennes feuilles; chaumes de
6—10 centim. de hauteur, dressés ou ascendants, légère-

ment trigones, dépassant les jeunes feuilles, mais 1—3 fois
plus courts que les anciennes persistantes; celles-ci sont
linéaires, étroites, canaliculées, rudes sur les bords, longues de 15—20 centim., demi-marcescentes, étalées, entourant les plus jeunes dressées, finement striées sur le dos
et d'un vert gai; épi mâle solitaire, terminal, pédonculé,
lancéolé, aigu, à écailles oblongues-ovales, obtuses, ferrugineuses, à nervure dorsale verdâtre, largement scarieuses
et argentées sur les bords et au sommet; épis femelles
2—4, alternes, écartés, à 2—4 fleurs, pédonculés, presque
entièrement cachés, à l'époque de la fleuraison, sous les
bractées larges, engaînantes, brunâtres, largement scarieuses sur les bords; fruits cendrés, un peu pubescents,
obovoïdes, trigones, à bec très court, tronqué, plus courts
que les écailles ovales, obtuses, ferrugineuses, à nervure
verdâtre, largement scarieuses et argentées sur les bords.
♃ (Mars, avril).

Les lieux chauds et arides des collines et du pied des montagnes :
Salins, au pied de Poupet, du côté de la ville; à Pagnoz, sur la colline
qui s'élève jusqu'au château de Vaugrenans; sur la pelouse de Saint-
André, et au-dessus de la ferme de Salgret, etc. — Neuchâtel (Seringe). — Au bord du bois de Prangins, sur le penchant qui domine le
lac (Gaud.). — Bâle, sur les monts Mutet, Diétisberg (Hagenb.). —
Sur le sommet du Salève, au bord de la Grande-Gorge (Reut.).

33. L. à épi radical. — *C. gynobasis.*

Vill. Dauph. 2. p. 206. — DC. Fl. fr. n. 1757. — Duby,
   Bot. gall. p. 493. — Gaud. Fl. helv. 6. p. 82. — Poir.
   Ency. supp. 3. p. 272. — Koch. Syn. p. 759.
Schk. Car. trad. tab. G. fig. 35.

Racine ligneuse, d'un brun noirâtre, à fibres fortes,
tenaces; chaumes de 1—2 décim. et plus, grêles, nus dans
la plus grande partie de leur longueur, feuillés seulement à
la base, à la fin penchés, trigones, rudes sur les angles;
feuilles étroites, linéaires, fasciculées, fermes, carénées,
rudes sur les bords et la carène, ordinairement un peu ar-

quées, plus courtes que le chaume ; épi mâle solitaire, terminal, lancéolé - elliptique, d'un brun ferrugineux ; épis
femelles ovoïdes, à 3—6 fleurs, 1—2 sur le chaume, rapprochés de l'épi mâle, quelquefois l'inférieur un peu écarté,
et 1—2 radicaux, rarement 3, portés sur des pédoncules
filiformes, allongés, mais beaucoup moins que le chaume,
quelquefois mâles au sommet ; bractées scarieuses sur les
bords, embrassantes, presque en cœur renversé, d'un brun
ferrugineux, à nervure verdâtre prolongée en foliole subulée, surtout l'inférieure ; fruits blanchâtres ou cendrés,
gros, obovoïdes, trigones, striés-nerveux, légèrement pubescents, à bec très court, à peine échancré, égalant ou
dépassant un peu l'écaille oblongue, d'un brun ferrugineux,
verdâtre et à 3 nervures sur le dos, étroitement scarieuse
et blanchâtre sur les bords. ♃ (Avril, mai).

Commune dans les pâturages et les pelouses arides des environs de
Salins, sur Arèle, Belin, Poupet, Saint-André, etc. ; de Besançon. —
Près de Neuchâtel (Chaillet). — Genève, au pied du Jura, et tout le
long du pied du Salève entre Veirier et Collonge (Reuter). — Bâle,
rare (Hagenb.).

34. L. digitée. — *C. digitata.*

Linn. Sp. 1384. — DC. Fl. fr. n. 1739. — Duby, Bot. gall.
    p. 493. — Gaud. Fl. helv. 6. p. 85. — Lam. Ency. 3.
    p. 388. — Koch, Syn. p. 759.
Schk. Car. trad. tab. H. fig. 38. — Leers, Herb. tab. 16.
    fig. 4. — Mich. Nov. Gen. tab. 32. fig. 9. — Scheuchz.
    Gram. tab. 10. fig. 14.
Racine dure, garnie de fibres fortes, gazonnante ;
chaume de 15—20 centim., grêle, nu, lisse, un peu comprimé, garni à la base de gaînes d'un brun pourpre, terminées par une petite foliole courte, étroite ; feuilles des faisceaux stériles d'un vert foncé, dures, larges de 2—3 millim.,
pliées en carène, à peine rudes sur les bords au sommet,
également engaînantes et d'un brun pourpre à la base, à la
fin plus courtes que le chaume ; épi mâle solitaire, linéaire,
aigu, à écailles serrées, obovales, embrassantes, d'un brun

pourpre, scarieuses et d'un blanc argenté au sommet, sortant de la même gaîne que l'épi femelle supérieur et plus court que lui ; épis femelles 2—3, dressés, écartés, particulièrement l'inférieur, linéaires, pédonculés, à 6—8 fleurs alternes, lâches ; bractées engaînantes, d'un brun pourpre, tronquées, scarieuses et blanchâtres au sommet, à nervure prolongée en pointe subulée, cachant presque entièrement le pédoncule de l'épi ; fruits alternes, lâchement imbriqués sur 2 rangs, verdâtres, obovoïdes, trigones, amincis à la base, légèrement pubescents, à bec court à peine échancré, égalant l'écaille obovale, large, embrassante, tronquée, mucronée, d'un brun rougeâtre, à nervure verdâtre, scarieuses et blanchâtres au sommet. ♃ (Avril, mai).

Çà et là dans les bois montagneux, et dans les lieux ombragés : Salins, dans les bois de Poupet ; du Gout-de-Conche ; de Bovard ; de Bagney ; de Salgret, etc. — Nyon, dans les bois du pied du Jura, partout (Gaud.). — Genève, très commune dans les bois ombragés, partout dans la plaine (Reut.). — Bâle, commune dans les bois montagneux (Hagenb.).

35. L. pied-d'oiseau. — *C. ornithopoda.*

Willd. Sp. 4. p. 255. — Gaud. Fl. helv. 6. p. 87. — Koch, Syn. p. 759. — *C. pedata.* Lam. Ency. 3. p. 389. — DC. Fl. fr. n. 1738. — *C. digitata.* β. DC. Fl. fr. supp. n. 1739. — Duby, Bot. gall. p. 493.
Schk. Car. trad. tab. H. fig. 37. — Mich. Nov. Gen. tab. 32, fig. 14.

Cette espèce ressemble beaucoup à la précédente, à laquelle plusieurs botanistes la réunissent comme variété. Elle en diffère par sa racine très gazonnante, ses chaumes plus nombreux, plus courts, atteignant à peine 16 centim., souvent un peu recourbés ; par ses feuilles plus étroites, larges de 2 millim., d'un vert plus pâle, plus dures, atteignant la hauteur du chaume à l'époque de la fleuraison ; par ses épis femelles plus grêles, plus courts, plus rapprochés, comme digités, presque sessiles, étalés-divergents, souvent recourbés, ayant quelques rapports avec une pate

d'oiseau, dépassant tous l'épi mâle qui est très court , à bractées obliquement engainantes , plus rarement mucronées ;
enfin par ses fruits obovoïdes , trigones , pubescents , à bec
très court, à peine échancré , plus longs que l'écaille obovale , obtuse , mucronée , un peu moins scarieuse au sommet.
♃ (Avril , mai).

Les mêmes lieux que l'espèce précédente : aux environs de Salins ;
d'Arbois ; de Besançon, etc. — De Nyon (Gaud.). — De Bâle (Hagenb.). — A Salève du côté d'Archamp, et à Thoiry (Reut.). — Au
Creux-du-Vent, attaquée de l'*Uredo caricis*. Pers.

δ. *Bractées engainantes; fruit glabre.*

36. L. blanche. — *C. alba.*

Scop. Fl. carn. 2. n. 1148. — DC. Fl. fr. n. 1752. — Duby,
Bot. gall. p. 496. — Gaud. Fl. helv. 6. p. 113. — Poir.
Ency. supp. 5. p. 263. — Koch, Syn. p. 760.
Schk. Car. trad. tab. O. fig. 55. — Scheuchz. Gram. tab.
10. fig. 3. 4. et 5.
Racine rampante, stolonifère ; chaumes de 15—30 centim. , dressés, grêles, presque glabres, un peu trigones ;
feuilles nombreuses, gazonnantes, linéaires, étroites, aiguës , d'un vert gai, dressées, canaliculées, un peu rudes
sur les bords , allongées, mais plus courtes que le chaume ;
épi mâle solitaire, pédonculé, cylindrique, aigu aux deux
bouts, à écailles scarieuses, d'un blanc argenté, sortant de
la même gaîne que l'épi femelle supérieur, qui le dépasse
quelquefois; épis femelles 1—2, pédonculés, blanchâtres,
à 3—5 fleurs , sortant de longues gaînes membraneuses,
diaphanes et d'un blanc argenté au sommet, non prolongées
en pointe foliacée; fruits 3—5 par épi, lâches, gros, obovoïdes, presque trigones , striés, renflés, glabres, blanchâtres, à bec court, scarieux au sommet et obliquement tronqué, dépassant l'écaille ovale, obtuse, blanche, membraneuse.
♃ (Avril , mai).

Les bois montueux : aux environs d'Arbois ; de Champagnole, en
allant à Loulle. — Au pied du Jura, au-dessus de Bonmont et de Tré-

lex (Gaud.). — Genève, dans les bois au bord du Rhône, sous Aïre
(Reuter). — Bâle, sur les monts Wasserfall, Havenstein, Diétisberg, etc. (Hagenb.). — Commun dans le Jura bernois (Thurmann).

37. L. à fruit luisant. — *C. nitida.*

Host. Gram. Aust. 1. p. 53. — DC. Fl. fr. supp. n. 1747. —
   Duby, Bot. gall. p. 494. — Gaud. Fl. helv. 6. p. 114. —
   Poir. Ency. supp. 3. p. 273. — Koch, Syn. p. 760. —
   C. brevirostra. Poir. Ency. supp. 3. p. 273. — *C. alpes-*
   tris. Lam. Ency. 3. p. 589. — DC. Fl. fr. n. 1747.
Schk. Car. trad. tab. L. fig. 46. tab. Ppp. fig. 156. et tab.
   Ffff. fig. 189.

Racine rampante, stolonifère ; chaumes de 8—16 centim.,
grêles, trigones, lisses, un peu rudes dans le haut, garnis
à la base de feuilles courtes, un peu glauques, linéaires-
acuminées, raides, pliées en gouttière, larges de 2—3 millim., étalées-recourbées, plus courtes que le chaume ; épi
mâle solitaire, terminal, grêle, ferrugineux : épis femelles
2—3, oblongs, obtus, à la fin arrondis, contigus, l'inférieur
plus ou moins écarté, pédonculé ; bractées engaînantes,
scarieuses, à la fin fendues, cachant la base du pédoncule,
à nervure prolongée en pointe subulée ; fruits bruns, un peu
lâches, ovoïdes-globuleux, striés, lisses, luisants, à bec
court, tronqué obliquement, scarieux et à 2 dents au sommet, dépassant un peu l'écaille ovale, obtuse, ferrugineuse,
scarieuse sur les bords, à nervure dorsale verdâtre. ♃
(Avril, mai).

Autour de Nyon, près du lac (Gaud.). — Commune dans les lieux
sablonneux et arides, au bord de l'Arve entre Gaillard et Étrambière ;
au bord du Rhône, sous Aïre, dans le lit de l'Allondon, près de Dar-
dagny, etc. (Reut.).

38. L. poilue. — *C. pilosa.*

Scopol. Carn. 2. n. 1172. — DC. Fl. fr. n. 1749. — Duby,
   Bot. gall. p. 496. — Gaud. Fl. helv. 6. p. 112. — Poir.
   Ency. supp. 3. p. 272. — Koch, Syn. p. 760.
Schk. Car. trad. tab. M. fig. 49.

Racine longuement rampante, grêle, écailleuse, stolonifère ; chaumes de 2—3 décim., peu nombreux, dressés, glabres, striés, trigones, garnis dans le bas de feuilles courtes,
dégénérant à la base en écailles brunes, appliquées; feuilles
des faisceaux stériles, larges de 6—8 millim., planes, dépassant souvent le chaume, dressées, linéaires-acuminées,
nerveuses, à 3 nervures plus marquées que les autres, ciliées-poilues sur les bords et les nervures, ce qui les rend
un peu rudes au toucher ; épi mâle solitaire, terminal, lancéolé, pédonculé, d'un brun foncé, long d'environ 2 centim. ; épis femelles 2—3, écartés, dressés, linéaires, portés
sur des pédoncules grêles, filiformes, l'inférieur souvent
radical ; bractées foliacées, engaînantes, presque fendues ;
fruits lâches, peu nombreux, obovoïdes, presque globuleux, trigones, très glabres, striés, à bec membraneux
tronqué obliquement, à 2 dents peu marquées, dépassant
l'écaille ovale, obtuse, mucronée, à nervure verte, d'un
brun rougeâtre sur les bords. ♃ (Avril, mai).

Aux environs d'Arbois. — Genève, en assez grande quantité dans
les parties ombragées des bois qui entourent le moulin de Les-Vaux
au bord du Rhône sous Onex, et dans les bois de la Joux au-delà de
Chancy (Reut.). — Bâle, entre Gibernach et Olsberg (Müller). —
Cossonay (*ex herb. Ducros.*). — Près du canal d'Entre-Roches (Leresche).

39. L. appauvrie. — *C. depauperata.*

Good. Act. soc. Linn. Lond. 2. p. 181. — DC. Fl. fr. supp.
n. 1752ª. — Duby, Bot. gall. p. 496. — Poir. Ency. supp.
5. p. 271. — Willd. Sp. 4. p. 278. — *C. monilifera.*
Thuill. Par. ed. 2. p. 490.

Schk. Car. trad. tab. M. fig. 50. et tab. Vv. fig. 50.

Racine fibreuse, presque rampante; chaume de 4—5 décim., lisse, obtusément trigone, assez grêle, dressé, feuillé,
presque articulé; feuilles linéaires, planes, acuminées,
molles, larges d'environ 4 millim., longuement engaînantes, rudes sur les bords, plus courtes que le chaume;

épi mâle, grêle, cylindrique, aigu, à écailles ferrugineuses,
blanches et scarieuses sur les bords, à nervure verte; épis
femelles 3—4, à 2—5 fleurs, écartés, portés sur des pédoncules dressés, rudes, cachés en grande partie dans la gaîne
des bractées foliacées très longues, surtout l'inférieure;
fruits un peu lâches, ovoïdes-globuleux, très gros, ventrus,
striés-nerveux, obtusément trigones, lisses, rétrécis aux
deux bouts, à bec tronqué obliquement, scarieux, presque
entier, une fois plus longs que l'écaille pâle, scarieuse,
ovale-acuminée, à nervure verte. ♃ (Mai, juin).

Dans le bois de Chailluz, près de Besançon (Guérin).

40. L. Panic. — *C. panicea.*

Linn. Sp. 1387. — DC. Fl. fr. n. 1759. — Duby, Bot. gall.
p. 496. — Gaud. Fl. helv. 6. p. 117. — Lam. Ency. 3.
p. 394. — Koch, Syn. p. 760.

Schk. Car. trad. tab. Ll. fig. 100. — Leers, Herb. tab. 15.
fig. 5. — Mich. Nov. Gen. tab. 32. fig. 11.

Racine rampante, stolonifère; chaume de 2—4 décim.,
dressé, trigone, presque lisse, souvent un peu rude entre
les épis; feuilles glauques, fermes, planes, linéaires, glabres, rudes sur les bords, dressées, à 2 sillons en dessous,
produits par la carène et les bords un peu recourbés, plus
courtes que le chaume; épi mâle solitaire, terminal, pédonculé, dressé, oblong ou cylindrique, d'un brun foncé,
rétréci aux deux bouts, rarement géminé; épis femelles 2,
rarement 3, cylindriques, écartés, dressés, pédonculés;
fruits lâches, quelquefois un peu écartés à la base de l'épi,
lisses, ovoïdes presque globuleux, d'un vert blanchâtre,
quelquefois brunâtre, et même d'un brun foncé au sommet,
à bec très court, tronqué, dépassant l'écaille ovale-aiguë,
brune, à nervure verdâtre, blanchâtre et scarieuse sur les
bords; bractées foliacées, engaînantes, ordinairement de
la longueur de l'épi ou plus longues. ♃ (Mai, juin).

Commune dans les prés humides, les lieux fangeux.

β. *Rhyzogyna.* Gaud. Fl. helv. 6. l. c. — Pédoncule de l'épi inférieur très long, radical.

Neuchâtel (Chaillet).

41. L. glauque. — *C. glauca.*

Scop. Fl. Carn. ed. 2. n. 1157. — DC. Fl. fr. n. 1743. — Duby, Bot. gall. p. 494. — Gaud. Fl. helv. 6. p. 126. — Poir. Ency. supp. p. 3. p. 276. — Koch, Syn. p. 761. — *C. verna. var.* γ. Lam. Ency. 3. p. 395.
Schk. Car. trad. tab. O. P. fig. 57. et tab. Zz. fig. 113. — Leers, Herb. tab. 15. fig. 3. — Mich. Nov. Gen. tab. 52. fig. 12. — Moris. sect. 8. tab. 12. fig. 14?

Racine forte, rampante, écailleuse, longuement stolonifère; chaume de 3—6 décim. , dressé, obtusément trigone, un peu rude au sommet; feuilles glauques, larges de 2—4 millim. , dressées ou recourbées, planes, un peu raides, carénées, à bords rudes et un peu recourbées en dessous, quelquefois purpurines à la base; épis mâles 1—2, rarement plus, dressés, presque cylindriques, un peu aigus, d'un brun foncé, à écailles oblongues, très obtuses, étroitement blanchâtres sur la nervure et les bords; épis femelles 2—3, écartés, denses, cylindriques, pédonculés, à pédoncule inférieur quelquefois très long, souvent mâles au sommet, penchés ou pendants à la maturité; bractées foliacées, l'inférieure très longue, à gaîne presque nulle, munie à la base d'oreillettes scarieuses, brunâtres; fruits verdâtres, livides ou brunâtres, ovoïdes-elliptiques, un peu comprimés, à surface rude, rarement lisse, à bec très court, à peine échancré, égalant l'écaille brune, ovale, mucronée, à nervure dorsale verdâtre, à bords souvent blanchâtres. ♃ (Avril, mai).

Très commune partout dans les lieux humides et argileux, au bord des chemins, des fossés, dans la plaine et les montagnes.

β. *Spica mascula unica vel basi prolifera.* Hagenb. Fl. basil. 2. p. 419. var. γ. — Gaud. l. c. var. βα. (*ex Hagenb.*). — Épi mâle unique ou prolifère à la base.

γ. *Spicis fœmineis erectiusculis.* Hagenb. Fl. basil. 2. l. c. var. *δ.* — Gaud. Fl. helv. 6. l. c. var. *β.* — Épis femelles presque dressés.

δ. Gynobasis. Hagenb. l. c. var. *ε.* — Pédoncule de l'épi femelle inférieur radical, très long.

ε. *Androgyna.* Hagenb. l. c. var. *ζ.* — Épi femelles androgynes, mâles au sommet.

42. L. élevée. — *C. maxima.*

Scop. Fl. Carn. ed. 2. n. 1166. — DC. Fl. fr. n. 1754. — Duby, Bot. gall. p. 497. — Gaud. Fl. helv. 6. p. 107. — Lam. Ency. 3. p. 393. — Koch, Syn. p. 761.
Schk. Car. trad. tab. Q. fig. 60. — Barr. ic. fig. 45. — Moris. sect. 8. tab. 12. fig. 4.

Racine épaisse, presque ligneuse, à fibres fortes, allongées; chaume de 10—16 décim., trigone, lisse, un peu rude entre les épis, épais, feuillé et écailleux à la base, à écailles d'un brun pourpre; feuilles longues, linéaires-lancéolées, acuminées, planes, larges de 10—15 millim., glauques, nerveuses, striées, raides, rudes sur les bords et la carène, dressées-étalées, moins longues que le chaume; épi mâle solitaire, terminal, d'un brun ferrugineux, allongé, cylindrique, aminci à la base, courbé en arc; épis femelles 4—6, grêles, cylindriques, longs de 10—15 centim., très écartés, pédonculés, à la fin arqués-pendants; bractées foliacées, très longues, munies d'une gaîne allongée, cachant la plus grande partie du pédoncule; fruits très petits, relativement à la grandeur de la plante, très nombreux, serrés, écartés à la base de l'épi, lisses, glabres, trigones, ovoïdes-elliptiques, d'un vert blanchâtre, à bec très court, légèrement échancré au sommet, égalant l'écaille d'un brun pourpre, ovale, mucronée par le prolongement de la nervure dorsale verte. ♃ (Mai, juin).

Les lieux humides et ombragés des bois : Salins, à la source du ruisseau des Doigts près du Gout-de-Conche ; au bord des petits ruisseaux dans les ravins, derrière les aiguillons de Saisenay ; dans le bois Mouchard, etc. ; dans les forêts de sapins de Levier; de Boujaille ; de la Joux, etc. — Nyon, sur les bords de la Promenthouse çà et là, particulièrement au-dessous du pont de Pontfarbé. — Genève, dans le petit bois au bord du Rhône, au-dessous de Saint-Georges; au pied de Salève, au-dessus d'Archamp et près de Crevin, etc. — Bâle, près de Gruth, de Mutenz, d'Olsberg, de Ramstein, etc. (Hagenb.).

43. L. à épis grêles. — *C. strigosa.*

Huds. Fl. angl. p. 411. — **DC.** Fl. fr. supp. n. 1754ª. — Duby, Bot. gall. p. 495. — Gaud. Fl. helv. 6. p. 109. — Koch, Syn. p. 761. — *C. leptostachys* (Ehrh.). Poir. Ency. supp. 3. p. 275. — Hagenb. Fl. basil. 2. p. 417. Schk. Car. trad. tab. N. fig. 53.

Racine rampante, stolonifère ; chaume de 4—6 décim., grêle, lisse, feuillé, obtusément trigone ; feuilles d'un vert foncé, striées, larges de 4—6 millim., linéaires-lancéolées, longues presque de 5 décim., rudes sur les bords au sommet ; épi mâle solitaire, terminal, grêle, presque cylindrique, long de 4—5 centim., à écailles lancéolées, d'un vert pâle, à la fin largement scarieuses sur les bords, à nervure dorsale fine ; épis femelles 4—6, écartés, très grêles, filiformes, souvent plus longs que le mâle, à pédoncule des supérieurs inclus dans la gaîne, des inférieurs saillants, à la fin un peu penchés et recourbés; bractées longuement foliacées, à gaîne brune sur le bord et à 2 oreillettes blanchâtres ; fruits oblongs-lancéolés, trigones, nerveux, très lisses, à bec simple, obtus, obliquement tronqué, dépassant l'écaille blanchâtre, scarieuse, lancéolée, à nervure dorsale verte. ♃ (Mai, juin).

Les bois humides : Bâle, dans un bois près d'Olsberg, à Weiherfeld entre Rhénofeld et Augst (*Augusta Rauracorum*); sur le penchant nord du mont Sonnenberg; dans un bois taillis près de Diétisberg (Hagenb.).

44. L. pâle. — *C. palescens.*

Linn. Sp. 1386. — DC. Fl. fr. n. 1758. — Duby, Bot. gall.
p. 496. — Gaud. Fl. helv. 6. p. 91. — Lam. Ency. 3.
p. 391. — Koch, Syn. p. 762.

Schk. Car. trad. tab. Kk. fig. 99. — Leers, Herb. tab. 15.
fig. 4. — Mich. Nov. Gen. tab. 52. fig. 13.

Racine fibreuse, gazonnante ; chaume de 3—5 décim.,
grêle, faible, trigone, rude sur les angles au sommet,
garni dans le bas de feuilles linéaires-acuminées, molles,
larges de 2 millim., planes, carénées, dressées, rudes
sur les bords, légèrement pubescentes en dessous, particulièrement sur la gaîne, égalant presque le chaume à l'époque
de la fleuraison ; épi mâle solitaire, pédonculé, grêle, linéaire,
d'un brun ferrugineux pâle ; épis femelles 2—3, ovoïdes-oblongs, denses, un peu écartés, pédonculés, à la fin penchés
ou pendants ; bractées foliacées, allongées, à gaîne courte,
l'inférieure dépassant souvent l'épi mâle ; fruits serrés,
ovoïdes-oblongs, obtus, enflés, verdâtres, lissses, un peu
comprimés, légèrement striés, à bec très court, entier,
dépassant un peu l'écaille ovale-aiguë, blanchâtre ou d'un
vert très pâle, quelquefois un peu ferrugineux, souvent
mucronée par le prolongement de la nervure dorsale verte.
♃ (Mai, juin).

Les bois et les prés ombragés humides : Salins, dans les bois de Bovard ; de Cramans ; de Mouchard ; les prés humides de Raty, près d'I-
vory, etc. — Genève, commune au bois des Frères ; sur la Dôle, etc.
(Reut.). — Bâle, assez commune dans les bois et les pâturages, particulièrement des montagnes (Hagenb.).

β. *Minor.* Hagenb. Fl. basil. 2. p. 412. — Plante naine,
à chaume de 8—12 centim.

Salins, dans les prés au-dessus du Gout-de-Conche. — Bâle, dans les
pâturages montagneux (Hagenb.).

45. L. capillaire. — *C. capillaris.*

Linn. Sp. 1386. — DC. Fl. fr. n. 1733. — Duby, Bot. gall.
p. 497. — Gaud. Fl. helv. 6. p. 124. — Koch, Syn. p.
762. — Lam. Ency. 3. p. 390. — Poir. Ency. supp. 3. p.
243.

Schk. Car. trad. tab. O. fig. 56. — Scop. Fl. Carn. tab. 59.
fig. 1.

Racine fibreuse ; chaume de 5—10 centim., ordinairement solitaire, lisse, filiforme, presque cylindrique, garni
à la base de feuilles d'un vert gai, dressées-étalées, un peu
raides, planes, larges de 2 millim., linéaires, très aiguës,
un peu rudes sur les bords, à la fin plus courtes que le
chaume ; épi mâle solitaire, dressé, grêle, linéaire, aigu ;
épis femelles 2—3, peu garnis, à 4—6 fleurs, ordinai-
ment penchés, à pédoncules capillaires, les 2 supére-
rieurs rapprochés, dépassant l'épi mâle, l'inférieur souvent
écarté ; bractées foliacées engaînantes ; fruits lâches, elliptiques, enflés, trigones, lisses, glabres, amincis aux deux
bouts, à bec entier, tronqué obliquement, dépassant l'écaille
ovale, obtuse, un peu crénelée au sommet, d'un brun ferrugineux, à nervure verte, scarieuse et blanchâtre sur les
bords. ♃ (Juin—août).

Cette plante, qui habite les lieux humides et herbeux des Alpes,
descend quelquefois jusque dans les montagnes sous-alpines, et Girod-
Chantrans l'indique dans les pâturages de nos montagnes ?

b. Fruit terminé en bec marginé, plan-convexe, à 2 dents, rarement
presque entier ; épi mâle solitaire, rarement 2, quelquefois femelle
au sommet.

46. L. toujours verte. — *C. sempervirens.*

Vill. Dauph. 2. p. 214. — Duby, Bot. gall. p. 494. — Gaud.
Fl. helv. 6. p. 89. — Koch, Syn. p. 763. — *C. ferru-*

ginea (Schk.). DC. Fl. fr. n. 1750. (*excl. Syn. Vill.*).
— Poir. Ency. supp. 5. p. 242. — *C. variegata.* Lam.
Ency. 3. p. 389. (*excl. Syn.*).
Schk. Car. trad. tab. M. fig. 48. — Scheuchz. Gram. tab.
10. fig. 6.

Racine brune, à fibres nombreuses, formant des gazons
épais ; chaumes de 5—5 décim. , filiformes , lisses, faibles,
dressés ou un peu penchés , presque trigones , feuillés à la
base, nus dans le reste de leur longueur ; feuilles linéaires ,
planes , larges de 2—5 millim., fermes , dressées, carénées ,
rudes sur les bords, plus courtes que le chaume , persistantes ;
épi mâle solitaire, oblong-lancéolé , aigu , d'un brun ferrugineux mêlé de gris ; épis femelles 2—5 , dressés, oblongs-
lancéolés, le supérieur sessile ou courtement pédonculé, les
autres écartés , à pédoncule plus allongé , dépassant la bractée
foliacée engaînante à la base et cachant une partie du pédoncule ; fruits verdâtres , ovoïdes-lancéolés, glabres, striés ,
trigones, amincis à la base , terminés en bec plan-convexe ,
ciliés-rudes sur les bords , scarieux et à 2 lobes courts au sommet (souvent attaqués par l'*Uredo caricis.* Pers.) , dépassant
à peine l'écaille lancéolée , d'un brun foncé , à nervure verdâtre , blanche et scarieuse sur les bords. ⚥ (Juin—août).

Dans les pâturages de la plupart des sommités du Jura : sur le Reculet; la Dôle ; le Salève; le Montendre; le Mont-d'Or ; le Chasseral ;
le Colombier ; le Chasseron ; le Creux-du-Vent; le Suchet; la Faucille , etc. — Roches de Moutiers-Grandval (Thurm.).

β. *Erecta.* Koch, Syn. p. 765. — *C. erecta.* DC. Fl. fr.
n. 1741. (*ex Duby*). — Fruits parsemés de quelques poils
courts.

Sur le Jura (DC.).

47. L. ferrugineuse. — *C. ferruginea.*

Scop. Fl. Carn. ed. 2. p. 225. (1772). — Koch , Syn. p.
765. — *C. spadicea.* DC. Fl. fr. n. 1742. (*non Schk.*). —
C. Scopolii. Gaud. Fl. helv. 6. p. 118. — *C. Scopoliana*

(Willd. [1797]). Duby, Bot. gall. p. 495. — Poir. Ency. supp. 3. p. 275.

Racine grêle, articulée, presque rampante, stolonifère; chaume de 3—5 décim., légèrement trigone, faible, presque lisse, un peu rude et penché au sommet, feuillé à sa partie inférieure; feuilles très longues, linéaires, carénées, un peu rudes sur les bords, dressées, larges de 2 millim., les extérieures plus courtes et plus larges; épis grêles, ferrugineux, le mâle solitaire, terminal, cylindrique : les femelles 2—5, écartés, presque cylindriques, à la fin penchés ou pendants, portés sur de longs pédoncules rudes, filiformes, celui de l'épi supérieur plus court et quelquefois presque entièrement caché dans la gaîne; bractées foliacées, engaînantes, l'inférieure plus longue que l'épi; fruits un peu lâches, oblongs-elliptiques, nerveux, trigones, glabres ou un peu hérissés, acuminés en bec marginé, plan-convexe, cilié-rude, à 2 lobes souvent frangés, plus longs que l'écaille ovale-aiguë, brune, à nervure verdâtre. ⚥ (Juin—août).

Dans les lieux un peu humides. — Sur la Dôle du côté du Châlet, et sur les pentes herbeuses du Reculet (Reut.). — Sur la Dôle (Ducros, Gaud.).

48. L. grêle. — *C. tenuis.*

Host. Gram. 4. tab. 92. — Koch, Syn. p. 764. — *C. brachystachys* (Schranck). DC. Fl. fr. n. 1748. — Duby, Bot. gall. p. 495. — Gaud. Fl. helv. 6. p. 120. — Poir. Ency. supp. 5. p. 270.
Schk. Car. trad. tab. P. fig. 58. — Scheuchz. Gram. tab. 10. fig. 7.

Racine gazonnante, stolonifère; chaume de 15—30 centim., grêle, filiforme, dressé, obscurément trigone, lisse, un peu rude et incliné au sommet; feuilles nombreuses, raides, très étroites, dressées, longues, enroulées-filiformes, un peu rudes sur les bords; épi mâle solitaire, terminal, pédonculé, grêle, long de 10—15 millim., ferrugineux; épis femelles 2—3, écartés, linéaires, un peu lâches, portés sur de longs pédoncules filiformes, l'inférieur souvent

très long , presque lisses, à la fin arqués , à épis presque
pendants ; bractée inférieure foliacée , très étroite , linéaire ,
presque de la longueur de l'épi, engaînante à la base : les
supérieures plus courtes, sétacées; fruits un peu lâches,
verdâtres, striés, oblongs - lancéolés, amincis aux deux
bouts, trigones, lisses sur les faces et les angles, acuminés
en bec non cilié, un peu scarieux et bidenté au sommet,
presque 2 fois plus longs que l'écaille d'un brun pourpre,
oblongue, mucronée, à nervure fine, verdâtre. ♃ (Juin,
juillet).

Les rochers à gauche de la route, au-dessus de la montée de Mijoux
à la Faucille; sur la Dôle. — Au bord de la route un peu au-dessous de
Saint-Cergue; et contre les rochers dans le vallon d'Adran, près du
Reculet (Reut.). — Les rochers humides au Val-de-Moutier (Gaud.).
— Roches de Moutiers-Grandval, fréquent (Thurm.). — Creux-du-
Vent (Schuttlw.). — Entre Villebœuf et Sainte-Croix (Muret).

49. L. jaune. — *C. flava.*

Linn. Sp. 1384.— DC. Fl. fr. n. 1745. — Duby, Bot. gall.
p. 494. — Gaud. Fl. helv. 6. p. 97. — Lam. Ency. 3. p.
385. — Koch, Syn. p. 764.

Schk. Car. trad. tab. H. fig. 36. — Leers, Herb. tab. 15.
fig. 6. — Moris. sect. 8. tab. 12. fig. 19. — J. Bauh. Hist.
2. p. 498. fig. 1. — Dalech. Hist. p. 1003. fig. 2.

Racine fibreuse, formant des gazons serrés; chaumes de
2—3 décim., feuillés à leur partie inférieure , dressés ,
lisses, presque cylindriques; feuilles d'un vert gai, souvent
jaunâtre, linéaires-acuminées, larges de 3—4 millim.,
presque lisses, un peu rudes vers le sommet, ordinairement
plus courtes que le chaume ; épi mâle solitaire, grêle,
linéaires, ferrugineux ; épis femelles 2—3, ovoïdes-arrondis,
un peu rapprochés, les supérieurs presque sessiles, l'inférieur
pédonculé , quelquefois un peu écarté : bractées foliacées,
à gaîne courte, renfermant le pédoncule, plus longues que le
chaume , à la fin étalées ou même réfléchies; fruits d'abord
verts , puis jaunes à la maturité, embriqués, très serrés,

ovoïdes, enflés, lisses, très nerveux, striés, à long bec recourbé, bifide, dentelé-rude sur les bords! plus long que l'écaille ovale, aiguë ou acuminée, ferrugineuse, à nervure dorsale verte. ♃ (Mai).

Commune dans les lieux humides et marécageux de la plaine et des montagnes.

β. *Densa.* Gaud. Fl. helv. 6. l. c. — Épis femelles très rapprochés ; fruits à long bec à la fin réfléchi.

γ. *Rectirostra.* Gaud. Fl. helv. 6. l. c. — Épis femelles peu écartés ; fruits à long bec droit.

δ. *Remota.* Épi femelle inférieur très écarté (de 1—2 décim. dans mes échantillons), porté sur un long pédoncule (de 3—8 centim.) presque entièrement caché dans la gaîne de la bractée foliacée plus longue que le chaume.

ι. *Androgyna.* Épi mâle portant plusieurs fleurs femelles à la base , ou au milieu.

50. L. d'Œder. — *C. OEderi.*

Ehrhart. Calam. n. 79. — Gaud. Fl. helv. 6. p. 95. — Koch, Syn. p. 765. — *C. flava. var.* β. DC. Fl. fr. n. 1745. — Duby, Bot. gall. p. 494. — Poir. Ency. supp. 5. p. 242. var. γ.
Schk. Car. trad. tab. F. fig. 26.

Racine gazonnante, fibreuse ; chaume de 4—12 centim., raide, lisse, ordinairement dépassé par les feuilles ; épi mâle solitaire, oblong ou cylindrique ; épis femelles 2—3, petits, ovoïdes-arrondis, rapprochés de l'épi mâle, presque sessiles, l'inférieur à pédoncule caché dans la gaîne de la bractée foliacée, étalée ou réfléchie ; fruits d'un vert pâle, puis jaunâtres, petits, presque globuleux, enflés, nerveux, à bec droit, dentelé-rude, à 2 dents courtes au sommet. — Cette plante se rapproche beaucoup de l'espèce précédente , à laquelle elle est réunie comme variété par plusieurs bota-nistes : elle en paraît cependant distincte, par sa racine produisant tout l'été de nouveaux gazons de chaumes et de feuilles, de sorte qu'on peut la trouver en fleur et en fruit toute l'année (Host.); par son chaume plus court, par ses épis femelles plus petits, ordinairement globuleux, denses, restant verts plus long-temps et devenant seulement à la fin jaunâtres et non jaunes, et surtout par les fruits une fois plus petits, à bec droit et plus court. ♃ (Mai—juillet).

Cette plante n'est pas rare au bord des mares et des fossés desséchés.

51. L. de Hornschuch. — *C. Hornschuchiana.*

Hoppe, Caricolog. germ. 1. p. 76. (1826). — Gaud. Fl. helv. 6. p. 99. — Koch, Syn. p. 765. — *C. fulva.* DC. Fl. fr. n. 1755. (*non Good.*). — Duby, Bot. gall. p. 495. — Balb. Fl. lyon. p. 761.
Schk. Car. trad. tab. T. fig. 67. (*ic. ad sinistram*).

Racine rampante, stolonifère, peu gazonnante; chaume de 3—5 décim., lisse ou à peine rude au sommet, trigone; feuilles dressées, d'un vert foncé, plus courtes que le chaume, un peu raides, striées, linéaires - acuminées, planes, rudes sur les bords et la nervure dorsale; épi mâle solitaire, rarement 2, grêle, de 2—3 centim. de longueur, aminci aux deux bouts, ferrugineux, à écailles blanchâtres et scarieuses sur les bords; épis femelles 2—3, rarement 4, dressés, ovoïdes-oblongs, denses, plus ou moins écartés, particulièrement l'inférieur qui est porté sur un pédoncule plus long; bractées engaînantes, foliacées, dépassant l'épi, à gaîne tronquée au sommet, à bord scarieux brun, cachant la plus grande partie du pédoncule, excepté la supérieure qui est presque nulle, ainsi que le pédoncule, à limbe tronqué, brun et scarieux au sommet, mucroné, mais non prolongé en feuille; fruit ovoïde, acuminé, trigone, lisse, d'un vert pâle, strié-nerveux, à long bec rude, droit, bifide au sommet, plus long que l'écaille ovale, aiguë, d'un brun foncé, à nervure verte, blanchâtre sur les bords. ♃ (Mai, juin).

Salins, dans les prés humides de Saiscnay; de la tuilerie de Clucy; de Pontamougear, etc. — Commune aux environs de Nyon (Gaud.). —

Genève, dans les marais, au pied de Salève, au-dessus de Colfonge, aux marais de Roellebot et de Sionet (Reut.). — Bâle, dans les lieux marécageux ; à Michelfeld ; à Dietisberg et dans le val de Delémont (Hagenb.).

52. L. fauve. — *C. fulva.*

Good. tr. of. soc. Linn. 2. p. 177. — Gaud. Fl. helv. 6. p. 101. — Koch, Syn. p. 265. — Willd. Sp. 4. p. 270. (*ex Gaud.*). — *C. trigona.* All. Fl. ped. 2. p. 269.

Schk. Car. trad. tab. T. fig. 67. A. B. — All. Fl. ped. tab. 89. fig. 4.

Racine fibreuse, très gazonnante ; chaumes de 3—5 décim., grêles, trigones, rudes sur les angles au sommet ; feuilles d'un vert gai, presque planes, striées, lisses, assez larges, rudes au sommet ; épi mâle solitaire, terminal, linéaire-lancéolé, aigu, fauve, à écailles appliquées ; épis femelles 2—3, ovoïdes-oblongs, dressés, le supérieur sessile, les autres pédonculés, l'inférieur un peu plus écarté ; bractées longues, foliacées, engaînantes, rudes, surtout l'inférieure qui atteint ou dépasse l'épi mâle ; fruits ovoïdes-elliptiques, striés-nerveux, un peu renflés, brunâtres, lisses, luisants, prolongés en bec épais, rude, bifide au sommet, dépassant l'écaille ovale, un peu obtuse, d'un brun fauve, pâle sur les bords, à nervure verte. Cette espèce est très voisine de la précédente, dont elle diffère surtout par sa racine fibreuse, émettant des gazons de chaumes et de faisceaux de feuilles plus développés, d'un vert gai, et par ses bractées foliacées, plus longues, l'inférieure égalant ou dépassant même le chaume. ♃ (Mai, juin).

Dans la tourbière de Pontarlier, et le marais de Saône, rare ; le comté de Neuchâtel. — Bâle, près d'Huningue (Hagenb.).

53. L. espacé. — *C. distans.*

Linn. Sp. 1387. — DC. Fl. fr. n. 1756. — Duby, Bot. gall. p. 495. — Gaud. Fl. helv. 6. p. 103. — Lam. Ency. 3. p. 591. — Koch, Syn. p. 765.

Schk. Car. trad. tab. T. et Yy. fig. 68. — Moris. sect. 8.
tab. 12. fig. 18.

Racine fibreuse, gazonnante; chaume de 3—6 décim.,
trigone, lisse, même entre les épis; feuilles courtes,
planes, linéaires-acuminées, longues de 8—16 centim.,
larges de 4 millim., engaînantes à la base, à languette
opposée à la feuille, pâle, saillante, obtuse; épi mâle solitaire, rarement 2, lancéolé, un peu épais, obtus, ferrugineux; épis femelles ordinairement 3, ovoïdes-oblongs, très
espacés, dressés, portés sur des pédoncules cachés en grande
partie dans la gaîne des bractées : celles-ci sont foliacées,
longues de 3—6 centim., rudes sur les bords, engaînantes,
à languette brunâtre : la supérieure à gaîne très courte,
presque nulle, ainsi que le pédoncule, sans feuille, souvent
mucronée; fruits verdâtres ou d'un brun pâle, un peu ventrus, trigones, striés-nerveux, ovoïdes, acuminés, à bec
court, rude, bifide, plus long que l'écaille ovale, aiguë ou
mucronée, ferrugineuse, blanchâtre sur les bords, à nervure verdâtre. ♃ (Mai , juin).

Les lieux humides et ombragés : Salins, dans le bois de Redde, du
côté de la tuilerie de Clucy; Besançon, dans le marais de Saône. —
Genève, commune dans les marais, au bord des fossés humides (Reut.).
— Bâle, commune dans les lieux humides et ombragés (Hagenb.).

54. L. des bois. — *C. sylvatica.*

Huds. Fl. angl. ed. 1. p. 355. (1762). — Koch, Syn. p.
766. — Gaud. Fl. helv. 6. p. 110. — *C. patula.* Scop.
(1772). — DC. Fl. fr. n. 1760. — Duby. Bot. gall. p. 497.
Lam. Ency. 3. p. 390. — Balb. Fl. lyon. p. 765.
Schk. Car. trad. tab. Ll. fig. 101. — Leers, Herb. tab. 15.
fig. 2. — Moris. sect. 8. tab. 12. fig. 9. — Scop. Fl. Carn.
ed. 2. tab. 59.

Racine oblique, brune, épaisse, gazonnante, presque
rampante; chaume de 5—6 décim., grêle, faible, lisse,
trigone, feuillé, penché au sommet; feuilles linéaires,
larges de 4—6 millim., planes, vertes, un peu raides,

presque dressées, nerveuses, rudes sur les bords et la face
supérieure, dépassant d'abord le chaume et à la fin plus
courtes ; épi mâle grêle, aigu, verdâtre ou d'un vert roussâtre, quelquefois androgyne ; épis femelles 4—5, écartés,
grêles, lâches, verdâtres, d'abord dressés, à la fin penchés
ou pendants, souvent mâles au sommét, portés sur de longs
pédoncules filiformes, rudes, trigones ; bractées foliacées,
longuement engaînantes, ne renfermant que la moitié ou le
tiers du pédoncule, longues, dressées, dépassant souvent le
chaume ; fruits ellipsoïdes, trigones, lâches, d'un vert pâle,
lisses, rétrécis aux deux bouts, terminés par un long bec
lisse, bifide, dépassant à peine l'écaille membraneuse,
ovale-lancéolée, acuminée, pâle, verdâtre, quelquefois un
peu brunâtre, à nervure verte, un peu rude. ♃ (Juin).

Commune dans les bois : Salins, dans les bois de Poupet ; de Bovard ; de Salgret ; de Mouchard ; de Redde, etc. ; dans les forêts de
sapins de Levier ; de Montorge ; de la Joux, etc.; au Creux-du-Vent.—
Genève, commune dans les bois ombragés de la plaine (Reut.).

c. Fruit terminé en bec cylindrique ou comprimé, marginé à 2
pointes étalées ; épis mâles ordinairement plusieurs.

α. *Bractées non engaînantes ; fruits glabres.*

55. L. Faux-Souchet. — *C. Pseudo-Cyperus.*

Linn. Sp. 1387. — DC. Fl. fr. n. 1761. — Duby, Bot. gall.
p. 497. — Gaud. Fl. helv. 6. p. 94. — Lam. Ency. 3. p.
593. — Koch, Syn. p. 766.
Schk. Car. trad. tab. Mm. fig. 102. — Moris. sect. 8. tab.
12. fig. 5. — J. Bauh. Hist. 2. p. 496. fig. 3. — Dod.
pempt. p. 339. fig. 1. — Lob. ic. p. 76. fig. 2.

Racine fibreuse, à fibres fortes, tenaces ; chaume de
3—9 décim., dressé, feuillé, trigone, très rude sur les
angles, surtout dans le haut ; feuilles linéaires-acuminées,
dressées, striées-nerveuses, rudes sur les bords et la face
supérieure, larges de 6—12 millim., plus longues que le
chaume ; épi mâle solitaire, grêle, allongé, quelquefois

femelle au sommet, d'un brun ferrugineux pâle ; épis femelles 3—5, plus épais et souvent plus longs que le mâle, cylindriques, denses, verdatres, longs de 4—6 centim., à la fin un peu brunâtres et pendants, ordinairement rapprochés, portés sur des pédoncules filiformes, rudes, trigones, arqués ; bractées ou feuilles florales dressées, très longues, dépassant de beaucoup le chaume, à gaîne courte ; fruits nombreux, serrés, verdâtres, étalés, même réfléchis, ovoïdes-lancéolés, striés, très nerveux, à nervures saillantes et rapprochées, lisses, terminés par un long bec fourchu dépassant peu l'écaille d'un vert pâle, ovale, scarieuse sur les bords, à nervure prolongée en arète linéaire-subulée à 2 stries, ciliée-rude sur les bords. ♃ (Juin, juillet).

Les marais des bois : au Creux-du-Vent (Divernoy). — A la Sombaille et au Cul-des-Prés (L. Benoit, cat.).—Près de Clerval (de Besse, in Girod-Chant.). — Bâle, près d'Olsberg, etc. (Hagenb.). — Morges (Rapin).

56. L. ampoulée. — *C. ampullacea.*

Good. soc. Linn. Lond. 2. p. 207. — DC. Fl. fr. n. 1764. — Duby, Bot. gall. p. 497. — Gaud. Fl. helv. 6. p. 134. — Poir. Ency. supp. 3. p. 280. — Koch, Syn. p. 767. — *C. vesicaria.* α. Lam. Ency. 3. p. 395. — Linn. Sp. 1389. var. β.
Schk. Car. trad. tab. Tt. fig. 107. — Leers, Herb. tab. 16. fig. 2. n. II. — Moris. sect. 8. tab. 12. fig. 8.

Racine profondément rampante ; chaumes de 3—6 décim., dressés, fistuleux, grêles, obtusément trigones, feuillés, très lisses sur les angles, excepté entre les épis ; feuilles glauques, larges de 2—4 millim., très longues, linéaires-acuminées, carénées, rudes sur les bords, égalant presque le chaume à l'époque de la fleuraison ; épis mâles 1—3, ordinairement rapprochés, grêles, allongés, un peu aigus aux deux bouts, à écailles d'un brun pâle ou ferrugineux, scarieuses et blanchâtres sur les bords ; épis femelles 2—3, écartés, cylindriques, denses, épais, pédonculés, dressés, un peu penchés à la maturité, longs de 3—5 centim. :

bractées foliacées, très longues, non engaînantes, dépassant ordinairement le chaume, surtout l'inférieure qui est la plus longue ; fruits d'un vert pâle, jaunissant, glabres, striés-nerveux, à 7 nervures sur le dos, enflés, presque globuleux, serrés, embriqués, divergents, subitement acuminés en un long bec comprimé, bifurqué au sommet, plus larges et un peu plus longs que l'écaille étroite, lancéolée, aiguë, purpurine ou ferrugineuse, à nervure dorsale verdâtre. ♃ (Mai, juin).

Çà et là dans les lieux marécageux : Salins, dans les prés maréca-geux de Raty, près d'Ivory ; au bord des mares de la tuilerie de Clucy, etc.; au marais de Saône, près de Besançon ; au bord du lac des Rousses ; dans la tourbière de Pontarlier. — Autour de Goudeba et à l'étang de Crocettes (Gagnebin). — Nyon, autour de Burtigny et de Longirod, à la Grande-Aine, au-dessus d'Arzier (Gaud.). — Genève, dans les marais au bord de l'Arve, entre Gaillard et Etrambier ; et entre Saint-Genis et Pouilli (Reut.). — Bâle, au bord de la Birse ; à Michelfeld ; près d'Olsberg, etc. (Hagenb.).

57. L. vésiculaire. — *C. vesicaria.*

Linn. Sp. 1388. var. *α.* — DC. Fl. fr. n. 1763. — Duby, Bot. gall. p. 497. — Koch, Syn. p. 767. — Gaud. Fl. helv. 6. p. 133. — Lam. Ency. 3. p. 395. var. *β.* Schk. Car. trad. tab. Ss. fig. 106. — Leers, Herb. tab. 16. fig. 2. n. III. — Moris. sect. 8. tab. 12. fig. 6.

Racine rampante, écailleuse, blanchâtre ; chaumes de 3—6 décim., grêles, trigones, à angles aigus, rudes dans le haut, fermes, feuillés à leur partie inférieure ; feuilles vertes, dressées, nerveuses, très longues, larges de 3—6 millim., rudes sur les bords, plus longues que le chaume à l'époque de la fleuraison ; épis mâles 2—3, grêles, cylindriques, l'inférieur quelquefois femelle à la base, inégaux, le supérieur plus allongé, à écailles d'un brun ferrugineux, blanches sur les bords ; épis femelles 2—3, écartés, oblongs-cylindriques, de 3—5 centim. de longueur, épais, dressés, obtus, les inférieurs souvent pédonculés et un peu penchés ; bractées foliacées, rudes, linéaires-acuminées, non engaî-

nantes à la base, l'inférieure plus longue, dépassant souvent
le chaume ; fruits dressés-étalés, verdâtres, à la fin jaunâtres, glabres, striés, nerveux, embriqués sur plusieurs
rangs, ovoïdes-coniques, renflés-vésiculeux, terminés par
un long bec fourchu, dépassant les écailles étroites, lancéolées, aiguës, ferrugineuses, scarieuses et blanchâtres sur
les bords et au sommet, à nervure dorsale verte. ♃ (Mai,
juin).

Les marais, les lieux fangeux : Salins, dans les prés marécageux de
Raty, près d'Ivory ; dans les mares de la tuilerie de Clucy, etc. —
Genève, dans les marais et le bord des fossés pleins d'eau, à Sionet ;
entre Meyrin et Saint-Genis ; entre Châtelaine et le bois des Frères
(Reut.). — Bâle, à Michelfeld, rare (Hagenb.).

58. L. des marais. — *C. paludosa.*

Good. Act. soc. Linn. Lond. 2. p. 202. — DC. Fl. fr. n.
1765. — Duby, Bot. gall. p. 498. — Gaud. Fl. helv. 6. p.
129. — Poir. Ency. supp. 3. p. 280. — Koch, Syn. p.
767. — *C. rufa.* Lam. Ency. 3. p. 394.
Schk. Car. trad. tab. Oo. et Vv. fig. 103.

Racine longuement rampante, stolonifère ; chaume de
3—9 décim., ferme, dressé, feuillé à sa partie inférieure,
trigone, à angles aigus et rudes, feuilles très longues,
larges de 3—6 millim., un peu glauques en dessous, très
rudes sur la carène et les bords, coupantes, à gaînes se
séparant en réseau filamenteux, presque comme dans le *C.
stricta ;* épis mâles 2—4, inégaux, presque trigones, d'un
brun foncé, rapprochés, le supérieur allongé, à écailles oblongues, obtuses, à nervure fine, blanchâtre ; épis femelles
3—4, grêles, bruns, dressés, cylindriques, longs de 6—8
centim., quelquefois mâles au sommet, presque sessiles,
excepté l'inférieur qui est courtement pédonculé ; bractées
foliacées, longues, embrassantes, mais dépourvues de gaîne ;
fruits glabres, serrés, d'un vert livide, striés, nerveux,
ovoïdes ou ovoïdes-oblongs, presque trigones, légèrement
comprimés, à bec court, échancré ou à 2 dents courtes,

plus larges et de même longueur que l'écaille brune, ovale-
acuminée ou terminée en pointe aiguë, à nervure dorsale
verdâtre. ♃ (Mai).

Le bord des rivières, des étangs, les fossés pleins d'eau : au bord du
Doubs ; de la Loue ; dans le marais de Saône, à Besançon, etc.

β. *Kochiana. C. Kochiana.* DC. Fl. fr. supp. n. 1765.
— *C. paludosa. var. β.* Gaud. Fl. helv. 6. l. c. — Hagenb.
Fl. basil. 2. p. 420. — Koch, Syn. p. 767. — Épis mâles
ordinairement géminés ; écailles des épis femelles acuminées
en arête dentelée-rude, un peu plus longue que le fruit
ovoïde-oblong, à la fin presque conique à 2 dents.

Salins, au bord de la Loue, etc. — Aux environs de Bâle (Hagenb.).

59. L. des rives. — *C. riparia.*

Curtis, Fl. London, fasc. 4. tab. 60. — DC. Fl. fr. n. 1766.
    — Duby, Bot. gall. p. 498. — Gaud. Fl. helv. 6. p. 151.
    — Koch, Syn. p. 767. — *C. rufa.* Lam. Ency. 3. p.
    394. — Poir. Ency. supp. 3. p. 244.
Schk. Car. trad. tab. Qq. et Rr. fig. 105. — Leers, Herb.
    tab. 16. fig. 2. n. I. — Mich. Nov. Gen. tab. 32. fig. 6. et
    7. — Moris. sect. 8. tab. 12. fig. 1. — J. Bauh. Hist. 2.
    p. 494. fig. 3.
Racine épaisse, rampante, à fibres tenaces ; chaume de
10 — 16 décim., ferme, dressé, feuillé, à 3 angles aigus, rudes
à sa partie supérieure ; feuilles très longues, glauques en
dessous, linéaires-acuminées, nerveuses, planes, larges de
6—10 millim., rudes et coupantes sur les bords ; épis
mâles 2—5, rapprochés, presque égaux, le terminal un
peu plus long, d'un brun roux, aigus, à écailles lancéolées,
acuminées-mucronées ; épis femelles 3—4, dressés, cylindriques, les supérieurs souvent mâles au sommet, presque
sessiles, l'inférieur pédonculé et souvent pendant à la maturité, panachés de brun et de vert ; bractées foliacées très
longues, dressées, à peine engaînantes ; fruits glabres, embriqués, brunâtres, striés-nerveux, ovoïdes coniques, ter-

miné en bec , à dents divergentes , égalant à peu près l'é-
caille brune , ovale-lancéolée , acuminée-en arête, à nervure
dorsale verdâtre. ♃ (Mai , juin).

Le bord des rivières, des étangs et des fossés pleins d'eau : Salins , au
pied des aiguillons de Saisenay, dans une mare au bord de la route ;
les mares de la tuilerie de Clucy ; au bord de la Loue ; du Doubs, à
Besançon , etc. — Nyon , près de Gland et Duilliers (Gaud.). — Genève ,
dans les fossés pleins d'eau qui bordent le marais de Sionet, etc. (Reut.).
— Bâle , au bord des rivières, des étangs, des fossés aquatiques (Hagenb.).

β. Bractées peu ou point engainantes; fruits hérissés.

60. L. filiforme. — *C. filiformis.*

Linn. Sp. 1385. — DC. Fl. fr. n. 1740. — Duby, Bot. gall.
   p. 493. — Gaud. Fl. helv. 6. p. 73. — Poir. Ency. supp.
   5. p. 278. (*excl. Syn. Scheuchz.*). — Koch , Syn. p.
   768.
Schk. Car. trad. tab. K. fig. 45.

Racine rampante ; chaume raide, lisse, presque cylindrique, haut de 5—6 décim., un peu rude et anguleux au
sommet, feuillé à sa partie inférieure , garni à la base de
gaînes brunes souvent prolongées en feuille courte; feuilles
longuement engaînantes, raides, allongées, larges de 2—5
millim., rudes dans le haut , canaliculées , mais non carénées , dépassant souvent la tige à l'époque de la fleuraison ;
épis mâles 1—2, terminaux, à écailles ovales-oblongues ,
brunes , un peu obtuses et un peu scarieuses sur les bords ,
à nervure dorsale verte ou jaunâtres ; épis femelles 2—5,
oblongs, écartés, sessiles, dressés, l'inférieur rarement pédonculé ; bractées foliacées peu ou point engaînantes, l'inférieure dépassant souvent le chaume ; fruits ovoïdes-oblongs ,
renflés, pubescents, terminé par 2 pointes ; écailles oblongues-lancéolées, aiguës, souvent mucronées par le prolongement de la nervure dorsale. ♃ (Mai , juin).

Dans les tourbières de Pontarlier ; de Bélieu. — De la Trélasse ; des
Rousses (Reut.). — Du Sentier, vallée de Joux (Rapin). — Des Ponts
(Benoît , cat.).

γ. Bractées longuement engainantes; fruits hérissés.

61. L. hérissée. — *C. hirta.*

Linn. Sp. 1389. — DC. Fl. fr. n. 1744. — Duby, Bot. gall.
p. 494. — Gaud. Fl. helv. 6. p. 128. — Lam. Ency. 3.
p. 396. — Koch, Syn. p. 768.
Schk. Car. trad. tab. Uu. fig. 108. — Leers, Herb. tab. 16.
fig. 3. — Moris. sect. 8. tab. 12. fig. 10.

Racine longuement rampante ; chaume de 2—6 décim. ,
strié, lisse, trigone, feuillé, un peu rude seulement entre
les épis ; feuilles dressées, larges de 3—6 millim. , linéaires-acuminées, pliées en carène, d'un vert pâle, poilues, surtout en dessous et sur les gaînes, rudes sur les
bords ; épis mâles 2 – 3, peu écartés, cylindriques, le terminal plus long , à écailles ferrugineuses, ovales, obtuses,
velues, à poils blanchâtres, quelquefois mucronées par le
prolongement de la nervure dorsale, scarieuses et blanchâtres sur les bords ; épis femelles 2—3, oblongs ou cylindriques, écartés, dressés, verdâtres, les supérieurs presque
sessiles, l'inférieur pédonculé ; bractées foliacées, engaînantes , recouvrant une grande partie du pédoncule ;
fruits lâches, oblongs-coniques, striés-nerveux, hérissés,
acuminés, d'un brun cendré ou verdâtres, à bec fourchu,
à dents allongées, aiguës, divergentes, plus longs que l'é-
caille pâle, verdâtre, scarieuse sur les bords, acuminée-
aristée, à arête dure. ♃ (Mai, juin).

Les lieux humides et marécageux : Salins, dans les mares de la
tuilerie de Clucy ; le long du chemin des vignes de Rousset ; dans les
marnières de la Poussotte ; dans les prés marécageux de Raty, près
d'Ivory ; dans les prés entre les deux routes, à la Grange-Feuillet ;
aux environs de Sellières. — Genève, dans les prés humides, au bord
des chemins, dans les fossés (Reut.). — Bâle, dans les lieux humides,
surtout sablonneux (Hagenb.).

β. *Glabra.* Gaud. Fl. helv. 6. l. c. — Hagenb. Fl. basil. 2. p. 418. — Plante glabre , excepté l'orifice des gaînes
et les fruits.

Salins, dans les marnières au-dessus de la Poussotte et ailleurs. — Genève, au bord du chemin, entre Château-Blanc et Troënex (Reut.). —Aux environs de Neuchâtel (Chaillet). — De Nyon (Gaud.).

Obs. Les Laiches sont des plantes qui offrent peu d'intérêt, sous le rapport des arts, de la médecine et de l'agriculture; elles fournissent en général un foin dur et mauvais, difficile à pourrir lorsqu'on l'emploie pour litière.

FAMILLE CXVIII.

Graminées. Juss.

Fleurs *(flosculi* Linn.*)* glumacées, hermaphrodites ou unisexuelles, solitaires ou plusieurs ensemble, alternes et distiques sur un axe commun, formant un épillet *(spicula* Linn., Juss., *locuste* P. Beauv.*)* entouré à la base par une *glume (gluma* Juss., *calix* Linn., *lépicène* Rich., *bâle* P. Beauv.*)* à 2 valves, rarement à une, ou manquant tout-à-fait (dans le *Leersia*); chaque fleur pourvue en outre d'une enveloppe particulière, la *glumelle* Desv. *(corolla* Linn., *calix* Juss., *balle* DC., *stragule* P. Beauv.*)*, à 2 valves ou *paillettes* opposées, dont une rarement avortée, l'extérieure plus grande, insérée plus bas, à 1—3 nervures ou plus, très souvent carénée et munie d'une arête, embrassant l'intérieure plus courte, insérée plus haut, ordinairement à 2 nervures et sans arête, très souvent membraneuse; la glumelle renferme, dans certaines espèces, la *lodicule* P. Beauv. *(squamæ* Linn., Juss., *glumelle* Rich., *glumellule* Desv., *parapétales* Link)*, composée de 2, rarement 3 petites écailles d'une forme très variée, minces ou épaisses, glabres ou velues, souvent difficiles à distinguer, rapprochées, et placées sur la face de l'ovaire opposée au sillon; étamines hypogynes, alternes avec les écailles de la lodicule, presque toujours 3, rarement 6, ou par avortement 2, 1; anthères fourchues aux deux bouts; ovaire libre; styles 2 ou 1; stigmates 2, plumeux ou en pinceau; fruit sec *(cariopse* Rich.*)*, semblable à une graine nue,

quelquefois recouvert par la glumelle. Embryon petit, situé
à la base et en dehors d'un périsperme farineux. — Plantes
à racines fibreuses ou rampantes, à tige (*chaume*) cylindrique, fistuleuse ou remplie de moelle, offrant des nœuds
espacés, desquels partent des feuilles alternes, engaînantes,
à limbe étroit, linéaire, à gaîne fendue en long, terminée
à la base interne de la feuille par une languette ou membrane diaphane (*ligule* P. Beauv.), remplacée quelquefois
par des poils ; épillets disposés en panicule ou en épi.

TRIBU I. — OLYRÉES. Nees ab Esenb.

Fleurs monoïques, les mâles en panicule, les femelles
rapprochées en épi ; styles très longuement saillants.

1. MAÏS. — *ZEA*. Linn.

Fleurs monoïques. *Mâles :* en grappes terminales paniculées ; épillets biflores, à fleurs sessiles ; glume à 2 valves ;
glumelle à 2 paillettes. *Femelles :* en épis axilaires entourés
de bractées foliacées ; épillets à 2 fleurs dont une neutre ;
glume à 2 valves ; glumelle à 2 paillettes, valves et paillettes
transversalement oblongues, charnues-membraneuses, enroulées ; style très long, à stigmate finement cilié ; cariopses
arrondis-réniformes, lisses, rapprochés par paires et disposés
sur 8 rangs autour d'un axe charnu.

1. M. cultivé. — *Z. Mays.*

Linn. Sp. 1578. — Gaud. Fl. helv. 6. p. 16. — Koch,
Syn. p. 769. — Desrouss. Ency. 3. p. 680. — *Mays Zea*
(Gaertn.). DC. Fl. fr. n. 1694. — Duby, Bot. gall. p.
499. — Balb. Fl. lyon. p. 842.

J. Saint-Hil. Pl. fr. tab. 990. — Lam. illust. tab. 749. —
P. Beauv. tab. 24. fig. 3. — Moris. sect. 8. tab. 13. fig.
1. 2. — J. Bauh. Hist. 2. p. 453. et 454. fig. 1. — Tabern. ic. p. 265. à 273. — Dalech. Hist. p. 582. fig. 1.

et 2. — Dod. pempt. p. 509. fig. 2. — Lob. ic. p. 59. fig. 2.

Racine composée de longues fibres épaisses, blanchâtres ; chaume de 12—18 décim., dressé, ferme, spongieux, glabre, noueux, feuillé presque jusque sous la panicule ; feuilles nombreuses, larges, planes, allongées, striées-nerveuses, ciliées-rudes sur les bords, à nervure moyenne large et blanche, engaînantes à la base ; fleurs femelles en grappes latérales axilaires, solitaires, enveloppées de bractées foliacées en manière de spathe, laissant passer au sommet les stigmates qui sont nombreux, très longs, formant une espèce de barbe à la fin rousse ; graines blanches ou jaunâtres, quelquefois dorées, purpurines, grises ou panachées ; fleurs mâles disposées en épis formant une vaste panicule terminale. ⚥ (Juin).

Originaire de l'Amérique méridionale, cultivé dans les plaines du pied oriental du Jura, et çà et là du côté occidental, particulièrement dans les vignes de la Côte. Vulg. *Turquie*, *blé de Turquie*.

β. *Androgyna*. DC. Fl. fr. l. c. var. ζ. — Panicule terminale portant, sur plusieurs de ses rameaux, quelques fleurs femelles ou hermaphrodites produisant des graines isolées.

Salins, à Ivory, dans un champ de Maïs semé pour fourrage, après la navette d'hiver.

Obs. On cultive encore, mais plus rarement, une variété naine de Maïs, de 9—12 décim. de hauteur, nommée *Maïs précoce*, *Maïs quarantin*, que l'on sème quelquefois après la navette d'hiver, et qui réussit assez bien dans les bassins, les vallons et les lieux abrités de nos montagnes, particulièrement sur le plateau inférieur du Jura. On forme avec la farine de Maïs une sorte de bouillie, soit au beurre, soit au lait, appelée *Gaudes*, qui forme une partie de la nourriture des paysans de la plaine et du vignoble. On en fait aussi des galettes connues sous le nom de *Flamuces*. — Le Maïs est souvent attaqué par l'*Uredo maydis*. DC., qui prend quelquefois de grandes dimensions : il se convertit en une poussière noire abondante.

TRIBU II. — ANDROPOGONÉES. Kunth.

Épillets comprimés par le dos, à 2 fleurs, l'inférieure incomplète ou mâle; valve inférieure de la glume plus grande; style allongé; stigmates en goupillon sortant près du sommet de la fleur:

2. BARBON. — *ANDROPOGON*. Linn.

Épillets linéaires, géminés, l'un sessile hermaphrodite, l'autre pédicellé mâle, les terminaux ternés, le moyen sessile : tous uniflores, avec une paillette inférieure qui est le rudiment d'une seconde fleur; glume à 2 valves, l'inférieure presque plane, la supérieure carénée; paillettes 3, diaphanes, la moyenne, qui est la paillette inférieure de la fleur hermaphrodite, aristée; style allongé; stigmates en goupillon, sortant au-dessous du sommet de l'épillet.

1. B. Pied-de-poule. — *A. Ischœnum.*

Linn. Sp. 1483. — DC. Fl. fr. n. 1688. — Duby. Bot. gall. p. 499. — Gaud. Fl. helv. 1. p. 213. — Lam. Ency. 1. p. 376. — Koch, Syn. p. 770.
J. Saint-Hil. Pl. fr. tab. 916. fig. 1. — Schreb. Gram. tab. 33. — Scheuchz. Gram. tab. 2. fig. 11. fig. A. et B. — J. Bauh. Hist. 2. p. 443. fig. 1.
Racine articulée, rampante; chaume de 3—5 décim., dressé ou géniculé-ascendant, feuillé, raide, souvent rameux; feuilles linéaires, glauques, rudes sur les bords, un peu poilues à leur partie inférieure; gaînes striées, cylindriques : les supérieures très longues, plus longues que le limbe de la feuille; languette remplacée par une série de poils; épis 4—9, presque digités, terminaux, grêles, linéaires, d'un vert blanchâtre purpurin, étalés à l'époque de la fleuraison, puis resserrés; valve inférieure de la fleur hermaphrodite et pédicelle de la fleur mâle garnis de longs poils blancs et soyeux; paillette inférieure de la fleur hermaphrodite

linéaire, terminée par une longue arête rousse, tordue,
raide, géniculée vers le milieu, un peu rude. ⚥ (Juillet,
août).

Au bord des chemins et dans les lieux secs et arides : Salins, au bord
de la route, vers Saint-Joseph ; sur Arèle et Suziau ; aux Arsures ; le
long de la route entre Orbe et Balaigue ; en montant de Vittebœuf à
Sainte-Croix, etc. — Aux environs de Nyon (Gaud.). — Genève,
dans les lieux secs et arides, à Sous-Terre ; au bord de l'Aïre, près du
petit pont (Reut.). — Bâle, commun dans les champs et au bord des
chemins (Hagenb.).

TRIBU III. — PANICÉES. Kunth.

Épillets comprimés, convexes sur le dos, plans ou
presque plans du côté opposé, à une seule fleur, avec le
rudiment d'une fleur inférieure ressemblant à une 3e valve ;
glume à 2 valves, l'inférieure petite, souvent très petite,
appliquée à l'épillet sur le côté plan ou presque plan ; styles
allongés ; stigmates en goupillon sortant au-dessous du sommet de la fleur.

3. PANIC. — *PANICUM*. Linn.

Épillets convexes sur le dos, plans ou presque plans du
côté opposé, à une fleur accompagnée d'une seconde inférieure neutre, à une seule paillette, semblable à une 3e
valve ; glume à 3 valves (en comprenant la paillette inférieure de la fleur neutre, dont la supérieure manque ordinairement) ; glumelle cartilagineuse ou coriace ; involucre
nul.

§ 1. *Épillets géminés, l'un sessile, l'autre pédicellé,
disposés en épis simples, presque digités.* -- Digitaria.
Scop.

1. P. purpurin. — *P. sanguinale.*

Linn. Sp. 84. — Gaud. Fl. helv. 1. p. 155. — Koch, Syn.
p. 771. — *Paspalum sanguinale.* Poir. Ency. 5. p. 35.

—DC. Fl. fr. n. 1504. — *Digitaria sanguinalis* (Kœl.). Duby, Bot. gall. p. 501.

P. Beauv. Agrost. tab. 10. fig. 12. — Schreb. Gram. tab. 16. — Leers, Herb. tab. 2. fig. 6. — Moris. sect. 8. tab. 5. fig. 2. — Clus. Hist. 2. p. 217. fig. 2. — Tabern. ic. p. 222. fig. 1. — J. Bauh. Hist. 2. p. 444. fig. 1. — Dalech. Hist. p. 426. fig. 5. — Lob. ic. p. 24. fig. 2.

Racine fibreuse ; chaume de 5—5 décim., tombant ou ascendant, rameux à la base ; feuilles planes, linéaires-lancéolées, courtes, molles, larges de 6—8 millim., rudes sur les bords, souvent ondulées et parsemées çà et là, ainsi que les gaînes, de poils blanchâtres ; ligule très courte, frangée ; épis 4—8, linéaires, grêles, longs de 6—8 centim., digités, dressés-étalés, simples, à axe flexueux rude sur les angles ; épillets oblongs-lancéolés, unilatéraux, plans convexes, ordinairement d'un violet sombre ou noirâtre ; valves de la glume très inégales, l'inférieure très petite, l'autre une fois plus courte que la fleur ; paillette de la fleur neutre glabre, pubescente sur les bords, à nervures latérales extérieures non ciliées. ① (Juillet—septembre).

Les lieux cultivés : Salins, dans quelques jardins ; les graviers au bord de la Furieuse, au-dessous de Saint-Joseph ; les champs, aux environs de Mont-sous-Vaudrey ; de la Grande-Loie ; de Thoirette, au bord de l'Ain ; de Montbéliard ; d'Yverdon ; de Grandson. — Genève, dans les jardins en allant à l'embouchure de l'Arve, etc. — Très commun dans les champs, les vignes et les jardins, aux environs de Bâle (Hagenb.).

2. P. cilié. — *P. ciliare.*

Retz, Obs. 4. p. 16. — Gaud. Fl. helv. 1. p. 154. — Koch, Syn. p. 771. — *Paspalum ciliare.* DC. Fl. fr. supp. n. 1504. — *Digitaria ciliaris.* Duby, Bot. gall. p. 501. — Hagenb. Fl. basil. 1. p. 443. (*in append.*).

Chaumes moins nombreux que dans l'espèce précédente, ordinairement moins élevés, presque dressés ; feuilles lancéolées, courtes, un peu larges, poilues sur les deux faces ;

gaînes hérissées de longs poils portés sur des points jaunâtres : les supérieures longues, un peu enflées, à limbe
comme dans l'espèce précédente; épis 2—4, presque digités, longs de 5—6 centim., à axe presque noueux à la
base; épillets d'un vert pâle, oblongs-elliptiques, alternes,
géminés sur un pédoncule commun longiuscule; valves de
la glume très inégales; paillette inférieure de la fleur neutre
pubescente sur les bords, à nervures latérales extérieures
ciliées-hispides. Ce dernier caractère est celui qui distingue
plus particulièrement cette espèce de la précédente. ④ (Juillet—septembre).

Bâle, çà et là ; près de Steinenthor, dans les lieux incultes entre les
portes ; dans les vignes près d'Efringen, etc. (Hagenb.)

3. P. glabre. — *P. glabrum.*

Gaud. Agrost. tab. 1. p. 22. et ejusd. Fl. helv. 1. p. 155.
— Koch, Syn. p. 771. — *Digitaria filiformis* (Kœl.).
Duby, Bot. gall. p. 501. — *Paspalum ambiguum.* DC.
Fl. fr. n. 1505.

Cette espèce, comme la précédente, est très voisine du
n° 1 , mais elle s'en distingue par ses chaumes plus courts ,
de 6—20 centim., gazonnants, presque étalés; par ses
feuilles molles, glabres, ainsi que les gaînes garnies seulement de quelques poils à l'entrée; par ses épis moins nombreux, 2—4, plus courts, longs de 5—5 centim.; enfin par
ses épillets elliptiques, pubescents entre les nervures glabres, à valves de la glume presque égales, ordinairement
violacées. ④ (Juillet—septembre).

Dans les champs à terre légère : au bord du Rhône sous Aïre ; aux
Petits-Philosophes, etc. (Reut.). — Dans les champs, près de Nyon et
de Crans (Gaud.). — Bâle, autour du château Mouchenstein; entre
Augst et la Maison-Rouge, le long du chemin ; et çà et là le long des
rues même de la ville.

§ 2. *Épillets réunis en épis unilatéraux, décroissants, formant une panicule terminale; paillettes mucronées ou terminées en arête rude.* — Echinochloa. P. Beauv.

4. P. Pied-de-coq. — *P. crus-galli.*

Linn. Sp. 83. — DC. Fl. fr. n. 1501. — Duby, Bot. gall. p. 506. — Gaud. Fl. helv. 1. p. 157. — Lam. Ency. 4. p. 744. — Koch, Syn. p. 772. — *Orthopogon Crus-Galli.* Balb. Fl. lyon. p. 789.

P. Beauv. tab. 11. fig. 2. — Leers, Herb. tab. 2. fig. 3. — Moris. sect. 8. tab. 4. fig. 16.

Racine fibreuse; chaume de 3—6 décim. , oblique-ascen-cendant à la base, coudé aux nœuds, souvent rameux, feuilles larges de 6—8 millim. , linéaires-lancéolées, acu-minées, glabres, planes, à gaîne également glabre, plus courtes que le limbe, à ligule nulle, remplacée par une tache rousse, triangulaire; panicule presque unilatérale, allongée , à rameaux ou épis inégaux , alternes ou opposés, allant en diminuant vers le sommet qui est en forme d'épi simple; axe anguleux, à 3—5 angles ciliés - rudes; épillets verts ou d'un pourpre noirâtre, alternes, presque géminés, unilatéraux, ovoïdes, aigus, très courtement pédicellés; valves de la glume hérissées, ainsi que la paillette inférieure de la fleur neutre qui est plane, terminée en une longue arête , et recouvre la paillette supérieure blanche, membra-neuse, diaphane, lisse, presque de même longueur qu'elle; paillettes de la fleur hermaphrodite lisses, luisantes, carti-lagineuses, renfermant étroitement la graine. ① (Juillet, août).

Les champs humides, le bord des fossés et des chemins ; Salins, dans le bois Mouchard; au bord de la Furieuse, à Saint-Joseph et à la Chapelle; aux environs de Mont-sous-Vaudrey; de Dole; de Besançon; de Sellières; de Nyon; de Genève; de Bâle, etc.

β. *Brevisetum.* Gaud. Fl. helv. 1. l. c. — *P. Crus-Corvi.* Vill. Dauph. 2. p. 63. — Moris. sect. 8. tab. 4. fig.

15. — Paillette inférieure de la fleur neutre sans arête, ou munie d'une arête fort courte.

§ 3. *Épillets épars ou agglomérés, formant une panicule diffuse ; paillettes mutiques, acuminées-mucronées. — Milium. Koch.*

5. P. Millet. — *P. miliaceum.*

Linn. Sp. 86. — DC. Fl. fr. n. 1502. — Duby, Bot. gall. p. 506. — Gaud. Fl. helv. 1. p. 156. — Lam. Ency. 4. p. 750. — Koch, Syn. p. 772.

J. Saint-Hil. Pl. fr. tab. 917. fig. 1. — Moris. sect. 8. tab. 5. fig. 2. *series* 2. (*semine nigro*). — J. Bauh. Hist. 2 p. 446. fig. 1. — Tabern. ic. p. 277. fig. 2. — Dod. pempt. p. 506. fig. 1. — Lob. ic. p. 59. fig. 1.

Racine fibreuse ; chaume de 5—9 décim., dressé, strié, épais, un peu comprimé ; feuilles linéaires-lancéolées, acuminées, larges de 12—16 millim., molles, un peu poilues, rudes sur les bords, à gaîne allongée, hérissée de longs poils blancs portés sur de petites glandes situées entre les nervures ; ligule très courte, frangée ciliée ; panicule verdâtre, lâche, penchée, à la fin jaunâtre ; épillets solitaires, ovoïdes, aigus ; valves de la glume inégales, l'une de moitié plus courte que l'autre, striées-nerveuses et acuminées-mucronées, ainsi que la paillette inférieure de la fleur neutre qui égale la plus grande des 2 valves de la glume, et recouvre la paillette supérieure beaucoup plus petite, mince blanchâtre, membraneuse, diaphane, écharcrée ; paillettes de la fleur hermaphrodite ovales, luisantes, blanches, jaunes ou noirâtres dans ses diverses variétés. ⚥ (Juillet, août).

Cette plante, originaire de l'Orient, est cultivée çà et là dans la plaine : elle se reproduit spontanément ; je l'ai trouvée plusieurs fois sur les graviers au bord de la Furieuse, au-dessous de Saint-Joseph et à la Chapelle, et aussi sur les sables au bord de l'Ain, à Thoirette, etc. — La graine de cette plante sert à nourrir la volaille et les oiseaux que l'on élève en cage.

4. SÉTAIRE. — *SETARIA*. P. Beauv.

Épillets munis d'un involucre unilatéral, persistant, composé de soies rudes, situées à la base du pédicelle ; le reste comme dans le *Panicum*. — Ce genre diffère du précédent par son involucre, comme le *Cynosurus* du *Festuca*. Ainsi il faut nécessairement séparer les Sétaires des Panics, ou bien réunir les Cynosures aux Fétuques.

1. S. verticillée. — *S. verticillata.*

P. Beauv. Agrost. p. 51. — Balb. Fl. lyon. p. 787. — Koch, Syn. p. 775. — *Panicum verticillatum*. Linn. Sp. 82. — DC. Fl. fr. n. 1496. — Duby, Bot. gall. p. 506. — Gaud. Fl. helv. 1. p. 450. — Lam. Ency. 4. p. 738. Lam. illust. tab. 45. fig. 1. — Moris. sect. 8. tab. 4. fig. 11. — Tabern. ic. p. 200. fig. 2.

Racine fibreuse ; chaumes de 3—5 décim., diffus, presque dressés, rameux, rudes sous la panicule ; feuilles planes. allongées, assez larges, glabres, ou un peu poilues sur la face supérieure, rudes sur les bords, à gaîne nerveuse, plus courte que la lame, glabre, à ligule remplacée par une série de poils blanchâtres ; panicule spiciforme, cylindrique, verte, rarement purpurescente, longue de 5—8 centim., serrée, souvent verticillée-interrompue dans le bas, composée de petits épillets ovoïdes, glabres, munis à la base d'un involucre de 2—4 soies rudes, à dentelures crochues, dirigées en arrière, d'une longueur double de celle de l'épillet ; valves de la glume très inégales, la plus petite embrassant la base des fleurs, la plus grande égalant la paillette inférieure de la fleur neutre, dont la paillette supérieure est petite, oblongue, mince, tronquée, diaphane ; paillettes de la fleur hermaphrodite presque lisses. ⓘ (Juillet, août).

Les champs du territoire de Chevigny et ailleurs (Girod-Chant.). — Les terres cultivées aux environs de Neuchâtel (L. Benoît, *ex spe-*

cim.). — Genève, çà et là dans les lieux cultivés, aux Petits-Philosophes ; près de Frossard, etc. (Reut.). — Bâle, dans les champs, les décombres et les vignes : devant la porte Saint-Jean ; les champs près de Saint-Jacob, etc. (Hagenb.). — J'ai récolté les échantillons de mon herbier à l'embouchure de l'Arve, à Genève.

β. *Panicula inferne ramosa.* Hagenb. Fl. basil. 1. p. 61. — Gaud. Fl. helv. 1. l. c. var. γ. — Épi rameux dans le bas.

Bâle, près de Rheinfelden (Hagenb.).

2. S. verte. — *S. viridis.*

P. Beauv. Agrost. p. 51. — Koch. Syn. p. 773. — *Panicum viride.* Linn. Sp. 83. — DC. Fl. fr. n. 1497. — Duby, Bot. gall. p. 506 — Gaud. Fl. helv. 1. p. 152. — Lam. Ency. 4. p. 737.

P. Beauv. Agrost. tab. 13. fig. 3. — Leers, Herb. tab. 2. fig. 2.

Racine fibreuse ; chaume de 3—5 décim., glabre, à la fin dressé, un peu rameux dans le bas et un peu rude sous l'épi ; feuilles linéaires - lancéolées, longement acuminées, planes, larges de 4—6 millim., rudes sur les bords, à gaîne glabre, striée, poilue sur les bords de la fente, à ligule remplacée par une série de poils ; panicule spiciforme, cylindrique, dense ; involucre de 4—6 soies vertes, quelquefois violacées, rudes, à dentelures dirigées en avant, plus longues que dans l'espèce précédente ; valves de la glume très inégales, la plus petite embrassant la base des fleurs, la plus grande égale à la paillette inférieure de la fleur neutre qui cache à sa base la paillette supérieure mince, très petite, à peine visible ; paillettes de la fleur hermaphrodite cartilagineuses, finement ponctuées à la loupe. ☉ (Juillet, août).

Commune dans les lieux cultivés, aux environs de Salins ; d'Arbois ; de Besançon ; de Montbéliard ; de Bâle ; de Nyon ; de Genève ; de Thoirette, etc.

ß. Nana. Chaume de 2—5 centim., garni de feuilles
dépassant l'épi.

Les lieux arides : Salins, aux Arsures ; aux environs de Thoirette, etc.

5. S. glauque. — *S. glauca.*

P. Beauv. Agrost. p. 51. — Koch, Syn. p. 775. — *Pani-
cum glaucum.* Linn. Sp. 85. — DC. Fl. fr. n. 1498. —
Duby, Bot. gall. p. 506. — Gaud. Fl. helv. 1. p. 151. —
Lam. Ency. 4. p. 736.

Schreb. Gram. tab. 25. — Leers, Herb. tab. 2. fig. 2✝.

Racine, chaume et feuilles à peu près comme dans l'espèce précédente ; panicule spiciforme, cylindrique, dense,
non interrompue, à épillets serrés ; involucre à 8—12 soies
rudes, à dentelures dirigées en avant, d'un roux jaunâtre
dans leur moitié supérieure, dépassant de beaucoup les
fleurs ; valves de la glume inégales, la plus grande plus
courte que la paillette inférieure de la fleur neutre qui
égale les paillettes ridées en travers de la fleur hermaphrodite ; paillette supérieure de la fleur neutre membraneuse,
égalant presque l'inférieure. ☉ (Juillet, août).

Commun dans les champs aux environs de la Chapelle, près de
Salins ; de Mont-sous-Vaudrey ; de la Grande-Loie ; de Sellières ; de
Thoirette, etc. — Autour de Neuchâtel ; de Saint-Blaise ; de Nyon ; de
Genève ; de Bâle, etc.

4. S. d'Italie. — *S. Italica.*

P. Beauv. Agrost. p. 51. — Koch, Syn. p. 775. — *Pani-
cum Italicum.* Linn. Sp. 85. — DC. Fl. fr. n. 1499. —
Duby, Bot. gall. p. 506. — Gaud. Fl. helv. 1. p. 152. —
Lam. Ency. 4. p. 758.

J. Saint-Hil. Pl. fr. tab. 917. fig. 2. — Moris. sect. 8. tab. 5.
fig. 2. — Clus. Hist. 2. p. 215. fig. 2. (*ic. Dod.*). — Tabern.
ic. p. 279. fig. 1. — Dalech. Hist. p. 412. fig. 1. — Dod.
pempt. p. 507. fig. 5. — Lob. ic. p. 42. fig. 1. (*cad.*).

Racine fibreuse ; chaume de 5—10 décim., dressé, feuillé, rude au sommet ; feuilles allongées, linéaires-acuminées, larges de 10—15 millim., rudes sur les bords et sur les deux faces, à gaine plus courte que la lame et poilue sur les bords et au sommet ; ligule remplacée par une série de poils denses ; panicule spiciforme, serrée, épaisse, cylindrique, lobée, penchée, longue de 1—2 décim., souvent un peu interrompue à la base, à axe velu ; soies de l'involucre rudes, à dentelures dirigées en avant ; valves de la glume inégales, la plus grande égalant la paillette inférieure de la fleur neutre, dont la supérieure est à peine visible ; paillettes de la fleur hermaphrodite luisantes, presque lisses, légèrement ponctuées à une forte loupe. ① (Juillet, août).

Originaire de l'Inde, cultivé çà et là dans les champs de Maïs sous le nom de *Panic* : on le cultive quelquefois isolément, mais toujours en petite quantité et dans des espaces peu étendus. Je l'ai trouvé plusieurs fois avec le **P.** *miliaceum* sur les graviers au bord de la Furieuse, à la Chapelle et au-dessous de Saint-Joseph, croissant spontanément. Sa graine sert à la nourriture de l'homme et à celle des petits oiseaux élevés en cage.

TRIBU IV. — PHALARIDÉES. Kunth.

Épillets comprimés par les côtés, à une fleur, avec le rudiment paléacé d'une seconde et d'une troisième fleur inférieure, ou bien avec une ou deux fleurs mâles inférieures ; style long ; stigmates filiformes ou presque en goupillon, sortant du sommet de l'épillet.

5. ALPISTE. — *PHALARIS*. Linn.

Glume à 2 valves presque égales, comprimées-carénées par les côtés, à une fleur, avec le rudiment squamiforme d'une ou deux fleurs inférieures ; glumelle de la fleur parfaite à 2 valves cartilagineuses, mutique, plus courte que la glume ; style allongé, à stigmates dressés, filiformes.

§ 1. *Valves de la glume à carène ailée.*

1. A. des Canaries. — *A. Canariensis.*

Linn. Sp. 79. — DC. Fl. fr. n. 1490. — Duby, Bot. gall.
p. 507. — Gaud. Fl. helv. 1. p. 161. — Lam. Ency. 1. p.
92. — Koch, Syn. p. 773.
P. Beauv. Agrost. tab. 7. fig. 1. — Lam. illust. tab. 42. —
Leers, Herb. tab. 7. fig. 3⊹. — Schreb. Gram. tab. 10. fig.
2. Scheuchz. Gram. tab. 2. fig. 3. — Moris. sect. 8. tab. 3.
fig. 4. (*series* 3.). — Barr. ic. fig. 9. n. 2. — J. Bauh.
Hist. 2. p. 442. fig. 2. — Dalech. Hist. p. 415. fig. 1. —
Dod. pempt. p. 510. fig. 1. — Lob. ic. p. 43. fig. 2.
Racine fibreuse ; chaume de 3—6 décim., presque lisse ,
dressé ou ascendant, souvent rameux à la base ; feuilles
allongées, linéaires-acuminées, larges de 6—8 millim.,
rudes sur les bords et sur les faces, à gaîne glabre, lisse,
striée, munie d'une ligule très grande, blanche, membraneuse, très mince : la supérieure à gaîne renflée et resserrée
à l'entrée ; panicule en épi ovoïde, très serré, blanchâtre ,
rayé de vert ; épillets ovoïdes, larges, comprimés, un peu
convexes en dehors et concaves en dedans ; valves de la
glume ovales, aiguës, entières, pliées en carène, ailées
sur le dos, avec une bande arquée verte ; paillettes de la
glumelle ovales lancéolées, dressées, blanchâtres, garnies
de poils appliqués, plus courtes que les valves de la glume,
munies chacune, à leur base, d'une paillette de moitié plus
petite qu'elles, qui sont les rudiments des 2 fleurs stériles.
① (Juillet, août).

Cette belle graminée, originaire des Canaries, est rarement cultivée ;
sa graine, sous le nom de *graines des Canaries* , sert de nourriture aux
petits oiseaux ; sa farine, plus hygrométrique que celle du froment,
est préférée par les tisserands pour faire la colle qu'ils emploient à
l'opération qu'ils nomment *parement.* Elle s'échappe quelquefois de la
culture et se reproduit spontanément ; j'en ai récolté un grand nombre
d'échantillons dans une vigne, à Salins, sur un tas de boue ou de ba-
layures qu'on y avait apporté.

§ 2. *Valves de la glume à carène non ailée.*

2. A. Roseau. — *P. arundinacea.*

Linn. Sp. 80. — Duby, Bot. gall. p. 507. — Gaud. Fl. helv.
1. p. 160. — Lam. Ency. 1. p. 95.— Koch, Syn. p. 774.
— *Calamagrostis colorata.* DC. Fl. fr. n. 1528.
Leers, Herb. tab. 7. fig. 5. — Scheuchz. Gram. tab. 5.
fig. 4.

Racine rampante ; chaume de 6—12 décim., dressé,
glabre, ferme, lisse, finement strié, à nœuds bruns ; feuilles
linéaires-acuminées, larges de 8—12 millim., planes,
rudes sur les bords, à gaîne lisse, allongée, cylindrique,
munie d'une ligule très mince, membraneuse, blanche,
fort grande, obtuse, ordinairement déchirée; panicule allongée, lâchement lobée, ordinairement panachée de blanc-
verdâtre et de violet, rameuse-fasciculée, à la fin demi-
étalée ; épillets oblongs, comprimés, pédicellés; valves de
la glume carénées, lancéolées, aiguës, à 5 nervures, à carène un peu rude; paillettes de la glumelle légèrement
garnies de poils couché, luisantes, un peu plus courtes que
les valves de la glume ; paillettes des fleurs stériles étroites,
très petites, longuement poilues, situées à la base des paillettes de la fleur fertile. ♃ (Juin, juillet).

Commune le long des ruisseaux et des rivières : Salins, le long des
bords de la Furieuse et du ruisseau de Rousset, etc.; à Pontamougear,
dans les prés humides, le long des fossés ; aux environs de Champagnole ; au Locle, dans les fossés des prés humides en allant à Roche-
Fendue ; au bord du lac de la Brevine ; aux environs de Besançon ;
d'Arbois ; de Genève ; de Bâle, etc.

β. *Picta.* Gaud. Fl. helv. 1. l. c. — Koch, Syn. l. c.
— *P. arundinacea picta.* Linn. Sp. 80. — Feuilles élégamment rayées de vert et de blanc.

Bord de la Furieuse, presque vis-à-vis la Beaume-au-Soulier. On le
cultive dans les jardins sous le nom d'*Herbe-à-ruban.*

6. FLOUVE. — *ANTHOXANTHUM.* Linn.

Glume bivalve à 5 fleurs, les 2 inférieures neutres à une seule paillette munie d'une arête dorsale : la terminale hermaphrodite, plus petite, à 2 paillettes, sans arête ; valve inférieure de la glume à une nervure, plus courte que l'autre qui est à 5 nervures et dépasse les fleurs ; étamines 2 ; style allongé ; stigmate filiforme, plumeuse, sortant du sommet de l'épillet.

1. F. odorante. — *A. odoratum.*

Linn. Sp. 40. — DC. Fl. fr. n. 1473. et ejusd. supp. p. 247. — Duby, Bot. gall. p. 509. — Gaud. Fl. helv. 1. p. 61. — Koch, Syn. p. 775. — Lam. Ency. 2. p. 779.

Raspail, Phys. tab. 19. — P. Beauv. Agrost. tab. 12. fig. 8. — Leers, Herb. tab. 2. fig. 1. — Mill. illust. tab. 4. — Moris. sect. 8. tab. 7. fig. 25 ? — Barr. ic. fig. 124. n. 1. — J. Bauh. Hist. 2. p. 466. fig. 1. — Dalech. Hist. p. 426. fig. 1.

Racine fibreuse ; chaumes de 5—5 décim., dressés, lisses, nus à leur partie supérieure ; feuilles linéaires-acuminées, glabres ou un peu poilues, ordinairement plus courtes que les gaînes, à ligule longue de plus de 2 millim., presque tronquée, déchirée au sommet ; panicule en épi un peu lâche, d'un vert-jaunâtre ou violacé ; valves de la glume scarieuses, lancéolées, aiguës, l'inférieure de moitié plus petite que l'autre, à une seule nervure, la supérieure à 5 nervures, enveloppant les fleurs ; paillette des fleurs stériles échancrée, garnie de poils roux, soyeux, appliqués, munie d'une arête genouillée plus longue que la glume, d'un brun foncé, finement tordue et partant presque de la base de la paillette dans l'une des fleurs, non tordue et partant presque du milieu dans l'autre et de moitié plus courte ; paillettes de la fleur fertile très petites, presque égales, luisantes, glabres, brunâtres, sans arêtes. ♃ (Mai, juin).

Très commune dans les prés et les bois, partout, dans la plaine et jusque sur le sommet des montagnes.

β. *Paniculatum.* Reich. — Hagenb. Fl. basil. 1. p. 22. — Panicule interrompue à la base, ou plus lâche et rameuse.

TRIBU V. — ALOPÉCUROÏDÉES. Koch.

Épillets comprimés par les côtés, à une seule fleur, ou à une fleur avec le rudiment d'une fleur supérieure, disposés en panicule, ou alternes et formant une grappe simple ; valves de la glume égalant ou dépassant les fleurs ; styles longs ; stigmates allongés, filiformes, poilus, sortant du sommet de l'épillet.

7. VULPIN. — *ALOPECURUS.* Linn.

Glume à 2 valves, renfermant une seule fleur ; glumelle en utricule, formée d'une seule paillette, fendue d'un côté et munie d'une arête sur le dos ordinairement au-dessous du milieu ; style long ; stigmates allongés, poilus, sortant du sommet des épillets.

1. V. des prés. — *A. pratensis.*

Linn. Sp. 88. — DC. Fl. fr. n. 1476. — Duby, Bot. gall. p. 509. — Gaud. Fl. helv. 1. p. 145. — Poir. Ency. 8. p. 772. — Koch, Syn. p. 775.

P. Beauv. Agrost. tab. 4. fig. 6. — Lam. illust. tab. 42. — Leers, Herb. tab. 2. fig. 4. — Schreb. Gram. tab. 19. fig. 1. — Moris. sect. 8. tab. 4. fig. 8.

Racine fibreuse, assez forte ; chaume de 4—8 décim., ferme, dressé, glabre, très lisse, aminci au sommet ; feuilles glabres, linéaires-acuminées, rudes sur les bords et un peu en dessous : la supérieure à gaîne un peu renflée, plus longue que la lame ; ligule très obtuse, presque tronquée ; panicule en épi cylindrique, dense, épais, obtus, lobé, d'un vert blanchâtre, velu, long de 6—8 centim., à lobes de 4—6 fleurs; valves de la glume égales entre elles, soudées à la base, pubescentes, longuement ciliées sur la carène, lancéolées, aiguës, à 3 nervures verdâtres, plus longues que la glumelle à une seule paillette lancéolée, un peu obtuse, à bords soudés entre eux dans le bas, munie au-dessous du milieu d'une arête un peu coudée, une fois plus longue qu'elle. ♃ (Juin, juillet).

Les prés, le bord des champs : aux environs de Salins; d'Arbois; de Besançon ; de Montbéliard ; de Bâle ; de Genève, etc.

2. V. des champs. — *A. agrestis.*

Linn. Sp. 89. — DC. Fl. fr. n. 1477. — Duby, Bot gall. p. 509. — Gaud. Fl. helv. 1. p. 144. — Poir. Ency. 8. p. 775. — Koch, Syn. p. 775.

P. Beauv. Agrost. tab. 4. fig. 5. — Schreb. Gram. tab. 19. fig. 2. — Leers, Herb. tab. 2. fig. 5. — Barr. ic. fig. 699. n. 2. — Moris. sect. 8. tab. 4. fig. 12.

Racine fibreuse; chaume de 3—4 décim., un peu rude au sommet; feuilles courtes, linéaires-lancéolées, aiguës, larges de 4—5 millim., un peu rudes sur les bords et la face supérieure; gaînes striées, la supérieure allongée, un peu renflée, à ligule courte, bifide; panicule en épi cylindrique très simple, grêle, long de 5—8 centim., blanchâtre, panaché de vert ou de violet, à lobes à 1—2 fleurs, embriqués, un peu lâches; glume à 2 valves égales, lancéolées, aiguës, glabres, courtement ciliées sur la carène, soudées jusqu'au milieu; paillette de la glumelle à peine plus courte que la glume, munie près de la base d'une arête fine et coudée une fois plus longue qu'elle; anthères jaunes ou violettes. ④ (Mai—juillet).

Très commun aux environs de Salins, dans les champs et surtout dans les vignes dont il recouvre quelquefois entièrement le sol; mais les vignerons. qui la nomment *Herbe folle,* parce qu'elle est annuelle et meurt de bonne heure, ne la redoutent pas comme une mauvaise herbe. Cette plante se trouve aussi aux environs de Nyon ; de Neuchâtel ; de Genève ; de Bâle, etc.

5. V. genouillé. — *A. geniculatus.*

Linn. Sp. 89. — DC. Fl. fr. n. 1478. — Duby, Bot. gall.
p. 509. — Gaud. Fl. helv. 1. p. 145. — Poir. Ency. 8.
p. 774. *et forté A. ramosus ejusd.* p. 776. — Koch, Syn.
p. 775.

Leers, Herb. tab. 2. fig. 7. — Scheuchz. Gram. tab. 2. fig.
6. C. D. E. — Moris. sect. 8. tab. 4. fig. 15. (*series* 2.).
— Tabern. ic. p. 217. fig. 1.

Racine fibreuse; chaume couché à la base, genouillé,
ascendant, de 3—5 décim., lisse, souvent radicant aux
nœuds inférieurs; feuilles courtes, étroites, linéaires-acuminées, un peu rudes sur les bords et les faces, à gaines
lisses, un peu renflées et comprimées, d'un vert un peu
glauque, mais non d'un glauque bleuâtre comme dans l'espèce suivante, la supérieure plus longue que la lame, à
ligule oblongue; panicule en épi grêle, cylindrique, obtus;
épillets ovoïdes-oblongs; valves de la glume un peu soudées à la base, obtuses, un peu velues, ciliées sur le dos,
surtout vers le sommet, à 3 nervures vertes; paillette de la
glumelle presque égale aux valves, portant au-dessous du
milieu une arête très fine, genouillée, une fois plus longue
que la glume; anthères d'un blanc jaunâtre, à la fin brunâtre. ④ (Mai—août).

Le bord des fossés pleins d'eau, le bord des étangs, des rivières
parmi les graviers : Salins, au bord de la Furieuse, à la Chapelle et à
Saint-Joseph, le long du fossé de la promenade des Capucins, etc. ; au
bord de l'étang de Vaudrey; aux environs d'Arbois; de Sellières, etc.
— De Genève, dans les lieux humides de la plaine du Plan-les-Ouates;
au bord des fossés aquatiques, près de Choulex (Reut.). — Commun
aux environs de Bâle (Hagenb.).

β. *Culmo basi bulboso.* Hagenb. Fl. basil. 1. p. 41. —
Gaud. Fl. helv. 1. l. c. — Chaume renflé en bulbe à la base.

Bâle, dans les lieux plus secs.

4. V. à anthères orangées. — *A. fulvus.*

Smith, Engl. Bot. 21. — Gaud. Fl. helv. 1. p. 142. — Koch, Syn. p. 776. — *A. geniculatus. var. γ.* Hagenb. Fl. basil. 2. p. 479. in append. — *A. paludosus.* P. Beauv. ined. Mert. et Koch, Deuts. Fl. 1. p. 481.

Cette espèce ressemble beaucoup à la précédente et n'en est peut être qu'une variété. Plante d'un glauque bleuâtre, à racine fibreuse; chaumes de 2—5 décim., couchés à la base et souvent rameux, genouillés, ascendants; feuilles glauques, courtes, étroites, linéaires-acuminées, à gaînes un peu renflées, nerveuses, plus courtes que la lame, d'un vert glauque bleuâtre; panicule en épi grêle, cylindrique, obtus, d'un vert pâle, un peu glauque; épillets petits, elliptiques; valves de la glume un peu soudées à la base, ciliées sur la carène et les nervures, blanchâtres, à 3 nervures vertes; paillette de la glumelle glabre, non ciliée, obtuse, portant au milieu du dos une arête droite ne dépassant pas ou à peine la glume; anthères d'abord blanchâtres, à la fin orangées. ① Koch, ♃ Gaud. (Mai—août).

Le bord des étangs et des fossés pleins d'eau : au bord des étangs de Vaudrey ; de Chavanne ; du marais de Chaux, près de Sellières ; au bord des fossés pleins d'eau aux environs d'Arbois ; à Besançon, au bord du Doubs et de l'Ognon. — Au bord des fossés à Promenthou, près de Nyon, où il n'est pas rare (Gaud.).— Genève, çà et là (Reut.).— Bâle (Hagenb.). — Porentruy, à Bonfol (Thurmann).

5. V. à vessies. — *A. utriculatus.*

Pers. Syn. 1. p. 80. — Duby, Bot. gall. p. 509. — Gaud. Fl. helv. 1. p. 146. — Koch, Syn. p. 776. — *Phalaris utriculata.* Linn. Sp. 80. — DC. Fl. fr. n. 1491. — Lam. Ency. 1. p. 93.

Scheuchz. Gram. tab. 2. fig. 3. B. D. G. H. — Moris. sect. 8. tab. 4. fig. 19. — J. Bauh. Hist. 2. p. 463. fig. 1. — Dalech. Hist. p. 425. fig. 3.

Racine fibreuse; chaumes de 3—4 décim., dressés ou ascendants, cylindriques, lisses ou presque lisses; feuilles courtes, larges de 2 millim., un peu rudes; gaînes très glabres, striées-nerveuses, la supérieure allongée, renflée en vessie à sa partie supérieure; ligule courte, tronquée; panicule en épi simple, embriqué, dense, ovoïde ou ovoïde-oblong, d'un blanc verdâtre ou purpurescent; épillets ovales-rhomboïdaux, comprimés; valves de la glume carénées, ciliées à la base, à la fin jaunâtres, cartilagineuses, soudées jusqu'au milieu, glabres, finement ponctuées, à points brillants à la loupe, allant en s'élargissant vers le sommet, et se rétrécissant ensuite subitement en pointe lancéolée verdâtre; paillette de la glumelle comprimée-carénée, à peine plus longue que les valves de la glume, lisse, portant au-dessus de la base une arête très fine, un peu rude, une fois plus longue que l'épillet. ⊙ (Mai, juin).

Commun dans les prés humides aux environs de Salins : dans les prés, entre les deux routes, à la Grange-Feuillet; entre la Furieuse et le bois de Folle, à la Chapelle, etc. ; dans les prés de la Villette, près d'Arbois; aux environs de Besançon, etc.

8. FLÉOLE. — *PHLEUM*. Linn.

Glume uniflore, à 2 valves presque égales, comprimées-carénées, plus longues que la glumelle, tronquées au sommet ou aiguës, aristées ou presque mutiques; glumelle à 2 paillettes, membraneuse, aristée ou mutique, accompagnée d'un rudiment de fleur supérieure en forme de pédicelle, ou nul; styles médiocres; stigmates très longs, poilus, sortant du sommet de l'épillet.

§ 1. *Paillette supérieure de la glumelle portant à sa base le rudiment d'une seconde fleur supérieure en forme de pédicelle.* — Chilochloa. P. Beauv.

1. F. de Micheli. — *P. Michelii.*

All. Fl. ped. 2. n. 2138. — Gaud. Fl. helv. 1. p. 169. — Koch, Syn. p. 777. — *Phalaris Alpina.* DC. Fl. fr. n

1489. — Duby, Bot. gall. p. 507. — Poir. Ency. supp. 1.
p. 301.

Racine rampante ; chaumes 3—5, de 3—5 décim. , ordinairement dressés, très lisses ; feuilles glabres, allongées,
linéaires-acuminées, larges de 4—6 millim. , étroitement
bordées d'une ligne blanchâtre rude ; gaînes allongées,
striées-nerveuses, la supérieure plus longue, à peine renflée ; ligule allongée, obtuse ; panicule en épi serré, cylindrique, souvent un peu plus lâche à la base, long de 5—8
centim., verdâtre ou purpurescent ; valves de la glume lancéolées-acuminées, courtement aristées, peu divergentes,
pliées en carène, à bords membraneux, blanchâtres, non
tronquées au sommet, vertes ou violacées, et garnies sur le
dos de longs cils blanchâtres qui donnent à l'épi un aspect
velu ; glumelle lancéolée, à paillettes un peu inégales, obtuses, à 3 nervures, un peu rudes sur la carène : la supérieure munie à la base d'un pédicelle court, subulé, qui
paraît être le rudiment d'une fleur avortée. ♃ (Juillet,
août).

J'ai récolté cette graminée sur le sommet du Chasseron et du Chasseral.
— Au Creux-du-vent (Haller). — Près de la Dôle, etc. (Reuter).

2. F. de Boehmer. — *P. Boehmeri*.

Wibel. primit. Fl. werth. p. 125. (1799). — Koch, Syn. p.
777. — *Phalaris phleoïdes.* Linn. Sp. 80. — DC. Fl. fr.
n. 1488. — Duby, Bot. gall p. 507. — Balb. Fl. lyon. p.
784. — Poir. Ency. supp. 1. p. 301. — Lam. Ency. 1. p.
92. — *Phleum phalaroïdes.* Gaud. Fl. helv. 1. p. 168.

Barr. ic. fig. 21. n. 2. — Moris. sect. 8. tab. 4. fig. 2. —
Tabern. ic. p. 217. fig. 2. (*mala*). — J. Bauh. Hist. 2.
p. 471. fig. 3. (*ead.*).

Racine fibreuse, épaissie au collet, gazonnante ; chaume
de 3—6 décim., simple, lisse, presque dressé, souvent solitaire, nu à sa partie supérieure ; feuilles courtes, assez
larges, étroitement blanchâtres et rudes sur les bords,

linéaires, aiguës, obliques à la base, à gaînes presque toutes
plus longues que la lame de la feuille, munies d'une ligule
très courte, tronquée; panicule en épi cylindrique, verdâtre
ou purpurescent, grêle, un peu lâche à la base, long de
4—8 centim., à lobes distincts; valves de la glume linéaires-
oblongues, obliquement tronquées, acuminées-mucronées,
comprimées, ciliées-hispides sur le dos, membraneuses et
blanchâtres sur les bords, l'inférieure un peu plus courte;
paillettes de la glumelle inégales, la supérieure très étroite,
plus courte que l'inférieure. ♃ (Juin, juillet).

Les pâturages, les collines incultes: aux environs de Salins; de Be-
sançon.— Commune aux environs de Nyon; de Rolle (Gaud.).— Morges
(Rapin). — Genève, abondamment dans les bois de Ray, au bord du
Rhône, près de Veiriez (Girod).

3. F. rude. — *P. asperum.*

Vill. Fl. dauph. 2. p. 61. — DC. Fl. fr. n. 1485. — Duby,
Bot. gall. p. 508. — Gaud. Fl. helv. 1. p. 167 — Koch,
Syn. p. 777. — *Phalaris aspera.* Lam. Ency. 1. p. 95.
Vill. Fl. dauph. tab. 2. fig 4.

Racine fibreuse; chaume dressé ou presque dressé, souvent rameux à la base, haut de 15—50 centim.; feuilles
linéaires, aiguës, larges de 3—4 millim., obliques à la
base, planes, rudes sur les bords, la supérieure plus courte;
gaînes presque toutes plus courtes que la lame des feuilles.
striées, la supérieure un peu renflée, atteignant presque
l'épi; ligule oblongue, aiguë; panicule resserrée en épi très
dense, cylindrique, d'un vert pâle, très rude; valves de la
glume glabres, rudes, presque cartilagineuses, cunéiformes,
enflées-anguleuses au sommet, tronquées-mucronées, à pointe
raide, courte, sillonnées à la base; paillettes de la glumelle
blanchâtres, presque égales, de moitié plus courtes que la
glume. ① Gaud., ♃ Koch. (Mai—juillet).

Nyon, au-dessous de la promenade, du côté du couchant et ailleurs,
mais en petite quantité (Gaud.). — Morges (Rapin). — Bâle, dans les

champs maigres, entre Huningue et Michelfeld (Hagenb.). — Genève,
au bord d'un champ, sur les tranchées, près de Champel (Reut.).

§ 2. *Paillette supérieure de la glumelle sans rudiment
d'une seconde fleur.* — **Phleum. P. Beauv.**

4. F. des prés. — *P. pratense.*

Linn. Sp. 87. — DC. Fl. fr. n. 1481. — Duby, Bot. gall. p.
508. var. *α.* — Gaud. Fl. helv. 1. p. 164. — Lam. Ency.
2. p. 505. — Koch, Syn. p. 778.

P. Beauv. Agrost. tab. 7. fig. 4. — Schreb. Gram. tab. 14.
— Leers, Herb. tab. 5. fig. 1. — Moris. sect. 8. tab. 4.
fig. 1. (*series* 5.). — J. Bauh. Hist. 2. p. 472. fig. 2.

Racine fibreuse, souvent un peu noueuse à son collet;
chaume de 6—9 décim., dressé, glabre; feuilles écartées,
planes, linéaires-acuminées, rudes sur les bords, obliques
à la base, à gaîne cylindrique : la supérieure plus courte
que la gaîne; ligule oblongue, un peu obtuse; panicule en
épi serré, cylindrique, long de 6—10 centim., grêle, blanchâtre, rayé de vert; valves de la glume oblongues, légèrement pubescentes, ciliés sur la carène, à cils un peu
écartés, largement membraneuses sur les bords, tronquées
au sommet, à nervure dorsale verte, terminée en arête
rude plus courte que la valve; glumelle oblongue, blanchâtre, à paillette inférieure un peu rude, presque tronquée-
crénelée, mucronulée par le prolongement de la nervure
dorsale, la supérieure plus petite. ♃ (Juin, juillet).

Commun partout dans les prés, au bord des champs et des chemins.

β. *Nodosum.* Gaud. Fl. helv. 1. l. c. — Duby, Bot. gall.
l. c. — *Phleum nodosum.* Linn. Sp. 88. — DC. Fl. fr. n.
1482. — Lam. Ency. 2. p. 505. — Leers, Herb. tab. 3. fig. 2.
— Moris. sect. 8. tab. 4. fig. 5. (*series* 5). — Chaume moins
élevé, épaissi en bulbe à la base, souvent genouillé; épi
ordinairement plus court.

Les lieux incultes, le bord des champs et des fossés.

5. F. des Alpes. — *P. Alpinum.*

Linn. Sp. 88. — DC. Fl. fr. n. 1484. — Duby. Bot. gall. p.
503. — Gaud. Fl. helv. 1. p. 165. — Lam. Ency. 2. p.
505. — Koch, Syn. p. 778.
Vill. Fl. dauph. tab. 2. fig. 5. — Scheuchz. Gram. append.
tab. 5. fig. 1.

Racine articulée, presque rampante; chaume de 2—5
décim., dressé ou ascendant, lisse, strié; feuilles linéaires,
acuminées, larges de 3—4 millim., rudes sur les bords, la
supérieure plus courte, à gaîne très longue, un peu renflée;
ligule des feuilles inférieures courte, tronquée, celle des
supérieures plus étroite, aiguë; panicule en épi dense,
ovoïde-oblong ou cylindrique, mou, velu, d'un gris purpurin noirâtre, ou pâle; valves des glumes pubescentes,
ciliées sur la carène, largement membraneuses sur les
bords, tronquées obliquement au sommet, à nervure dorsale prolongée en arête rude, quelquefois même ciliée à la
base, de la longueur de la glume. ⚥ (Juin—août).

Çà et là dans les pâturages du haut Jura : sur la Dôle ; entre la Faucille et le Colombier, et près du Reculet ; sur le Chasseral ; le Salève, etc. — J'ai récolté sur le Montanvert des échantillons de cette
plante de 6 décim. de hauteur.

β. *Commutatum. P. commutatum.* Gaud. Fl. helv. 1.
p. 166. — DC. Fl. fr. supp. n. 1484ª. — Duby, Bot. gall. p.
508. — Épi court, ovoïde ou ovoïde-oblong, moins velu, à
valves de la glume terminées par une arête presque glabre,
à peine rude.

Sur le Colombier. — La Dôle (Ducros).

9. CHAMAGROSTIDE. — *CHAMAGROSTIS.* Borkh.

Valves de la glume arrondies sur le dos, non carénées,
mutiques, plus longues que la glumelle à 2 paillettes muti-
tiques, non carénées, poilues-ciliées; anthères fendues de la

base au milieu, entières au sommet; styles médiocres;
stigmates allongés, filiformes, poilus, sortant du sommet
des épillets.

1. C. naine. — *C. minima.*

Borkhausen, Fl. Wibel. werth. p. 126. — DC. Fl. fr. n.
1650. —Duby, Bot. gall. p. 527. — Koch, Syn. p. 778. —
Sturmia minima. Gaud. Fl. helv. 1. p. 148. — *Agrostis
minima.* Linn. Sp. 95. — Lam. Ency. 1. p. 60.
P. Beauv. Agrost. tab. 8. fig. 4. —Scheuchz. Gram. tab. 1.
fig. 7. I. — Moris sect. 8. tab. 2. fig. 10. — J. Bauh.
Hist. 2. p. 465. fig. 5.

Racine fibreuse, gazonnante; chaumes de 5—8 centim.,
dressés, très lisses, capillaires, dépourvus de nœuds,
feuillés à la base, nus dans le reste de leur longueur; feuilles
capillaires, un peu canaliculées, obtuses, plus courtes que le
chaume, à gaîne courte, membraneuse, à ligule saillante
et fendue; épi linéaire, grêle, pauciflore, à axe flexueux,
à pédicelles courts, uniflores, alternes, presque unilatéraux,
lâches; valves de la glume presque égales, tronquées-cré-
nelées, d'un pourpre violet, plus foncé et presque noirâtre
au sommet; paillettes de la glumelle un peu plus courtes,
velues, déchirées. ① (Avril, mai).

Dans les terres sèches et sablonneuses (Girod-Chant.)?

TRIBU VI. — CHLORIDÉES. Kunth.

Épillets comprimés par les côtés, à une fleur, disposés en
épis unilatéraux; styles médiocres ou allongés, quelquefois
soudés en un seul; stigmates poilus, allongés, filiformes ou
presque en goupillon.

10. CYNODON. — *CYNODON.* Rich.

Glume uniflore, à 2 valves étalées, embrassant seulement
la base de la fleur; paillettes de la glumelle un peu plus
longue que la glume, l'inférieure ovale, comprimée en ca-

celle, renfermant la supérieure linéaire, marquée d'un sillon sur le dos, munie à la base du rudiment d'une seconde fleur, en forme de pédicelle avec une petite tête glumacée ou n'en ayant point ; styles allongés ; stigmates presque en goupillon sortant du sommet des épillets.

1. C. digité. — *C. dactylon.*

Rich. in Pers. Syn. 1. p. 85. — Duby, Bot. gall. p. 501. — Gaud. Fl. helv. 1. p. 162. — Koch, Syn. p. 779. — *Paspalum dactylon.* DC. Fl. fr. n. 1566. — Lam. Ency. 5. p. 32. — *Panicum dactylon.* Linn. Sp. 85.

P. Beauv. Agrost. tab. 1. fig. 3. et tab. 9. fig. 1. — Scheuchz. Gram. tab. 2. fig. 11. 1. — Moris. sect. 8. tab. 3. fig. 4. — Clus. Hist. 2. p. 217. fig. 1. — J. Bauh. Hist. 2. p. 461. fig. 1. — Dalech. Hist. p. 421. fig. 2.

Racine longuement rampante, stolonifère, sarmenteuse, à stolons nombreux couchés sur la terre, garnis de feuilles courtes, distiques, rapprochées, étalées ; chaumes de 1—2 décim., genouillés-ascendants, ordinairement rameux à la base ; feuilles glauques, courtes, linéaires, aiguës, rudes sur les bords, poilues en dessous et sur les gaînes, surtout à l'entrée, à ligule presque nulle, ciliée ; épis 4—5, digités, longs d'environ 3—4 centim., grêles, dressés-étalés, verdâtres ou violacés ; épillets alternes, presque sessiles, unilatéraux, presque sur 2 séries contiguës sur le côté extérieur de l'axe ; valves de la glume glabres, un peu inégales, lancéolées, aiguës, ouvertes, presque entièrement scarieuses, rudes sur la nervure dorsale ; paillette inférieure de la glumelle large, comprimée-carénée, plus grande que les valves de la glume, pubescente sur la carène, la supérieure plus étroite et à peine plus courte. ♃ (Juillet, août).

Dans les lieux chauds, stériles, au bord des chemins, au pied des murs : aux environs de Genève, commun ; de Nyon ; de Bâle ; de Thoirette, etc. — Commun dans les champs pierreux et sur les coteaux arides (Girod-Chant.).

TRIBU VII. — ORYZÉES. Kunth.

Épillets comprimés par les côtes; valves de la glume
nulles ou très petites.

11. LÉERSIE. — *LEERSIA*. Swartz.

Épillets à une seule fleur sans glume; glumelle à 2 paillettes dures , comprimées-carénées , mutiques , presque
égales, l'inférieure beaucoup plus large; styles médiocres;
stigmates plumeux , sortant par les côtés de l'épillet; cariopse
renfermé dans la glumelle.

1. L. à fleurs de Riz. — *L. oryzoïdes*.

Swartz, Prod. p. 21. — DC. Fl. fr. n. 1494. — Duby, Bot.
gall. p. 501. — Gaud. Fl. helv. 1. p. 141. — Koch, Syn.
p. 779. — *Phalaris oryzoïdes*. Linn. Sp. 81. — Lam.
Ency. 1. p. 94.
P. Beauv. Agrost. tab. 4. fig. 2. — Schreb. Gram. tab.
22.

Racine rampante , stolonifère ; chaumes de 6—9 décim.,
dressés ou ascendants, rameux , velus sur les nœuds; feuilles
longues, planes, larges de 6—10 millim. , striées, à plusieurs nervures, munies de petits aiguillons crochus de bas
en haut sur la gaîne , sur les bords et la nervure moyenne
de la base de la lame, et de haut en bas sur le reste de
sa longueur; gaînes un peu enflées, la supérieure très
longue, renfermant quelquefois la base de la panicule jusqu'à
l'époque de la fleuraison ; ligule très courte, tronquée ; panicule lâche, étalée, à rameaux flexueux; épillet ovoïde ,
elliptique, d'un vert blanchâtre, à paillettes de la glumelle
toujours fermées, garnies de poils courts, épars, couchés,
ciliées-rudes sur la carène, l'extérieure plus grande , convexe, à 5 nervures, l'intérieure plus étroite, lancéolée. ♃
(Août, septembre).

Besançon, sur les bords d'une île dans le Doubs, un peu au-dessous de la seconde porte, route de Beure, et sur les bords du Doubs, parmi les saules, entre les villages de Vaire et de Roche. — Aux environs de Crans; de Crassier et de Gingins (Gaud.). — Bâle, dans les ruisseaux qui arrosent les prés devant la porte *Riehana*; autour de Kleinrieben; près d'Attschwyler, etc. (Hagenbach). — Porentruy, à Bonfol (Frisch-Joset).

TRIBU VIII. — AGROSTIDÉES. Kunth.

Épillets plus ou moins comprimés par les côtés, à une seule fleur avec le rudiment d'une fleur supérieure, ou sans rudiment; lodicule à 2 écailles; styles nuls ou courts; stigmates plumeux, sortant de la base des épillets; cariopse recouvert par les paillettes membraneuses de la glumelle.

12. AGROSTIDE. — *AGROSTIS*. Linn.

Glume à une seule fleur, peu comprimée, plus longue que la glumelle, à 2 valves aiguës, l'inférieure plus longue; glumelle à 1—2 paillettes membraneuses, garnie à la base de faisceaux de poils très courts et munie d'une arête très fine, ou mutique; paillette supérieure manquant quelquefois; rudiment de la fleur supérieure nul; styles très courts; stigmates plumeux.

§ 1. *Toutes les feuilles planes; glumelle à 2 paillettes ordinairement sans arête.* — Vilfa. P. Beauv.

1. A. blanche. — *A. alba.*

Linn. Sp. 93. — DC. Fl. fr. n. 1521. — Duby, Bot. gall. p. 503. — Lam. Ency. 1. p. 60. — *A. alba. I. pallens.* Gaud. Fl. helv. 1. p. 187. — *A. stolonifera* (Linn.). Koch, Syn. p. 781.

Racine fibreuse, peu rampante; chaumes de 3—5 décim., rampants à la base, simples, ascendants; feuilles linéaires, acuminées, planes, molles, larges de 2—4 millim., rudes sur les bords; gaines cylindriques, striées, la supérieure très

longue ; ligule oblongue, obtuse, souvent fendue ; panicule fleurie oblongue-conique, étalée, diffuse, à la fin plus
ou moins resserrée, à rameaux demi-verticillés, rameux,
dentelés-rudes, ainsi que les pédicelles des fleurs épaissis au
sommet ; épillets lancéolés ou ovoïdes-lancéolés, ordinairement
sans arête, d'un vert blanchâtre ou jaunâtre, quelquefois
même un peu brunâtre ; valves de la glume lancéolées, presque
égales, dentelées-rudes sur la carène, à la fin étalées ; paillettes de la glumelle blanches, scarieuses, plus courtes que
la glume, très inégales, l'inférieure échancrée mucronulée,
la supérieure de moitié plus petite, échancrée, à 2 dents au
sommet. ♃ (Juillet, août).

Commune dans les lieux humides, au bord des chemins, le long des
fossés.

β. *Decumbens*. *A. alba. II. decumbens*. Gaud. Fl. helv.
1. p. 187. — *A. decumbens*. Duby, Bot. gall. p. 503. — *A.
stolonifera*. DC. Fl. fr. n. 1522. (*non Linn.*). — Vill. Fl.
Dauph. 2. p. 73. — *A. coarctata*. Hoffm. — *A. capillaris*.
Leers, tab. 4. fig. 3. — Chaumes nombreux, rampants à la
base, radicants, souvent rameux, ascendants à l'époque de
la fleuraison, panicule souvent colorée, pyramidale, très
étalée au moment de la fleuraison, à la fin fortement contractée ; paillette inférieure de la glumelle égalant presque
la valve de la glume.

Commune dans les champs, et surtout dans les vignes : c'est une
mauvaise herbe, difficile à détruire ; on la nomme vulgairement *Poil-
de-chien*.

γ. *Major*. *A. alba. IV. major*. Gaud. Fl. helv. 1. l. c.
— *A. stolonifera. β. gigantea*. Koch. — Leers, Herb. tab.
4. fig. 3. — Chaume plus élevé, plus robuste, dressé, haut
de 6—9 décim. ; feuilles allongées, larges de 4—8 millim.,
rudes, à languette obtuse et longue de 4 millim. ; panicule de
15—20 centim. de longueur, très garnie, souvent colorée,
à rameaux demi-verticillés sur un nœud demi-circulaire.

Aux environs de Nyon (Gaud.). — A l'embouchure de l'Arve ; au-
dessus du bois de la Bâtie (Reut.). — Bâle, sur le mont Diélisberg, et
près d'Olsberg (Hagenb.).

2. A. commune. — *A. vulgaris*.

Withering, Arrang. p. 152. — DC. Fl. fr. et supp. n. 1520. — Duby, Bot. gall. p. 505. (*excl. var. γ.*). — Gaud. Fl. helv. 1. p. 190. — Poir. Ency. supp. 1. p. 252. — Koch, Syn. p. 781.

P. Beauv. Agrost. tab. 5. fig. 8. — Leers, Herb. tab. 4. fig. 5.

Racine fibreuse ou peu rampante ; chaumes de 5—6 décim. , presque dressés , plus rarement obliques ou genouillés ; feuilles linéaires, très aiguës, larges de 2—4 millim. , rudes sur les bords, à gaîne glabre, cylindrique , munie d'une ligule presque nulle ou très courte, tronquée ; panicule ovoïde-oblongue , étalée , à rameaux divergents, capillaires, bi ou trichotomes , munis de petits aiguillons épars , peu nombreux et peu apparents, à pédicelles presque dressés ; épillets ovoïdes-oblongs, aigus ; valves de la glume un peu inégales, aiguës, l'inférieure à peine plus longue , rude vers le sommet de la carène , la supérieure presque lisse ou un peu rude vers le sommet ; paillette inférieure obtuse, à 3 dents, large, concave, d'un tiers plus courte que la glume, mutique , rarement munie au milieu du dos d'une arête genouillée dépassant l'épillet , la supérieure échancrée , 3 fois plus petite. ♃ (Juillet, août, et γ mai, juin).

Commune partout dans les prés secs et les bois de la plaine et des montagnes.

β. *Tenella*. Gaud. Fl. helv. 1. l. c. — *A. tenella*. Hoffm. Germ. 3. p. 36? — *A. stolonifera*. Leers, Herb. tab. 4. fig. 6. — Herbe très grêle ; panicule divariquée , à rameaux capillaires un peu rudes , à pédicelles presque lisses , étalés ; épillets épars, ovoïdes, pâles, très petits, presque lisses ; paillette supérieure de la glumelle très petite , appliquée sur la graine.

Les champs, les pâturages, les vignes, le bord des chemins.

γ. *Pumila*. Gaud. Fl. helv. 1. l. c. — *A. pumila*. Linn. Mant. p. 31. — DC. Fl. fr. n. 1519. — *A. vulgaris. β. pumila*. Duby, Bot. gall. p. 503. — Chaumes de 6—9 centim., fasciculés; feuilles plus étroites; panicule dressée, de 3—4 centim., lâche, pyramidale; valves de la glume égales, scarieuses; cariopse assez gros, brun, ovoïde ou arrondi, souvent attaqué par l'*Uredo segetum*. Pers., couronné par les stigmates persistants.

Sur la Dôle. — Près de Gimel (Ducros). — Bâle, sur le mont Wasserfal (Hagenb.). — Neuchâtel, sur la montagne de la Tourne (L. Benoit, cat.).

δ. *Sylvatica*. Gaud. Fl. helv. 1. l. c. — *A. sylvatica*. Pollich. Palat. 1. p. 69. — *A. vulgaris. δ. vivipara*. Hagenb. Fl. basil. 1. p. 53. — Leers, Herb. tab. 4. fig. 3✝. — Épillets vivipares, allongés-foliacés, de 8—12 millim.

Aux environs de Bâle (Hagenb.).

§ 2. *Feuilles radicales menues, pliées ou roulées longitudinalement sur elles-mêmes; glumelle ordinairement à une seule paillette portant une arête dorsale.* — Trichodium. Michaux.

3. A. des chiens. — *A. canina.*

Linn. Sp. 92. — DC. Fl. fr. n. 1513. — Duby, Bot. gall. p. 504. — Gaud. Fl. helv. 1. p. 181. — Lam. Ency. 1. p. 57. — Koch, Syn. p. 782.
P. Beauv. Agrost. tab. 4. fig. 7. — Leers, Herb. tab. 4. fig. 2. — Scheuchz. Gram. tab. 3. fig. 9. C.
Racine fibreuse, plus ou moins rampante et stolonifère; chaumes de 3—5 décim., grêles, dressés à l'époque de la fleuraison, rameux et souvent genouillés à la base; feuilles radicales et les inférieures filiformes, courtes, fasciculées: les supérieures larges de 2 millim., planes, un peu rudes, ordinairement plus courtes que les gaines; celles-ci sont cylindriques, striées, la supérieure beaucoup plus longue que

les autres et un peu rude ; ligule oblongue , obtuse , souvent
déchirée ; panicule dressée , allongée , resserrée , étalée seulement pendant la fleuraison , verdâtre ou violacée , à rameaux trichotomes, demi-verticillés, rudes, capillaires ;
épillets petits , ovoïdes-aigus ; valves de la glume inégales ,
acuminées , conniventes , l'inférieure rude sur le dos ; paillette inférieure de la glumelle ovale , concave , bidentée au
sommet, munie au-dessous du milieu d'une arête dorsale capillaire , genouillée , dépassant ordinairement la glume :
paillette supérieure nulle ou très petite. ♃ (Juin—août).

Les prés et les champs humides, le bord des fossés et des marais : aux
environs de Salins ; d'Arbois ; de Besançon ; de Sellières, etc. — Nyon,
dans les marais derrière le bois Bougis (Gaud.). — Genève , commune
dans les plaines argileuses de Saint-Georges (Reut.). — Aux environs
de Bâle, où elle n'est pas commune (Hagenb.).

β. *Breviaristata.* Gaud. Fl. helv. 1. l. c. var. *β.* — *A.
canina. var. β.* Hagenb. Fl. basil. 1. p. 50. — Arête
droite dépassant à peine la glume et insérée un peu plus
haut.

γ. *Mutica.* Gaud. Fl. helv. 1. l. c. — Arête nulle.

Abondamment dans les champs humides entre le bois Bougis et le bois
de Crans (Gaud.).

4. A. filiforme. — *A. filiformis.*

Vill. Dauph. 2. p. 78. — DC. Fl. fr. n. 1514. — Poir. Ency.
supp. 1. p. 246. — *A. rupestris.* Duby, Bot. gall. p. 504.
(*ex Syn. DC.*). — *A. rupestris. var. β. filiformis.* Gaud.
Fl. helv. 1. p. 178. — Hagenb. Fl. basil. 1. p. 52.

Racine fibreuse ; chaumes grêles , dressés , hauts de 2—3
décim. ; feuilles presque toutes radicales, linéaires, filiformes, un peu rudes sur les bords ; panicule étroite , lancéolée , verdâtre , souvent roussâtre, à rameaux flexueux ,
rudes, dressés, dont un ou 2 à la fois s'étalent pendant la
fleuraison et se redressent ensuite ; épillets oblongs-lancéolés, à valves de la glume un peu inégales , lancéolées , ai-

guës; paillettes de la glumelle entourées à la base par une touffe de poils, l'inférieure tronquée au sommet et terminée par 2 petites soies, munie sur le dos, près de la base, d'une arête droite ou genouillée, un peu plus longue que la fleur : la supérieure très courte, rétuse, tridentée. ♃ (Juillet, août).

Assez commune contre les rochers un peu humides et tournés vers le levant, dans le vallon d'Adran et près du Reculet (Reut.). — Les montagnes près de Delémont (Frish-Josct).

13. APÈRE. — APERA. Adans.

Épillets uniflores avec le pédicelle d'une seconde fleur avortée, situé à la base de la paillette supérieure de la glumelle; valves de la glume inégales, l'inférieure plus petite; paillette inférieure de la glumelle entière, munie sous le sommet d'une arête très longue, la supérieure plus petite, bidentée au sommet; styles courts; stigmates plumeux.

1. A. épi-du-vent. — *A. spica venti*.

P. Beauv. Agrost. p. 51. — Koch, Syn. p. 783. — *Agrostis spica venti*. Linn. Sp. 91. — DC. Fl. fr. n. 1509. — Duby, Bot. gall. p. 504. — Gaud. Fl. helv. 1. p. 183. — Lam. Ency. 1. p. 56.
P. Beauv. Agrost. tab. 7. fig. 11. — Leers, Herb. tab. 4. fig. 1. — Scheuchz. Gram. tab. 3. fig. 10. A. B.
Racine fibreuse; chaumes de 6—9 décim., dressés, glabres, à 3—4 nœuds; feuilles linéaires, planes, larges de 4—6 millim., striées, rudes sur les nervures et les bords; gaînes également striés-rudes, la supérieure très allongée; ligule longue de 3—5 millim., déchirée au sommet; panicule ample, allongée, diffuse, ordinairement resserrée, dressée ou un peu penchée, à rameaux filiformes, rudes, demi-verticillés, inégaux, les plus longs nus à la base; épillets très petits, verdâtres, à la fin roussâtres, plus rarement violacés; glume à valves inégales, rudes sur la carène, dé-

passant peu la glumelle dont la paillette inférieure est oblongue, concave, un peu rude dans sa moitié supérieure, munie un peu au-dessous du sommet d'une arête droite, capillaire, très longue, rude, souvent un peu flexueuse, la supérieure un peu plus courte, bidentée au sommet; anthères linéaires-oblongues. ① (Juin, juillet).

Cette belle graminée n'est pas rare dans les champs, parmi les moissons : aux environs de Salins ; de Villers-Farlay ; de Poligny ; de Besançon ; de Genève ; de Bâle ; de Neuchâtel, etc.

2. A. interrompue. — *A. interrupta.*

P. Beauv. Agrost. p. 51. — Koch, Syn. p. 785. — *Agrostis interrupta.* Linn. Sp. 92. — DC. Fl. fr. n. 1510. — Duby, Bot. gall. p. 504. — Gaud. Fl. helv. 1. p. 184. — Lam. Ency. 1. p. 57.
Vaill. Bot. par. tab. 17. fig. 4.

Racine fibreuse; chaume de 2—3 décim., dressé ou ascendant, souvent genouillé à la base ; feuilles linéaires, étroites, planes, à peine larges de 2 millim., rudes sur les bords ; gaînes lisses, striées, un peu enflées, à ligule lancéolée, un peu déchirée au sommet; panicule raide, étroite, resserrée, presque interrompue, à rameaux demi-verticillés, les inférieurs écartés, longue de 5—10 centim.; épillets petits, d'un vert pâle; valves de la glume inégales, acuminées, un peu rudes sur le dos, dépassant à peine la glumelle dont la paillette inférieure est munie, un peu au-dessous du sommet, d'une arête très longue, rude, souvent un peu flexueuse; anthères courtes, ovoïdes. ① (Juin, juillet).

Les terres sablonneuses : çà et là aux environs de Besançon. — De Nyon (Gaud.). — Dans les champs cultivés (Girod-Chant.). — Genève, à Chancy dans les moissons, près des Crets ; abondamment dans les fossés extérieurs de la porte de Rive, vers le pont de fil de fer (Reut.).

14. CALAMAGROSTIDE. — *CALAMAGROSTIS.* Roth.

Épillets uniflores, à valves de la glume lancéolées, presque égales, à paillettes de la glumelle membraneuses, garnies à

la base de poils soyeux plus longs que leur diamètre transversal : l'inférieure presque toujours pourvue d'une arête dorsale, la supérieure munie à la base, dans plusieurs espèces,
d'un pédicelle poilu qui est le rudiment d'une seconde fleur
avortée ; stigmates plumeux.

§ 1. *Paillettes de la glumelle blanchâtres , diaphanes ,
sans rudiment de fleur avortée.* — Epigeios. Koch.

1. C. lancéolée. — *C. lanceolata.*

Roth. teut. Fl. germ. 1. p. 54. — DC. Fl. fr. supp. n. 1529. —
Duby, Bot. gall. p. 502. — Koch, Syn. p. 783. — *Arundo
Calamagrostis.* Linn. Sp. 121. — Gaud. Fl. helv. 1. p.
198.
Kunth. Agrost. tab. 14. fig. 1. — Reichenb. cent. 11. fig. 1448.

Racine fibreuse ou presque rampante ; chaume de 6—9
décim., quelquefois rameux à la base ; feuilles étroites, linéaires, d'un vert gai, presque lisses ; ligule courte, obtuse ;
panicule lâche, étalée, à rameaux flexueux, un peu rudes ;
épillets verdâtres, mêlés de violet, à la fin roussâtres ;
valves de la glume étroitement lancéolées, acuminées ;
arête terminale, droite, très courte, lisse, naissant au sommet de la paillette inférieure, entre les dents de l'échancrure et les dépassant à peine ; poils de la base de la glumelle
dépassant la paillette inférieure d'un tiers plus longue que la
supérieure. ♃ (Juillet, août).

Dans les bois et les prés humides : Lausanne, dans le bois de
Sauvabelin (Reynier, Gay, Leresche, Muret). — Cette localité est un
peu hors des limites de notre Flore ; mais elle en est si rapprochée qu'il
est probable que cette plante s'y trouve aussi comprise. — Le *Calamagrostis Gaudiniana.* Reichenb. ne diffère pas de cette espèce : il comprend
seulement les échantillons plus grêles (Koch).

2. C. des rivages. — *C. littorea.*

DC. Fl. fr. supp. n. 1527[b]. — Duby, Bot. gall. p. 502. —
Koch, Syn. p. 784. — *Arundo littorea* (Schrad.). Ha-

genb. Fl. basil. 1. p. 58. — *Ar. pseudo-phragmites*
(Hall. fils). Gaud. Fl. helv. 1. p. 196.
Schrad. Germ. 1. tab. 4. — Reichenb. ic. 11. fig. 1449.

Racine rampante ; chaume de 5—6 décim., grêle, élancé,
glabre, excepté sous la panicule où il est un peu rude ;
feuilles linéaires, très longues, larges de 4 millim., enroulées, rudes en dessous, très glabres en dessus ; gaîne supérieure beaucoup plus longue que la feuille ; ligule longue de
6 millim. ; panicule lâche, diffuse, un peu resserrée, souvent penchée au sommet, d'abord verdâtre, ensuite purpurescente et à la fin d'un brun rougeâtre ; épillets presque
unilatéraux ; valves de la glume étroitement lancéolées,
inégales, comprimées, acuminées, dépassant un peu la glumelle à paillette inférieure bifide au sommet, une fois plus
longue que la supérieure terminée par 5 dents ; arête terminale, rude, droite, atteignant à peu près, ainsi que les poils
qui entourent la glumelle, le sommet de la valve supérieure
de la glume. ♃ (Juillet, août).

Bâle, dans les lieux sablonneux au bord de la Birse, aux environs de
Monchenstein ; sur les bords du Rhin près d'Augst ; de Neudorf ;
de Rhénofeld, etc. (Hagenb.) — Genève, souvent mélangée avec l'espèce suivante (Reut.).

5. C. commune. — *C. Epigeios.*

Roth. teut. Fl. germ. 1. p. 54.—DC. Fl. fr. supp. n. 1529ᵃ.
— Duby, Bot. gall. p. 502. — Koch, Syn. p. 784. —
Arundo epigeios. Linn. Sp. 120. — Gaud. Fl. helv. 1.
p. 194.
P. Beauv. Agrost. tab. 5. fig. 9. — Scheuchz. Agrost. tab.
5. fig. 5. et append. tab. 5.

Racine rampante, articulée ; chaumes de 10—15 décim.,
raides, quelquefois rameux, rudes à leur partie supérieure ;
feuilles d'un vert un peu glauque, fermes, lancéolées-linéaires, acuminées, très longues, larges de 6—8 millim.,
rudes en dessous et sur les bords, à gaîne allongée, striée,
munie d'une ligule oblongue, déchirée ; panicule raide,

oblongue, lobée-agglomérée, à épillets linéaire-acuminés, serrés-imbriqués, verdâtres, mêlés de violet, à la fin roussâtres ; valves de la glume lancéolées, comprimées, acuminées, peu inégales, un peu rudes sur la carène, presque doubles de la glumelle ; paillette inférieure bifide au sommet, munie au milieu du dos d'une arête droite, grêle, un peu rude, à peine distincte des poils de la base, qui atteignent à peu près le sommet de la valve supérieure de la glume : paillette supérieure de moitié plus courte que l'inférieure, à 4 dents au sommet. ♃ (Juillet, août).

Commune dans les lieux humides : Salins, au bord de la Furieuse ; au-dessus des vignes de Billauderies, autour des Gypseries ; le long des chemins des vignes de Riante et de Chameau ; dans le bois de Bovard ; au pied de Roche-Pourrie, etc. ; à l'embouchure de l'Arve. — Sur le Mont-d'Or (Girod-Chant.) — Genève, commune sur les sables humides au bord de l'Arve et du Rhône (Reuter). — Bâle, dans les champs, autour de Michelfeld, et sur les montagnes supérieures (Hagenb.).

β. *Minor.* Gaud. Fl. helv. 1. l. c. — Hagenb. Fl. basil. 1. p. 57. — Feuilles étroites, presque linéaires ; panicule plus resserrée et plus courte.

Bâle, près d'Olsberg (Hagenbach).

4. C. de Haller. — *C. Halleriana.*

DC. Fl. fr. supp. n. 1527ᶜ. — Koch, Syn. p. 784. — *Arundo Halleriana.* Gaud. Fl. helv. 1. p. 197. — Hagenb. Fl. basil. 1. p. 444. (*in append.*). — *Arundo Calamagrostis.* Hall. fils, in Rœmer. Arch. 1. Fasc. 2. p. 10.
Reich. ic. 11. fig. 1444. — Schrad. Gram. 1. tab. 4. fig. 5.

Racine rampante, stolonifère ; chaume de 6—9 décim., très grêle, dressé, lisse, simple, rarement rameux ; feuilles linéaires-acuminées, d'un vert gai, larges à peine de 4 millim., un peu rudes à la base ; gaînes glabres, striées, la supérieure très longue ; ligule ovale, courte ; panicule oblongue, lâche, dressée, diffuse, longue de 8—10 centim., à rameaux un peu rudes ; épillets lancéolés, à peine ventrus à la base, longs presque de 4 millim., verdâtres, panachés de roussâtre et de pourpre ; valves de la glume lancéolées, acuminées, presque égales, un peu rudes sur la carène, dépassant un peu la glumelle entourée de poils de même longueur qu'elle, ou un peu plus longs ; paillettes de la glumelle très inégales, l'inférieure double de l'autre, bifide au sommet, munie vers le milieu du dos d'une arête droite, rude, très fine, égalant ou dépassant le sommet de la paillette. ♃ (Juillet, août).

Bâle, sur le mont Wasserfall et autour de Ramstein (Zeiher).

§ 2. *Paillette supérieure de la glumelle munie, à la base, du pédicelle poilu d'une seconde fleur avortée. —* Deyeuzia. P. Beauv.

5. C. de montagne. — *C. montana.*

Host. Gram. Aust. 4. tab. 46. — DC. Fl. fr. supp. n. 1527. — Duby, Bot. gall. p. 502. — Koch, Syn. p. 785. — *C. arundinacea.* DC. Fl. fr. n. 1527. — *Arundo montana.* Gaud. Fl. helv. 1. p. 200.

P. Beauv. Agrost. tab. 9. fig. 9. — Schrad. Germ. tab. 4. fig. 6.

Racine rampante ; chaume de 5—9 décim., dressé, lisse, excepté sous la panicule où il est un peu rude ; feuilles planes, linéaires, longuement acuminées, rudes sur les bords ; gaînes striées, un peu rudes, la supérieure plus longue que la feuille ; ligule oblongue, frangée ; panicule de 8—12 centim., oblongue, dressée, à rameaux et pédicelles un peu rudes ; épillets ovoïdes-lancéolés, d'un brun verdâtre, panachés de pourpre, rarement pâles ; valves de la glume lancéolées, aiguës, presque égales, un peu rudes sur la carène et un peu plus longues que la glumelle à paillettes peu inégales, l'inférieure entourée de poils de même longueur qu'elle ou un peu plus courts, bifide au sommet, munie au-dessous du milieu d'une arête genouillée dépassant un peu la glume ; paillette supérieure munie à la base, outre les poils ordinaires, d'un pinceau de poils allongés,

presque distiques, atteignant le sommet de la paillette. ♃
(Juillet, août).

Dans les bois et sur les rochers des montagnes : le pied des rochers
qui se trouvent au-dessus du sentier qui conduit du fond du Creux-du-
Vent, au sommet de la montagne ; sur les rochers au bord de la route ,
un peu avant d'arriver de Morey aux Rousses-du-Bas, abondamment.—
Sur le mont Dansex, au-dessus de Bonmont, au pied de la Dôle
(Gaud.). — A Salève, au-dessus d'Archamp ; à Thoiry et dans la plaine
au grand ravin du bois de Bernex ; au Nant de Vernier (Reut.). — Bâle,
au-dessous du château Dornach ; à Wallenberg ; sur le mont Wasserfall ; commune (Hagenbach). — Roches de Mouthiers-Grandval
(Thurmann).

β. *Gracilis.* Gaud. Fl. helv. 1. 1. c. — *Arundo varia.*
var. β. Hagenb. Fl. basil. 1. p. 59. — Feuilles un peu
glauques ; panicule lâche, plus petite , à épillets plus écartés.

Sur le mont Wasserfall (Hagenb.).

γ. *Acutiflora.* Koch , Syn. 1. c. var. β. — Gaud. Fl.
helv. 1. 1. c. var. γ. — Panicule resserrée presque en épi ;
épillets de plus de 4 millim. , oblongs , rapprochés ; valves
de la glume étroites, lancéolées-subulées ; paillette inférieure
munie à la base d'une arête à la fin genouillée, dépassant à
peine la glume , et de poils plus courts qu'elle ou presque
de même longueur.

Au-dessous des Roussses-du-Bas. — Le long du chemin de Gimel à la
vallée de Joux , entre la Saint-Georges et l'Aubonne (Ducros).

6. C. des bois. — *C. sylvatica.*

DC. Fl. fr. supp. n. 1526ᵃ. — Duby, Bot. gall. p. 502. —
Koch , Syn. p. 785. — *Arundo sylvatica.* Gaud. Fl. helv.
1. p. 199. — *Agrostis arundinacea.* Linn. Sp. 91. —
Lam. Ency. 1. p. 57.
Reichenb. ic. 11. fig. 1441. — Schrad. Germ. 1. tab. 4.
fig. 7.
Racine rampante ; chaume de 6—9 décim. , glabre, aminci
au sommet ; feuilles longues , linéaires-acuminées , larges de
4—6 millim. , s'enroulant par la dessication , rudes en des-

sous et sur les bords ; gaînes cylindriques , striées, à ligule
de 2—4 millim., obtuse ; panicule allongée, très rameuse,
plus ou moins resserrée, rétrécie et un peu penchée au
sommet , d'un blanc verdâtre ou roussâtre, à rameaux nombreux, rudes, demi-verticillés, grêles ; épillets elliptiques ,
longs de 4—5 millim. ; valves de la glume lancéolées-acuminées, presque égales, un peu rudes sur la carène, la
supérieure à 3 nervures, dépassant un peu la glumelle ;
paillettes inégales, l'inférieure oblongue-lancéolée, bifide
au sommet, munie à la base de quelques poils très courts et
au-dessous du milieu d'une arête genouillée plus longue que
la glume; paillette supérieure un peu plus courte, à 2 carènes et à 2 dents au sommet , munie à la base d'un pinceau
dont les poils du sommet atteignent presque le milieu de la
paillette et dépassent les poils de la base. ⚥ (Juillet, août).

Comté de Neuchâtel, au bois de Chaumont (Chaillet). — Rochers des
gorges du Seyon ; montagnes de Boudry (God.).

15. GASTRIDIE. — *GASTRIDIUM*. P. Beauv.

Épillets uniflores; valves de la glume lancéolées, comprimées, ventrues, arrondies et cartilagineuses à la base , fermées, inégales, plus longues que la glumelle à paillettes
courtes , membraneuses, recouvrant la graine , l'inférieure
tronquée-dentée, munie un peu au-dessous du sommet d'une
arête quelquefois avortée , la supérieure à 2 dents ; style
court ; stigmate plumeux.

1. G. ventrue. — *G. lendigerum.*

Gaud. Fl. helv. 1. p. 176. — Koch, Syn. p. 786. —*Agrostis
lendigera.* DC. Fl. fr. n. 1508. — Poir. Ency. supp. 1.
p. 259. — *Milium lendigerum.* Linn. Sp. 91. — Duby,
Bot. gall. p. 505. — *Agrostis panicea.* Lam. Ency. 1.
p. 58.
P. Beauv. Agrost. tab. 6. fig. 6. — Schreb. Gram. tab. 25.
fig. 3.

Racine fibreuse ; chaumes de 15—30 centim., dressés, rameux à la base ; feuilles planes, étroites, courtes, rudes, à gaînes les unes cylindriques, les autres renflées, les supérieures plus longues que le limbe ; ligule allongée, bifide ; panicule resserrée en forme d'épi, dense, oblongue ou cylindrique, soyeuse, d'un vert pâle ou jaunâtre, à rameaux rudes, demi-verticillés, très rameux ; épillets allongés, nombreux ; valves de la glume lancéolées-acuminées : l'inférieure plus longue, renflée, cartilagineuse, arrondie et luisante à la base, membraneuse, carénée-subulée à sa partie supérieure et rude sur la carène, beaucoup plus longue que la glumelle ; paillette inférieure de la glumelle tronquée, à 5 nervures un peu prolongées en pointe, portant un peu au-dessous du sommet une arête fine égalant presque ou dépassant la glume : la supérieure plus étroite, bidentée. ④ (Août—octobre).

Genève, au Grand-Sacconex (Schleicher). — Les champs après la moisson, derrière le bois de la Bàtie et près de Penéx (Reut.).

β. *Muticum*. Gaud. Fl. helv. 1. l. c. — Fleurs mutiques.

Dans les champs, près du bois de la Bâtie (Gay).

TRIBU IX. — STIPACÉES. Kunth.

Épillets convexes, un peu comprimés par le dos ou cylindriques, à une fleur, sans rudiment d'une seconde ; valve inférieure de la glume plus grande ; lodicule à 3 écailles (2 dans le *Millium*) ; styles nuls ou courts ; stigmates plumeux sortant latéralement de l'épillet ; cariopse étroitement enveloppé par les paillettes de la glumelle endurcies, cartilagineuses ou papyracées.

16. MILLET. — *MILLIUM*. Linn.

Glume uniflore, bivalve, convexe des deux côtés ou un peu comprimée par le dos, plus longue que la fleur ; glumelle à 2 paillettes à la fin cartilagineuses, sans arêtes,

l'inférieure ovale , concave , embrassant la supérieure à 2
nervures ; lodicule à 2 écailles ; stigmates plumeux.

1. M. étalé. — *M. effusum.*

Linn. Sp. 90. — Duby, Bot. gall. p. 505. — Gaud. Fl. helv.
1. p. 175. — Koch , Syn. p. 786. — *Agrostis effusa.*
Lam. Ency. 1. p. 59. — DC. Fl. fr. n. 1518. — Balb. Fl.
lyon. p. 794.
P. Beauv. Agrost. tab. 5. fig. 6. — Kunth. Agrost. tab. 10.
fig. 1. — Leers, Herb. tab. 8. fig. 7. — Scheuchz. Gram.
tab. 5. fig. 6. — Moris. sect. 8. tab. 5. fig. 10.
Racine fibreuse, vivace, un peu rampante; chaume de 6 — 9
décim. , dressé, lisse , glabre ; feuilles lancéolées-linéaires ;
molles , glabres , rudes en dessous et sur les bords, larges
de 6—9 millim. , ponctuées - pellucides en les regardant
contre le jour à la loupe ; gaînes cylindriques, la supérieure
plus longue que la feuille , à ligule longue de 4 —6 millim. ,
tronquée-déchirée ; panicule ample , pyramidale , très lâche,
à rameaux diffus, demi-verticillés , très étalés, les uns simples plus courts , les autres nus, allongés , un peu rudes ,
rameux au sommet ; épillets petits , épars , ovoïdes ; valves
de la glume verdâtres, bordées de blanc, quelquefois un
peu purpurines , peu inégales , ovales, aiguës , concaves ,
dépassant peu la glumelle dont les paillettes sont lisses , luisantes , blanchâtres , appliquées contre la graine. ⚥ (Juin ,
juillet).

Les bois, surtout montueux : Salins, dans les bois de Poupet ; de
Bovard ; du Sepois, près d'Ivory ; de Myon ; de Château ; de Pretin et
Perrey ; aux environs de Pontarlier ; de Champagnole ; de Boujaille ;
sur la Dôle ; à la combe des Ponts, comté de Neuchâtel , etc. — Genève,
à Salève, près de la Croisette ; au bois de Bay, près de Penex (Reut.).
— Bâle, dans les bois, pas rare (Hagenb.).

β. *Elatius.* Gaud. Fl. helv. 1. l. c. — Chaume d'un
mètre et plus.

17. STIPE. — *STIPA*. Linn.

Glume uniflore, à 2 valves aiguës ou aristées au sommet, plus longues que la fleur ; glumelle à 2 paillettes à la fin cartilagineuses, l'inférieure enroulée-cylindrique, terminée par une longue arête tordue, articulée à la base, mais persistante ; lodicule à 5 écailles ; cariopse étroitement enveloppé par les paillettes cartilagineuses.

1. S. plumeuse. — *S. pennata.*

Linn. Sp. 115. — DC. Fl. fr. n. 1550. — Duby, Bot. gall. p. 506. — Gaud. Fl. helv. 1. p. 172. — Poir. Ency. 7. p. 447. — Koch, Syn. p. 786.

P. Beauv. Agrost. tab. 6. fig. 4. — Lam. illust. tab. 41. fig. 1. — Scheuchz. Gram. tab. 5. fig. 15. B. — Barr. ic. fig. 46. — Moris. sect. 8. tab. 7. fig. 9. — Clus. Hist. 2. p. 221. fig. 5. — J. Bauh. Hist. 2. p. 512. fig. 2.

Racine fibreuse ; chaumes de 5—6 décim., dressés, feuillés, lisses, gazonnants ; feuilles dressées, très longues, enroulées-jonciformes, à gaîne longue, cylindrique, à ligule lancéolée, aiguë ; panicule étroite, pauciflore, ayant sa partie inférieure enveloppée dans la gaîne de la feuille supérieure, remarquable par la longueur des arêtes plumeuses des fleurs ; épillets d'un vert pâle, très allongés ; valves de la glume presque égales, lancéolées-subulées, 2—3 fois aussi longues que la glumelle qui a environ 15 millim. de longueur, à 2 paillettes égales, enroulées, l'inférieure velue à la base et au bord, nue au sommet, enveloppant la supérieure ; arête très longue, atteignant 15—25 centim., genouillée, élégamment plumeuse, nue et fortement tordue à la base sur le quart de sa longueur. ⚥ (Mai, juin).

Les rochers et les coteaux arides : Salins, parmi les rochers du pied d'Arèle, du côté de la ville ; et de Belin, au-dessus des vignes de Prémoureau ; au sommet des rochers de Goaille, près de la tuilerie de Clucy. — Au Salève, dans les escarpements vers la grande gorge (Reut.).

— Sur le Vouache, au-dessus de Chaumont (Lombard - Morin, in Reuter).

18. LASIAGROSTIDE. — *LASIAGROSTIS*. Link.

Glume uniflore, à 2 valves aiguës, dépassant la fleur, l'inférieure plus grande ; glumelle à 2 paillettes à la fin presque coriaces, l'inférieure recouverte de longs poils étalés, terminée un peu au-dessous du sommet par une arête forte, genouillée, non articulée, lodicule à 3 écailles ; cariopse étroitement enveloppé par les paillettes.

1. L. argentée. — *L. Calamagrostis*.

Link. Hort. 1. p. 91. — Koch, Syn. p. 787. — *Agrostis Calamagrostis*. Linn. Sp. 92. — Lam. Ency. 1. p. 75. — *Calamagrostis argentea*. DC. Fl. fr. n. 1526. — Duby, Bot. gall. p. 502. — *Stipa Calamagrostis*. Gaud. Fl. helv. 1. p. 172.

P. Beauv. Agrost. tab. 6. fig. 7. — Scheuchz. Gram. tab. 5. fig. 11. A. et B.

Racine dure, gazonnante, vivace ; chaumes de 6—9 décim., dressés, feuillés, souvent un peu rameux et rougeâtres à la base, lisses ; feuilles également lisses, fermes, glabres, rudes sur les bords, linéaires, longuement et finement acuminées, larges de 4 millim., enroulées en dessus ; gaîne cylindrique, ordinairement munie de poils aux 2 angles de l'orifice et sur les bords ; ligule très courte, tronquée ; panicule allongée, un peu lâche, diffuse, d'un blanc verdâtre soyeux et argenté, à rameaux rudes, étalés à l'époque de la fleuraison ; épillets allongés, lancéolés ; valves des glumes presque égales, acuminées, d'un blanc verdâtre, à la fin roussâtres, largement scarieuses et argentées sur les bords, plus longues que la glumelle ; paillette inférieure lancéolée, entièrement recouverte de longs poils argentés et terminée par une arête rude, genouillée-déjetée, 2—3 fois plus longue que la fleur ; paillette supérieure glabre, beaucoup plus petite. ⚲ (Juillet, août).

Les fentes des rochers, au-dessus des vignes de Gily, près d'Arbois.
— Bâle, les rochers au-dessus de la cascade du mont Wasserfall, et sur
le mont Wogelberg (Hagenb.). — Genève, dans les lieux chauds et rocailleux, à Salève, du côté de la ville (Reut.). — Roches de Moutiers-
Grandval (Frisch-Joset).

TRIBU X. — ARUNDINACÉES. Kunth.

Épillets à 2—plusieurs fleurs; styles allongés; stigmates
en goupillon, sortant du milieu ou au-dessus du milieu de
la fleur.

19. ROSEAU. — *PHRAGMITES*. Trinius.

Glume bivalve, à 3—7 fleurs, l'inférieure mâle, nue,
les autres hermaphrodites, entourées de longs poils mous;
glumelle à 2 paillettes mutiques, l'inférieure entière au
sommet; style allongé; stigmates en goupillon.

1. R. à balais. — *P. communis*.

Trinius. Fund. Agrost. p. 134. — Gaud. Fl. helv. 1. p. 203.
— Koch, Syn. p. 188. — *Arundo Phragmites*. Linn.
Sp. 120. — DC. Fl. fr. n. 1574. — Duby, Bot. gall. p.
520. — Poir. Ency. 6. p. 267.
P. Beauv. Agrost. tab. 13. fig. 2. — Lam. illust. tab. 46. —
Leers, Herb. tab. 7. fig. 1. — Scheuchz. Gram. tab. 3.
fig. 14. — Moris. sect. 8. tab. 8. fig. 1.
Racine longue, épaisse, articulée, rampante; chaume
de 1—2 mètres, dressé, très feuillé, rude, cylindrique;
feuilles glauques, lancéolées, longuement acuminées, planes,
arides, larges de 15—20 millim., rudes et coupantes sur
les bords; gaînes cylindriques, striées, plus courtes que les
feuilles; ligule remplacée par une ligne de poils courts,
serrés; panicule ample, longue de 3 décim. et plus, lâche,
très rameuse, un peu penchée au sommet, à rameaux nombreux, un peu rudes, demi-verticillés; épillets ovoïdes-lancéolés, à 4—5 fleurs d'un violet noirâtre, à la fin roussâtre;

valves de la glume inégales, aiguës, beaucoup plus courtes
que les fleurs, à 5 nervures, l'inférieure beaucoup plus
courte que l'autre; paillettes de la glumelle très inégales,
l'inférieure 2 fois plus longue, lancéolée-acuminée, subulée,
la supérieure lancéolée, bicarénée; pédicelles des fleurs
aplanis, garnis de chaque côté de longs poils mous égalant
presque la paillette inférieure de la glumelle. ♃ (Août—
septembre).

Commun le long des ruisseaux, des fossés, au bord des étangs et dans
les terrains marécageux. — Sa panicule sert à faire des balais.

20. DONAX. — *ARUNDO*. Linn.

Glume bivalve, à 2—7 fleurs, convexe-comprimée, égalant presque les fleurs; glumelle à 2 paillettes trifides au
sommet, à lobes mucronés, le moyen prolongé en arête
capillaire courte; style allongé; stigmate en goupillon.

1. D. cultivé. — *A. Donax.*

Linn. Sp. 120. — DC. Fl. fr. n. 1572. — Duby, Bot. gall.
p. 520. — Poir. Ency. 6. p. 268. — Koch, Syn. p. 788.
— *Scolochloa Donax*. Gaud. Fl. helv. 1. p. 202.

P. Beauv. Agrost. tab. 16. fig. 4. — Kunth. Agrost. tab. 14.
fig. 7. — Scheuchz. Gram. tab. 5. fig. 14. A. B. C. —
Moris. sect. 8. tab. 8. fig. 5. — J. Bauh. Hist. 2. p. 486.
fig. 1. — Dalech. Hist. p. 999. fig. 1. — Dod. pempt. p.
602. fig. 2. — Lob. ic. p. 51. fig. 2.

Racine allongée, charnue, odorante; chaumes durs, li-
gneux, épais, dressés, s'élevant à 2—4 mètres de hauteur;
feuilles distiques, planes, larges de 5—5 centim., très longues, glauques, rudes sur les bords; gaînes courtes, striées;
ligule presque nulle; panicule de 5—5 décim., dressée, à
fleurs très nombreuses, à rameaux rudes, très rameux, demi-
verticillés; épillets à 2—5 fleurs, rarement 5, lancéolés;
valves de la glume peu inégales, scarieuses-blanchâtres ou
d'un pourpre clair, oblongues, aiguës, égalant les fleurs en-

veloppées à la maturité par des poils très nombreux , aussi longs qu'elles; glumelle à 2 paillettes, l'inférieure à 2 pointes au sommet, avec une arête courte, un peu rude, située entre elles et un peu plus longue; paillette supérieure une fois plus courte, à 2 carènes courtement ciliées. ♃ (Octobre, fleurit rarement dans nos climats).

Cette plante du midi de la France est quelquefois, mais rarement, cultivée dans quelques jardins.

TRIBU XI. — SESLÉRIACÉES. Koch.

Épillets à 2—plusieurs fleurs ; glume grande , recouvrant presque les fleurs; styles nuls ou très courts; stigmates filiformes , dentelées ou courtement poilus, sortant du sommet de la fleur.

24. SESLÉRIE. — *SESLERIA*. Arduin.

Glume bivalve, à 2—6 fleurs ; glumelle à 2 paillettes membraneuses , l'inférieure entière , mucronée ou aristée, ou à 3—5 dents mucronées ou aristées; styles très courts ou nuls; stigmates filiformes , très longs, pubescents, sortant du sommet de la fleur.

1. S. bleuâtre. — *S. cærulea.*

Arduin, Specim. 2. p. 18. — DC. Fl. fr. n. 1647. — Duby, Bot. gall. p. 526. — Gaud. Fl. helv. 1. p. 269. — Poir. Ency. 7. p. 138. — Koch, Syn. p. 789. — *Cynosurus cæruleus.* Linn. Sp. 106.
Lam. illust. tab. 47. fig. 1. — Scheuchz. Gram. tab. 2. fig. 9. A. B.
Racine fibreuse , gazonnante; chaumes de 15—25 centim., dressés, nus dans le haut; lisses; feuilles planes, raides, striées, linéaires, subitement rétrécies en pointe obtuse, rudes sur les bords, celles du chaume très courtes; gaînes striées, très longues, à ligule très courte, tronquée, em-

brassante, un peu ciliée ; fleurs en épi oblong, presque unilatéral, d'un vert blanchâtre, le plus souvent mêlé de bleu,
formé par la réunion d'épillets presque sessiles, embriqués,
comprimés, ovoïdes-lancéolés, à 2—5 fleurs ; valves de la
glume presque carénées, à peu près égales, ovales-aiguës,
mucronées, rudes sur la carène, ordinairement plus courtes
que les fleurs ; paillette inférieure de la glumelle concave,
un peu scarieuse, terminée par 2—4 pointes courtes et une
arête au milieu un peu plus longue, rude ; paillette supérieure un peu plus courte, à 2 dents. ♃ (Mars, avril).

Commune aux environs de Salins, et sur les pelouses et les coteaux
arides du pied oriental et occidental du Jura, ainsi que sur les montagnes.

TRIBU XII. — AVÉNACÉES. Kunth.

Épillets à 2—plusieurs fleurs, la terminale souvent
presque avortée ; glume grande, enveloppant presque l'é-
pillet ; styles très courts ou nuls ; stigmates plumeux, sortant de chaque côté de la base de la fleur.

22. KOELÉRIE. — *KOELERIA.* Pers.

Épillets à 2 plusieurs fleurs hermaphrodites ; glume
comprimée-carénée, à 2 valves ; glumelle à 2 paillettes,
l'inférieure entière au sommet ou bifide, mucronée ou munie
d'une arête sétacée droite ; styles très courts ; stigmates
plumeux, sortant latéralement de l'épillet.

1. K. à crête. — *K. cristata.*

Pers. Syn. 1. p. 97. — DC. Fl. fr. supp. n. 1597a. —
Duby, Bot. gall. p. 522. — Gaud. Fl. helv. 1. p. 265. —
Koch, Syn. p. 790. — *Aira cristata.* Linn. Sp. 94. —
Poa cristata. Linn. Syst. nat. 2. p. 94. -- DC. Fl. fr. n.
1621. var. *a.*

P. Beauv. Agrost. tab. 17. fig. 4. — Kunth. Agrost. tab. 27.
—[Leers, Herb. tab. 5. fig. 6. — Moris. sect. 8. tab. 4.
fig. 7.

Racine fibreuse; chaume de 3—5 décim., glabre, excepté sous la panicule où il est un peu pubescent, nu dans
le haut sur une grande partie de sa longueur; feuilles
planes : les radicales et les inférieures ciliées, larges d'environ 2 millim., à gaîne cylindrique, striée, un peu rude,
la supérieure très longue, beaucoup plus que le limbe;
ligule courte, tronquée; panicule allongée, en forme d'épi,
dense ou un peu lâche, plus ou moins lobée-interrompue à
la base, panachée de vert et de blanc argenté, quelquefois
un peu purpurine; axe et rameaux pubescents, ainsi que les
pédicelles; épillets lancéolés, à 2 fleurs, rarement 3—4;
valves de la glume inégales, lancéolées, aiguës, vertes et
rudes sur la carène, moins longues que les fleurs, l'inférieure plus courte, un peu plus étroite; paillette inférieure
acuminée, rarement mucronée, un peu rude et verdâtre
sur le dos, largement scarieuse et d'un blanc argenté sur les
bords, la supérieure entièrement membraneuse, diaphane,
bicarénée, également d'un blanc argenté, légèrement et finement ciliée sur les bords et les 2 carènes, bifide au sommet.
♃ (Juin, juillet).

Commune sur les pelouses, les coteaux, les prés arides de la plaine
et des montagnes.

β. Gracilis. Koch, Syn. l. c. — *K. cristata. var. δ.
gracilis.* DC. Fl. fr. supp. n. 1597ᵃ. — Chaume plus grêle,
moins élevé; feuilles plus étroites; épi simple, plus grêle,
interrompu à la base.

Les pàturages arides.

γ. Major. Koch, Syn. l. c. — *K. cristata. var. γ. py-
ramidata.* DC. Fl. fr. supp. n. 1597ᵃ. — Chaume épais,
d'environ 6 décim. et plus; panicule de 8—12 centim.,
rameuse-lobée, interrompue.

Les lieux moins arides.

2. K. du Valais. — *K. Valesiaca.*

Gaud. Agrost. I. p. 149. et ejusd. Fl. helv. I. p. 266. —
— Koch, Syn. p. 790. — *Poa cristata. var. γ.* DC. Fl.
fr. n. 1621. — *Aira Valesiaca.* All. Auct. p. 40.

Racine gazonnante, en touffe épaisse, fasciculée, recouverte de tuniques marcescentes; chaumes de 5 décim.,
fermes, presque nus, glabres, jeunes pubescents-blan-
châtres au sommet; feuilles glabres, les radicales enroulées-
filiformes, courtes, lisses, raides, courbées, les caulinaires
planes; panicule de 5—4 centim., ovoïde-oblongue, presque
cylindrique, très dense, à peine un peu interrompu à la
base; épillets à 2—3 fleurs, glabres, presque sessiles sur
l'axe commun, ou portés sur de très courts pédicelles; paillette inférieure de la glumelle acuminée, mutique ou mucronée. ♃ (Mai, juin).

Les murs autour de Neuchâtel (Rapin). — Prairies élevées du Creux-
du Vent (Godet).

25. CANCHE. — *AIRA.* Linn.

Épillets à 2 fleurs hermaphrodites, quelquefois accompa-
gnées du rudiment pédicellé d'une troisième, rarement à 5
fleurs; glume comprimée, à 2 valves; glumelle à 2 paillettes,
l'inférieure munie à la base ou vers le milieu du dos d'une
arête genouillée au milieu, ou presque droite; styles très
courts; stigmates plumeux, sortant de la base de la fleur.

§ 1. *Arête seulement un peu infléchie et à peine tordue
à la base.* — Deschampsia. P. Beauv.

1. C. gazonnante. — *A. cœspitosa.*

Linn. Sp. 96. — DC. Fl. fr. n. 1566. — Duby, Bot. gall.
p. 511. — Gaud. Fl. helv. 1. p. 523. — Koch. Syn. p.
792. — *A. altissima.* Lam. Ency. 1. p. 599.

P. Beauv. tab. 18. fig. 3. — Leers, Herb. tab. 4. fig. 8. —
Scheuchz. Gram. tab. 5. fig. 2. et 3. — J. Bauh. Hist. 2.
p. 462. fig. 1. — Dod. pempt. p. 561. fig. 1. — Lob. ic.
p. 3. fig. 1.

Racine fibreuse, gazonnante ; chaumes de 6—9 décim.,
simples, dressés, lisses ; feuilles planes, fermes, allongées,
linéaires, lisses en dessous, sillonnées et rudes en dessus et
sur les bords, larges de 4 millim., les radicales plus étroites,
mais plus longues, fasciculées ; gaînes striées, plus ou moins
rudes, à ligule oblongue, profondément bifides, à lobes
aigus ; panicule ample, diffuse, très longue, étalée pendant
la fleuraison, ensuite resserrée, à rameaux rudes, rameux,
demi-verticillés ; épillets petits, oblongs, verdâtres, panachés de brunâtre et de violet ; valves de la glume lancéolées, aiguës, presque égales entre elles et de même longueur
que les fleurs, scarieuses et argentées sur les bords et à leur
sommet, renfermant 2 fleurs, la supérieure à pédicelle
poilu ; paillette inférieure de la glumelle oblongue, d'un
blanc argenté, scarieuse, tronquée, à 4 dentelures, munie
vers la base d'une arête qui ne dépasse pas ordinairement la
fleur : paillette supérieure bifide au sommet. ⚇ (Juin, juillet).

Commune dans les bois et les lieux ombragés de la plaine et des montagnes.

β. *Pallida.* Koch, Syn. p. 792. — *A. parviflora.*
Thuill. p. 38. — Épillets plus petits, d'un vert pâle, souvent un peu jaunâtres, argentés au sommet.

Les bois ombragés, humides.

§ 2. *Arête plus évidemment infléchie et tordue à la base.*
— Avenella. Koch.

(Ce paragraphe diffère des *Avoines* par la paillette inférieure tronquée,
dentelée, et non à 2 dents ou à 2 pointes.)

2. C. flexueuse. — *A. flexuosa.*

Linn. Sp. 96. — DC. Fl. fr. n. 1567. — Duby, Bot. gall. p.
511. — Gaud. Fl. helv. 1. p. 324. — Lam. Ency. 1. p.
599. — Koch, Syn. p. 792.

Leers, Herb. tab. 5. fig. 1. — Scheuchz. Gram. tab. 4. fig.
6. A. B. C. et ejusd. Prod. tab. 4. fig. 4.

Racine fibreuse, gazonnante ; chaume de 5—6 décim.,
dressé, lisse, strié, nu dans une grande partie de sa longueur ; feuilles radicales nombreuses, fasciculées, glabres,
très étroites, filiformes, beaucoup plus courtes que le
chaume : les caulinaires plus courtes et un peu plus raides,
à peine rudes, ainsi que les gaînes striées ; ligule oblongue,
bifide, plus large que la feuille ; panicule lâche, resserrée,
un peu penchée, à rameaux allongés, nus sur une grande
partie de leur longueur, ciliés-rudes, pauciflores, souvent
flexueux ; épillets à 2 fleurs velues à la base, l'une sessile,
l'autre pédicellée ; glume à 2 valves lancéolées, acuminées,
dépassant peu les fleurs, ou à peu près de même longueur
qu'elles, souvent un peu panachées à leur partie inférieure
de vert et de pourpre, scarieuses et d'un blanc argenté sur
le reste de leur surface, à la fin un peu roussâtres ; paillette
inférieure de la glumelle dentelée au sommet, munie à la
base d'une arête genouillée une fois plus longue qu'elle :
paillette supérieure bifide au sommet. ♃ (Juin, juillet).

Salins, très commune dans le bois du Sepois, entre les villages
d'Ivory et de Chilly. — Sur la lisière des forêts du Lômont (Girod-
Chant.). — Sur le Chasseron (Chaillet).

24. HOUQUE. — *HOLCUS*. Linn..

Glume bivalve, à 2 fleurs, l'inférieure hermaphrodite,
mutique, la supérieure mâle, munie d'une arête dorsale
droite, à la fin réfléchie ; glumelle à 2 paillettes, l'inférieure
entière au sommet, styles très courts ; stigmates plumeux,
sortant de la base de la fleur.

1. H. laineuse. — *H. lanatus.*

Linn. Sp. 1485. — Gaud. Fl. helv. 1. p. 343. — Lam. Ency.
3. p. 143. — Koch, Syn. p. 795. — *Avena lanata* (Kœ-
ler). DC. Fl. fr. n. 1563. — Duby, Bot. gall. p. 512.

P. Beauv. Agrost. tab. 17. fig. 10. — Schreb. Gram. tab. 20.
fig. 1. — Leers, Herb. tab. 7. fig. 6. — Scheuchz. Gram.
tab. 4. fig. 24. A. et B. — Moris. sect. 8. tab. 6. fig. 54.

Racine fibreuse, gazonnante ; chaume de 4—6 décim.
et quelquefois plus, feuillé, dressé, pubescent sous la panicule, mollement velu-pubescent au-dessous des nœuds ;
feuilles molles, larges, planes, velues-pubescentes sur
les deux faces et sur les bords, à gaînes lâches, un peu
renflées, d'un vert cendré, également velues-pubescentes,
surtout à la base, à poils réfléchis, les supérieures très
longues, à feuilles plus courtes ; ligule courte, tronquée ; panicule ovoïde-oblongue, d'abord resserrée, ensuite
étalée, blanchâtre, un peu mêlée de brun ou de violet,
quelquefois entièrement blanchâtre, à rameaux géminés ou
ternés, pubescents, multiflores ; épillets ovoïdes-comprimés ;
valves de la glume presque égales, mollement pubescentes,
ciliées sur la carène, mucronées, la supérieure à 5 nervures ;
paillettes de la glumelle jaunâtres, glabres, luisantes, cartilagineuses, munies à la base de quelques poils, l'inférieure
garnie vers le sommet d'une arête lisse, courte, crochue
en dehors dans la fleur supérieure, mutique dans l'autre
fleur. ⚴ (Mai, juillet).

Très commune dans les prés, au bord des champs et le long des
chemins.

2. H. molle. — *H. mollis.*

Linn. Sp. 1485. — Gaud. Fl. helv. 1. p. 345. — Lam.
Ency. 3. p. 143. — Koch, Syn. p. 793. — *Avena mollis*
(Kœl.). DC. Fl. fr. n. 1564. — Duby, Bot. gall. p. 512.
Schreb. Gram. tab. 20. fig. 2. — Leers, Herb. tab. 7. fig.
7. — Scheuchz. Gram. tab. 4. fig. 25.

Racine rampante ; chaume de 3—5 décim., dressé, genouillé à la base, velu sur les nœuds ; feuilles planes, d'a-
bord pubescentes, à la fin glabres, rudes sur les bords ;
gaînes ordinairement très glabres, les inférieures quelquefois
cependant velues, munies d'une ligule allongée, ovale, em-

brassante; panicule resserrée, étalée seulement à l'époque
de la fleuraison, blanchâtre, un peu mêlée de roux, à rameaux rudes; épillets ovoïdes-lancéolés, aigus, à 2 fleurs
hermaphrodites, l'inférieure mutique, la supérieure portant
sous le sommet une arête rude, genouillée et fléchie, droite
à sa partie supérieure, et non crochue comme dans l'espèce
précédente, saillante hors de la glume. ♃ (Juin, juillet).

Les bois et les champs, assez rare : bois de Chalezeule, à Besançon
(Guérin). — Genève, près de Vernier; entre Divonne et Crassier; au
bois de Prangins (Reut.). — Bâle, çà et là, le long des haies. — Dans les
mauvais pâturages (Girod-Chant.). — Porentruy, à Bonfol (Thurm.).

25. ARRHÉNATHÈRE. — *ARRHENATHERUM*. P. Beauv.

Glume bivalve, à 2 fleurs, l'inférieure mâle, munie sur
le dos d'une arête genouillée–infléchie, la supérieure hermaphrodite, mutique ou munie au-dessous du sommet d'une
courte arête; glumelle à 2 paillettes; styles nuls; stigmates
plumeux, sortant de la base de la fleur.

1. A. élevé. — *A. elatius*.

Mert. et Koch, Deuts. Fl. 1. p. 546. — Gaud. Fl. helv. 1.
p. 342. — Koch, Syn. p. 795. — *Avena elatior*. Linn.
Sp. 117. — DC. Fl. fr. n. 1562. — Duby, Bot. gall. p.
512. — Lam. Ency. 1. p. 331.
P. Beauv. Agrost. tab. 11. fig. 5. — Schreb. Gram. tab. 1.
— Leers, Herb. tab. 10. fig. 4. — Kunth, tab. 21. fig.
1. — Moris. sect. 8. tab. 7. fig. 37.
Racine fibreuse; chaume de 6—9 décim., dressé, strié,
nu à sa partie supérieure, glabre; feuilles planes, glabres,
ainsi que les nœuds du chaume, rudes; gaînes cylindriques,
presque lisses, à ligule courte, presque tronquée; panicule
resserrée avant la fleuraison, puis étalée, oblongue, à rameaux demi-verticillés, inégaux, les uns courts, simples,
ou presque simples, les autres allongés, rameux; épillets
oblongs, biflores, d'un vert blanchâtre ou purpurescent;

valves de la glume très inégales , scarieuses, diaphanes, un peu rudes sur la carène , la supérieure plus grande, à 5 nervures verdâtres ou violettes, ainsi que la carène de l'autre valve ; fleurs poilues à la base : l'inférieure sessile, à paillette inférieure échancrée ou dentelée au sommet, munie vers la base d'une arête genouillée-fléchie , tordue, rude ; fleur supérieure portée sur un court pédicelle poilu, à paillette inférieure souvent garnie de poils appliqués, et munie, un peu au-dessous du sommet, d'une petite arête droite qui dépasse peu la paillette. ♃ (Juin , juillet).

Commun dans les prés, au bord des champs et le long des chemins.

β. *Bulbosum.* Gaud. Fl. helv. 1. l. c. — Koch, Syn. l. c. — *Avena precatoria.* Thuill. Fl. par. ed. 2. p. 58. — *A. bulbosa.* DC. Fl. fr. supp. n. 1562ᵃ. — Moris. sect. 8. tab. 7. fig. 38. — P. Beauv. Agrost. tab. 1. fig. 2. — Chaume ayant à sa base 2—3 renflements blanchâtres, arrondis, superposés, semblables à des tubercules.

Les champs cultivés, mais moins commun que la var. α.

26. AVOINE. — *AVENA.* Linn.

Glume bivalve, à 2—plusieurs fleurs hermaphrodites ; glumelle à 2 paillettes, l'inférieure à 2 dents ou à 2 pointes au sommet et quelquefois bifide , à lobes irrégulièrement dentelés ; arête dorsale genouillée, tordue à la base ; ovaire glabre, ou poilu au sommet ; styles nuls ; stigmates plumeux, sortant de la base de la fleur.

§ 1. *Épillets pendants, au moins après la fleuraison ; valves à 5—9 nervures ; ovaire poilu au sommet ; racine annuelle ; faisceaux de feuilles stériles nuls. — — Avenæ genuinæ.* Koch.

1. A. cultivée. — *A. sativa.*

Linn. Sp. 118. — DC. Fl. fr. n. 1545. — Duby, Bot. gall. p. 514. — Gaud. Fl. helv. 1. p. 329. — Lam. Ency. 1. p. 331. — Koch, Syn. p. 794.

Chaum. Fl. méd. tab. 49. — Kunth. Agrost. tab. 20. fig. 1.
— Moris. sect. 8. tab. 7. fig. 1. — J. Bauh. Hist. 2. p.
432. fig. 1. — Dalech. Hist. p. 403. fig. 1. — Lob. ic.
p. 31. fig. 2. — Dod. pempt. p. 511. fig. 1.

Racine fibreuse ; chaume de 6—9 décim., dressé, feuillé,
ferme ; feuilles assez larges, planes, glabres, un peu rudes ;
panicule lâche, étalée, quelquefois unilatérale et un peu
resserrée, à rameaux simples ou divisés, demi-verticillés ;
épillets pendants, à 2 fleurs dont une sans arête ; valves de
la glume verdâtres, lisses, striées, à 9 nervures, acuminées,
blanchâtres sur les bords, plus longues que les fleurs portées sur un axe glabre ; paillette inférieure de la glumelle
bifide au sommet, pourvue dans la fleur inférieure, qui est
sessile, d'une arête dorsale longue, genouillée, brunâtre,
tordue au-dessous du coude, ou sans arête dans les 2 fleurs ;
graines allongées, lisses, blanches ou noires, selon les variétés. ① (Juillet).

Cultivée partout, mais plus particulièrement dans la partie monta-
gneuse du Jura, où l'on ne sème que la variété à graines noires. — On
sème aussi assez souvent, dans nos montagnes, un mélange à partie
égale d'avoine et d'orge, appelé *Orgée*, dont on fait un pain plus grossier que celui d'orge pure. Dans les cantons les plus élevés on prépare
même, avec la farine d'avoine pure, de petits pains ronds appelés
Bôlons, de la grosseur du poing, dont on fait une espèce de biscuit, en
les laissant cuire long-temps. On les brise avec le marteau pour les
mettre à la soupe. Ils peuvent se garder plusieurs années dans un lieu
sec. La paille d'avoine est employée comme fourrage.

2. A. d'Orient. — *A. Orientalis.*

Schreb. Spicil. p. 52. — DC. Fl. fr. supp. n. 1546[a]. —
Duby, Bot. gall. p. 514. — Gaud. Fl. helv. 1. p. 350. —
Poir. Ency. supp. 1. p. 540. — Koch, Syn. p. 794. —
A. racemosa. Thuill. Fl. par. ed. 2. p. 59.

Racine fibreuse ; chaume de 9—12 décim., très robuste ;
feuilles planes, linéaires-lancéolées, aiguës, rudes sur les
deux faces, larges de 10—12 millim., à gaîne lisse, striée,
à ligule courte, tronquée, déchirée ; panicule longue, res-

serrée, unilatérale, penchée; pédoncules dressés; épillets à
2 fleurs glabres à la base, plus courtes que la glume, l'inférieure munie d'une arête; valve supérieure de la glume à
9 nervures; paillette inférieure de la glumelle bidentée au
sommet; axe glabre. ① (Juin, juillet). Vulg. *Avoine de
Hongrie*.

Originaire d'Orient; cultivée çà et là, pure ou mélangée à l'avoine
ordinaire, aux environs de Genève, de Bâle, etc.

3. A. nue. — *A. nuda*.

Linn. Sp. 118. — DC. Fl. fr. n. 1346. — Duby, Bot. gall.
p. 514. — Lam. Ency. 1. p. 331. — Koch, Syn. p. 791.
— Hagenb. Fl. basil. 1. p. 109.
Moris. sect. 8. tab. 7. fig. 4. — Lob. ic. p. 32. fig. 1.

Cette espèce diffère de l'Avoine cultivée, parce qu'elle
est ordinairement plus petite; que les valves de la glume,
dont la supérieure a 7—9 nervures, sont un peu plus
courtes que les fleurs lancéolées; que l'arête est dressée ou
divergente, non tordue à la base; et qu'enfin les paillettes de
la glumelle sont caduques à la maturité, avec la graine
qu'elles recouvrent : les fleurs sont au nombre de 3 dans
chaque épillet, glabres à la base, à paillette inférieure her-
bacée-membraneuse, munie de fortes nervures, bifide au
sommet; l'axe est glabre, la fleur supérieure mutique, et la
panicule lâche, égale. ① (Juin, juillet).

Cultivée çà et là aux environs de Bâle, entre Frenkendorf et Liestal;
et près de la Maison-Rouge (Hagenbach).

4. A. folle. — *A. fatua*.

Linn. Sp. 118. — DC. Fl. fr. n. 1347. — Duby, Bot. gall.
p. 514. — Gaud. Fl. helv. 1. p. 330. — Lam. Ency. 1.
p. 331. — Koch, Syn. p. 794.
Schreb. Gram. tab. 15. — Leers, Herb. tab. 9. fig. 4. —
Barr. ic. fig. 75. n. 2. — Moris. sect. 8. tab. 7. fig. 5. —

J. Bauh. Hist. 2. p. 433. fig. 2. — Dalech. Hist. p. 406.
fig. 1. — Lob. ic. p. 53. fig. 2. — Dod. pempt. p. 539.
fig. 2.

Racine fibreuse ; chaume d'un mètre, lisse, strié, cylindrique ; feuilles linéaires, planes, allongées, rudes, assez
larges, nerveuses, obliques et auriculées à la base, à gaînes
striées, munies d'une ligule obtuse, presque tronquée ; panicule égale, ample, dressée, étalée, lâche, à rameaux
rudes, allongés, pauciflores, souvent simples ; épillets penchés, à 2—3 fleurs lancéolés plus courtes que la glume à
valves inégales, acuminées, nerveuses, verdâtres, à bords
blanchâtres, scarieux : la supérieure à 9 nervures ; paillette
inférieure de la glumelle acuminée, bifide au sommet, hérissée dans sa moitie inférieure, ainsi que l'axe, de longs
poils argentés, et munie sur le dos d'une arête genouillée,
rude, tordue, double de la longueur de la paillette. ①
(Juillet, août).

Dans les champs et parmi les moissons : Bâle, dans les champs vers
Mutenz, et entre Saint-Jacob et la ville, etc. — Les champs (Girod-
Chant.) — Genève, dans le vallon de Monetier, près de Bernex ; de
Sionet ; etc. (Reut.).

§ 2. *Épillets non pendants ; valves à* 1—3 *nervures ;
ovaire poilu au sommet ; racines vivaces, produisant
des faisceaux de feuilles stériles et des chaumes fertiles.*
— Avenastrum. Koch.

5. A. pubescente. — *A. pubescens.*

Linn. Sp. 1665. — DC. Fl. fr. n. 1549. — Duby, Bot. gall.
p. 513. — Gaud. Fl. helv. 1. p. 354. — Lam. Ency. 1. p.
335. — Koch, Syn. p. 795. — *A. amethystina.* DC. Fl.
fr. supp. n. 1552. (*ex Duby*).
Leers, Herb. tab. 9. fig. 2. — Scheuchz. Gram. tab. 4.
fig. 20.

Racine presque rampante ou stolonifère ; chaume de 6—9
décim., feuillé, lisse, dressé ; feuilles linéaires, planes,

molles, aiguës, un peu rudes sur les bords : les inférieures,
ainsi que leur gaîne, plus ou moins velues; gaine supérieure très longue, un peu renflée, à feuille courte ;
ligule courte, tronquée dans les feuilles inférieures, oblongue, obtuse, avec une pointe aiguë dans la supérieure ;
panicule oblongue, presque simple, resserrée, à rameaux
rudes, demi-verticillés, à 1—3 épillets de 2—3 fleurs verdâtres, panachés de blanc argenté et de violet souvent un
peu brunâtre ; valves de la glume très inégales, acuminées,
carénées, la supérieure plus longue, égalant presque les
fleurs, à 3 nervures, un peu rude sur la carène ; axe de la
panicule entièrement couvert de poils blancs, assez longs ;
paillette inférieure de la glumelle dentée - rongée au
sommet, entourée de poils à la base, et munie vers le milieu du dos d'une arête genouillée purpurine, rude et tordue, une fois plus longue que la fleur. ♃ (Mai, juin).

Commune sur les collines, au bord des champs, dans les prés montueux.

β. *Alpina*. Gaud. Fl. helv. 1. l. c. — Feuilles et gaînes
très glabres; fleur supérieure presque avortée.

Sur une saillie de rocher, au sud du Colombier. — Sur la Dôle (Ducros).

6. A. des prés. — *A. pratensis.*

Linn. Sp. 119. — DC. Fl. fr. n. 1555. — Duby, Bot. gall.
p. 513. — Gaud. Fl. helv. 1. p. 531. — Lam. Ency. 1.
p. 533. — Koch, Syn. p. 795.
Leers, Herb. tab. 9. fig. 1. — Vaill. Bot. par. tab. 18. fig. 1.
— Scheuchz. Gram. tab. 4. fig. 21. 22. — Moris. sect. 8.
tab. 7. fig. 21.

Racine fibreuse ; chaume de 3—5 décim., presque à un
seul nœud, lisse, nu au sommet sur une grande partie de
sa longueur; feuilles radicales un peu enroulées, larges
d'environ 3 millim., glabres, rudes sur les bords : celles
du chaume plus courtes, la plupart situées à sa base, la
supérieure très courte, également enroulée; gaînes cylindriques, striées, un peu rudes vers le haut, la supérieure très

longue, à ligule oblongue, un peu aiguë ; panicule très étroite, peu garnie, presque en grappe; épillets allongés, à 4 — 5 fleurs, portés sur des pédoncules rudes, alternes, simples, courts, presque nuls au sommet de la panicule, quelquefois géminés à sa base, plus longs et à 2 épillets; axe de l'épillet poilu; valves de la glume aiguës, inégales, la supérieure à 3 nervures, plus courtes que les fleurs verdâtres panachées de violet et de blanc **argenté**; paillette inférieure de la glumelle un peu rude à une forte loupe, munie vers le milieu du dos d'une arête rude, tordue, genouillée, une fois plus longue qu'elle. ♃ (Juin, juillet).

Les prés montagneux et stériles : Nyon, près du poteau ; au-dessus de Trélex ; au bois de Prangins, etc. (Gaud.). — Genève, à Salève, dans le chemin de la Croisette, etc. ; au bois des Frères; au bord d'un fossé de la route de Carouge à Veirier (Reut.). — Bâle, rare. — Neuchâtel, à Lignière (Chaillet).

§ 3. *Valves à* 1—3 *nervures; ovaire glabre; feuilles planes.* — Trisetum. Pers.

7. A. jaunâtre. — *A. flavescens.*

Linn. Sp. 118. — DC. Fl. fr. n. 1560. — Duby, Bot. gall. p. 512. — Gaud. Fl. helv. 1. p. 336. — Lam. Ency. 1. p. 333. — Koch, Syn. p. 796.

Schreb. Gram. tab. 9. — P. Beauv. tab. 18. fig. 1. — Leers, Herb. tab. 10. fig. 5. — Moris. sect. 8. tab. 7. fig. 42.

Racine gazonnante, presque rampante ; chaumes de 3—6 décim., grêles, cylindriques, dressés ou ascendants, feuillés, lisses ; feuilles planes, larges de 2—4 millim., pubescentes, particulièrement en dessus; gaînes cylindriques, striées, les inférieures velues ; ligule très courte, tronquée, frangée; panicule oblongue, multiflore, jaunâtre, un peu resserrée, étalée à l'époque de la fleuraison, à rameaux rudes, demi-verticillés, grêles, rameux, souvent flexueux; épillets à 2—3 fleurs, comprimés, luisants; valves de la glume inégales, acuminées, un peu rudes sur la carène, d'un vert jaunâtre; fleurs un peu écartées, à axe velu, à paillette supérieure lancéolée-acuminée, terminée par 2 soies, munie au-dessus du milieu d'une arête genouillée, rude, tordue, une fois plus longue qu'elle; paillette supérieure plus courte, scarieuse, d'un blanc argenté, à 2 dents au sommet. ♃ (Juin, juillet).

Commune partout, dans les prés secs de la plaine et des montagnes.

β. *Variegata.* Gaud. Fl. helv. 1. l. c. var. *γ*. — Duby, Bot. gall. l. c. var. *β, alpestris.* — *A. alpestris.* DC. Fl. fr. supp. n. 1561. var β. *purpurescens.* — Épillets panachés de pourpre, de jaune roussâtre et de blanc argenté.

Aux environs de Salins.

§ 4. *Valves à 1—3 nervures: ovaire glabre; feuilles en-roulées-sétacées.* — Caryophyllea. Koch.

8. A. caryophyllée. — *A. caryophyllea.*

Wigg. primit. Fl. Hols. p. 10. — Koch, Syn. p. 797 — *Aira caryophyllea.* Linn. Sp. 97. — DC. Fl. fr. n. 1568. — Duby. Bot. gall. p. 511. — Gaud. Fl. helv. 1. p. 326. — Lam. Ency. 1. p. 600.

P. Beauv. Agrost. tab. 18. fig. 4. — Lam. illust. tab. 44. — Moris. sect. 8. tab. 5. fig. 11.

Racine fibreuse; chaume de 1—2 décim., grêle, dressé ou ascendant, un peu rude sous la panicule; feuilles courtes, enroulées-sétacées, raides, un peu rudes, à ligule allongée, lancéolée, acuminée, ordinairement bifide ou déchirée; gaînes striées, un peu rudes, la supérieure allongée, à feuille très courte; panicule étalée, peu garnie, à rameaux tricho-tomes, capillaires, ordinairement géminés, nus à leur partie inférieure, presque lisses, pauciflores; épillets petits, ovoïdes, à 2 fleurs sessiles, glabres, munies à la base de poils courts; valves de la glume presque égales, plus longues que les fleurs, lancéolées, aiguës, blanchâtres, scarieuses, verdâ-tres ou purpurescentes à la base, un peu rudes sur la carène; paillette inférieure lancéolée, à 2 pointes, munie sur le dos, au-dessous du milieu, d'une arête capillaire, genouillé, un peu rude, une fois plus longue que la glume. ① (Mai—juillet).

Dans les champs à terre argileuse ou sablonneuse : aux environs de Sellières.— Nyon, dans les champs près de Pontfarbé, etc. (Gaud.) — Bâle, le long de la Birse, où elle n'est pas rare ; autour de Mutenz, etc. (Hagenb.). — Genève, au bois de la Bâtie ; dans la campagne d'Ivernois; à Vernier, au bord des chemins (Reut.). — Morges (Rapin).

β. *Major*. Gaud. Fl. helv. 1. l. c. — Panicule un peu plus resserrée.

Autour de Genève (Schleicher).

27. TRIODIE. — *TRIODIA*. R. Brown.

Glume bivalve, à 3—5 fleurs, ample, ventrue-convexe, embrassant les fleurs; glumelle à 2 paillettes, l'inférieure bifide au sommet, munie dans l'échancrure d'une arête droite; ovaire glabre; styles courts; stigmates plumeux, sortant de la base de la fleur.

1. T. inclinée. — *T. decumbens*.

P. Beauv. Agrost. p. 76. — Koch, Syn. p. 798. — *Danthonia decumbens*. DC. Fl. fr. n. 1543. — Duby, Bot. gall. p. 515. — Gaud. Fl. helv. 1. p. 222. — *Festuca decumbens*. Linn. Sp. 110. — Lam. Ency. 2. p. 463. P. Beauv. Agrost. tab. 15. fig. 9. — Leers, Herb. tab. 7. fig. 5. — Scheuchz. Gram. tab. 3. fig. 16. A. B. C. — Moris. sect. 8. tab. 1. fig. 6.

Racine fibreuse; chaume de 2—4 décim., incliné ou tombant, dressé ou ascendant à l'époque de la fleuraison, feuillé dans toute sa longueur, ferme; feuilles planes, un peu rudes, glabres, souvent parsemées de longs poils blancs, surtout dans le bas; gaînes allongées, cylindriques, striées, poilues, la supérieure glabre; ligule très courte, tronquée-ciliée; panicule simple, resserrée en forme d'épi, dressée, pauciflore, à rameaux courts, rudes, le plus souvent à un seul épillet, quelquefois 2—3 à la base de la panicule; épillets ovoïdes-oblongs, durs, renflés, d'un vert cendré, quelquefois un peu violacé, à 3—4 fleurs; valves de la glume ovales-acuminées, embrassant les fleurs et les dépassant peu; paillette inférieure de la glumelle munie à la base de 2 pinceaux de poils courts, ciliée sur les bords, terminée au sommet par 3 pointes, celle du milieu étant peut-être l'arête avortée; paillette supérieure plus petite, ciliée sur les bords, un peu échancrée au sommet. ♃ (Juin, juillet).

Les lieux incultes, un peu humides : Salins, au bord du bois Mouchard, à l'entrée du chemin de Saint-Cyr, du côté des Arsures; dans le bois de Cramans. — Aux environs d'Arbois; de Besançon (Mut.). — Nyon, à Calève et près du bois Bougis (Gaud.). — Genève, au marais de Troënex; au bois de la Bâtie; au bord des allées; près de Trélex (Reut.). — Bâle; dans les pâturages de Paschwang et dans le bois entre Olsberg et Reinfelden (Hagenb.). — Neuchâtel, au mont Pouilleret, etc. (L. Benoît et Depierre, cat.).

28. MÉLIQUE. — *MELICA* Linn.

Glume bivalve, ample, concave, membraneuse, à 2—4 fleurs, 1—2 fertiles, les supérieures informes, demi-avortées; glumelle à 2 paillettes mutiques, à la fin cartilagineuses; styles médiocres; stigmates sortant vers la base de la fleur.

§ 1. *Paillette inférieure de la glumelle longuement ciliée sur les bords.*

1. M. ciliée. — *M. ciliata.*

Linn. Sp. 97. — DC. Fl. fr. n. 1541. — Duby, Bot. gall. p. 510. — Gaud. Fl. helv. 1. p. 220. — Desrouss. Ency. 4. p. 69. — Koch, Syn. p. 799.

Scheuchz. Gram. tab. 3. fig. 16. G. H. J. K. — Barr. ic. fig. 3. n. 2. — J. Bauh. Hist. 2. p. 434. fig. 1.

Racine rampante, grêle, stolonifère ; chaume de 3—5 décim., dressé, légèrement trigone, nu dans le haut, recouvert à la base de gaînes écailleuses, un peu rude au sommet ; feuilles toutes caulinaires, planes, étroites, glauques, rudes, finement pubescentes en dessus, souvent enroulées étant sèches ; gaînes presque cylindriques, striées, rudes, à languette courte, tronquée dans les feuilles inférieures, oblongues et acuminées dans les supérieures ; panicule simple, allongée en forme d'épi presque cylindrique, d'un vert blanchâtre, soyeux à la maturité, souvent interrompu à la base ; épillets lancéolés, rapprochés, à 1—2 fleurs ; valves de la glume lancéolées-acuminées, un peu inégales, la supérieure plus longue que les fleurs, verdâtre et striée-rude sur le dos, scarieuse et blanchâtre sur les bords, ainsi que la valve inférieure plus courte ; paillette inférieure de la glumelle ovale-oblongue, glabre, rude, garnie sur les bords, de la base au sommet, de longs poils blanchâtres, soyeux, étalés à l'époque de la maturité ; paillette supérieure plus petite, courtement ciliée sur les bords, bifide au sommet ; fleur supérieure pédicellée, oblongue, glabre, ordinairement stérile, accompagnée d'un pédicelle terminé par le rudiment obconique d'une troisième fleur avortée. ♃ (Mai, juin).

Commune aux environs de Salins, sur les pelouses arides, et parmi les rochers ; aux environs de Besançon ; d'Arbois ; de Thoirette. — Nyon, au bord du lac, et à Orbe près du Signal (Gaud.). — Genève, à Sous-Terre ; au bois de la Bâtie ; à Salève (Reut.). — Près de la source de la Loue (Girod-Chant.). — Bâle, commune çà et là sur les rochers et les montagnes arides (Hagenb.). — Sur les murs du château de Grandson (Rapin). — Aux environs de Porentruy, fréquent (Thurm.).

§ 2. *Paillettes de la glumelle glabres.*

2. M. uniflore. — *M. uniflora.*

Retz, Obs. 1. p. 10. — DC. Fl. fr. n. 1538. — Duby, Bot. gall. p. 510. — Gaud. Fl. helv. 1. p. 218. — Koch, Syn. p. 799. — *M. nutans.* Desrouss. Ency. 4. p. 73.

Kunth. Agrost. tab. 26. fig. 1. — P. Beauv. Agrost. tab. 14.
fig. 4. — Vill. Dauph. tab. 3. fig. 3. — Lam. illust. tab.
44. — Moris. sect. 8. tab. 7. fig. 48.

Racine rampante, stolonifère ; chaume de 3—4 décim.,
filiforme, anguleux, strié, feuillé, coudé à la base, ascendant ; feuilles planes, toutes caulinaires, toujours plus longues en montant, rudes sur les bords et en dessous, un
peu poilues en dessus, larges de 4—6 millim., à gaîne tubuleuse, plus courte que la feuille ; ligule entourant le
chaume, courte et tronquée du côté de la feuille, triangulaire - acuminée du côté opposé ; panicule très lâche, peu
fournie, rameuse à la base, unilatérale, à rameaux allongés,
filiformes, géminés ou ternés ; épillets rougeâtres, presque
solitaires, dressés, ovoïdes, à une fleur fertile et 1—2 autres
stériles petites et informes, la supérieure réduite à une
petite paillette au sommet d'un court pédicelle. ♃ (Mai,
juin).

Çà et là dans les bois ombragés : Salins, dans les bois de Poupet ; de
Bovard ; de Myon ; de Bagney ; de Château, etc. — Nyon, au bois de
Prangins ; autour de Crans ; près de Divonne, à la fontaine de Versovie
(Gaud.). — Vers la tuilerie de Grandson (Ducros). — Bois de Peseux ;
Vauseyon, comté de Neuchâtel (Depierre). — Bâle, les bois, les
lieux ombragés (Hagenb.). — Aux environs de Porentruy, fréquent
(Thurm.).

3. M. penchée. — *M. nutans.*

Linn. Sp. 98. — Duby, Bot. gall. p. 510. — Gaud. Fl.
helv. 1. p. 219. — Koch, Syn. p. 799. — *M. montana*
(Huds.). DC. Fl. fr. n. 1540. — Desrouss. Ency. 4.
p. 74.
Schreb. Gram. tab. 6. fig. 1. — Leers, Herb. tab. 3. fig. 4.
— Seheuchz. Gram. tab. 3. fig. 16. D. E. F.

Racine rampante ; chaume de 3—4 décim., d'un rouge
pourpre à la base, strié, anguleux, feuillé, grêle, rude
sous la panicule, souvent coudé et rameux à la base ; feuilles
planes, larges de 4—6 millim., molles, linéaires-acumi-

nées, un peu poilues en dessus, ainsi que les gaines striées, un peu rudes; ligule très courte, tronquée, située à la base de la feuille seulement, sans partie opposée, comme dans l'espèce précédente; panicule simple, penchée, unilatérale, lâche, un peu rameuse à la base, à rameaux filiformes, rudes, rapprochés de l'axe; épillets ovoïdes, penchés, à 2 fleurs fertiles avec une troisième avortée et le rudiment d'une quatrième courtement pédicellé; valves de la glume oblongues-lancéolées, obtuses, à peu près égales, d'un pourpre noirâtre, blanchâtres et scarieuses au bord et au sommet, un peu plus courtes que les fleurs; paillette inférieure de la glumelle verdâtre, striée-plissée, oblongue-lancéolée, obtuse, blanchâtre-scarieuse et dentelée au sommet, la supérieure plus courte, oblongue, obtuse. ♃ (Mai, juin).

Çà et là dans les bois ombragés de la plaine et des montagnes; aux mêmes lieux que l'espèce précédente, mais plus commune.

TRIBU XIII. — FESTUCACÉES. Kunth.

Épillets pédicellés, à 2—plusieurs fleurs, la terminale souvent presque avortée; valves de la glume plus courtes que la fleur contiguë; styles très courts ou nuls; stigmates sortant de chaque côté de la base de la fleur.

29. BRIZE. — *BRIZA*. Linn.

Glume bivalve, à 3—plusieurs fleurs mutiques, embriquées sur 2 rangs en épillet dense; glumelle à 2 paillettes, l'inférieure ovale, obtuse, enflée-ventrue, auriculée-en cœur à la base; ovaire glabre; styles courts; stigmates plumeux, sortant latéralement de la fleur.

1. B. moyenne. — *B. media.*

Linn. Sp. 103. — DC. Fl. fr. n. 1626. — Duby, Bot. gall. p. 526. — Gaud. Fl. helv. 1. p. 261. — Lam. Ency. 1. p. 464. — Koch, Syn. p. 799.

J. Saint-Hil. Pl. fr. tab. 908. — Leers, Herb. tab. 7. fig. 2.
— Scheuchz. Gram. tab. 4. fig. 8. et 9. — Kunth. Agrost.
tab. 25. fig. 2. — Lam. illust. tab. 45. fig. 1. — Barr.
ic. fig. 16. — Moris. sect. 8. tab. 6. fig. 45.

Racine plus ou moins rampante ; chaume de 3—5 décim.,
dressé, cylindrique, lisse, nu dans le haut ; feuilles planes,
courtes, assez larges, rudes sur les bords, à gaîne striée,
la supérieure très longue ; ligule courte, obtuse, presque
tronquée ; panicule très ouverte, étalée, à rameaux capillaires géminés, allongés, nus dans le bas, presque lisses,
rameux-divariqués ; épillets ovoïdes-arrondis, à 5—9 fleurs
embriquées sur 2 rangs, comprimés, presque en cœur,
mêlés de vert, de blanc et très souvent de pourpre, portes sur
des pédicelles filiformes, solitaires ou géminés ; valves de la
glume presque égales, ovales, obtuses, concaves, plus courtes
que les fleurs ; paillette inférieure de la glumelle ovale-en
cœur, concave, très obtuse, scarieuse sur les bords, la supérieure ovale, plus petite, un peu échancrée au sommet.
♃ (Mai, juin). Vulg. *Brize amourette, Brize tremblante.*

Commune partout dans les prés secs de la plaine et des montagnes.

β. *Coarctata. B. repens.* Roth. — Moris. sect. 8. tab.
6. fig. 46. — Chaume de 2—3 décim. ; panicule resserrée,
allongée, dressée, engaînante à la base dans la feuille supérieure ; épillets plus petits, d'un vert pâle, mêlé de blanc,
à 5—6 fleurs.

Les prés secs et les pâturages montagneux : Salins, à Ivory ; à la
Châtelaine ; à Boujaille ; etc.

30. ÉRAGROSTIDE. — *ERAGROSTIS.* P. Beauv.

Glume bivalve, à 2—plusieurs fleurs ; valves de la glume
caduques, plus courtes que la fleur contiguë ; fleurs ovales
ou lancéolées, carénées-comprimées sur le dos, ventrues
sur les côtés ; glumelle à 2 paillettes, l'inférieure caduque,
la supérieure persistant avec l'axe ; ovaire glabre ; styles
courts ; stigmates plumeux, sortant de la base de la fleur.
Axe ne se séparant pas aux articulations.

1. E. à longs épillets. — *E. megastachya.*

Link. Hort. berol. 1. p. 187. — Koch, Syn. p. 800. — *Poa
Megastachya* (Kœl.). DC. Fl. fr. n. 1598. — Duby, Bot.
gall. p. 525. — Gaud. Fl. helv. 1. p. 230. — *Briza Era-
grostis.* Linn. Sp. 103. — Lam. Ency. 1. p. 464.
Schreb. Gram. tab. 59. — Scheuchz. Gram. tab. 4. fig. 4.
— Barr. ic. fig. 45. — Moris. sect. 8. tab. 6. fig. 52. —
Clus. Hist. 2. p. 218. fig. 1.

Racine fibreuse ; chaume de 15—30 centim., couché à la
base ou ascendant, assez raide, glabre ; feuilles planes, à 7
nervures, rudes-glanduleuses sur les bords, plus longues
que la gaîne glabre, striée, à ligule remplacée par un anneau de poils courts, soyeux, plus longs aux angles de la
feuille ; panicule lancéolée, étalée, à rameaux ordinairement
alternes, solitaires, rarement géminés ou demi-verticillés,
raides, un peu rudes, munis à la base d'une petite glande
axilaire jaunâtre, un peu poilue ; épillets assez grands, linéaires-oblongs, d'un vert sombre et livide, un peu luisants,
comprimés, à 15—20 fleurs obtuses, élégamment embriquées sur 2 rangs, comme dans le *Cyperus flavescens;*
valves de la glume presque égales, ovales-aiguës, la supérieure un peu plus grande ; paillette inférieure de la glumelle ovale, obtuse, concaves, à 3 nervures saillantes, formant presque 3 carènes. ☉ (Juillet, août).

Les champs, les lieux sablonneux : Nyon, au-dessous de la promenade au couchant, avec l'*E. pilosa*, et près de Prangins (Gaud.).

2. E. amourette. — *E. poœoïdes.*

P. Beauv. Agrost. p. 71. — Koch, Syn. p. 800. — *Poa
Eragrostis* Linn. Sp. 100. — Duby, Bot. gall. p. 525. —
Gaud. Fl. helv. 1. p. 231.
Schreb. Gram. tab. 58. — Scheuchz. Gram. tab. 4. fig. 2.

Cette espèce ressemble beaucoup à la précédente et n'en
est peut-être qu'une variété : elle en diffère cependant par

ses chaumes moins étalés, presque dressés ; par ses feuilles
à 5 nervures, poilues, ainsi que la gaîne, surtout à l'orifice
et sur les bords de la fente; par sa panicule moins raide ,
plus rameuse , à épillets plus nombreux et beaucoup plus
petits , lancéolés-linéaires, moins comprimés, d'une couleur
plus foncée , souvent presque purpurine , à 8—20 fleurs un
peu écartées au sommet, ce qui fait paraître les épillets
dentés en scie ; enfin par ses anthères rouges un peu plus
grosses. ⚁ (Juillet—septembre).

Les lieux sablonneux : Genève, à l'entrée des Petits-Philosophes ;
dans la ville, depuis l'extrémité du Bastion jusqu'à la promenade du
pont de fil de fer (Reut.). — Je l'ai trouvée abondamment , presque
en face du pont de Branson , dans le Bas-Valais.

3. E. poilue. — *E. pilosa.*

P. Beauv. Agrost. p. 71. — Koch , Syn. p. 800. — *Poa
pilosa.* Linn. Sp. 100. — DC. Fl. fr. supp. n. 1599ᵃ. —
Duby, Bot. gall. p. 525. — Gaud. Fl. helv. 1. p. 232. —
P. Eragrostis. Poir. Ency. 5. p. 84.
Scheuchz. Gram. tab. 4. fig. 3.

Racine fibreuse; chaumes de 15—30 centim., dressés,
coudés à la base , souvent penchés, feuillés, quelquefois un
peu rameux dans le bas ; feuilles planes , glabres, larges de
2—3 millim. , à 7 nervures, rudes en dessus et sur les
bords, munies aux deux angles de la base d'un faisceau de
poils blanchâtres, allongés, à gaîne glabre, munie d'une
ligule composée d'une série de poils très courts ; panicule
allongée , contractée dans la jeunesse, à la fin étalée , diffuse , à rameaux filiformes rudes, les inférieurs au nombre
de 4—5, demi-verticillés, munis à la base d'une glande
axilaire poilue ; épillets petits, lancéolés , aigus, comprimés,
d'un vert sombre, livide, souvent purpurescent, à 5—10
fleurs embriquées, un peu lâches; valves de la glume aiguës, un peu inégales; paillette inférieure de la glumelle
ovale , obtuse ; à nervures latérales peu marquées, un peu
rude sur la carène. ⚀ (Juillet—septembre).

Les champs sablonneux, le bord des chemins : Nyon, à l'embouchure
du Boiron ; le long des chemins, et dans les lieux arides des prome-
nades où elle est commune (Gaud.). — Genève, très commune sur les
Tranchées ; au bord de la grande route, au creux de Genthod et dans
les allées du bois de Bay (Reut.). — Bâle, sur les bords du Rhin et ailleurs, jusque dans la ville même (Hagenb.).

51. PATURIN. — *POA.* Linn.

Glume bivalve, à 2—plusieurs fleurs, à valves plus
courtes que la fleur contiguë ; fleurs ovoïdes ou lancéolées,
comprimées-carénées sur le dos, se détachant à la maturité
avec une portion de l'axe articulé ; glumelle à 2 paillettes ;
ovaire glabre ; styles courts ou nuls ; stigmates plumeux,
sortant de la base de la fleur.

§ 1. *Racine fibreuse, dépourvues de jets rampants.*

   *Rameaux de la panicule solitaires ou géminés ; fleurs glabres,
à l'exception des poils laineux qui les entourent quelquefois à la
base.*

1. P. annuel. — *P. annua.*

Linn. Sp. 99. — DC. Fl. fr. n. 1606. — Duby. Bot. gall. p.
524. — Gaud. Fl. helv. 1. p. 242. — Poir. Ency. 5. p.
72. — Koch, Syn. p. 801.
Kunth. Agrost. tab. 23. fig. 2. — Leers, Herb. tab. 6. fig. 1.
— Lam. illust. tab. 45. fig. 5. — Scheuchz. Gram. tab.
5. fig. 17. E. — J. Bauh. Hist. 2. p. 465. fig. 1.

Racine fibreuse, gazonnante ; chaumes de 8—16 centim.,
obliques, ascendants, diffus, un peu comprimés, garnis de
feuilles étalées, distiques, planes, assez larges, molles,
presque obtuses, à gaîne striée, comprimée, la supérieure
plus longue que le limbe ; ligule ovale ou oblongue, obtuse ;
panicule presque unilatérale, à la fin divariquée, à rameaux
lisses, solitaires ou géminés, ordinairement nus dans le bas,
à la fin déjetés ; épillets ovoïdes-oblongs, panachés de vert
et de blanc, rarement mêlé de pourpre, à 3—5 fleurs, ra-

rement 7, presque glabres ; valves de la glume inégales,
lancéolées, aiguës ; paillette inférieure de la glumelle à 5
nervures peu marquées, pubescente sur le dos dans sa moitié inférieure, obtuse, blanchâtre et scarieuse au sommet,
un peu poilue à la base. ④ (Presque toute l'année).

Très commun au bord des chemins, dans les lieux incultes, presque
partout ; dans les montagnes, autour des châlets.

** *Rameaux de la panicule solitaires ou géminés ; fleurs soyeuses-
pubescentes sur la nervure dorsale et les bords, outre les poils laineux qui les entourent quelquefois à la base.*

2. P. bulbeux. — *P. bulbosa.*

Linn. Sp. 102. — DC. Fl. fr. n. 1615. — Duby, Bot. gall.
　　p. 523. — Gaud. Fl. helv. 1. p. 246. — Poir. Ency. 5.
　　p. 74. — Koch, Syn. p. 802.
Vaill. Bot. par. tab. 17. fig. 8.

Racine fibreuse, gazonnante ; chaumes de 15—25 centim.,
cylindriques, dressés ou ascendants, épaissis-bulbeux à la
base ; feuilles planes, courtes, étroitement linéaires, courtement acuminées, un peu rudes sur les bords : les radicales enroulées lorsqu'elles sont sèches, les supérieures très
courtes ; gaînes allongées, striées-anguleuses, à ligule oblongue, aiguë ; panicule courte, dressée, ovoïde, ouverte,
presque unilatérale, étalée à l'époque de la fleuraison, à
pédoncules courts, rudes, ordinairement géminés ; épillets
assez gros, ovoïdes, comprimés, d'un vert un peu glauque
bigarré de blanc, quelquefois un peu purpurescents, à 4—6
fleurs ovoïdes-lancéolées, pubescentes sur le dos et les
bords, garnies à la base de poils laineux. ♃ (Mai, juin).

Commun dans les lieux secs, sur les murs, au bord des champs et
des chemins.

β. *Vivipara.* DC. Fl. fr. 1. c. — Gaud. Fl. helv. 1. 1. c.
—Koch, Syn. 1. c. —Barr. ic.fig. 703. — Scheuchz. Gram.
tab. 4. fig. 13. A. B. C. — Fleurs vivipares, transformées en
bourgeons feuillés.

Dans les mêmes lieux que la var. α., mais plus commune.

3. P. des Alpes. — *P. Alpina.*

Linn. Sp. 99. — DC. Fl. fr. n. 1614. — Duby, Bot. gall. p.
524. — Gaud. Fl. helv. 1. p. 244. — Poir. Ency. 5. p.
74. — Koch, Syn. p. 802.
Scheuchz. Gram. Prod. tab. 3. fig. 4. (*opt.*).

Racine fibreuse; chaume de 15—30 centim., lisse, dressé
ou ascendant, nu à sa partie supérieure; feuilles gazonnantes, longues de 4—8 centim., larges de 3—4 millim., à
bords un peu rudes, lisses, obtuses, courtement acuminées;
gaînes inférieures courtes, la supérieure très longue; ligule
courte et tronquée dans les feuilles inférieures, oblongue,
aiguë dans les supérieures; panicule très élégante, large,
ovoïde ou arrondie, quelquefois presque triangulaire, dense,
diffuse, étalée, à rameaux géminés, lisses ou presque lisses;
épillets ovoïdes, comprimés-distiques, panachés de vert, de
pourpre et de jaune, à 4—6 fleurs ovoïdes-lancéolées, aiguës, libres à la base; valves de la glume ovales, aiguës,
presque égales, rudes sur la carène, la supérieure un peu
plus grande, souvent mucronée; paillette inférieure de la
glumelle ovale-aiguë, un peu poilue à sa partie inférieure,
très velue-soyeuse de la base au milieu sur la nervure
moyenne et les deux latérales. ♃ (Juin—août).

Commun dans les pâturages du haut Jura : sur le Reculet et toute la
chaîne du Colombier; sur la Dôle; le Salève; le Chasseron; le Creux-
du-Vent; Tête-de-Rang; le Chasseral, etc.

*** *Rameaux inférieurs de la panicule quinés dans les échantillons
robustes, et seulement ternés ou géminés dans ceux qui sont plus
grêles; fleurs à 5 nervures peu marquées, soyeuses-pubescentes sur
la nervure dorsale et les bords, outre les poils laineux qui entourent
quelquefois la base.*

4. P. bleuâtre. — *P. cæsia.*

Smith, Brit. p. 103. — Koch, Syn. p. 803. — Gaud. Fl.
helv. 1. p. 249. et ejusd. *P. nemoralis. V. cæsia.* l. c.
p. 240. (*ex Rapin.*).

Racine fibreuse, gazonnante; chaumes longuement nus et un peu rudes à leur partie supérieure, dressés, fermes, quelquefois un peu rameux à la base, hauts d'environ 2 décim.; feuilles glauques, raides, un peu rudes, étalées, courtes, larges de 2 millim.; gaînes striées, plus longues que l'entre-nœud, la supérieure plus longue que le limbe; ligule courte, tronquée; panicule étalée, à rameaux rudes, les inférieurs géminés ou quinés; épillets ovoïdes-lancéolés, comprimés-distiques, colorés, à 2—5 fleurs à 5 nervures peu marquées; valves de la glume inégales, aiguës, carénées, plus courtes que l'épillet; paillette inférieure de la glumelle un peu rétuse, ovale, carénée, soyeuse dans le bas sur le dos et les bords, munie sous la base de poils lanugineux. ♃ (Juin, juillet).

Les rochers du Creux-du-Vent (Rapin). — C'est à tort, selon nous, que M. Rapin confond la *P. cæsia* Smith avec la var. *cæsia* du *P. nemoralis* Gaud., et je pense que c'est cette dernière qui se trouve au Creux-du-Vent.

5. **P. des bois.** — *P. nemoralis.*

Linn. Sp. 102. — DC. Fl. fr. n. 1611. — Duby, Bot. gall. p. 524. — Gaud. Fl. helv. 1. p. 257. — Poir. Ency. 5. p. 77. — Koch, Syn. p. 803.

Racine gazonnante, courtement stolonifère; chaume de 5—6 décim, très grêle, penché, à peine comprimé, feuillé, lisse; feuilles étroites, divergentes, planes, linéaires-acuminées, un peu rudes, à gaîne presque lisse, profondément striée, moins longue que l'entre-nœud, la supérieure plus courte que le limbe; ligule très courte, tronquée, presque nulle; panicule régulière ou presque unilatérale, étroite, allongée, penchée, étalée pendant la fleuraison, peu garnie, à rameaux grêles, allongés, rudes, géminés, ternés ou demi-verticillés; épillets lancéolés, verdâtres ou colorés, à 2—5 fleurs carénées à 5 nervures peu marquées, pubescentes sur le dos et les bords, souvent un peu velues à la base. ♃ (Juin—août).

α. Vulgaris. Hagenb. Fl. basil. 1. p. 78. — Koch, Syn. p. 804. — *P. nemoralis. I. vulgaris.* Gaud. l. c. — Leers, Herb. tab. 5. fig. 5. — Scheuchz. Prod. tab. 2. fig. 2. — Tige grêle, faible; panicule pauciflore, resserrée, penchée; glume de la longueur de l'épillet à 2 fleurs ovoïdes, pâles. Cette variété comprend aussi les individus à épillets à une seule fleur avec le rudiment pédicellé d'une seconde. C'est encore ici que l'on doit rapporter la forme *nodis culmeis spongioso cirrhosis.* DC. Fl. fr. 1. c. var. *β.* — Gaud. Fl. helv. 1. l. c. var. *β.* — Leers, Herb. tab. 5. fig. 5. *β.*, qui est un état maladif produit sans doute par la piqûre d'un insecte, et dans lequel les nœuds du chaume se recouvrent de filaments bruns, entrelacés en forme de petite boule.

Les bois, les rochers, dans les lieux frais et ombragés, ainsi que la forme à nœuds spongieux que j'ai aussi trouvée sur le Chasseral.

β. Firmula. Hagenb. Fl. basil. 1. p. 79. — *P. nemoralis. II. firmula.* Gaud. Fl. helv. 1. l. c. — Chaume dressé, assez ferme, longuement nu au sommet; panicule dressée, étalée-pyramidale, à rameaux rudes, demi-verticillés, rameux, allongés, flexueux, nus à leur partie inférieure; épillets longs de 4 millim., ordinairement à 3 fleurs libres, plus longues que les valves un peu colorées de la glume.

Les bois et les buissons de la plaine.

γ. Coarctata. Hagenb. Fl. basil. 1. l. c. — *P. nemoralis. VI. coarctata.* Gaud. Fl. helv. 1. p. 241. — *P. coarctata.* DC. Fl. fr. supp. n. 1611^b. — *P. cæspitosa.* Poir. Ency. 5. p. 75. — Chaumes nombreux, gazonnants, presque dressés, feuillés, fermes, un peu raides, souvent un peu glauques; panicule allongée, resserrée presque en épi, à rameaux courts, multiflores, presque dressés, demi-verticillés; épillets elliptiques, aigus, colorés, à 2—3 fleurs, rarement 4, embriquées, réunies à la base par des poils laineux.

Les murs, les lieux arides et stériles.

δ. Montana. Hagenb. Fl. basil. 1. l. c. — Koch, Syn.
l. c. var. ε. — *P. nemoralis. III. montana.* Gaud. Fl. helv.
1. p. 239. — *P. glauca.* DC. Fl. fr. supp. n. 1611ª. var. β.
— Chaume faible ; panicule oblongue, penchée, peu garnie,
à rameaux droits, filiformes, non flexueux, presque dressés,
rudes, pauciflores, ordinairement géminés ; épillets oblongs-
elliptiques, longs de 6 millim., à 4—5 fleurs plus longues
que les valves de la glume, velues-lanugineuses à la base.

Les bois moins ombragés, plus rare.

6. P. fertile. — *P. fertilis.*

Host. Gram. Aust. 3. tab. 14. — Koch, Syn. p. 804. — *P.
serotina* (Ehrh.). Gaud. Fl. helv. 1. p. 256. — Hagenb.
Fl. basil. 1. p. 75. — Duby, Bot. gall. p. 523. — *P. angustifolia.* Linn. Sp. 99. (*ex Fries et Walenb.*).

Racine fibreuse, gazonnante ; chaumes grêles, dressés,
glabres, quelquefois rameux à la base, feuillés, cylindriques,
hauts de 4—5 décim. ; feuilles étroites, planes, linéaires,
très aiguës, rudes sur les bords et la nervure dorsale, surtout au sommet, plissées en oreillette à la base, plus longues et plus larges que les gaînes : la supérieure rarement
un peu plus courte : les inférieures promptement marcescentes ; ligule oblongue, aiguë ; panicule pyramidale, longue
de 1—2 décim., à rameaux allongés, rudes, étalés, longuement nus dans le bas, les inférieurs quinés, demi-verticillés ; épillets ovoïdes-lancéolés, à 2—5 fleurs à peine carénées et nerveuses, vertes, souvent mêlées de pourpre,
jaunâtres au sommet, munies à la base de quelques poils
lanugineux ; valves de la glume presque égales, lancéolées,
aiguës, rudes sur la carène ; paillette inférieure de la glumelle elliptique, concave, à 5 nervures peu marquées, à
peine carénée, légèrement pubescente à sa partie inférieure.
♃ (Juin, juillet).

Les fossés, les marais et les prés humides : Besançon, à droite du
pont de Bregille (Mut.). — Bâle, dans les lieux ombragés et humides
(Hagenb.). — Morges (Rapin). — Au bord de la Thielle (Chaillet).

7. P. de Silésie. — *P. Sudetica.*

Haenk. Sudet. 120. — DC. Fl. fr. supp. n. 1605. — Duby, Bot. gall. p. 524. — Gaud. Fl. helv. 1. p. 227. — Koch, Syn. p. 805. — *P. sylvatica.* Vill. Dauph. 2. p. 128. — Poir. Ency. 5. p. 75. (*excl. omnibus Syn., præter Vill. et Chaix*).
Lorey, Fl. Côte-d'Or, p. 1008. tab. 7. — Vill. Dauph. tab. 5. fig. 1.

Racine stolonifère, presque rampante (Gaud.), ni rampante ni stolonifère, non plus que dans l'espèce suivante (Koch); chaumes de 6—9 décim., dressés, comprimés, lisses; feuilles courtes, larges, planes, pliées en capuchon au sommet, très obtuses ou très courtement acuminées, rudes sur les bords : les radicales en faisceaux très comprimés, comme dans les *Iris* ou dans le *Tofieldia calyculata ;* gaînes striées, comprimées, bicarénées, celles du chaume plus longues que le limbe, à ligule très courte, tronquée ; panicule oblongue, diffuse, étalée, d'un vert ordinairement mélangé de pourpre noirâtre, à rameaux rudes, ordinairement nus dans le bas, les inférieurs quinés, demi-verticillés ; épillets ovoïdes-oblongs, à 3—5 fleurs, glabres; valves de la glume inégales, rudes sur la carène, la supérieure à 5 nervures ; paillette inférieure de la glumelle oblongue, aiguë, un peu scarieuse et blanchâtre au bord, rude sur la carène, à 5 nervures saillantes. ♃ (Juin—août).

Çà et là dans les bois montagneux : Salins, dans les bois de Poupet ; de Chambaron ; de Chaudreux, etc. — Les pâturages du Jura (Gaud.). — Les montagnes de Neuchâtel (Chaillet). — Le sommet du Creux-du-Vent (Godet).

β. *Viridis.* Gaud. Fl. helv. 1. l. c. — DC. Fl. fr. supp. l. c. — *P. Sudetica* (Willd.). Poir. Ency. 5. p. 79. — *P. trinervata.* DC. Fl. fr. n. 1604. — Panicule verte, non pa-

nachée de pourpre noirâtre, à épillets à 3 fleurs, ayant la
paillette inférieure de la glumelle lancéolée, à nervures
moins apparentes.

Salins, dans les mêmes lieux que la var. α.

8. P. hybride. — *P. hybrida.*

Gaud. Fl. helv. 1. p. 229. — Koch, Syn. p. 805. — *P. Su-*
detica. var. β. hybrida. Duby, Bot. gall. 2. in addend.
p. 1033. — *Festuca montana.* Sternberg. et Hopp. Denks.
regensb. bot. ges. p. 95. (1818) (*ex Koch*).
Rich. Cent. 11. fig. 1636.

Cette espèce est intermédiaire entre le *P. pratensis* et le
P. sudetica, mais elle se rapproche davantage de ce dernier, dont elle n'est peut-être qu'une variété : elle a comme
lui les faisceaux de feuilles radicales comprimés-aplanis,
quoique un peu moins, caractère qui distingue ces deux espèces de toutes les autres du genre. Chaumes de 9—12 décim., comprimés, un peu anguleux, amincis au sommet;
feuilles très longues, lancéolées-linéaires, très aiguës, non
en capuchon au sommet ; gaînes comprimées, bicarénées,
plus courtes que la feuille, à ligule très courte, tronquée ;
panicule allongée, étalée, diffuse, d'un vert noirâtre, à
rameaux très grêles, rudes, les inférieurs quinés, demi-
verticillés; épillets ovoïdes-oblongs, à 3—5 fleurs, à paillette inférieure à 5 nervures saillantes, garnie à la base de
poils laineux, épars. ⚥ (Juillet, août).

Le pied des rochers des hautes sommités du Jura : sur la Dôle ; au
Creux-du-Vent, abondamment ; sur le mont Weissenstein (Gay). —
Parmi les grandes herbes, sur le col qui joint le Vuarne à la Dôle
(Reuter). — Sur le Chasseron (Lequereux).

9. P. commun. — *P. trivialis.*

Linn. Sp. 99. — Duby, Bot. gall. p. 523. — Gaud. Fl. helv.
1. p. 257. — Poir. Ency. 5. p. 71. — Koch, Syn. p. 805.
— *P. scabra* (Ehrh.). DC. Fl. fr. n. 1607.
Leers, Herb. tab. 6. fig. 5.

Racine fibreuse; chaumes de 5—6 décim., ascendants, souvent un peu couchés à la base et radicants, faibles, cylindriques, feuillés, ordinairement rudes à leur partie supérieure; feuilles planes, allongées, aiguës, larges de 2—6 millim., pliées en carène au sommet, rudes sur les bords et sur les faces, à gaîne un peu comprimée, très rude de bas en haut : la supérieure beaucoup plus longue que le limbe; ligule lancéolée, aiguë, longue de 5—4 millim.; panicule ample, diffuse, pyramidale, à rameaux rudes, étalés, nus dans le bas, rameux au sommet : les inférieurs quinés, demi-verticillés; épillets ovoïdes, comprimés, nombreux, verts, souvent panachés de pourpre noirâtre, à 2—5 fleurs; valves de la glume inégales, aiguës, nerveuses, carénées; paillette inférieure de la glumelle ovale-obtuse, à 5 nervures saillantes, garnie à la base de longs poils laineux. ♃ (Juin, juillet).

Commun partout le long des chemins, au bord des champs, etc.

§ 2. *Racines émettant des fibres et des jets rampants.*

10. P. des prés. — *P. pratensis.*

Linn. Sp. 99. — DC. Fl. fr. n. 1609. — Duby, Bot. gall.
p. 523. — Gaud. Fl. helv. 1. p. 258. — Poir. Ency. 5,
p. 71. — Koch. Syn. p. 805.
Kunth. Agrost. tab. 23. fig. 1.
Racine rampante, longuement stolonifère; chaumes de 5—6 décim., lisses, dressés, feuillés, cylindriques ou presque cylindriques; feuilles planes, rudes en dessous et sur les bords, en capuchon au sommet : les radicales un peu plus étroites, mais plus longues; gaînes lisses, la supérieure plus longue que le limbe; ligule courte, presque tronquée; panicule ample, étalée, diffuse, pyramidale, à rameaux rudes, nus à la base, les inférieurs quinés, demi-verticillés, souvent divariqués après la fleuraison; épillets nombreux, ovoïdes-oblongs, comprimés, ordinairement verts, quelquefois mêlés de pourpre, à 3—5 fleurs presque embriquées, réunies à la base par des poils nombreux, longs et laineux;

valves de la glume presque égales , carénées , rudes sur la
nervure dorsale ; paillette inférieure de la glumelle ovale-
lancéolée , à 5 nervures saillantes , la dorsale et les marginales pubescentes dans leur moitié inférieure, munie de poils
laineux à la base. ♃ (Mai , juin).

Commun dans les prés , au bord des champs et des chemins.

β. *Angustifolia.* Hagenb. Fl. basil. 1. p. 74. — *P. pratensis.* *II. angustifolia.* Gaud. Fl. helv. 1. p. 259. — *P. angustifolia.* Linn. Sp. 99. (*ex Smith.*). — Leers , Herb. tab.
6. fig. 3. — Chaume plus élevé ; feuilles d'un vert gai , les
radicales planes , un peu rudes , très longues , très étroites :
celles du chaume beaucoup plus courtes et plus larges ; panicule pyramidale , à la fin divariquée.

Commun dans les prés , le long des chemins , au pied des haies.

γ. *Strigosa.* Hagenb. Fl. basil. 1. l. c. — *P. pratensis.*
III. strigosa. Gaud. Fl. helv. 1. l. c. — *P. strigosa.* Hoffm.
Germ. 3. p. 44. — *P. angustifolia.* Poir. Ency. 5. p. 72. —
DC. Fl. fr. n. 1610. — Chaume de 5—7 décim. ; feuilles un
peu glauques : les radicales très étroites , enroulées-sétacées :
les caulinaires larges de 2 millim., également enroulées ;
panicule oblongue , resserrée en forme d'épi ; épillets petits ,
ordinairenment à 5 fleurs vertes ou colorées.

Les lieux arides aux environs de Salins ; de Besançon , etc.

δ. *Anceps.* Hagenb. Fl. basil. 1. l. c. — *P. pratensis.*
IV. anceps. Gaud. Fl. helv. 1. l. c. — Chaume comprimé-
bicaréné ; feuilles plus larges et plus courtes ; épillets presque
à 5 fleurs colorées , lanugineuses, ce qui distingue cette variété du *P. Sudetica* qui les a entièrement glabres.

Les prés du mont Diétisberg (Hagenb.).

11. P. comprimé. — *P. compressa.*

Linn. Sp. 101. — DC. Fl. fr. n. 1612. — Duby, Bot. gall.
p. 523. — Gaud. Fl. helv. 1. p. 255. — Poir. Ency. 5. p.
83. — Koch, Syn. p. 806.

Vaill. Bot. par. tab. 18. fig. 5. — Leers, Herb. tab. 5.
fig. 4.

Racine longuement rampante, stolonifère; chaumes de
3—5 décim., couchés et ordinairement radicants à la base,
ascendants, feuillés, striés, fermes, comprimés-bicarénés,
à angles aigus; feuilles courtes, assez larges, planes,
presque lisses, pliées en carène vers le sommet, d'un vert
un peu glauque; gaînes striées, très comprimées : les supérieures égalant presque le limbe de la feuille, à languette
très courte, tronquée; panicule oblongue, presque unilatérale, à rameaux très courts, rudes, les inférieurs ordinairement géminés, rarement quinés et demi-verticillés; épillets ovoïdes-oblongs, comprimés, verts, souvent mêlés de
pourpre, à 5—9 fleurs embriquées, distiques, un peu pubescentes sur le dos, à peine réunies à la base par quelques
poils laineux courts et rares; axe glabre, à peine rude;
valves de la glume aiguës, presque égales, à 5 nervures,
rudes sur la nervure dorsale; paillette inférieure ovale,
concave, scarieuse au sommet, à 5 nervures peu marquées.
♃ (Juin, juillet).

Commun dans les champs arides, les lieux sablonneux et sur les
murs.

52. GLYCÉRIE. — *GLYCERIA*. R. Brown.

Épillets linéaires, cylindriques ou oblongs; glume à
2—plusieurs fleurs, à valves convexes, l'inférieure plus
courte; glumelle obtuse, à 2 paillettes, l'inférieure arrondie sur le dos, demi-cylindrique, tronquée, mutique, à
5—7 nervures, la supérieure plus petite, concave, ciliée,
à 2 dents; stigmates plumeux.

1. G. très élevée. — *G. spectabilis.*

Mertens et Koch, Fl. Deuts. 1. p. 586. — Koch, Syn. p.
806. — *G. aquatica.* Wahl gothob. p. 18. — *Poa aqua-*

tica. Linn. Sp. 98. — **DC**. Fl. fr. n. 1603. — Duby, Bot. gall. p. 524. — Gaud. Fl. helv. 1. p. 233. — Poir. Ency. 5. p. 81.

Leers, Herb. tab. 5. fig. 5. — Scheuchz. Gram. tab. 4. fig. 1. — Moris. sect. 8. tab. 6. fig. 25.

Racine rampante ; chaume de 1—2 mètres, épais, lisse, dressé, un peu rude dans le haut ; feuilles allongées, acuminées, planes, larges de 10—12 millim., rudes sur le dos et coupantes sur les bords, marquées à la base de 2 taches brunes, à gaine profondément striée, rude, plus courte que le limbe ; ligule courte, arrondie ; panicule longue de 2—5 décim., ample, dressée, un peu lâche, très rameuse, à épillets nombreux, à rameaux rudes, souvent flexueux, nus dans le bas, rameux au sommet, quinés, demi-verticillés à la base de la panicule ; épillets oblongs, comprimés, panachés de vert et de brun, à 5—9 fleurs distiques, embriquées, un peu lâches ; valves de la glume un peu inégales, blanchâtres, presque scarieuses ; paillette inférieure de la glumelle oblongue, obtuse, à 7 nervures saillantes, rudes : la supérieure presque de même longueur, à 2 dents au sommet, à peine rude sur les bords. ♃ (Juillet, août).

J'ai trouvé cette belle graminée à Yverdon, dans les fossés des prés au bord du lac. — Le bord des eaux aux environs de Landeron et de Cornaux (L. Benoît, cat.). — Bâle, autour de Michelfeld (Hagenb.). — Bienne (Gaud.). — Aux environs de Ferrette (Thurmann).

2. G. flottante. — *G. fluitans.*

R. Brown. Prod. 1. p. 179. — Koch, Syn. p. 806. — *Poa fluitans* (Scop.). DC. Fl. fr. n. 1600. — Duby, Bot. gall. p. 525. — Gaud. Fl. helv. 1. p. 255. — *Festuca fluitans*. Linn. Sp. 111. — Lam. Ency. 2. p. 462.

P. Beauv. Agrost. tab. 19. fig. 7. — Schreb. Gram. tab. 3. — Leers, Herb. tab. 8. fig. 5. — Scheuchz. Gram. tab. 4. fig. 5. — Moris. sect. 8. tab. 3. fig. 16.

Racine rampante, stolonifère ; chaumes de 5—9 décim., radicants aux nœuds et rameux à la base, redressés, ascen-

dants, souvent flottants, mous, cylindriques; feuilles planes,
assez longues, molles, larges de 6—8 millim., rudes sur le
dos et les bords, à gaîne striée, allongée, comprimée, un
peu rude; ligule courte, tronquée; panicule allongée,
dressée, de 3—4 décim., égale, un peu unilatérale, d'un
vert blanchâtre, à rameaux presque lisses, inégaux, solitaires ou géminés, étalés à angle droit à l'époque de la
fleuraison, peu rameux, ayant à la base un épillet solitaire
presque sessile; épillets linéaires, allongés, légèrement
comprimés, appliqués contre les rameaux, à 7—11 fleurs
embriquées, un peu lâches; valves de la glume inégales,
blanchâtres, ovales-obtuses, entièrement scarieuses; paillette inférieure de la glumelle d'un vert blanchâtre, obtuse,
scarieuse sur les bords, à 7 nervures saillantes. ♃ (Juin—
septembre). Vulg. *Manne de Prusse.*

Commune dans les marais et les fossés pleins d'eau.

3. G. écartée. — *G. distans.*

Wahlenb. Fl. Upsal. p. 36. — Koch, Syn. p. 807. — *Poa
distans.* Linn. Mant. 32. — DC. Fl. fr. n. 1602. — Gaud.
Fl. helv. 1. p. 234. — *P. maritima. var. β. distans.*
Duby, Bot. gall. p. 523. — *P. Salina.* Poll. Palat. n. 92.
— *Festuca distans.* Kunth. Enum. 1. p. 393.

Kunth. Agrost. tab. 30. fig. 4.

Racine fibreuse; chaumes presque dressés, souvent un
peu couchés et radicants à la base, hauts de 3—4 décim.,
feuillés, lisses, striés; feuilles molles : les radicales dressées, étroites, pliées sur la carène, longues d'environ un
décim. : celles du chaume plus courtes et un peu plus
larges, linéaires-acuminées, un peu rudes en dessus et sur
les bords; gaînes striées, plus longues que le limbe, à ligule
oblongue, obtuse, souvent bifide; panicule resserrée, à la
fin étalée ou divariquée, à rameaux inégaux, rudes, nus à
la base, les inférieurs 2—5, demi-verticillés; épillets
linéaires, d'un vert blanchâtre, à 5—7 fleurs obtuses, em-

briquées ; valves de la glume inégales, scarieuses, blanchâtres, obtuses ; paillette inférieure de la glumelle ovale-oblongue, obtuse, comme tronquée, scarieuse sur les bords, à 5 nervures peu marquées. ♃ (Juin—août).

Les terrains infiltrés d'eau salée : à Grozon, près d'Arbois ; à Tourmont, près de Poligny ; et à Montmorot, près de Lons-le-Saunier.

4. G. aquatique. — *G. aquatica.*

Presl. Fl. cech. p. 25. (1819). — Koch, Syn. p. 807. — *Poa airoïdes* (Kœl.). DC. Fl. fr. n. 1620. — Duby, Bot. gall. p. 525. — Gaud. Fl. helv. 1. p. 256. — *Aira aquatica.* Linn. Sp. 95. — Lam. Ency. 1. p. 599.
P. Beauv. Agrost. tab. 19. fig. 8. — Vaill. Bot. par. tab. 17. fig. 7.

Racine rampante, gazonnante ; chaumes de 2—3 décim., dressés, couchés, radicants et souvent rameux à la base ; feuilles planes, molles, courtes, larges de 4—6 millim., à gaîne un peu lâche, striée ; ligule ovale-oblongue, obtuse, entière ; panicule oblongue, pyramidale, à la fin étalée, divariquée, à rameaux presque lisses, demi-verticillés, nus à la base, rameux au sommet ; épillets petits, rapprochés, linéaires, tronqués, panachés de vert et de pourpre violet, ordinairement à 2 fleurs, l'une pédicellée, à pédicelle plus court que la glume, l'autre sessile ; valves de la glume inégales, obtuses, la supérieure plus grande, tronquée, dentelée irrégulièrement ; paillette inférieure de la glumelle rongée-dentelée et un peu scarieuse au sommet, à 5 nervures saillantes, la supérieure presque égale. ♃ (Juin, juillet).

Cette plante n'est pas rare dans les mares et les fossés pleins d'eau.

β. *Uniflora.* Gaud. Fl. helv. 1. l. c. — Épillets à une seule fleur.

Nyon, au bord du lac (Gaud.).

55. MOLINIE. — *MOLINIA*. Schrank.

Épillets coniques, à 2—4 fleurs écartées; valves de la glume membraneuses, l'inférieure plus petite; paillettes de la glumelle ventrues à la base, coniques, l'inférieure entière, demi-cylindrique sur le dos, mutique; stigmates plumeux, colorés.

1. M. bleue. — *M. cœrulea.*

Mœnch. Meth. 183. — Koch, Syn. p. 808. — Gaud. Fl. helv. 1. p. 216. — *Enodium cœruleum.* ejusd. Agrost. helv. 1. p. 145.—*Festuca cœrulea.* DC. Fl. fr. n. 1573. — Duby, Bot. gall. p. 520. — *Aïra cœrulea.* Linn. Sp. 95. — *Melica cœrulea.* Linn. Mant. 2. p. 325. — Desrouss. Ency. 4. p. 75.

P. Beauv. Agrost. tab. 14. fig. 6. — Leers, Herb. tab. 4. fig. 7. — Scheuchz. Gram. tab. 4. fig. 12. — Moris. sect. 8. tab. 5. fig. 22.

Racine fibreuse, gazonnante; chaumes de 9—15 décim., dressés, munis d'un seul nœud, épaissis en bulbe au-dessus de la racine, feuillés dans le bas et nus dans le reste de leur longueur; feuilles longues, planes, larges de 6—8 millim., linéaires, longuement acuminées, glabres, rudes sur les bords ordinairement enroulés, poilues aux angles de la base; gaînes lisses, striées, courtes, cylindriques, à ligule remplacée par une ligne de poils courts et serrés; panicule dressée, allongée, un peu lâche, à rameaux géminés ou demi-verticillés, dressés, inégaux, nus à la base, rameux; épillets verts, mélangés de pourpre noirâtre, dressés, allongés, à 2—4 fleurs écartées; valves de la glume inégales, un peu obtuses et scarieuses au sommet, de moitié plus courtes que l'épillet; paillette inférieure de la glumelle ventrueconique, à 3 nervures; stigmates d'un pourpre noir. ♃ (Août, septembre).

Commune dans les lieux ouverts et humides des bois et sur le penchant humide des collines.

β. *Minor*. Gaud. Fl. helv. 1. l. c. — Racine composée de longues fibres blanchâtres, épaisses, fortes, flexueuses ; chaume de 3—4 décim., ferme, grêle, dressé, muni d'un seul nœud au-dessus de la racine ; feuilles planes, longuement acuminées et enroulées-subulées au sommet, à 9 nervures plus marquées ; panicule de 6—10 centim., d'un pourpre noir, très resserré en forme d'épi.

Les tourbières de Pontarlier ; des environs de Champagnole, etc.

γ. *Flavescens*. Gaud. Fl. helv. 1. l. c. — Épillets d'un jaune roussâtre.

Tourbière de Noiraigue, comté de Neuchâtel.

δ. *Foliosa*. Gaud. Syn. p. 55. — Chaume feuillé plus haut ; épillets d'un vert pâle, très allongés ; fleurs enroulées ensemble et presque avortées.

Nyon, dans les bois et les lieux humides (Gaud.).

34. DACTYLE. — *DACTYLIS*. Linn.

Épillets à 2—5 fleurs, en panicule agglomérée, unilatérale ; glume à 2 valves inégales, comprimées en carène, mucronées en courte arête ; glumelle à 2 paillettes inégales, l'inférieure carénée, munie sous le sommet d'une arête très courte, la supérieure bi-carénée, à 2 dents ; styles courts, terminaux ; stigmates plumeux.

Obs. Les *Dactyles* ont le port des *Cynosures* et les caractères des *Kœléries* dont ils diffèrent par le port, les épillets plus renflés, et les fleurs un peu infléchies au sommet ; ils diffèrent aussi des *Paturins* par leurs fleurs courtement aristées, et des *Fétuques* par les fleurs comprimées-carénées, et non arrondies sur le dos.

1. D. aggloméré. — *D. glomerata*.

Linn. Sp. 105. — DC. Fl. fr. n. 1642. — Duby, Bot. gall. p. 521. — Gaud. Fl. helv. 1. p. 223. — Lam. Ency. 2. p. 255. — Koch, Syn. p. 808.

P. Beauv. Agrost. tab. 17. fig. 5. — Lam. illust. tab. 44. fig.
1. — Schreb. Gram. tab. 8. fig. 2. — Leers, Herb. tab.
5. fig. 5. — Moris. sect. 8. tab. 6. fig. 38.

Racine fibreuse, gazonnante; chaumes de 5—6 décim.,
dressés, feuillés, rudes à leur partie supérieure; feuilles
planes, assez larges, carénées, aiguës, rudes, à gaîne striée,
comprimée, également rude; ligule allongée, acuminée, à
la fin déchirée; panicule pyramidale, unilatérale, à rameaux inférieurs écartés, divariqués, longuement nus à la
base; épillets verts, oblongs, comprimés, à 3—5 fleurs,
agglomérés, rapprochés, unilatéraux; valves de la glume
inégales, plus courtes que les fleurs, la supérieure mucronée,
à 5 nervures, ciliée-rude sur la carène; paillette inférieure
de la glumelle à 5 nervures, ciliée-rude sur la carène, terminée par une arête rude, très courte, la supérieure bidentée au sommet, ciliée sur les bords. ♃ (Juin, juillet).

Très commun partout, dans les prés, le long des chemins, au bord
des champs.

β. *Hispanica*. Gaud. Syn. p. 55. et Fl. helv. 1. p. 225.
— DC. Fl. fr. supp. n. 1642b. — Panicule resserrée en épi
lobé, à rameaux courts portant des épillets dès la base;
feuilles un peu glauques.

Comté de Neuchâtel (Gaud.).

γ. *Vivipara*. Fleurs vivipares, transformées en bourgeons feuillés.

Salins, dans le bois de Racine.

55. CYNOSURE. — *CYNOSURUS*. Linn.

Épillets distiques à 2—5 fleurs, munis chacun d'une
bractée foliacée, pectinée; glume à 2 valves membraneuses, lancéolées, subulées; paillette inférieure de la glumelle arrondie sur le dos, mucronée ou courtement aristée
au sommet, la supérieure bicarénée; styles 2, courts; stigmates plumeux.

Obs. Les *Cynosures* ne diffèrent des *Fétuques* que par la bractée qui
se trouve à la base des épillets (épillets avortés?).

1. C. à crêtes. — *C. cristatus.*

Linn. Sp. 105. — **DC. Fl. fr. n. 1645. — Duby, Bot. gall.
p. 526. — Gaud. Fl. helv. 1. p. 263. — Lam. Ency. 2.
p. 185. — Koch, Syn. p. 809.**
**P. Beauv. Agrost. tab. 14. fig. 1. — Schreb. Gram. tab. 8.
fig. 1. — Lam. illust. tab. 47. fig. 1. — Leers, Herb. tab.
7. fig. 4. — Scheuchz. Gram. tab. 2. fig. 8. A. C. — Barr.
ic. fig. 27. n. 2. — Moris. sect. 8. tab. 4. fig. 6. (*series* 3.).**

Racine fibreuse ; chaume de 3—6 décim., dressé, nu
dans le haut ; feuilles linéaires, étroites, presque lisses,
acuminées, striées, à gaîne cylindrique, lisse, également
striée, la supérieure plus longue que le limbe ; ligule très
courte, tronquée ; panicule resserrée en épi droit, linéaire,
unilatéral ; épillets alternes, distiques, verdâtres, comprimés, très courtement pédicellés, à 3—5 fleurs, appliqués
contre l'axe flexueux, munis à la base d'une bractée pectinée,
à lanières étroites, ciliées-rudes, mucronées ; valves de la
glume presque égales, lancéolées, acuminées, membraneuses, blanchâtres, vertes sur la carène ; paillette inférieure
de la glumelle rude-pubescente, arrondie-conique sur le
dos, mucronée ou courtement aristée. ♃ (Juin, juillet).

Commune dans les prés, au bord des champs et des chemins.

36. FÉTUQUE. — *FESTUCA.* Linn.

Épillets lancéolés, distiques, comprimés, aigus aux deux
bouts ; glume à 2 valves inégales, aiguës, multiflore ; glumelle à 2 paillettes assez raides, l'inférieure lancéolée, ordinairement aiguë, mucronée ou terminée en arête, arrondie
sur le dos, non carénée, avec ou sans nervure proéminente,
la supérieure très finement ciliée, ce qui distingue les *Fétuques* des *Brachypodes* où la paillette supérieure est ciliée-
pectinée par des soies raides.

Obs. Les *Fétuques* diffèrent des *Bromes* par l'arête partant du sommet
de la paillette inférieure de la glumelle, et non un peu au-dessous, et

des *Paturins* par leurs épillets plus allongés, aigus aux deux bouts, ayant la paillette inférieure presque toujours terminée par une arête.

§ 1. *Épillets disposés en épi simple; pédicelles courts, épais; racine fibreuse, petite, annuelle.* — Nardurus. Comp.

1. F. de Lachenal. — *F. Lachenalii.*

Spenn. Fl. Friburg. p. 1050. — Koch, Syn. p. 809. — *Triticum Lachenalii* (Gmel.). Poir. Ency. supp. 2. p. 677. — *T. tenellum.* Linn. Sp. 127. — Lam. Ency. 2. p. 561. var. β. — *T. Halleri* (Viviani). Gaud. Fl. helv. 1. p. 366. — Hagenb. Fl. basil. 1. p. 115. — *T. Poa.* DC. Fl. fr. n. 1668. et supp. p. 285. — Duby, Bot. gall. p. 530.

Moris. sect. 8. tab. 2. fig. 3.

Racine fibreuse; chaumes de 15—30 centim., grêles, lisses, presque filiformes, assez fermes, gazonnants, dressés ou un peu genouillés à la base; feuilles étroites, un peu courtes, lisses, à la fin enroulées-filiformes, légèrement hérissées sur les bords, ainsi que sur la gaîne striée; ligule très courte, tronquée, dentée, auriculée; épi grêle, allongé, distique, à axe flexueux un peu rude; épillets ovoïdes-lancéolés, alternes, très courtement pédicellés, dressés, glabres, un peu écartés, à 5—8 fleurs distinctes; valves de la glume inégales, oblongues-lancéolées, un peu obtuses, à 3 nervures, plus courtes que les fleurs; paillette inférieure de la glumelle oblongue-lancéolée, un peu obtuse, sans arête. ① (Juin, juillet).

Aux Ferrières d'Erguel; près de Saint-Imier (Hall.).

β. *Spica infernè ramosa.* Gaud. Fl. helv. 1. p. 366. — *Triticum Festuca.* DC. Fl. fr. n. 1670. — *T. Poa. var. β.* Duby, Bot. gall. l. c. — Épi rameux à la base.

2. F. à feuilles menues. — *F. tenuifolia.*

Schrad. Fl. germ. p. 545. — Koch, Syn. p. 809. var. γ.
aristata. — *Triticum nardus.* DC. Fl. fr. n. 1671. —
Duby, Bot. gall. p. 530. — Gaud. Fl. helv. 1. p. 367. —
T. tenellum. var. α. Lam. Ency. 2. p. 561.

Racine fibreuse ; chaumes presque dressés, grêles, cylindriques, feuillés, lisses ou légèrement rudes, hauts de 8—16
centim., quelquefois rameux à la base ; feuilles très étroites,
courtes, marcescentes, enroulées-canaliculées lorsqu'elles
sont sèches ; gaînes striées, quelquefois ciliées, la supérieure
plus longue que le limbe ; languette presque nulle, à 2
oreillettes ; épi simple, grêle, occupant le quart ou la moitié
du chaume ; épillets unilatéraux, distiques, très courtement
pédicellés, nombreux, rapprochés au sommet de l'épi, ordinairement pubescents, à 4—6 fleurs comprimées-disti-
ques ; valves de la glume inégales, lancéolées-acuminées,
l'inférieure de moitié plus étroite et plus courte, à nne
seule nervure ; paillette inférieure de la glumelle lancéolée-
linéaire, très aiguë, terminée par une arête rude de même
longueur que la paillette, ou plus longue dans les fleurs
supérieures. ④ (Juin, juillet).

Cette jolie petite graminée se trouve au Salève, parmi les rocailles
au bas du Pas-de-l'Échelle (Reut.).

§ 2. *Épillets disposés en panicule raide : pédicelles courts,
épais ; racine fibreuse, petite, annuelle.* — Sclerochloa.
Koch.

3. F. raide. — *F. rigida.*

Kunth. Enum. 1. p. 392. — Koch, Syn. p. 810. — *Poa
rigida.* Linn. Sp. 101. — DC. Fl. fr. n. 1623. — Duby,
Bot. gall. p. 525. — Gaud. Fl. helv. 1. p. 229. — Poir.
Ency. 5. p. 83.

Vaill. Bot. par. tab. 18. fig. 4. — Scheuchz. Gram. tab. 6.
fig. 2. et 3. — Barr. ic. fig. 49. — Moris. sect. 8. tab. 2.
fig. 9.

Racine fibreuse; chaumes de 6—15 centim., dressés, ou
genouillés-ascendants à la base, raides; feuilles étroites, aiguës, un peu rudes en dessus et sur les bords, ordinairement
enroulés, à gaîne lisse, striée, cylindrique, souvent purpurine,
plus courte que la feuille; ligule longue de 2 millim., obtuse,
bifide ou déchirée au sommet; panicule à la fin lancéolée,
raide, souvent purpurine, distique-unilatérale, à rameaux
rapprochés, demi-dressés; épillets alternes, linéaires-oblongs, courtement pédicellés, raides, glabres, verdâtres ou
purpurins, à 6—12 fleurs dressées-étalées, rapprochées,
distinctes; valves de la glume presque égales, étroites, aiguës, carénées; paillette inférieure de la glumelle oblongue,
convexe, obtuse et scarieuse au sommet, la supérieure
presque égale, ciliée-rude sur les bords. ① (Juin, juillet).

Les lieux sablonneux et arides : Nyon, au pied des murs de la pro-
menade au couchant (Gaud.). — Genève, à Genthod et au pied de
Salève, dans le chemin de Malagnoux, etc. (Reut.). — Morges
(Rapin).

§ 3. *Pédoncules un peu épaissis, surtout au sommet;
fleurs lancéolées-subulées, terminées par une longue
arête, souvent monandres; racine fibreuse, petite, annuelle. —* Vulpia. Gmel.

4. F. queue-de-rat. — *F. myuros.*

Linn. Sp. 109. — Soyer-Willemet, Obs. Pl. fr. p. 132. —
Koch, Syn. p. 810. — *Festuca ciliata.* DC. Fl. fr. n.
1595. et supp. p. 268. — Duby, Bot. gall. p. 517. —
Vulpia ciliata. Link. Hort. 1. p. 147.

Scheuchz. Gram. tab. 6. fig. 12.

Racine fibreuse; chaumes lisses, feuillés, hauts de 15—
50 centim.; feuilles lisses, étroites, enroulées, à gaîne

striée, la supérieure plus longue que la limbe, un peu renflée et enveloppant quelquefois la base de la panicule ; languette très courte, tronquée ; panicule unilatérale étroite,
allongée, dressée, presque en épi, un peu penchée ; épillets
à 3—6 fleurs ; valves de la glume très inégales, l'inférieure
très petite, presque nulle, la supérieure blanchâtre, scarieuse, lancéolée, aiguë ; paillette inférieure de la glumelle
lancéolée-subulée, longuement ciliée, terminée par une
arête rude plus longue qu'elle. ④ (Mai, juin).

Genève, en grande quantité, entre les Hippophaë au bord de l'Arve,
le long du chemin qui va de Veyrier à Étrambière (Reut.). — Et près
de Sierne (Alph. DC.).

5. F. fausse-queue-de-rat. — *F. pseudo-myuros.*

Soyer-Willemet, Obs. Pl. fr. p. 132. — Koch, Syn. p. 811.
　　— *F. myuros.* DC. Fl. fr. n. 1594. (*non Linn.*). — Duby,
　　Bot. gall. p. 517. — Gaud. Fl. helv. 1. p. 273. — Lam.
　　Ency. 2. p. 461. — *Vulpia myuros.* Gmel. Bad. 1. p. 8.
Leers, Herb. tab. 3. fig. 3. — Scheuchz. Gram. tab. 6.
　　fig. 11. — Barr. ic. fig. 99. — Moris. sect. 8. tab. 7.
　　fig. 43.

Racine fibreuse ; chaumes de 3—4 décim., gazonnants,
feuillés, grêles, presque dressés ou ascendants ; feuilles
étroites, rudes sur les bords, enroulées-filiformes, carénées ;
gaînes striées, la supérieure très longue, dilatée au sommet
et enveloppant souvent la base de la panicule ; languette
courte, tronquée ; panicule étroite, allongée en forme d'épi
unilatéral, un peu penchée au sommet, souvent un peu rameuse à la base, à rameaux écartés, dressés ; épillets à
3—6 fleurs verdâtres, quelquefois violacés, comprimés ;
valves des glumes très inégales, étroites, acuminées, l'inférieure très petite, la supérieure beaucoup plus longue, lancéolée-acuminée ; paillette inférieure de la glumelle lancéolée-subulée, très rude dans sa partie supérieure, non ciliée,
prolongée en une longue arête rude, une fois au moins
plus longue qu'elle. ① (Mai, juin).

Les lieux arides, les champs sablonneux : Nyon, sur la promenade de la ville et dans les champs autour de Pontfarbé (Gaud.). — Genève, dans les champs sablonneux et graveleux à la campagne d'Ivernois; à Vernier ; sur les Tranchées (Reut.). — Bâle, assez commun dans les lieux arides et pierreux : au bord du Rhin , de la Birse et du Birsec (Hagenb.).

6. F. queue-d'écureuil. — *F. sciuroïdes.*

Roth. Tent. 2. 130. — Koch, Syn. p. 811. — *F. bromoïdes.* DC. Fl. fr. n. 1596. — Duby, Bot. gall. p. 517. — Gaud. Fl. helv. 1. p. 274. — Lam. Ency. 2. p. 461. — *Vulpia bromoïdes.* Link. Hort. 1. p. 147.

Barr. ic. fig. 100. — Scheuchz. Gram. tab. 6. fig. 10.

Racine fibreuse ; chaumes de 15—30 centim. , grêles , souvent coudés et rameux à la base , nus dans le haut ; feuilles très étroites , enroulées, pubescentes en dessus , à ligule très courte , tronquée ; panicule droite, resserrée en épi , unilatérale , simple, ou un peu rameuse à la base , longue de 5—8 centim. , très éloignée de la gaîne supérieure ; pédicelles presque trigones , légèrement épaissis au sommet ; épillets à 3—6 fleurs fermes, cylindriques ; valves de la glume inégales ; l'inférieure étroite , subulée , carénée , la supérieure acuminée , à 3 fortes nervures formant 2 sillons sur le dos, une fois seulement plus longue que l'inférieure ; paillette inférieure de la glumelle lancéolée-subulée , rude dans sa moitié supérieure, prolongée en une longue arête également rude , plus longue qu'elle. ① (Mai, juin).

Les lieux secs et arides, les champs sablonneux : Salins, au bord des champs autour de l'étang de Vaudrey. — Bâle, au bord du Rhin près de Rheinfelden , et du Birsec, etc. (Hagenb.). — Bois de la Bâtie près de Genève (Gay). — Les prés secs au-dessous du Pas-de-l'Échelle, au pied du Salève (Reut.). — Cette espèce est très voisine de la précédente, dont elle n'est probablement qu'une variété, car elle ne s'en distingue guère que par sa panicule plus courte et son chaume nu au sommet.

§ 4. *Pédoncules filiformes, un peu épaissis au sommet ;
fleurs lancéolées, aiguës ou acuminées, terminées par
une arête plus courte qu'elle, rarement nulle ou plus
longue ; racine vivace, fibreuse, émettant quelquefois
des jets rampants.* — Festucæ genuinæ. Koch.

* *Ligule très courte et tronquée, à 2 oreillettes ; feuilles toutes filiformes, pliées ou roulées longitudinalement.*

7. F. des brebis. — *F. ovina.*

Linn. Sp. 108. — Koch, Syn. var. *α. vulgaris.* p. 812. —
Smith, Brit. 113. — Gaud. Syn. p. 66. et ejusd. Fl. helv.
1. p. 275. — Lam. Ency. 2. p. 458.

Leers, Herb. tab. 8. fig. 3.

Racine fibreuse, brune, très gazonnante ; chaumes de
2—3 décim. et plus, filiformes, nus et presque trigones
dans le haut, à peine rudes sous la panicule ; feuilles nombreuses, filiformes, pliées-appliquées, un peu rudes en
dessus et sur les bords, ce que l'on n'observe pas facilement,
à cause de la difficulté d'ouvrir la feuille dont les bords sont
exactement appliqués, plus courtes que le chaume, vertes
ou un peu glauques : celles du chaume plus courtes et en
petit nombre ; gaînes longues, striées, munies d'une ligule
courte, à 2 oreillettes roussâtres ; panicule dressée, resserrée, un peu déjetée, étalée à l'époque de la fleuraison ;
rameaux solitaires ou géminés, rudes, ainsi que l'axe, les
inférieurs à un petit nombre d'épillets, les supérieurs très
courts à un seul ; épillets ovoïdes, comprimés, petits, verdâtres ou violacés, à 3—6 fleurs distinctes, ordinairement
très glabres ; valves de la glume inégales, linéaires-acuminées, la supérieure plus grande, à 3 nervures ; paillette inférieure de la glumelle lancéolée-acuminée, à 5 nervures
peu marquées, terminée par une arête de longueur variable,
mais de moitié au moins plus courte qu'elle, la supérieure
à 2 carènes, bifides au sommet. ♃ (Mai—juillet).

Les pâturages secs et arides de la plaine et des montagnes, dans les bois et les lieux incultes : Salins, le long de la route de Besançon, au-delà de Saint-Joseph ; sur Suziau ; dans les bois de Mouchard ; de Sepois, près d'Ivory et des Moidons ; sur les rochers dans le lit du ruisseau qui descend de la Grotte-des-Sarrasins, près de la source du Lizon, etc. — Rare aux environs de Bâle, de Nyon, de Genève, etc.

β. *Mutica. F. ovina. var. β. tenuifolia.* Duby, Bot. gall. l. c. — *F. tenuifolia* (Smith). DC. Fl. fr. supp. n. 1582ᵃ. — *F. capillata.* Lam. Fl. fr. 3. p. 597. — Leers, Herb. tab. 8. fig. 4. — Moris. sect. 8. tab. 3. fig. 13. — Feuilles longues. très menues, presque capillaires ; épillets à fleurs mutiques.

Salins, sur Poupet ; à Boujaille ; dans les bois de Mouchard et de Sepois, près d'Ivory, etc. ; dans la tourbière d'Andelot, etc.

8. F. dure. — *F. duriuscula.*

Linn. Sp. 108. — Gaud. Fl. helv. 1. p. 282. — Lam. Ency. 2. p. 459. — *F. stricta.* Gaud. Agrost. helv. 1. p. 257. — *F. ovina* (Schrad.). DC. Fl. fr. supp. n. 1582. — *F. intermedia.* Hagenb. Fl. basil. 1. p. 86. Leers, Herb. tab. 8. fig. 2.

Racine brune, fibreuse, à fibres fortes, gazonnante ; chaumes de 3—4 décim., raides, anguleux, feuillés dans le bas et nus dans le reste de leur longueur ; feuilles toutes pliées-filiformes, raides, plus ou moins glauques, anguleuses, un peu rudes sur les bords, beaucoup plus courtes que le chaume, réunies par faisceaux et formant des touffes ou gazons assez denses ; gaînes plus larges et plus longues que les feuilles, striées, à ligule courte, à 2 oreillettes brunâtres ; panicule raide, resserrée, presque unilatérale, étalée pendant la fleuraison, à rameaux solitaires, les inférieurs à 2—3 épillets ou davantage, les supérieurs à un seul presque sessile ; épillets glabres, oblongs, elliptiques, verdâtres ou mêlés de pourpre, à 4—6 fleurs un peu lâches, distiques ; valves de la glume inégales, acuminées, l'inférieure plus étroite et plus petite ; paillette inférieure de la glumelle glabre, à 5 nervures peu apparentes, terminée par une arète rude, une fois au moins plus courte qu'elle. ♃ (Mai, juin).

Commune dans les pâturages, les prés secs et arides et dans les lieux incultes.

β. *Curvula*. Gaud. Fl. helv. 1. l. c. — *F. curvula*. ejusd. Agrost. helv. 1. p. 239. — *F. intermedia. var. γ*. Hagenb. Fl. basil. 1. l. c. — Feuilles courtes, raides, plus ou moins courbées ou tortueuses.

Assez fréquente dans les pâturages très arides.

γ. *Hirsuta*. Gaud. Fl. helv. 1. l. c. — *F. hirsuta*. Host. Gram. Aust. 2. p. 61. — *F. cinerea*. DC. Fl. fr. n. 1585. — *F. duriuscula. var. β. cinerea*. Duby, Bot. gall. p. 518. — *F. intermedia. var. β*. Hagenb. Fl. basil. 1. l. c. — Feuilles glauques, ordinairement un peu pubescentes, surtout les gaînes ; panicule très resserrée, en forme d'épi ; épillets ordinairement plus petits, plus ou moins pubescents.

Cà et là dans les pâturages montagneux.

9. F. glauque. — *F. glauca*.

Schrad. Germ. 1. p. 322. — DC. Fl. fr. n. 1586. — Duby, Bot. gall. p. 518. — Gaud. Fl. helv. 1. p. 284. — Lam. Ency. 2. p. 459. — *F. ovina. var. ζ. glauca*. Koch, Syn. p. 812.
Lam. illust. tab. 46. fig. 3.

Racine noirâtre, fibreuse, produisant des touffes ou gazons fasciculés, composés de feuilles étroites, pliées-appliquées, glauques, à la fin jaunâtres, raides, lisses et striées sur le dos, pubescentes dans la cavité qui forme leur face supérieure, allongées, mais plus courtes que le chaume : celles du chaume beaucoup plus courtes, à gaîne très longue, striée, munie d'une ligule courte, à 2 oreillettes ; chaumes de 3—5 décim., dressés, un peu épaissis à la base, amincis et nus au sommet, anguleux, lisses ou un peu rudes ; panicule glauque, raide, pyramidale, souvent un peu penchée au sommet, étalée pendant la fleuraison, à rameaux rudes, flexueux : les inférieurs solitaires ou géminés, à 2—4 épillets : les supérieurs solitaires, à un seul épillet presque sessile ; épillets glabres, comprimés-distiques, d'un vert glauque souvent mêlé de pourpre, à 5−8 fleurs ; valves de la glume inégales, aiguës, carénées, l'inférieure plus étroite et plus courte ; paillette inférieure de la glumelle lancéolée, glabre ou pubescente au sommet, terminée par une arête faible, rude, beaucoup plus courte qu'elle. ♃ (Mai, juin).

Commune partout sur les pelouses, dans les pâturages et dans les lieux arides et incultes.

β. *Subalpina*. Gaud. Syn. p. 68. et Fl. helv. 1. l. c. — Feuilles du chaume presque planes ou pliées en long.

Sur la Dôle (Ducros). — Au Creux-du-Vent (Rapin).

** *Ligule courte et tronquée, à 2 oreillettes ; feuilles radicales filiformes, pliées ou enroulées longitudinalement : celles du chaume aplanies.*

10. F. rouge. — *F. rubra.*

Linn. Sp. 109. — DC. Fl. fr. n. 1585. (*excl. Syn. Lam. Ency.*). — Duby, Bot. gall. p. 518. — *F. rubra. 1. vulgaris.* Gaud. Fl. helv. 1. p. 285.—Koch, Syn. p. 813. Leers, Herb. tab. 8. fig. 1.—Scheuchz. Gram. tab. 6. fig. 9.

Racine plus ou moins rampante, stolonifère, formant des gazons lâches ; chaumes de 5—6 décim., dressés, lisses, cylindriques, striés ; feuilles radicales ordinairement peu nombreuses, enroulées - filiformes, anguleuses, un peu glauques, dressées, beaucoup plus courtes que le chaume, celles du chaume au nombre de 2—5, larges de 2 millim., planes ou un peu enroulées sur les bords, pubescentes en dessus ; gaînes sillonnées : les supérieures plus longues que le limbe : les inférieures plus courtes, un peu pubescentes ; ligule courte, tronquée, à 2 oreillettes ; panicule dressée, allongée, lâche, un peu resserrée, étalée à l'époque de la fleuraison, à rameaux anguleux, rudes ou ciliés, les inférieurs solitaires ou géminés, rameux ; épillets assez gros, oblongs-elliptiques, glabres, d'un vert glauque ou violacé, comprimés-distiques, à 5—7 fleurs cylindriques, subulées, un peu lâches ; valves de la glume inégales, très aiguës, carénées, la supérieure à 5 nervures ; paillette inférieure de la glumelle à 5 nervures, glabre, quelquefois un peu pubescente au sommet, terminée par une arête courte, rude, 1—2 fois plus courte qu'elle. ♃ (Mai, juin).

Commune dans les prés secs et les lieux incultes, sur les coteaux, et dans les bois de la plaine et des montagnes.

β. *Dumetorum*. *F. dumetorum*. Linn. Sp. 109. — *F. rubra. II. dumetorum*. Gaud. Fl. helv. 1. p. 286. — *F. duriuscula. var. δ*. Hagenb. Fl. basil. 1. p. 88. — Feuilles un peu glauques, filiformes : celles du chaume étroites presque planes ; panicule unilatérale, plus resserrée, presque en épi, à épillets plus petits, pubescents.

Les prés et les bois : Salins, dans le bois Mouchard, du côté de Saint-Cyr. — Autour de Neuchâtel, plus rare (Chaillet). — Diffère de la var. *γ. hirsuta* du *F. duriuscula* par sa racine rampante, ses feuilles du chaume aplanies, sa panicule plus rameuse, et ses épillets plus petits.

γ. *Commutata*. *F. rubra. IV. commutata*. Gaud. Fl. helv. 1. p. 287. — *F. duriuscula. var. α. et β*. Hagenb. Fl. basil. 1. p. 88. — Plante ordinairement d'un vert gai, à racine obscurément rampante, formant des gazons plus épais ; chaume plus élevé ; feuilles du chaume planes ; panicule demi-étalées ; épillets plus allongés, à 4—7 fleurs à arête plus longue que dans les autres variétés.

Parmi les gazons, dans les lieux un peu humides.

δ. *Diversifolia*. *F. rubra. V. diversifolia*. Gaud. Fl. helv. 1. p. 288. — *F. heterophylla. α*. Hagenb. Fl. basil. 1. p. 89. et mult. — Chaumes de 6—9 décim., dressés, grêles, nus dans le haut ; feuilles radicales capillaires, d'un vert gai, molles, presque lisses, très longues et gazonnantes : celles du chaume presque planes, larges de 2 millim., plus courtes que la gaîne ; panicule lâche, étalée pen-

dant la fleuraison, penchée ; épillets oblongs-elliptiques, d'un
vert pâle, à 4—5 fleurs de moitié plus petites que dans la
variété précédente, presque glabres, comprimées un peu
carénées, à arête grêle, beaucoup plus courte que la paillette, quelquefois peu apparente.

Dans les prés fertiles, les haies ombragées et les bois.

ı. *Duriuscula. F. rubra. VII. duriuscula.* Gaud. Fl.
helv. 1. p. 289. — Panicule demi-étalée, à épillets de 4—5
fleurs ; feuilles toutes enroulées, dures, lisses sur le dos,
d'un vert glauque. Cette variété ressemble beaucoup au *F.
duriuscula,* dont elle diffère surtout par sa racine rampante.

Nyon, autour de Promenthou et dans les sables du bord du lac (Gaud.).

11. F. hétérophylle. — *F. heterophylla.*

Lam. Fl. fr. 3. p. 600. et ejusd. Ency. 2. p. 458. — DC.
   Fl. fr. n. 1587. — Duby, Bot. gall. p. 518. — Gaud. Fl.
   helv. 1. p. 289. — Koch, Syn. p. 813.
Vaill. Bot. par. tab. 18. fig. 6.

Racine fibreuse ; chaumes de 6—9 décim., glabres, striés,
lisses, épais dans le bas et très amincis au sommet ; feuilles
vertes et non glauques : les radicales très nombreuses, formant des gazons épais, dressées, molles, capillaires, lâches, très longues ; celles du chaume assez larges, planes,
pubescentes en dessus, rudes sur les bords, de 16 centim.
et plus de longueur ; panicule verdâtre, oblongue, lâche,
souvent penchée, étalée pendant la fleuraison, à rameaux
solitaires ou géminés, anguleux, rudes, ainsi que l'axe ;
épillets d'un vert pâle, petits, grêles, à 4—6 fleurs lancéolées-subulées, d'abord rapprochées, puis écartées, glabres,
terminées par une arête grêle, blanchâtre, rude, presque
de la longueur de la fleur. ♃ (Juin, juillet).

Les bois ombragés, particulièrement des montagnes : Salins, dans
les bois de Redde, du côté de la tuilerie de Clucy ; de Poupet ; aux environs du Gout-de-Conche et ailleurs. — Genève, dans les bois ombragés et sablonneux : à la campagne d'Ivernois ; au bois de Bay
(Reut.). — Bâle, dans les lieux ombragés (Hagenb.).

12. F. noirâtre. — *F. nigrescens.*

Lam. Ency. 2. p. 460. — DC. Fl. fr. supp. n. 1583[b]. —
Duby, Bot. gall. p. 519. — Gaud. Fl. helv. 1. p. 290. —
Koch, Syn. p. 813. (*ad F. heterophyllam relata*).

Racine fibreuse, gazonnante; chaumes de 3—5 décim.,
nus et striés dans le haut, un peu anguleux sous la panicule;
feuilles radicales vertes, longues de 10—14 centim., capillaires, anguleuses : celles du chaume presque planes, lisses,
quelquefois un peu pubescentes en dessus, larges de 1—2
millim. ou un peu plus; gaînes striées, cylindriques, plus
longues que les feuilles, à ligule un peu saillante, à 2
oreillettes inégales, peu marquées; panicule dressée, rameuse, un peu lâche et flexueuse, longue de 6—8 centim.,
à rameaux solitaires ou géminés, anguleux, rudes; épillets
ovoïdes, comprimés, à 4—5 fleurs, d'un vert foncé, mélangés de violet et de roux, non luisants; valves de la glume
inégales, carénées, acuminées, à 1 ou 3 nervures peu marquées; paillette inférieure de la glumelle ovale-lancéolée,
à 5 nervures peu marquées, un peu hispide à sa partie supérieure, terminée par une arête brune, rude, égalant quelquefois la longueur de la paillette. ♃ (Juin—août).

Commune dans les pâturages du Jura (Gaud.). — Sur le Chasseron ;
le Chasseral. — Joux-de-Plane (God.).

Obs. Cette espèce se rapproche beaucoup de la précédente dont elle
n'est sans doute qu'une variété à épillets d'un vert foncé mélangé de
violet et de roux.

*** *Ligule oblongue indivise; feuilles toutes filiformes, pliées ou enroulées longitudinalement.*

13. F. naine. — *F. pumila.*

Vill. Dauph. 2. p. 102. — DC. Fl. fr. n. 1588. — Duby,
Bot. gall p. 518. — Gaud. Fl. helv. 1. p. 302. — Poir.
Ency. supp. 2. p. 633. — Koch, Syn. p. 814.
Reich. Cent. 11. fig. 1551.

Racine fibreuse, gazonnante ; chaumes de 1—2 décim.,
nus et un peu rudes dans le haut, grêles, dressés, un peu
anguleux sous la panicule ; feuilles longues, mais moins que
le chaume, dressées, un peu raides, enroulées-filiformes,
striées-anguleuses : celles du chaume au nombre de 1—2,
plus longues que la gaîne striée, à ligule oblongue, obtuse,
enveloppant le chaume ; panicule courte, peu garnie,
dressée, resserrée, presque étalée à l'époque de la fleuraison, à rameaux courts, rudes, solitaires ou géminés ; épillets
ovoïdes-oblongs, d'abord cylindriques, puis un peu comprimés-distiques, à 3—4 fleurs scarieuses au sommet, agréablement panachées de vert, de violet et de roussâtre ;
valves de la glume presque égales, plus courtes que les
fleurs, aiguës, presque lisses ; paillette inférieure de la glumelle oblongue-lancéolée, à 5 nervures peu marquées,
scarieuse au sommet, prolongée en arète courte, rude,
quelquefois presque nulle : la supérieure à 2 nervures ciliées, bifide au sommet. ♃ (Juillet, août).

Sur le Chasseron. — Sur le Thoiry (Gaud.). — Les pâturages secs
et rocailleux du sommet du Reculet (Reut.). — Sur le sommet du Suchet (Leresche). — Au Creux-du-Vent (Rapin).

*††† *Languette oblongue ou tronquée, toutes les feuilles planes.*

a. Épillets comprimés ; ligule oblongue.

14. F. des bois. — *F. sylvatica.*

Vill. Dauph. 2. p. 105. — DC. Fl. fr. n. 1577. et supp. p.
263. — Duby, Bot. gall. p. 520. — Gaud. Fl. helv. 1. p.
296. — Koch, Syn. p. 815. — *F. calamaria* (Smith).
Hagenb. Fl. basil. 1. p. 93. — *Poa trinervata.* DC. Fl.
fr. n. 1604.
Reich. Cent. 11. fig. 1563.

Racine forte, fibreuse ; chaumes de 6—12 décim., striés,
glabres, écailleux à la base, nus et à peine rudes dans le
haut ; feuilles radicales planes, larges de 6—8 millim.,

longues de 3 décim. , linéaires-acuminées, carénées, vertes
en dessus, un peu plus pâles en dessous, rudes sur les
bords : celles du chaume plus courtes, auriculées à la base ,
à gaîne striée, un peu rude ; ligule oblongue, obtuse ; pani -
cule longue de 8—14 centim., lâche, diffuse, très rameuse,
un peu penchée et unilatérale, à rameaux anguleux, un peu
rudes, rameux au sommet, géminés ou ternés ; épillets
ovoïdes, très petits, d'un vert blanchâtre, comprimés-
distiques, rudes sur l'axe, à 3—5 fleurs acuminées, mutiques ; valves de la glume inégales, très étroites, linéaires,
aiguës, plus courtes que les fleurs ; paillette inférieure de la
glumelle lancéolée-acuminée , à 3 nervures un peu saillantes, rude sur la carène et légèrement rude-pubescente sur
le dos à la loupe : la supérieure presque égale, bifide au
sommet. ♃ (Juin , juillet).

Les bois ombragés des montagnes : Salins, dans les bois de Poupet ;
de Raciue ; de Bovard ; des environs de Boujaille ; de la Faucille. —
Près d'Arzier ; au-dessus de la Rippe et de Bonmont (Gaud.). — Genève, au bord de l'ancienne route près de Saint-Cergue ; à Salève ; au-
dessus d'Archamp et de Pommier (Reut.). — Bâle, sur le mont Diétisberg ; Belchen, etc. (Hagenb.). — Porentruy, çà et là dans les bois
(Thurm.). — En descendant du Creux-du-Vent à Châtillon (God.).

15. F. de Scheuchzer. — *F. Scheuchzeri.*

Gaud. Agrost. 1. p. 267. et Fl. helv. 1. p. 297. — Koch,
    Syn. p. 816. — *F. pulchella.* Schrad. Germ. 1. p. 556.
    — *F. aurea.* γ. Lam. Ency. 2. p. 460 ? — Scheuchzer,
Agrost. p. 278.

Reich. Cent. 11. fig. 1560 — Schrad. tab. 5. fig. 5.

Racine rampante, peu gazonnante ; chaumes dressés,
feuillés, hauts de 3—5 décim. ; feuilles radicales réunies en
faisceaux écailleux à la base, longues de 6—10 centim.,
larges de 2—3 millim., linéaires, très aiguës, planes,
carénées, presque lisses, d'un vert gai : celles du chaume
semblables, les supérieures à peine plus courtes que la
gaîne striée ; ligule un peu auriculée, oblongue. obtuse ;

panicule étalée, souvent penchée, longue de 5—8 centim.,
à rameaux presque cylindriques et glabres, rameux au
sommet, ordinairement géminés; épillets ovoïdes, comprimés-distiques, rudes sur l'axe, à 4—5 fleurs panachées de
vert, de brun et de jaune, dépassant à peine les valves scarieuses et presque égales de la glume; paillette inférieure
de la glumelle légèrement rude-pubescente sur le dos,
ovale-lancéolée, aiguë, à 5 nervures un peu saillantes, mutique ou munie sous le sommet d'une petite pointe rude. ♃
(Juillet, août).

Au-dessus de Thoiry, en montant au Reculet, dans le fond du petit
vallon nommé Ardran, à gauche, abondamment (Reut.).

b. Épillets presque cylindriques; ligule très courte, tronquée.

16. F. élancée. — *F. gigantea.*

Vill. Dauph. 2. p. 110. — Gaud. Fl. helv. 1. p. 295. —
Koch, Syn. p. 816. — *Bromus giganteus.* Linn. Sp. 114.
— DC. Fl. fr. n. 1657. — Duby, Bot. gall. p. 516. —
Lam. Ency. 1. p. 467.

Schreb. Gram. tab. 11. (*opt.*). — Leers, Herb. tab. 10.
fig. 1. — Vaill. Bot. par. tab. 18. fig. 5. — Scheuchz.
Gram. tab. 5. fig. 17.

Racine fibreuse, forte; chaume de 9—12 décim., robuste,
lisse, glabre; feuilles longues de 5 décim., planes, larges de
6—10 millim., linéaires-acuminées, fermes, striées-nerveuses, rudes sur les bords, auriculées à la base, à gaîne
glabre, striée, lisse; ligule très courte, tronquée; panicule
ample, très longue, lâche, très ouverte, penchée, à rameaux presque toujours géminés, les inférieurs allongés,
anguleux, rudes, très étalés; épillets petits, lancéolés-
linéaires, très glabres, d'un vert pâle souvent purpurescent,
à 4—7 fleurs embriquées; valves de la glume lancéolées-
acuminées, scarieuses sur les bords, la supérieure plus
grande, à 5 nervures; paillette inférieure de la glumelle
ovale-lancéolée, acuminée, à 5 nervures, munie un peu

au-dessous du sommet scarieux d'une arête rude , un peu flexueuse , ordinairement une fois plus longue que la paillette. ♃ (Juin , juillet).

Les bois et les lieux ombragés : Salins , dans les bois de Poupet et du Gout-de-Conche ; de Mouchard ; le long du ruisseau de Rousset ; en montant à la Grotte-des-Sarrasins , près de la source du Lison ; les forêts de sapins de Levier ; de Villers ; de Boujaille ; de la Joux , etc. — Aux environs de Genève ; de Bâle , etc.

β. *Triflorus*. Koch , Syn. l. c. — *Bromus triflorus.* Linn. Sp. 115. — Chaume de 3—5 décim. ; feuilles plus étroites ; épillets à 2—3 fleurs munies d'arêtes très longues.

Les mêmes lieux.

17. F. Roseau. — *F. arundinacea.*

Schreb. Spicil. Fl. Lips. p. 57. (1771). — DC. Fl. fr. n. 1580. — Duby, Bot. gall. p. 520. — Gaud. Fl. helv. 1. p. 291. — Koch , Syn. p. 816. — *Bromus arundinaceus.* Roth. Germ. 2. p. 141. — *F. elatior.* Smith , Brit. p. 124. Scheuchz. Gram. tab. 5. fig. 16.

Racine forte , rampante ; chaume dressé , haut de 9—12 décim. , dure , ferme , cylindrique , feuillé , noueux ; feuilles planes , linéaires - acuminées , larges de 6—10 millim. , striées , arides , allongées , rudes en dessus et sur les bords , auriculées à la base , à gaîne striée , allongée ; ligule très courte , tronquée ; panicule ample , étalée , longue souvent presque de 3 décim. , très rameuse , diffuse , penchée , à rameaux rudes , allongés , nus dans le bas , rameux au sommet , géminés ; épillets verdâtres , souvent mêlés de pourpre ou de violet , d'abord cylindriques , puis comprimés-distiques , ovoïdes-lancéolés , à 4—5 fleurs ; valves de la glume inégales , lancéolées-linéaires , la supérieure à 3 nervures ; paillette inférieure de la glumelle lancéolée , à 5 nervures peu marquées , mutique et scarieuse au sommet , quelquefois mucronée par une arête très courte. ♃ (Juin , juillet).

Les bois ombragés et humides, le bord des ruisseaux, çà et là : Salins, le long du ruisseau de Rousset; en montant à Préron; aux environs de Champagnole, etc. — Nyon, sur les bords de la Promenthouse, à la Combe (Gaud.). — Neuchâtel, autour de Reuze, dans le bois de peupliers (Chaillet). — Genève, au bois des Frères; à la queue d'Arve (Reut.). — Bâle, commune sur les bords du Birsec, près de la Maison-Rouge; sur le mont Diétisberg (Hagenb.).

18. F. des prés. — *F. elatior.*

Linn. Fl. suec. ed. 2. p. 32. (*non Sp.*). — DC. Fl. fr. n. 1579. — Duby, Bot. gall. p. 520. — Lam. Ency. 2. p. 465. — Koch, Syn. p. 817. — *F. pratensis.* Huds. Fl. angl. ed. 1. p. 37. — Gaud. Fl. helv. 1. p. 292.

Schreb. Gram. tab. 2. (*optima*). — Leers, Herb. tab. 8. fig. 6. — Scheuchz. Gram. tab. 4. fig. 6. — Moris. sect. 8. tab. 2. fig. 15.

Racine fibreuse; chaumes de 3—9 décim., cylindriques, ascendants, ou dressés, très glabres; feuilles planes, striées, linéaires, un peu auriculées à la base, rudes en dessus et sur les bords : les radicales allongées, larges de 4 millim., celles du chaume plus courtes et plus étroites, à gaîne cylindrique, striée, très glabre; ligule très courte, tronquée; panicule dressée, lâche, unilatérale, à rameaux filiformes, rudes, inégaux, ordinairement géminés dans le bas, l'un plus court, simple, ou presque simple, l'autre plus long, souvent un peu rameux : les supérieurs alternes, de plus en plus courts, à un seul épillet presque sessile vers le sommet; épillets linéaires, presque cylindriques, à la fin comprimés-distiques, verdâtres, ordinairement mêlés de blanc et de pourpre, à 5—10 fleurs lisses, un peu écartées, sur un axe lisse ou presque lisse; valves de la glume presque égales, la supérieure à peine plus longue, à 3 nervures; paillette inférieure de la glumelle à 5 nervures peu marquées, obtuse, scarieuse et mutique au sommet, quelquefois mucronée par une petite arête rude. ♃ (Juin, juillet).

Commune le long des chemins, au bord des champs et dans les prés.

β. *Humilior.* Gaud. Fl. helv. 1. l. c. — Hagenb. Fl. basil. 1. p. 92. — *F. loliacea.* Lam. Ency. 2. p. 462. — Chaume moins élevé ; panicule en grappe ou en épi presque simple, à fleurs ordinairement mutiques.

Mêmes lieux.

19. F. Ivraie. — *F. loliacea.*

Huds. Fl. angl. ed. 1. p. 58.—DC. Fl. fr. n. 1578.—Duby, Bot. gall. p. 519. — Gaud. Fl. helv. 1. p. 293. — Hagenb. Fl. basil. 1. p. 91. — Koch, Syn. p. 817. — *F. elongata.* Ehrh. beitr. 6 p. 135.

Reichenb. Cent. 11. fig. 1517.

Racine fibreuse ; chaumes de 3—5 décim., dressés ou ascendants, glabres, presque cylindriques ; feuilles planes, linéaires, glabres, larges de 2—4 millim., rudes sur les bords, à gaîne glabre, striée ; ligule très courte, tronquée ; panicule simple, dressée, presque en épi distique, allongée, un peu penchée ; épillets alternes, linéaires-oblongs, écartés, distiques, à 6—10 fleurs mutiques, d'un vert pâle blanchâtre : les supérieurs plus rapprochés, sessiles : les inférieurs quelquefois géminés, courtement pédicellés ; glumes à valves inégales, un peu aiguës, la supérieure à 5 nervures ; paillette inférieure de la glumelle à 5 nervures très peu apparentes, presque obtuse, rarement mucronée par une très courte arête non saillante. ♃ (Mai, juin).

Çà et là dans les prés bas et humides : aux environs de Salins. — Bâle, autour du pont de la Birse, et de Mutet ; aux environs d'Olsberg (Hagenb.). — Vers les marais au-dessous d'Orbe (Ducros). — Cette espèce, dont les épillets ressemblent à ceux de l'espèce précédente, a le port du *Lolium perenne,* mais elle en diffère par ses épillets inférieurs évidemment pédicellés et par la présence des 2 valves de la glume, au lieu d'une seule, dont la supérieure ne dépasse pas la fleur contre laquelle elle est appliquée.

57. BRACHYPODE. — *BRACHYPODIUM*. P. Beauv.

Épillets alternes, distiques, allongés, multiflores, presque
sessiles, cylindracées, à la fin comprimés-distiques ; glume
à plusieurs fleurs ; paillette inférieure de la glumelle acuminée, prolongée en arête terminale, la supérieure ciliée-
pectinée sur les bords par des soies raides ; styles courts ;
stigmates plumeux, sortant latéralement de la fleur.

1. B. des bois. — *A. sylvaticum*.

Roem. et Schult. 2. p. 741. — Gaud. Fl. helv. 1. p. 304. —
Koch, Syn. p. 817. — *Triticum sylvaticum*. DC. Fl. fr.
n. 1665. et supp. p. 283. — Duby, Bot. gall. p. 529. —
— *Bromus sylvaticus*. Lam. Ency. 1. p. 469. — *B. pin-
natus. ß.* Linn. Sp. 115. — *Festuca gracilis* (Mœnch.).
Hagenb. Fl. basil. 1. p. 93.

Racine fibreuse ; chaumes de 6—9 décim., glabres, très
velus sur les nœuds, feuillés, amincis sous l'épi ; feuilles
planes, lancéolées-linéaires, acuminés, d'un vert foncé,
molles, allongées, larges de 4—6 millim., poilues, ainsi
que les gaînes, munies à la base, en dehors, d'une touffe de
poils opposée à la ligule ; gaînes striées, fendues jusqu'à la
base, plus courtes que le limbe ; ligule longue dé 2—3
millim., tronquée, déchirée ; épi distique, penché ; épillets
8—10, un peu écartés, velus (glabres dans la var. ß.),
presque sessiles, cylindriques-subulés, à la fin comprimés-
distiques, à 6—10 fleurs vertes ; valves de la glume inégales,
lancéolées, aiguës, nerveuses ; paillette inférieure de la glumelle lancéolée, à 7 nervures très visibles au sommet, terminée par une arête rude, plus longue que la paillette dans
les fleurs supérieures ; paillette supérieure tronquée au
sommet et munie sur les bords de cils raides. ♃ (Juin,
juillet).

β. *Spiculis glabris.* DC. Fl. fr. supp. l. c. var β. — Hagenb. Fl. basil. l. l. c. var. β. — *Bromus gracilis.* Weig. Obs. p. 15. — Épillets glabres.

2. B. corniculé. — *B. pinnatum.*

P. Beauv. Agrost. p. 101. — Gaud. Fl. helv. 1. p. 306.— Koch, Syn. p. 817. — *Triticum pinnatum.* DC. Fl. fr. n. 1663. — Duby, Bot. gall. p. 529. — *Bromus pinnatus.* Linn. Sp. 115. — Lam. Ency. 1. p. 469.

P. Beauv. Agrost. tab. 19. fig. 3. — Leers, Herb. tab. 10. fig. 3.

Racine rampante; chaumes de 4—8 décim., dressés, assez fermes, glabres, à nœuds pubescents, légèrement amincis au sommet; feuilles d'un vert pâle, planes, un peu raides, linéaires ou lancéolées-linéaires, larges de 4—6 millim., ordinairement un peu rudes, glabres ou pubescentes en dessus, à gaîne également presque glabre, striée; ligule longue presque de 2 millim., tronquée-arrondie, entière, légèrement ciliée à la loupe; épi presque dressé, distique, composé d'épillets alternes, allongés, d'abord cylindriques, à la fin comprimés-distiques, presque sessiles, pubescents, dressés contre l'axe, au nombre de 6—12, à 9—18 fleurs; valves de la glume inégales, lancéolées-acuminées, à 7 nervures; paillette inférieure de la glumelle également à 7 nervures, subitement acuminée en arête plus courte qu'elle, la supérieure tronquée-arrondie au sommet, ciliée-pectinée sur les bords. ♃ (Juin, juillet).

Très commun dans les haies et les buissons, le longs des chemins, au bord des champs et des bois.

β. *Rupestre.* Koch, Syn. l. c. — Gaud. Fl. helv. 1. l. c. var. γ. — *Triticum pinnatum. var. γ.* DC. Fl. fr. supp. p. 285. — Barr. ic. fig. 25. — Épillets glabres, ordinairement très longs et courbés en faux.

γ. *Cæspitosum.* Koch, Syn. l. c. — *Triticum gracile.* DC. Fl. fr. n. 1664. et *Triticum pinnatum.* ejusd. supp.

n. 1663. var. *β*. — Épillets glabres, plus courts, droits ou légèrement courbés en faux ; feuilles plus étroites.

58. BROME. — *BROMUS*. Linn.

Glume multiflore, à 2 valves plus courtes que la fleur contiguë ; glumelle à 2 paillettes, l'inférieure munie , un peu au-dessous du sommet, d'une arête dressée ou courbée ; styles courts, insérés, au-dessus du milieu, sur le côté antérieur de l'ovaire poilu au sommet ; stigmates plumeux, sortant vers la base de la fleur.

Obs. Les *Bromus asper, erectus* et *inermis* appartiennent à ce genre et non aux *Fétuques*, d'après l'insertion de leurs styles.

§ 1. *Épillets rétrécis au sommet, même après la fleuraison ; valve inférieure de la glume à 3—5 nervures , la supérieure à 5 ou plus ; paillette supérieure de la glumelle ciliée pectinée, à cils écartés, un peu raides. —* B. Secalini. Bertol.

1. B. des seigles. — *B. secalinus.*

Linn. Sp. 112. — DC. Fl. fr. n. 1628. — Duby, Bot. gall. p. 515. — Balb. Fl. lyon. p. 824. — Gaud. Fl. helv. 1. p. 319. — Lam. Ency. 1. p. 466. — Koch, Syn. p. 819. var. *γ. vulgaris.*

Lam. illust. tab. 46. fig. 2. — Leers, Herb. tab. 11. fig. 2. — Scheuchz. Gram. tab. 5. fig. 10. — Moris. sect. 8. tab. 7. fig. 16.

Racine fibreuse ; chaumes de 4—6 décim. , glabres, cylindriques, dressés, à nœuds pubescents ; feuilles linéaires-acuminées , rudes sur les bords, poilues en dessus, à gaînes glabres, striées, les inférieures quelquefois un peu pubescentes ; panicule longue de 10—16 centim. , d'abord dressée, étalée , à la fin penchée, à rameaux rudes, demi-verticillés, à un, quelquefois 2 épillets ; ceux-ci sont oblongs, comprimés, glabres, à 6—10 fleurs largement elliptiques, verdâtres, lisses, contractées par les bords à l'époque de la fructification, et renflés, arrondis, écartés; valves de la glume inégales, la supérieure ovale concave, à 7—9 nervures, à carène un peu rude dans le haut, souvent un peu mucronée par le prolongement de la nervure dorsale, l'inférieure un peu plus courte, lancéolée, aiguë; paillette inférieure de la glumelle à 7 nervures, à bords étroitement scarieux, infléchis, obtuse et bifide au sommet, portant au-dessous de l'échancrure une arête presque droite ou un peu flexueuse, plus courte que la fleur (dans l'une des fleurs de l'échantillon que j'ai actuellement sous les yeux, il se trouve 2 arêtes placées latéralement, l'une de moitié plus courte que l'autre); paillette supérieure de même longueur, ciliée-pectinée, à cils raides. ① (Juin, juillet).

Çà et là dans les moissons, au bord des champs, sur les murs des vignes : aux environs de Salins; de Besançon; de Dôle, etc. — De Genève; de Nyon (Gaud.). — De Bâle (Hagenb.), etc.

β. *Submuticus*. Hagenb. Fl. basil. 1. p. 95. — Fleurs dépourvues d'arête, ou les supérieures seulement munies d'arêtes courtes.

Aux environs de Bâle (Hagenb.).

2. B. velouté. — *B. velutinus.*

Schrad. Germ. 1. p. 349. — Gaud. Fl. helv. 1. p. 317. — *B. grossus. α.* Gaud. Agrost. 1. p. 501. (*non Desf.*). — DC. Fl. fr. n. 1629. et supp. p. 275. — Duby, Bot. gall. p. 515. (*ob Syn. Schraderi*). — Hagenb. Fl. basil. 1. p. 96. — *B. secalinus. β. velutinus.* Koch, Syn. p. 819.

Scheuchz. Gram. tab. 5. fig. 9.

Racine fibreuse; chaumes de 3—6 décim., luisants, très glabres, pubescents sur les nœuds; feuilles allongées, larges de 4—8 millim., poilues en dessus et sur les bords, glabres en dessous, lisses, à gaînes striées-anguleuses, velues, à poils réfléchis, rarement glabres; ligule obtuse, très courte; panicule longue de 1—2 décim., dressée-étalée, à la fin penchée, à rameaux demi-verticillés, simples et rameux, pubescents, à poils un peu raides, ascendants; épillets oblongs, pubescents, plus gros et plus renflés que dans l'espèce précédente, à laquelle celle-ci ressemble beaucoup, à 7—14 fleurs elliptiques, à la fin contractées par les bords, arrondies, écartées; valves de la glume inégales, pubescentes comme toutes les autres parties de l'épillet; paillette inférieure de la glumelle ovale, munie d'une arête droite pubescente, presque de la longueur de la fleur. ⚀ (Juin, juillet).

Très commun dans les champs, surtout montagneux, des environs de Bâle (Hagenb.). — Morges (Rapin).

β. Glaber. Gaud. Syn. p. 77. et Fl. helv. 1. l. c. — *B. grossus. var. β.* Hagenb. Fl. basil. 1. p. 96. — Épillets ovoïdes-oblongs, glabres ou presque glabres; pédoncule et arêtes rudes.

Aux environs de Nyon (Gaud.). — De Bâle (Hagenb.).

3. B. en grappe. — *B. racemosus.*

Linn. Sp. 114. — DC. Syn. pl. n. 1630* et Fl. fr. supp. n. 1630ᵃ. — Duby, Bot. gall. p. 516. — Gaud. Fl. helv. 1. p. 314. — Hagenb. Fl. basil. 1. p. 98. — Koch, Syn. p. 820. — *B. simplex.* Gaud. Agrost. 1. p. 296. (*excl. Syn. Schrad.*).
Moris. sect. 8. tab. 7. fig. 19. (*ex Smith.*).
Racine fibreuse, produisant ordinairement plusieurs chaumes de 3—6 décim., dressés, striés, très légèrement rudes sous la panicule, presque lisses; feuilles linéaires-acuminées, un peu fermes, poilues sur les deux faces, rudes sur les bords; gaînes cylindriques, les inférieures hérissées de poils mous, réfléchis, à ligule tronquée-déchirée; panicule ovoïde-oblongue, dressée, un peu penchée au sommet, diffuse, à la fin resserrée, à rameaux courts, rudes, demi-verticillés, la plupart simples, quelques-uns seulement un

peu plus longs et à 2—3 épillets; ceux-ci sont ovoïdes-oblongs, aigus, glabres, verdâtres, un peu luisants, à 6—10
fleurs très serrées, embriquées; valves de la glume peu
inégales, rudes sur la carène, la supérieure ovale-lancéolée, à 5 nervures, quelquefois un peu mucronée par le prolongement de la nervure dorsale, l'inférieure plus étroite,
lancéolée, à 5 nervures; paillette inférieure de la glumelle
ovale, obtuse, à 7 nervures, entière ou à peine échancrée
au sommet, étroitement scarieuse sur les bords, munie
d'une arête droite, rude, presque aussi longue que la fleur:
paillette supérieure étroite, linéaire, obtuse, à 2 dents au
sommet, membraneuse, blanchâtre, verte sur les bords,
ciliée-pectinée. ① ou ② (Mai, juin).

Commun dans les prés, les lieux incultes, au bord des champs, le
long des chemins.

4. B. mollet. — *B. mollis.*

Linn. Sp. 112. — DC. Fl. fr. n. 1630. — Duby, Bot. gall.
  p. 515. — Gaud. Fl. helv. 1. p. 515. — Koch, Syn. p.
  820.

P. Beauv. Agrost. tab. 17. fig. 9. — Kunth. Agrost. 2. tab.
  31. fig. 2. — Schreb. Gram. tab. 6. fig. 1-2. — Lam.
  illust. tab. 46. fig. 1. — Leers, Herb. tab. 11. fig. 1. —
  Scheuchz. Gram. tab. 5. fig. 12. — Moris sect. 8. tab. 7.
  fig. 18.

Racine fibreuse; chaumes de 3—6 décim., dressés, striés,
quelquefois velus, ordinairement très mollement pubescents
sous la panicule; feuilles molles, velues, d'un vert blanchâtre, ainsi que les autres parties de la plante, à peine
rudes sur les bords, linéaires, aiguës, larges de 2—4 millim., à gaîne cylindrique, striée, velue, à poils réfléchis;
ligule tronquée, déchirée-frangée; panicule dressée, ovoïde,
étalée, resserrée après la fleuraison, à rameaux courts,
pubescents, demi-verticillés, simples et à 2—4 épillets;
ceux-ci sont ovoïdes-oblongs, aigus, presque comprimés,
pubescents, d'un vert blanchâtre, à 5—10 fleurs, large-

ment elliptiques, à bords embriqués à la maturité; valves
de la glume inégales, scarieuses et blanchâtres sur les bords,
la supérieure à 7 nervures, l'inférieure à 5; paillette inférieure de la glumelle ovale, presque obtuse, à 7 nervures,
bifide au sommet, également scarieuse et blanchâtre sur
les bords, munie d'une arête droite, rude, presque aussi
longue que la fleur. ② (Mai, juin).

Commun partout, dans les prés, les champs, au bord des chemins.

β. *Nanus*. Gaud. Syn. p. 76. et Fl. helv. 1. l. c. var. β.
pumilus. — Chaume de 3—6 centim.; panicule à 1—3
épillets.

5. B. des champs. — *B. arvensis*.

Linn. Sp. 113. — DC. Fl. fr. n. 1634. — Duby, Bot. gall.
p. 516. — Gaud. Fl. helv. 1. p. 516. — Poir. Ency. supp.
1. p. 701. — Koch, Syn. p. 821.
Leers, Herb. tab. 11. fig. 3. — Scheuchz. Gram. tab. 5.
fig. 15.
Racine fibreuse; chaume de 3—9 décim., lisse, très
glabre; feuilles planes, linéaires, larges de 4—6 millim.,
un peu rétrécies à la base, velues, surtout en dessus, rudes
sur les bords; gaînes cylindriques, striées, pubescentes, à
poils réfléchis, la supérieure glabre ou presque glabre;
ligule tronquée, déchirée; panicule ample, ouverte, dressée, ensuite étalée, à la fin penchée, à rameaux rudes,
de 5—10 centim. de longueur, simples et rameux, demi-
verticillés; épillets lancéolés ou linéaires-lancéolés, glabres,
comprimés, presque luisants, panachés de vert, de blanc et
de violet, à 6—10 fleurs elliptiques, lancéolées, à bords
embriqués et se recouvrant à l'époque de la fructification;
valves de la glume inégales, nerveuses, aiguës, l'inférieure
plus étroite et plus courte; paillette inférieure de la glumelle ovale, concave, comprimée, à 7 nervures, bifide au
sommet, blanchâtre et scarieuse sur les bords, munie d'une
arête droite, rude, canaliculée, égalant presque la longueur

de la fleur : paillette supérieure membraneuse, de même longueur, ciliée sur les bords. ① (Juin, juillet).

Commun dans les prés, les champs, le long des chemins et sur les collines herbeuses.

· 6. B. à arêtes étalées. — *B. patulus*.

Mert. et Koch, Deuts. Fl. 1. p. 685. — Koch, Syn. p. 821. — Hagenb. Fl. basil. 2. in app. p. 485. et supp. p. 20. — *B. multiflorus*. DC. Fl. fr. n. 1631. — Duby, Bot. gall. p. 515.

Reichenb. Cent. 11. fig. 1588.

Racine fibreuse ; chaume grêle, lisse, glabre, haut de 5—6 décim. ; feuilles et gaînes, particulièrement les inférieures, poilues ; panicule dressée, très ouverte, à la fin unilatérale, penchée ; épillets lancéolés, comprimés, à 6—8 fleurs elliptiques-lancéolées, embriquées, à la fin un peu écartées ; paillette inférieure de la glumelle à 7 nervures, dépassant évidemment la supérieure ; arête à la fin étalée-divariquée, plus longue que la paillette. Cette espèce a le port de la précédente, mais elle se rapproche de la suivante par les arêtes de ses fleurs divariquées : elle diffère de la première par ses anthères 3 fois plus courtes, sa paillette inférieure toujours plus longue que la supérieure et par ses arêtes étalées-divariquées, et de la seconde par ses épillets plus nombreux et plus étroits, à fleurs lancéolées-elliptiques. ② (Mai, juin).

Bâle, le long de la Birse (Ad. Fischer, in Hagenb. supp.).

7. B. à arêtes divariquées. — *B. squarrosus*.

Linn. Sp. 112. — DC. Fl. fr. n. 1632. — Duby, Bot. gall. p. 515. — Gaud. Fl. helv. 1. p. 320. — Lam. Ency. 1. p. 466. — Koch, Syn. p. 821.

Scheuchz. Gram. tab. 5. fig. 11. — Barr. ic. fig. 24. n. 1.

Racine fibreuse ; chaume de 15—50 centim., grêle, très glabre, lisse, quelquefois genouillé à la base et ascendant ; feuilles étroites, courtes, mollement velues, surtout en dessus, ainsi que les gaines striées, cylindriques, à ligule courte, presque tronquée ; panicule très simple, lâche, ouverte, penchée au sommet, à rameaux ou pédoncules filiformes très grêles, épaissis sous l'épillet, rudes, solitaires ou géminés ; épillets oblongs-lancéolés, verdâtres, quelquefois mêlés de violet, comprimés, glabres (garnis à une forte loupe de petits poils très courts et couchés), à 9—10 fleurs, largement elliptiques, embriquées, à la fin presque distinctes ; valves de la glume inégales, nerveuses, presque obtuses ; paillette inférieure de la glumelle large, à 7 nervures, obtuse, scarieuse sur les bords, à peine échancrée, munie au-dessous du sommet d'une arête rude, un peu canaliculée en dessus, égalant ou dépassant la fleur, d'abord dressée, ensuite de plus en plus divergente, à la fin divariquée presque à angle droit. ① (Juin, juillet).

Dans les champs au-dessus de Bregille (Guérin). — Nyon, dans les champs sablonneux, très rare (Gaud.). — Genève, abondamment dans les graviers au bord du lac, entre Genthod et Versoix, et çà et là au bord des champs (Reut.).

§ 2. *Épillets rétrécis vers le sommet, même après la fleuraison ; valve inférieure de la glume à une nervure, la supérieure à 3 ; paillette supérieure de la glumelle finement ciliée-pubescente sur les bords.* — B. festucacei. Bert.

8. B. rude. — *B. asper.*

Murr. Prod. Fl. goett. p. 42. — DC. Fl. fr. n. 1636. — Duby, Bot. gall. p. 516. — Gaud. Fl. helv. 1. p. 311. — — Koch, Syn. p. 821. — *B. dumetorum.* Lam. Ency. 1. p. 467.

Moris. sect. 8. tab. 7. fig. 27.

Racine fibreuse ; chaume de 6—12 décim., dressé, ferme, cylindrique, pubescent, un peu rude sous la panicule ;

feuilles linéaires-acuminées, allongées, larges de 8—12 millim., velues, rudes, ciliées sur les bords, à gaîne striée, plus courte que les feuilles, hérissée de poils réfléchis; ligule longue de 2 millim., tronquée; panicule allongée, rameuse, très lâche, penchée, à rameaux et pédicelles très longs et très rudes, ordinairement géminés; épillets linéaires-lancéolés, verdâtres ou panachés de pourpre, à 7—9 fleurs linéaires-lancéolées, aiguës, poilues, rudes, à poils couchés, embriquées, à la fin écartées; valves des glumes très inégales, rudes sur la carène, l'inférieure plus petite, à une nervure, la supérieure à 3; paillette inférieure de la glumelle acuminée, légèrement bifide au sommet, à 5 nervures, les 2 intermédiaires peu apparentes, munie d'une arête droite, rude, un peu plus courte que la fleur : la supérieure finement ciliée sur les bords. ⚬ (Juin, juillet).

Dans les bois, les buissons et les lieux ombragés, particulièrement des montagnes : Salins, dans les bois de Poupet; de Folle, près de la Chapelle; le long de la Furieuse au-dessous de Saint-Joseph; à la source du ruisseau des Doigts, près du Gout-de-Conche, etc. — Aux environs de Besançon. — Du Locle (Depierre, cat.). — De Neuchâtel. — Les bois, les lieux ombragés des environs de Genève (Reut.). — Les environs de Bâle, commun (Hagenb.).

β. *Montanus.* Gaud. Syn. p. 75. et ejusd. Fl. helv. 1. l. c. — Hagenb. Fl. basil. 1. p. 100. — Scheuchz. Gram. tab. 5. fig. 16. — Chaume moins élevé; panicule plus petite, presque dressée, demi-verticillée, à rameaux plus courts, à épillets plus petits, de 5—6 fleurs. Plante ayant dans la jeunesse le port du *Brachypodium sylvaticum.*

Aux environs de Neuchâtel (Chaillet). — De Nyon, plus rare (Gaud.).

9. B. dressé. — *B. erectus.*

Huds. Angl. 49. — DC. Fl. fr. n. 1633. — Duby, Bot. gall. p. 515. — Gaud. Fl. helv. 1. p. 310. — Koch, Syn. p. 822. — *B. pratensis.* Lam. Ency. 1. p. 468.

Vaill. Bot. par. tab. 18. fig. 2. — Scheuchz. Gram. tab. 5. fig. 13. — Barr. ic. fig. 13. n. 1. — Moris. sect. 8. tab. 7. fig. 13.

Racine fibreuse, à fibres dures, fortes; chaume de 6—9 décim., dressé, cylindrique, lisse, strié, nu à sa partie supérieure; feuilles linéaires-acuminées, rudes, les radicales très longues, étroites, ciliées-poilues, à la fin enroulées, celles du chaume 2—3 fois plus larges, presque glabres; gaînes allongées, striées, cylindriques, glabres, les inférieures mollement poilues, à poils réfléchis; ligule courte, tronquée; panicule dressée, oblongue, un peu resserrée, à rameaux rudes, inégaux, à un ou 2—3 épillets: les inférieurs au nombre de 3—6, demi-verticillés; épillets linéaires-lancéolés, allongés, un peu comprimés, verdâtres, souvent mêlés de pourpre, à 5—9 fleurs lancéolées, embriquées, pubescentes, à poils couchés; valves de la glume inégales, lancéolées-acuminées, carénées, ciliées-rudes sur la carène; paillette inférieure de la glumelle ovale-lancéolée, très courtement bidentée au sommet, à 5—7 nervures, scarieuse sur les bords, munie d'une arête faible, flexueuse, rude, plus courte que la fleur: la supérieure finement ciliée sur les bords. ♃ (Mai, juin).

Commun dans les prés secs, le long des chemins, au bord des champs.

β *G. racilis*. Gaud. Syn. p. 75. — Chaume plus élevé; épillets panachés de vert et de blanc, à fleurs moins nombreuses, très glabres, écartées-distiques.

Les bois autour de Salins. — Au-dessus de Bonmont (Gaud.).

10. B. inerme. — *B. inermis.*

Linn. Syst. végét. ed. 13. p. 100. (1744). — Koch, Syn. p. 822. — Gaud. Fl. helv. 1. p. 308. — Lam. Ency. 1. p. 466. — *Festuca inermis.* DC. Fl. fr. n. 1584. — Duby, Bot. gall. p. 520.

Schreb. Germ. tab. 13.

Racine rampante; chaume de 6—9 décim., dressé ou
ascendant, longuement nu au sommet, glabre comme
toutes les autres parties de la plante; feuilles linéaires-acuminées, rudes, larges de 4—8 millim., à gaînes cylindriques plus courtes que les feuilles, à ligule très courte,
déchirée; panicule dressée, à rameaux simples et divisés,
les inférieurs 3—6, demi-verticillés; épillets linéaires-lancéolés, longs de 3 centim., presque cylindriques, un peu
comprimés, d'un vert pâle et rougeâtre, rarement panachés
de violet, à 7—10 fleurs embriquées, à la fin distinctes,
lancéolées; valves de la glume peu inégales, lancéolées,
l'inférieure à une nervure, la supérieure à 3; paillette inférieure de la glumelle oblongue, obtuse, très courtement
bidentée au sommet, à 5 nervures, les 2 intermédiaires moins
apparentes, munie au-dessous du sommet d'une arête à
peine de 2 millim., souvent nulle : paillette supérieure de
même longueur, un peu échancrée au sommet, finement
ciliée sur les bords. ♃ (Juin, juillet).

Les prés, le bord des chemins et des champs, très rare : Bâle, dans
les champs près de la Maison-Rouge, et au bord du Rhin entre Augst
et Reinfeld (Hagenb.). — A Orbe (Reynier).

§ 3. *Épillets élargis vers le sommet; valve inférieure de
la glume à une nervure, la supérieure à 3; paillette
supérieure de la glumelle ciliée-pectinée, à cils écartés
un peu raides.* — **B. genuini. Koch.**

11. B. stérile. — *B. sterilis.*

Linn. Sp. 113. — DC. Fl. fr. n. 1658.—Duby, Bot. gall. p.
516. — Gaud. Fl. helv. 1. p. 312. — Lam. Ency. 1. p.
467. —Koch, Syn. p. 822.

Leers, Herb. tab. 11. fig. 4. — Scheuchz. Gram. tab. 5.
fig. 14. — Moris. sect. 8. tab. 7. fig. 11.

Racine fibreuse; chaume de 4—8 décim., dressé, glabre;
feuilles planes, longues de 16 centim., larges de 4 millim.,
molles, un peu rudes, les inférieures pubescentes, à gaînes

striées, glabres ou pubescentes, surtout les inférieures; ligule longue de 2 millim., tronquée, déchirée; panicule étalée, éparse, penchée au sommet, à rameaux allongés, filiformes, rudes, un peu épaissis au sommet, simples, à un, rarement 2—3 épillets, les inférieurs demi-verticillés; épillets oblongs, élargis vers le sommet, verts, penchés ou même pendants, comprimés, à 7—10 fleurs distiques, linéaires-subulées, lâches; valves de la glume très inégales, lancéolées-subulées, la supérieure à 3 nervures; paillette inférieure de la glumelle lancéolée, rude, à 7 nervures, scarieuse sur les bords, bifide au sommet, à lobes membraneux, subulés, munie d'une forte arête droite, très rude, beaucoup plus longue que la fleur : la supérieure ciliée-pectinée. ⓐ (Juin, août).

Commun le long des chemins, au bord des champs, sur les murs de vignes.

12. B. des toits. — *B. tectorum.*

Linn. Sp. 114. — DC. Fl. fr. n. 1639. — Duby, Bot. gall. p. 516. — Gaud. Fl. helv. 1. p. 313. — Koch, Syn. p. 822. — *B. sterilis. var.* β. Lam. Ency. 1. p. 467.
Leers, Herb. tab. 10. fig. 2. — Moris. sect. 8. tab. 7. fig. 13.

Racine fibreuse; chaumes de 15 – 30 centim., dressés, lisses, glabres, un peu rudes ou pubescents au dessous de la panicule; feuilles étroites, larges de 2 millim. ou un peu plus, molles, pubescentes sur les deux faces, ainsi que les gaines, surtout les inférieures, et en outre poilues-ciliées à la base et à l'entrée de la gaine, à ligule de 2 millim., oblongue, déchirée; panicule lâche, oblongue, étalée, presque unilatérale, penchée au sommet, à rameaux pubescents, flexueux, demi-verticillés, à un ou 2—3 épillets linéaires, comprimés, un peu dilatés au sommet, verdâtres ou purpurins, ordinairement pubescents, à 5—7 fleurs lancéolées-subulées; valves de la glume inégales, l'inférieure lancéolée-subulée, à une nervure, la supérieure oblongue-

lancéolée, à 3 nervures; paillette inférieure de la glumelle
à 7—9 nervures peu marquées, blanchâtre sur les bords,
bifide au sommet et à lobes membraneux subulés, munie
d'une arête droite, rude, presque de même longueur que la
fleur : paillette supérieure ciliée-pectinée. ① (Mai, juin).

Dans les lieux stériles, sur les murs et les décombres : Nyon, dans
les lieux arides et sablonneux, au bord du lac (Gaud.). — Genève,
dans les lieux stériles, sur les murs et les toits, sur les remparts, au
bord du lac parmi les graviers (Reut.). — Bâle, commun le long des
chemins dans les lieux incultes (Hagenb.).

TRIBU XIV. — HORDÉACÉES. Kunth.

Épillets sessiles dans les dépressions de l'axe, à 2—plusieurs fleurs, la terminale souvent rudimentaire; styles
très courts ou nuls; stigmates plumeux, sortant de chaque
côté de la base de la fleur.

39. GAUDINIE. — *GAUDINIA*. P. Beauv.

Épillets solitaires, sessiles dans les dépressions de l'axe
articulé, alternes, parallèles à l'axe; glume bivalve à 4—7
fleurs; glumelle à 2 paillettes, l'inférieure munie sur le
dos d'une arête tordue à la base; styles courts; stigmates
plumeux, sortant latéralement.

1. G. fragile. — *G. fragilis*.

P. Beauv. Agrost. p. 95. — Gaud. Fl. helv. 4. p. 330. —
Koch, Syn. p. 823. — *Avena fragilis*. Linn. Sp. 119. —
DC. Fl. fr. n. 1556. — Duby, Bot. gall. p. 513. — Lam.
Ency. 1. p. 334.
P. Beauv. Agrost. tab. 19. fig. 5. — Schreb. Gram. tab. 24.
fig. 5. — Scheuchz. Gram. tab. 1. fig. 7. G.
Racine fibreuse; chaume de 2—4 décim., dressé ou as-
cendant, grêle, lisse, nu dans le haut, quelquefois rameux
à la base; feuilles courtes, acuminées, étroites, molles,
dressées, planes, velues; gaînes cylindriques, un peu là-

ches, également velues, surtout les inférieures : la supérieure très longue ; ligule très courte, tronquée ; épi grêle, allongé, dressé, articulé, fragile, composé d'épillets verdâtres, oblongs, sessiles, alternes, un peu comprimés à l'époque de la fleuraison, serrés contre l'axe, à 4—7 fleurs un peu écartées; valves de la glume très inégales, striées-nerveuses, la supérieure un peu obtuse, l'inférieure aiguë beaucoup plus petite ; paillette inférieure de la glumelle lancéolée, glabre, verdâtre, souvent panachée d'un peu de pourpre et de jaune, scarieuse sur les bords, à peine bidentée, et munie un peu au-dessous du sommet d'une arête grêle, rude, tordue à la base, étalée, genouillée-infléchie, plus longue que la fleur. ② (Juin, juillet).

Salins, le long des fossés de la route au bord du bois Mouchard, près des Arsures, et ailleurs, rare. — Aux environs de Coppet; de Céligny ; de Nyon (Gaud.). — Crans (Rapin). — Genève, çà et là au bord des chemins et dans les prés, à Châtelaine; dans la grande prairie du Petit-Sacconex, etc. (Reut.).

40. FROMENT. — *TRITICUM*. Linn.

Épillets solitaires, sessiles dans les dépressions de l'axe auquel ils sont appliqués par l'une des faces, formant un épi distique; glume à 2 valves carénées, aiguës ou mucronées, à 3—plusieurs fleurs ; glumelle à 2 paillettes, l'inférieure mucronée ou aristée au sommet, ou mutique: styles très courts ; stigmates plumeux, sortant latéralement.

§ 1. *Épillets plus ou moins renflés-ventrus ; valves de la glume ovales ou oblongues.* — Cerealia. Koch.

** Graines libres ; axe tenace.*

1. F. cultivé. — *T. vulgare.*

Vill. Dauph. 2. p. 153. — Gaud. Fl. helv. 1. p. 356. — Koch, Syn. p. 823. — *T. sativum.* Lam. Ency. 2. p. 554.

— DC. Fl. fr. n. 1656. — Duby, Bot. gall. p. 528. —
Seringe, Mélanges, 1. p. 86-94.

Lam. illust. tab. 49. fig. 2. — Tournef. Inst. tab. 293. —
Moris. sect. 8. tab. 1. fig. 2.

Racine fibreuse ; chaume d'environ un mètre, dressé,
cylindrique ; feuilles planes, allongées, larges de 6—8 millim., rudes, auriculées à la base, à gaîne allongée, cylindrique ; ligule courte, tronquée ; épis d'abord dressés, puis
penchés, distiques, presque tétragones ; épillets courts, ventrus, glabres, quelquefois un peu pubescents, ordinairement
à 4 fleurs embriquées, plus longs que les articulations de
l'âxe poilu sur les angles ; valves de la glume ovales-
elliptiques, presque égales, cartilagineuses, tronquées, mucronées, arrondies et convexes sur le dos, comprimées et
un peu carénées vers le sommet ; paillette de la glumelle
mutique, ou terminée par une longue arête rude. ④ (Juin).

On ne connaît pas encore positivement la véritable patrie du froment:
on pense qu'il est originaire de Perse. —On retire du blé, de la *farine*,
principale nourriture de l'homme, du *son* qui est son enveloppe corti-
cale, employé en médecine comme rafraîchissant et à la nourriture du
bétail, puis de l'*amidon* qui sert à faire l'*empois* et le *parement* des tisserands. Traité par l'acide sulfurique étendu d'eau, l'empois se convertit en une espèce de sucre dont la découverte est due à Kirchoff.

α. *Hybernum*. Linn. Sp. 126. — Gaud. Fl. helv. 1. l. c.
var. β. — Seringe, Mélanges, 1. l. c. E-H. — Lam. illust.
tab. 49. fig. 1. — Tournef. Inst. tab. 292. — Moris. sect. 8.
tab. 1. fig. 1. — Épillets ordinairement sans arête. Vulg.
Froment, Blé d'automne, Blé rouge ou *Moutet*.

Cette variété de froment est la plus généralement cultivée dans la
plaine et sur nos premières montagnes dont elle est la production la
plus importante : elle donne en général 8 pour 1, et souvent plus. C'est
surtout la variété à épis roux dorés, avec ou sans barbes, que l'on cultive dans les bons fonds ou terres de *fins*, et l'on réserve celle à épis
blanchâtres pour les terres blanches ou argileuses, peu fertiles.

β *Æstivum*. Linn. Sp. 126. — Gaud. Fl. helv. 1. l. c.
var. α. — Seringe, Mélanges, 1. l. c. A-D. — Lam. illust.
tab. 49. fig. 2 — Tournef. Inst. tab. 293. — Moris. sect. 8.

tab. 1. fig. 2. — Épillets ordinairement munis de longues arêtes. Vulg. *Blé de mars, Blé de carême.*

Cette variété est rarement cultivée : on s'en sert pour remplacer le blé d'automne, lorsqu'il a souffert dans la mauvaise saison par les alternatives de la gelée et du dégel, ou qu'il a été détruit par l'excès d'humidité ou par les inondations.

2. F. Pétanielle. — *T. turgidum.*

Linn. Sp. 126. — DC. Fl. fr. n. 1656. p. 81. — Gaud. Fl. helv. 1. p. 337. — Lam. Ency. 2. p. 557. — Koch, Syn. p. 825. — Seringe, Mélanges, 1. p. 97-103. Moris. sect. 8. tab. 1. fig. 14.

Cette espèce diffère peu de la précédente. Épi tétragone, incliné, à épillets renflés, velus-soyeux, à 4 fleurs, la supérieure avortant souvent; valves de la glume courte, ventrues, ovales, tronquées, largement mucronées, carénées, à carène saillante; paillette inférieure de la glumelle munie d'une longue barbe de 9 – 12 centim.; graines ovoïdes, bossues, opaques. ① (Juin). Vulg. *Gros blé, Blé barbu, Blé gris.*

Cultivé, mais rarement : çà et là aux environs de Salins et dans quelques autres parties du vignoble, ainsi que dans les cantons de Vaud et de Bâle. —On l'emploie quelquefois à faire des gruaux.

β. *Compositum.* Gaud. Fl. helv. 1. l. c. — *T. compositum.* Linn. Syst. veg. ed. 13. p. 108. — DC. Fl. fr. n. 1657. — Duby, Bot. gall. p. 528. — Lam. Ency. 2. p. 559. — Seringe, Mélanges, 1. p. 104-106. — Moris. sect. 8. tab. 1. fig. 7. — J. Bauh. Hist. 2. p. 408. fig. 1. — Épis rameux à la base, à épillets courts, obtus, non distiques, ordinairement velus.

Cultivé, mais très rarement et en petite quantité, aux environs de Salins, plutôt comme objet de curiosité que pour son produit, sous les noms de *Blé rameux, Blé de miracle, Blé d'abondance.* — Bâle, plus commun autour d'Olsberg que la var. α.

3. F. de Pologne. — *T. Polonicum.*

Linn. Sp. 127.—Gaud. Fl. helv. 1. p. 559.—Lam. Ency. 2.
p. 559. — Koch, Syn. p. 824. — Ser. Mél. 1. p. 110-113.
Moris. sect. 8. tab. 1. fig. 8. (*opt.*).

Racine fibreuse ; chaume de 12—15 décim., épais, robuste, dressé, rempli de moelle ; feuilles glauques, presque
dressées, larges de 12—15 millim., arides, striées-nerveuses, auriculées à la base, à gaînes allongées ; ligule
longue de 2 millim., tronquée ; épi glauque, tétragone
ou comprimé, un peu lâche, long de 14—16 centim. ; épillets d'environ 5 centim., à 4 fleurs, la quatrième stérile et
mutique ; valves de la glume oblongues-lancéolées, un peu
ventrues, souvent un peu pubescentes, carénées, striées-
nerveuses, divergentes, dépassant un peu les fleurs, terminées par 2 pointes inégales ; paillette' inférieure des fleurs
fertiles peu renflée, munie d'une arête très longue ; graines
longuement ellipsoïdes, subtriquêtres. ① (Juin).

On commence à le cultiver dans les environs de Nyon (Gaud.).

*** Graines étroitement enveloppées par la glumelle ; axe fragile.*

4. F. Épeautre. — *T. spelta.*

Linn. Sp. 127. — DC. Fl. fr. n. 1658. — Duby, Bot. gall.
p. 528. — Gaud. Fl. helv. 1. p. 560. — Lam. Ency.
2. p. 559. — Koch, Syn. p. 824. — Seringe, Mélanges,
1. p. 116—125.
Moris. sect. 8. tab. 6. fig. 1.

Chaume fistuleux ; épi presque tétragone, mais évidemment comprimé, lâchement embriqué, plus ou moins penché
à la maturité ; axe fragile ; épillets ordinairement à 4 fleurs,
les 2 latérales seules fertiles ; valves de la glume largement ovales, carénées, tronquées, à 2 dents : l'une, qui est
le prolongement de la carène, plus grande, obtuse, ciliée ,

à cils raides, l'autre beaucoup plus petite, quelquefois peu apparente; paillette inférieure de la glumelle aristée ou mutique; graines allongées, aiguës, triquêtres, opaques. ① (Juin).

Originaire des montagnes de la Perse : cultivé dans les environs de Poligny (Guyet). — Et dans tout le canton de Bâle (Hagenb.).

5. F. amidonier. — *T. dicoccum.*

Schrank. Fl. bavar. 1. p 389. — Gaud. Fl. helv. 1. p. 360.
— Koch, Syn. p. 824. — *T. spelta.* DC. Fl. fr. n. 1658?
— *T. amyleum.* Seringe, Mélanges, 1, 124-130. — Hagenb. Fl. basil. 1. p. 114.
Moris. sect. 8. tab. 6. fig. 3. — J. Bauh. Hist. 2. p. 415. fig. 1.
Épi comprimé, tout-à-fait distique, grêle, allongé, très lisse ou velu, un peu glauque; axe fragile; épillets étroitement embriqués, entourés à la base par un faisceau de poils divergents, ordinairement à 4 fleurs, les intermédiaires stériles; valves de la glume lancéolées, à carène comprimée, très saillante et arquée, un peu convexes sur les côtés, terminées insensiblement par un large mucrone; paillette inférieure des fleurs fertiles munie d'une longue arête, les stériles mutiques; graines allongées, aiguës, triquêtres, gibbeuses, étroitement enveloppées par les paillettes endurcies; chaume plein (Seringe), fistuleux (Hagenb.). ① (Juin).

Communément cultivé dans les champs pierreux des montagnes du canton de Bâle (Hagenb.).

6. F. Locular. — *T. monococcum.*

Linn. Sp. 127. — DC. Fl. fr. n. 1659. — Duby, Bot. gall. p. 528. — Gaud. Fl. helv. 1. p. 561. — Lam. Ency. 2. p. 550. — Koch, Syn. p. 824. — Seringe, Mélanges, 1. p. 130-133. — Hagenb. Fl. basil. 1. p. 114.
Moris. sect. 8. tab. 6. fig. 2.

Épi très comprimé, distique, aplani sur les deux faces, étroitement embriqué; axe fragile; épillets ordinairement à 3 fleurs, une fertile avec arète, et 2 stériles mutiques; valves de la glume égales, oblongues, concaves, inégalement bidentées au sommet; paillette inférieure de la glumelle très courtement trifide, à lanière du milieu terminée, dans la fleur fertile, en arète grêle, rude, très longue, presque double de la longueur de l'épi; graines enveloppées par les paillettes. ① (Juin, juillet).

Originaire du Caucase : fréquemment cultivé dans les champs stériles et calcaires de la région supérieure des montagnes du canton de Bâle (Hagenb.).

§ 2. *Épillets non renflés-ventrus; valves de la glume lan-céolées ou linéaires-oblongues, embrassant les fleurs, l'inférieure plus courte.* — **Agropyra. Koch.**

* *Racine rampante; épi dressé.*

7. F. Chiendent. — *T. repens.*

Linn. Sp. 128. — DC. Fl. fr. n. 1661. — Duby, Bot. gall. p. 528. — Balb. Fl. lyon. p. 833. — Gaud. Fl. helv. 1. p. 562. — Lam. Ency. 2. p. 562. — Koch, Syn. p. 823.

Racine longue, rampante, écailleuse aux articulations, chaumes de 6—9 décim., feuillés, dressés, grêles, cylindriques; feuilles planes, molles, assez larges, d'un vert gai ou un peu glauque, rudes sur les bords et la face supérieure qui est quelquefois velue, à gaîne allongée, striée, munie d'une ligule très courte, tronquée; épi allongé, comprimé, distique, à axe ordinairement rude; épillets convexes, à la fin ouverts-aplanis, distiques, à 4—5 fleurs; valves de la glume peu inégales, plus courtes que les fleurs, lancéolées, acuminées-subulées, à 5 nervures; paillette inférieure de la glumelle lancéolée, acuminée ou un peu obtuse, mutique ou aristée : la supérieure obtuse, ciliée sur les bords. ♃ (Juin, juillet).

Commun le long des chemins, dans les haies et les lieux cultivés. — La racine de Chiendent est usitée en tisane comme émolliente, rafraî-chissante et légèrement diurétique ; on peut en tirer de l'amidon : en poudre elle est nutritive, et dans les temps de disette les peuples du Nord la font entrer dans le pain.

α. *Arvense*. Reichenb. — *T. arvense*. Schreb. Fl. Er-lang. et ejusd. Gram. tab. 26. fig. I. III. et 1-2. — P. Beauv. Agrost. tab. 20. fig. 2. — Leers, Herb. tab. 12. fig. 5. — Moris. sect. 8. tab. 1. fig. 8. — Valves de la glume et paillette inférieure de la glumelle aiguës ou acuminées, sans arête.

β. *Dumetorum*. Reichenb. — *T. dumetorum*. Schreb. Fl. Erlang. et ejusd. Gram. tab. 26. fig. 3. — Leers, Herb. tab. 12. fig. 4. n. I. — Valves de la glume et paillette in-férieure de la glumelle terminées en arête longue de 2 mil-lim. ; épillets à 5—8 fleurs ; feuilles larges, poilues. Varie à axe velu.

γ. *Vaillantianum*. Reichenb. — *T. Vaillantianum*. Schreb. Fl. Erlang. et ejusd. Gram. tab. 26. fig. 6. — Vaill. Bot. par. tab. 17. fig. 2. — Arêtes des valves de la glume longues d'environ 2 millim., et celle de la paillette infé-rieure de la glumelle de 4.

δ. *Leersianum*. Reichenb. — *T. Leersianum*. Schreb. Fl. Erlang. et ejusd. Gram. tab. 26. fig. 7. 8. — Leers, Herb. tab. 12. fig. 4. n. II. — *T. sepium*. Thuill. Fl. par. ed. 2. p. 67. — Arête des valves de la glume longues presque de 4 millim., celle de la paillete dans les fleurs inférieures de 8—10 millim., graduellement plus courte dans les fleurs supérieures ; épillets à 4—5 fleurs.

8. F. glauque. — *T. glaucum*.

Desf. Tableau de l'école de bot. p. 16. (1804). — Koch, Syn. p. 825. — *T. intermedium* (Host.). Gaud. Fl. helv. 1. p. 563. — Hagenb. Fl. basil. 1. p. 117. — *T. rigidum* (Schrad.). DC. Fl. fr. supp. n. 1662[b]. — Duby, Bot. gall. p. 529. — *T. repens, var. ε. obtusiflorum*. Spenn. Fl. frib. p. 118.

Racine rampante ; chaume de 6—9 décim. , dressé, raide ;
feuilles glauques , ainsi que les autres parties de la plante,
ordinairement glabres, plus ou moins rudes en dessus et sur
les bords , arides, étroites, striées, planes à la base, à la fin
plus ou moins enroulées, à gaîne cylindrique, striée, un peu
rude de haut en bas, munie d'une ligule très courte, tronquée ;
épi allongé, distique, à axe rude sur les angles ; épillets alternes, les supérieurs plus rapprochés, d'abord cylindriques,
à la fin comprimés, obtus, à 5—8 fleurs ; valves de la glume
peu inégales , oblongues, à 5—7 nervures, très obtuses ou
tronquées, de moitié plus courtes que l'épillet ; paillette inférieure de la glumelle mutique, très obtuse ou tronquée,
très rarement mucronée, carénée. ⚥ (Juin, juillet).

Les lieux chauds et arides ou sablonneux : Bâle, autour de la ville ;
entre Augst et Rhénofeld, etc. (Hagenb.).

β. *Dubium. T. intermedium. var. γ. dubium.* Gaud.
Syn. p. 91. et ejusd. Fl. helv. 1. l. c. — *T. pungens.* Hagenb. Fl. basil. 1. p. 118. — DC. Fl. fr. supp. n. 1662c.
var. β. — Feuilles planes dans leur moitié inférieure, enroulées au sommet ; valves de la glume un peu aiguës ; paillette inférieure de la glumelle obtuse, très courtement mucronée.

Aux environs de Salins. — Nyon, au bord du lac au-dessous de
Prangins (Gaud.). — Bâle, le long des haies ; au bord du Rhin (Hagenb.). — Cette espèce est très voisine de la précédente, et n'en est,
selon Spenner, qu'une variété glauque, plus grande, à fleurs plus
obtuses. La var. β. semble établir le passage de l'une à l'autre.

** *Racine fibreuse ; épi penché.*

9. F. des haies. — *T. caninum.*

Schreb. Spicileg. Fl. Lips. p. 51. — Duby, Bot. gall. p. 528.
— Gaud. Fl. helv. 1. p. 365. — Koch, Syn. p. 826. —
T. sepium. Lam. Ency. 2. p. 563. — DC. Fl. fr. n. 1660.
— Balb. Fl. lyon. p. 832. — *Elymus caninus.* Linn. Sp.
124.

Moris. sect. 8. tab. 1. fig. 2. (*series* 3.).

Racine fibreuse; chaumes de 6—9 décim., dressés, gla
bres; feuilles planes, rudes sur les bords et les deux faces,
quelquefois velues en dessus, larges de 6—8 millim., linéaires-lancéolées, à gaînes striées, cylindriques, munies
d'une ligule courte, tronquée; épi de 10—16 centim.,
grêle, distique, à la fin penché, à axe rude sur les angles;
épillets grêles, oblongs, dressés, alternes, sessiles, à 4—5
fleurs; valves de la glume peu inégales, lancéolées-acuminées, courtement aristées, striées, à 3—5 nervures, un peu
plus courtes que l'épillet; paillette inférieure de la glumelle
lancéolée-acuminée, nerveuse au sommet, et terminée par
une arête 2—3 fois aussi longue que la fleur. ⚥ (Juin,
juillet).

Commun dans les haies et les buissons, au bord des chemins et dans
les bois.

41. SEIGLE. — *SECALE*. Linn.

Épillets distiques, à 2 fleurs sessiles, avec le rudiment
d'une troisième fleur longuement pédicellée; glume à 2
valves carénées, subulées; glumelle à 2 paillettes, l'inférieure carénée, terminée en arête, la supérieure bicarénée;
styles très courts; stigmates plumeux, sortant latéralement.
— Ce genre diffère des Froments par ses épillets qui ne
contiennent jamais que 2 fleurs, la troisième, lorsqu'elle
existe, étant toujours rudimentaire, et par les valves de la
glume subulée.

1. S. cultivé. — *S. cereale*.

Linn. Sp. 124. — DC. Fl. fr. n. 1672. — Duby, Bot. gall.
p. 530. — Gaud. Fl. helv. 1. p. 349. — Poir. Ency. 7.
p. 53. — Koch, Syn. p. 826. — Seringe, Mélanges, 1.
p. 155-158.

P. Beauv. Agrost. tab. 20. fig. 6. — Lam. illust. tab. 49.
— Bull. Herb. tab. 111. — Tournef. Inst. tab. 294.

Racine fibreuse ; chaume de 15—20 décim. , dressé, glabre ; feuilles allongées, larges, rudes sur les deux faces et sur les bords, nerveuses, auriculées à la base, à gaîne allongée, cylindrique, munie d'une ligule très courte, tronquée ; épi long de 8—16 centim., distique, dressé ou un peu penché au sommet, à axe articulé, à articulations courtes, alternativement déprimées, planes-convexes, barbues sur les angles ; épillets lancéolés, comprimés, à 2 fleurs ; valves de la glume presque égales, étroites, linéaires-acuminées, rudes sur la carène, plus courtes que les fleurs ; paillette inférieure de la glumelle oblongue-lancéolée, pliée en carène, à 5 nervures vertes, ciliée-pectinée sur la carène, à cils raides, terminée en arête rude, très longue, subulée : la supérieure mince, membraneuse, bicarénée. ⓸ (Mai, juin).

Cultivé dans la plaine : on le sème rarement seul dans la montagne, mais assez souvent mêlé au froment d'automne à parties égales. — La farine de seigle n'a pas la blancheur de celle du froment, et le pain que l'on en fait est un peu lourd et gras au toucher, rafraîchissant, mais moins nourrissant que celui de froment ; mêlée à la farine de ce dernier de manière que celle-ci prédomine, elle donne un pain agréable et qui se conserve frais long-temps. Délayée dans l'eau ou le lait et cuite, on l'emploie en cataplasme comme émolliente, résolutive, détersive, propre à avancer la maturité des tumeurs inflammatoires ; le son est également émollient et adoucissant. La paille n'est pas employée comme fourrage, on la réserve pour la litière ou pour couvrir le toit des chaumières ; on s'en sert aussi pour faire des nattes, des liens, des paillassons de jardinier, pour rempailler les chaises, etc.

42. ÉLYME. — *ELYMUS.* Linn.

Épillets 2—4 ensemble, distiques, sessiles dans les dépressions de l'axe, à 2—plusieurs fleurs, la supérieure incomplète ; glume de chaque épillet à 2 valves, peu inégales, unilatérales, situées devant les épillets à chaque dent de l'axe, et formant ensemble une sorte d'involucre ; glumelle à 2 paillettes, l'inférieure concave, ordinairement terminée en arête, la supérieure bicarénée ; styles très courts ; stigmates plumeux, sortant latéralement. — Ce genre diffère à peine du suivant dans les espèces à deux fleurs, dont la supérieure est stérile.

1. E. d'Europe. — *E. Europœus.*

Linn. Mant. 35. — DC. Fl. fr. n. 1679. — Duby, Bot. gall.
p. 531. — Gaud. Fl. helv. 1. p. 547. — Lam. Ency. 2.
p. 353. — Koch. Syn. p. 826. — *Hordeum sylvaticum.*
Vill. Dauph. 2. p. 175.

Scheuchz. Gram. Prod. tab. 1. fig. 1.

Racine forte, articulée, ascendante; chaume de 6—9 décim., dressé, nu et un peu rude au sommet, velu au-dessous des nœuds et souvent au-dessus; feuilles allongées, larges de 4—6 millim., planes, acuminées, un peu rudes sur les deux faces et sur les bords, striées, fermes, quelque-fois un peu poilues en dessus, à gaîne velue, striée, à poils réfléchis, la supérieure plus longue que le limbe, munie d'une ligule courte, tronquée; épi presque cylindrique, raide, serré; épillets verts, lancéolés, ternés, presque toujours uniflores, mais accompagnés du pédoncule d'une seconde fleur avortée, situé à la base externe de la paillette supérieure! valves de la glume linéaires-subulées, aristées, de la longueur de l'épillet; paillette inférieure de la glu-melle oblongue-lancéolée, rude sur le dos, aiguë, termi-née en une longue arête droite et rude. ♃ (Juin, juillet).

Les bois particulièrement des montagnes : Salins, dans les bois de Racine; de Migette; de Mouchard, etc.; dans les forêts de sapins de Levier; de Villers; de Boujaille; de la Joux; à la côte du Grand-Chalem, entre Foncine et Nozeroy, etc. — Genève, à Salève, au-dessus d'Archamp et de Pommier; entre Trélex et Saint-Cergue, etc. (Reut.). — Sur le Wasserfall; à la côte de Valanvron; au-dessus d'Arzier (Gaud.). — Sur le Mont-Terrible, fréquent (Thurmann).

43. ORGE. — *HORDEUM.* Linn.

Épillets ternés, tous hermaphrodites, ou les latéraux souvent mâles ou neutres, et l'intermédiaire hermaphrodite

à une seule fleur quelquefois accompagnée du rudiment subulé d'une seconde; glume à 2 valves linéaires, subulées-
aristées, raides, presque unilatérales, situées devant les
épillets, à chaque dent de l'axe, et formant par leur réunion une sorte d'involucre à 6 folioles; glumelle à 2 paillettes, l'inférieure concave, longuement aristée, la supérieure bicarénée; styles très courts; stigmates plumeux,
sortant latéralement.

§ 1. *Fleurs toutes hermaphrodites, aristées.*

1. O. commune. — *H. vulgare.*

Linn. Sp. 125. — DC. Fl. fr. n. 1680. — Duby, Bot. gall.
   p. 531. — Gaud. Fl. helv. 1. p. 205. — Poir. Ency. 4.
   p. 602. — Koch, Syn. p. 827. — Seringe, Mélanges, 1.
   p. 145-149.
Chaum. Fl. méd. tab. 257. — P. Beauv. Agrost. tab. 21.
   fig. 1. — Moris. sect. 8. tab. 6. fig. 3. — J. Bauh. Hist.
   2. p. 418. fig. 3.
Racine fibreuse; chaumes de 6—9 décim., dressés, ordinairement feuillés dans toute leur longueur; feuilles allongées, assez larges, dressées, rudes, munies à la base de 2
dents ou oreillettes lancéolées, un peu courbées en faux;
gaînes cylindriques, à ligule très courte, tronquée; épi
oblong, presque dressé ou penché, à 6 rangs, dont 2 plus
saillants, ce qui le rend un peu comprimé; épillets ternés
sur chaque dent de l'axe, à fleurs toutes hermaphrodites et
fructifères; valves de la glume placées en avant et unilatérales, linéaires-lancéolées, aristées; paillette inférieure de
la glumelle à 5 nervures, terminée par une arête très
longue, marginée, très rude sur les bords et dépassant
beaucoup l'épi. ④ (Juin). Vulg. *Orge à quatre rangs.*

Originaire de Sicile et de Tartarie, cultivée dans la plaine et dans la
montagne. On la sème en automne, et souvent aussi au printemps dans
quelques parties de la plaine.

β. Cœleste. Linn. Sp. 125. — DC. Fl. fr. n. 1680. — Poir. Ency. 6. p. 602. — J. Bauh. Hist. 2. p. 430. fig. 2. — Graines se dépouillant de la glumelle à la maturité et restant nues.

Rarement cultivée par quelques amateurs. — La farine d'*Orge* donne un pain grossier qui sèche plus vite que celui de *Seigle*. Ses graines sont employées, comme on sait, à la fabrication de la bière, dont le marc, appelé *drèche*, est un excellent aliment pour engraisser le bétail : il a été conseillé en décoction comme antiscorbutique. Le *malt*, qui est l'Orge préparée pour cette fabrication, a la même propriété. Les tanneurs font fermenter et aigrir dans l'eau les graines de cette céréale pour préparer certains cuirs. On en fait aussi des tisanes tempérantes : la tisane commune des hôpitaux civils et militaires est une décoction d'Orge et de racine de réglisse.

2. O. à six rangs. — *H. hexastichon.*

Linn. Sp. 125. — DC. Fl. fr. n. 1681. — Duby, Bot. gall. p. 531. — Gaud. Fl. helv. 1. p. 206. — Poir. Ency. 4. p. 603. — Koch, Syn. p. 827. — Seringe, Mélanges, 1. p. 142-144.

Gaertn. 2. tab. 81. fig. 3.

Cette espèce diffère de la précédente, à laquelle elle ressemble beaucoup, par ses feuilles très larges, glauques ainsi que la gaîne ; par son épi plus court, plus épais ; par ses épillets divergents, disposés sur 6 rangs également saillants, à fleurs toutes hermaphrodites et aristées, à valves de la glume un peu plus larges, lancéolées-linéaires. ① (Juin). Vulg. *Orge carrée ou à six rangs, Orge d'hiver.*

Lieu natal inconnu. Cultivée dans la plaine et la basse montagne, mais elle ne forme nulle part une culture étendue : on la sème en automne. Son grain est plus spécialement employé à faire l'*Orge mondé*, l'*Orge perlé*, que l'on mange en potage et qui peut remplacer le Riz. Sa décoction donne, comme ce dernier, une boisson rafraîchissante et adoucissante.

§ 2. *Fleurs latérales mâles, mutiques.*

3. O. à deux rangs. — *H. distichum.*

Linn. Sp. 125. — DC. Fl. fr. n. 1682. — Duby. Bot. gall.
p. 531. — Gaud. Fl. helv. 1. p. 207. — Poir. Ency. 4.
p. 603. — Koch, Syn. p. 827. — Seringe, Mélanges, 1.
p. 149-153.
P. Beauv. Agrost. tab. 21. fig. 2. — Moris. sect. 8. tab. 6.
fig. 1. — J. Bauh. Hist. 2. p. 429. fig. 1.

Cette espèce se distingue des précédentes par son épi
allongé, tout-à-fait comprimé et comme distique, quoique
à 6 rangs, par l'effet des épillets hermaphrodites, fertiles,
opposés, aristés, plus saillants que les latéraux mâles, appliqués et mutiques ; arêtes très rudes, presque dressées. ④
(Juin). Vulg. *Orge à deux rangs, Orge plate, Orge de
carême.*

Cultivée dans la plaine et la montagne : c'est la seule espèce que l'on
cultive dans la haute montagne. Elle se sème au printemps.

4. O. Riz.. — *H. Zeocriton.*

Linn. Sp. 125. — DC. Fl. fr. n. 1683. — Duby, Bot. gall.
p. 531. — Gaud. Fl. helv. 1. p. 207. — Poir. Ency. 4.
p. 603. — Koch, Syn. p. 827. — Seringe, Mélanges, 1.
p. 153-155.
Schreb. Gram. tab. 17. — J. Bauh. Hist. 2. p. 430. fig. 1.
— Moris. sect. 8. tab. 6. fig. 2.

Cette espèce diffère de la précédente par son épi court,
large, comprimé, pyramidal ; épillets latéraux mâles, mutiques, appliqués, les intermédiaires hermaphrodites, distiques, plus étalés, munis de longues arêtes, rudes, très
divergentes en éventail. ④ (Juin).

Lieu natal inconnu. Cultivée seulement par quelques amateurs.

§ 3. *Fleurs latérales mâles ou neutres, toutes aristées.*

5. O. des murs. — *H. murinum.*

Linn. Sp. 126. — DC. Fl. fr. n. 1684. — Duby, Bot. gall.
p. 531. — Gaud. Fl. helv. 1. p. 208. — Poir. Ency. 4.
p. 604. — Koch, Syn. p. 827.
Moris. sect. 8. tab. 6. fig. 4.

Racine fibreuse, gazonnante; chaumes de 3—4 décim.,
quelquefois rameux et un peu coudés à la base, dressés;
feuilles molles, rudes, d'un vert gai, poilues; gaînes glabres, ordinairement plus courtes que le limbe, la supérieure
renflée; ligule très courte, tronquée; épi long, assez épais,
embriqués, un peu comprimés, à épillets ternés, tous
aristés : les latéraux mâles, plus grêles, pédicellés, les
intermédiaires hermaphrodites, sessiles; valves de la glume
allongées, linéaires-lancéolées, ciliées, striées, longuement
aristées dans la fleur hermaphrodite, plus étroites, rudes
et non ciliées dans les fleurs mâles; paillette inférieure de
la glumelle lancéolée, terminée par une arête 3—4 fois
plus longue que la fleur. ① (Juin—août). Vulg. *Queue
de souris.*

Le long des chemins et des haies, au pied des murs : aux environs de
Salins; de Besançon; d'Arbois; de Poligny; de Lons-le-Saunier; de
Dole; de Mont-sous-Vaudrey; de Dampierre; de Nyon; de Genève; de
Bâle, etc.

6. O. Faux-Seigle. — *H. secalinum.*

Schreb. Spicil. 148. — DC. Fl. fr. n. 1685. — Duby, Bot.
gall. p. 531. — Gaud. Fl. helv. 1. p. 209. — Poir. Ency.
4. p. 604. — *H. pratense.* Huds. Angl. 36. — *H. muri-
num.* β. Linn. Sp. 126. et *H. nodosum.* ejusd. Sp. 126.
— Koch, Syn. p. 827.
Vaill. Bot. par. tab. 17. fig. 6. — Moris. sect. 8. tab. 2.
fig. 6.

Racine fibreuse; chaumes de 3—6 décim., feuillés, grêles, dressés, nus dans le haut; feuilles courtes, rudes, particulièrement en dessus et sur les bords, souvent velues, à gaînes très longues, l'inférieure souvent poilue; ligule courte, tronquée; épi plus grêle et plus comprimé que dans l'espèce précédente, avec laquelle celle-ci a beaucoup de rapport, garni de barbes beaucoup moins longues, plus raides; épillets ternés, les latéraux mâles, plus longuement pédicellés que dans l'espèce précédente, les intermédiaires hermaphrodites, sessiles; les 6 valves des glumes en forme de soies rudes, mais non ciliées, comme dans l'espèce précédente, dépassant l'arête des fleurs mâles, et un peu plus courtes que celle de la fleur hermaphrodite. ④ (Juin, juillet).

Les prés, les pâturages, le bord des chemins : Salins, dans les bosquets de la Barbarine, et le long des chemins des vignes, assez rare ; aux environs d'Arbois, dans les prés en allant au marais de Vaucy et ailleurs; aux environs de Lons-le-Saunier; de Besançon, sur la promenade de Chamars, etc. — Genève, dans les prés du Petit-Sacconex (Reuter). — Entre Orbe et Mathod (Ducros). — Bâle, rare (Hagenb.).

44. IVRAIE. — *LOLIUM*. Linn.

Épillets solitaires, à 3—plusieurs fleurs, écartés, distiques, sessiles dans les dépressions de l'axe auquel ils sont appliqués par l'un des côtés, de manière à former un épi aplani; glume à 2 valves dans l'épillet terminal, presque à une seule lancéolée, mutique, dans les autres, la supérieure contiguë à l'axe, étant ordinairement très petite ou avortée; paillette inférieure de la glumelle concave, mutique ou aristée au-dessous du sommet, la supérieure bicarénée; styles très courts; stigmates plumeux, sortant latéralement.

Obs. Ce genre se distingue des *Froments* par les épillets appliqués à l'axe par l'un des côtés et non par l'une des faces.

§ 1. *Épillets plus longs que la glume.*

1. I. vivace. — *L. perenne.*

Linn. Sp. 122. — DC. Fl. fr. n. 1674. — Duby, Bot. gall.
p. 531. — Gaud. Fl. helv. 1. p. 351. — Poir. Ency. 8.
p. 826. — Koch, Syn. p. 827.
Chaum. Fl. méd. tab. 206. — P. Beauv. Agrost. tab. 20. fig.
3. — Schreb. Gram. tab. 57. — Lam. illust. tab. 48. fig.
1. — Leers, Herb. tab. 12. fig. 1. — Moris. sect. 8. tab.
2. fig. 2. — Scheuchz. Gram. tab. 1. fig. 7. A-C.

Racine fibreuse ; chaume de 3—5 décim., dressé ou
ascendant, nu au sommet, très lisse, quelquefois rameux à
la base ; feuilles allongées, larges de 2—4 millim., planes,
presque lisses, pliées en long, les radicales ordinairement
plus courtes que les autres ; gaînes cylindriques, striées,
lisses, à ligule courte, obtuse ; épi allongé, distique, à axe
plus ou moins flexueux-déprimé ; épillets alternes, comprimés, lancéolés-rhomboïdaux, serrés contre les dépressions
de l'axe par le côté et situés dans le même plan, un peu
écartés dans le bas, à 5—10 fleurs ; glume à une seule
valve (2 dans l'épillet terminal par défaut de l'axe) plus
courte que l'épillet, striée-nerveuse, lancéolée, un peu aiguë ; paillette inférieure de la glumelle oblongue, concave,
obtuse ou un peu aiguë, mutique, à 5 nervures, la supérieure oblongue, égalant l'inférieure, un peu aiguë, entière
ou un peu échancrée, dentelée-ciliée sur les bords. ♃ (Juin—
septembre).

Très commune partout, dans les prés, au bord des chemins et des
champs. — On la cultive fréquemment sous le nom de *Gazon anglais*,
Ray-grass, pour former des tapis de verdure dans les jardins paysagers.

β. *Tenue.* Gaud. Fl. helv. 1. l. c. — *L. tenue.* Linn. Sp.
p. 122. — DC. Fl. fr. n. 1675. — Duby, Bot. gall. p. 351.
Balb. Fl. lyon. p. 837. — Poir. Ency. 8. p. 828. — Chaume
grêle, effilé ; feuilles plus étroites ; épillets plus petits, à
3—4 fleurs, les inférieurs à 1—2.

Les mêmes lieux, moins commune.

γ. *Compositum.* Gaud. Fl. helv. 1. l. c. — DC. Fl. fr. l. c. var. δ.—Scheuchz. Gram. tab. 1. fig. 7. **D.** et Prod. tab. 2. fig. 1. — Moris. sect. 8. tab. 2. fig. 2. var. 2. (*ad dextram*). — Épi ordinairement court, aplani, large de 2 centim. et quelquefois plus, à épillets allongés, multiflores, étalés, rapprochés au sommet de l'épi, presque embriqués.

Aux environs de Salins; d'Arbois, de Bâle, etc., rare.

δ. *Ramosum.* Gaud. Fl. helv. 1. l. c. — Léers, Herb. tab. 12. fig. 1. (*infima*). — Moris. sect. 8. tab. 2. fig. 2. var. 5. (*ad dextram*). — Épi allongé, plus ou moins rameux à la base.

Les mêmes lieux : Salins; Nyon; Bâle, etc., rare.

ι. *Humile.* Gaud. Fl. helv. 1. l. c. — Chaume ascendant, haut de 10—12 centim.; épillets petits, à 2—3 fleurs; épi grêle.

Salins, dans un champ aride. — Nyon (Gaud.).

2. I. de Bouché. — *L. Boucheanum.*

Kunth, Enum. 1. p. 436. — Koch, Syn. p. 828. — Hagenb. Fl. basil. supp. p. 22. — *L. multiflorum. var.* β. *aristatum.* Gaud. Fl. helv. 1. p. 334.

Kunth. Gram. tab. 200.

Cette espèce a été réunie comme variété tantôt à l'espèce précédente, tantôt à la suivante, par plusieurs botanistes distingués; elle diffère cependant de la première par sa couleur d'un vert plus gai, son chaume plus élevé, ses épillets 2—3 fois plus longs que la valve de la glume, et ses fleurs supérieures aristées; et de la seconde par sa racine vivace, produisant des faisceaux de feuilles stériles, que l'on ne trouve point dans cette dernière. Épillets comprimés, plus longs que la valve, à 7—9 fleurs et plus, lancéolées, les supérieures aristées, étalées pendant la fleuraison, ensuite conniventes. ♃ (Juin, juillet). Vulg. *Ray-Grass d'Italie.*

Bâle, sur les graviers de la Birse, et çà et là au bord des champs et des vergers (Hagenb.). — Çà et là parmi les moissons (Reut.). — On cultive cette plante comme fourrage.

3. I. multiflore. — *L. multiflorum.*

Lam. Fl. fr. 3. p. 621. — DC. Fl. fr. n. 1677. et supp. p. 286. — Poir. Ency. 8. p. 828. — Gaud. Fl. helv. 1. p. 554. — Koch, Syn. p. 828.

Vaillant, Bot. par. tab. 17. fig. 3. (*habitum hujus speciei non malè exprimit*).

Racine annuelle; chaumes dressés, un peu rudes au-dessous de l'épi, très fistuleux et fragiles, souvent rameux dans le bas, hauts de 6—9 décim.; feuilles roulées sur elles-mêmes dans leur jeunesse, un peu rudes en dessus et sur les bords; épi allongé, un peu penché, formé d'un grand nombre d'épillets lineaires-lancéolés, contenant 10—15 fleurs étroitement embriquées, 2—3 fois plus longs que la valve de la glume; paillette inférieure de la glumelle lancéolée, mutique, ou munie dans les fleurs supérieures des épillets d'une arête très courte. ① (Juin, juillet).

Genève, çà et là parmi les moissons : à Monetier; à Gaillard, et le long des chemins (Reut.).

§ 2. *Épillets égalant la glume, ou plus courts qu'elle.*

4. I. des champs. — *L. arvense.*

Withering, Bot. aurang. p. 168. (*non Gaud.*). — Koch, Syn. p. 828. — Hagenb. Fl. basil. 1. p. 121. — *L. remotum.* Hoff. Deuts. Fl. ed. 2. 1. p. 63.

Moris. sect. 8. tab. 2. fig. 1. — Reichenb. Cent. 11. fig. 1357-1359.

Racine fibreuse; chaumes de 4—6 décim., simples, fasciculés à la base, dressés, raides, plus ou moins rudes vers le sommet; feuilles étroites, linéaires - acuminées, lisses; gaines allongées, striées, cylindriques, à ligule très

courte, tronquée; épi long de 10—16 centim., composé
d'épillets sessiles, alternes, comprimés, à 5—8 fleurs
oblongues, distinctes, un peu renflées, mutiques ou munies
au-dessous du sommet d'une courte arête; valve de la
glume lancéolée, aiguë, striée-nerveuse, à peu près de
même longueur que l'épillet; paillette inférieure de la glumelle obtuse, membraneuse au sommet. ① (Juin, juillet).

Dans les champs, surtout de Lin : aux environs de Salins, d'Arbois, rare. — De Bâle, où elle n'est pas commune (Hagenb.).

5. I. enivrante. — *L. temulentum*.

Linn. Sp. 122. — DC. Fl. fr. n. 1676. — Duby, Bot. gall.
p. 551. — Gaud. Fl. helv. 1. p. 332. — Poir. Ency. 8. p.
829. — Koch, Syn. p. 828.
Bull. Herb. tab. 107. — Lam. illust. tab. 48. fig. 2. —
Leers, Herb. tab. 12. fig. 2. — Scheuchz. Gram. tab. 1.
fig. 7. E. F. — Schreb. Gram. tab. 36. — Moris. sect. 8.
tab. 2. fig. 1. (*ad dextram*).
Racine fibreuse; chaume de 3—6 décim., dressé ou
ascendant, épais, nu, rude ou quelquefois lisse au sommet;
feuilles planes, allongées, assez larges, nerveuses, rudes,
auriculées à la base, à gaîne allongée, lisse, cylindrique,
quelquefois rude; ligule très courte; épi allongé, raide, à
axe flexueux; épillets alternes, sessiles, comprimés, serrés
contre l'axe, ovoïdes-oblongs, d'un vert pâle, à 5—7 fleurs
ellipsoïdes; valve de la glume raide, aiguë, striée-nerveuse, de la longueur de l'épillet et quelquefois même plus
longue; paillette inférieure de la glumelle concave, à 5
nervures plus visibles à sa partie supérieure, bifide et membraneuse au sommet, munie, au-dessous de l'échancrure,
d'une arête rude, ordinairement plus longue que la paillette.
① (Juin, juillet). Vulg. *Leu* ou *Lú*.

Dans les champs parmi les moissons. — Les graines de cette plante
sont vénéneuses-narcotiques; lorsqu'elles se trouvent en certaine quantité dans le froment, le pain cause alors des étourdissements, des
maux de tête, et une sorte d'assoupissement avec ivresse.

β. *Lævigatum. L. arvense. var. α. minus.* Gaud. Fl. helv. 1. p. 553. — Chaume très lisse , haut de 3—5 décim. ; feuilles un peu rudes ; épillet égalant presque la valve de la glume , à 6—8 fleurs distinctes , ovoïdes-oblongues , presque mutiques , étant munies seulement d'une arête courte , en forme de soie , dépassant peu la paillette.

Çà et là dans les champs, parmi les moissons : aux environs de Salins. — De Nyon, près de Crans et de Calève (Gaud.). — Genève, entre Vandœuvre et Sionet ; au-dessus du bois de la Bâtie (Reut.).

γ. *Scabrum. L. arvense. β. major.* Hagenb. Fl. basil. 2. append. p. 486. — *L. arvense. β. speciosum.* Gaud. Fl. helv. 1. p. 553. — *L. speciosum* (Steven). Koch , Syn. p. 828. — *L. robustum.* Reich. Cent. 11. fig. 1340. — Chaume de 5—8 décim., robuste ; feuilles allongées , très larges , très rudes , ainsi que le sommet du chaume et l'axe ; épillets plus gros , à fleurs ellipsoïdes , renflées , distinctes , munies d'arête très courte , droite ou tortillée , en forme de soie.

Çà et là dans les moissons aux environs de Salins. — De Bâle (Hagenb.). — Genève, dans les champs parmi les moissons : entre Vandœuvre et Sionet ; au-dessus du bois de la Bâtie, etc. (Reut.).

TRIBU XV. — NARDOÏDÉES. Koch.

Épillets sessiles dans les dépressions de l'axe ; stigmates filiformes , pubérulents , sortant du sommet de la fleur.

45. NARD. — *NARDUS.* Linn.

Épillets solitaires , à une seule fleur , sessiles dans les dépressions de l'axe ; glume nulle ; glumelle à 2 paillettes , l'inférieure raide , subulée , trigone , renfermant la supérieure membraneuse ; style 1 ; stigmate simple , filiforme , allongé , sortant du sommet de la fleur.

1. N. raide. — *N. stricta.*

Linn. Sp. 77. — DC. Fl. fr. n. 1651. — Duby, Bot. gall. p. 527. — Balb. Fl. lyon. p. 831. — Gaud. Fl. helv.

l. p. 140. — Poir. Ency. 4. p. 429. — Koch, Syn. p.
830.

P. Beauv. Agrost. tab. 20. fig. 11. — Schreb. Gram. tab.
7. — Leers, Herb. tab. 1. fig. 7. — Lam. illust. tab. 39.
— Scheuchz. Gram. tab. 2. fig. 20. — Moris. sect. 8. tab.
7. fig. 8.

Racine fibreuse, forte, gazonnante, chaumes de 1—2
décim., grêles, striés, raides, fasciculés; feuilles glauques,
presque toutes radicales, enroulées-sétacées, raides, fasciculées, dressées-étalées, ciliées-rudes, ainsi que le chaume,
mais plus courtes que lui; gaînes lisses, striées, cylindriques, à ligule oblongue, un peu obtuse; épi grêle, linéaire,
raide, droit; épillets très grêles, uniflores, unilatéraux,
sessiles dans les excavations de l'axe rudes sur les angles;
glume nulle; paillette inférieure de la glumelle violacée,
raide, subulée, rude, à 3 nervures, terminée par une arête
courte, également rude, la supérieure blanchâtre, scarieuse,
un peu plus courte que l'autre qui l'enveloppe. ♃ (Mai,
juin).

Les prés secs, les pâturages arides : Salins, dans les pâturages de
Boujaille ; de la Grange-Montorge ; de Villers ; de la tourbière de Pontarlier ; à Salève ; au Mont-d'Or ; sur le Thoiry, et dans la plupart
des pâturages du haut Jura.

CLASSE TROISIÈME.

PLANTES MONOCOTYLÉDONÉES OU ENDOGÈNES,

CRYPTOGAMES.

TIGE composée de fibres éparses, entourées de tissu cel-
lulaire, dépourvue de moelle centrale, de rayons médulaires,
de zones concentriques et de véritable écorce, plus endurcie
à la circonférence qu'au centre, quelquefois avortée, souterraine et radiciforme (*rhizome*); fleurs anomales, indi-

stinctes, ou à organes sexuels invisibles à l'œil nu, ou renfermés. Embryon à un seul cotylédon composé de cellules et non de trachées.

FAMILLE CXIX.

Characées. Rich.

ORGANES reproducteurs de deux sortes : les uns constituant l'appareil mâle, placés un peu au-dessous des autres et latéralement, consistent en un globule sphérique, rouge, réticulé (l'*anthère*), disparaissant de bonne heure, enveloppé d'une membrane décolorée, formée de cellules transparentes : les autres constituant l'appareil femelle, se composent d'un corps ovoïde (*nucule*), ordinairement entouré de bractées, strié en spirale et surmonté le plus souvent d'une couronne à 5—6 dents (*stigmates* Vaucher, *dents du calice adhérent* Hedwig), renfermant un noyau vert et opaque rempli de petits globules inégaux et irréguliers (*spores* Hedwig et Martius, *grains de fécule* Raspail) que Vaucher nie être des corps reproducteurs, considérant la nucule comme un fruit monosperme qui, d'après ses observations, germe dans l'eau et reproduit l'espèce (*voy.* Ann. sc. nat. Bot. tom. 14. août 1840; Mém. de la soc. de Genève, p. 179.). — Plantes aquatiques, submergées, ordinairement fétides, à tiges rameuses, faibles, à rameaux verticillés, portant les organes de la reproduction sur le côté intérieur des nœuds, simples ou formées de plusieurs tubes roulés en spirale sur un tube central, souvent recouvertes d'une couche calcaire ou crétacée, rudes ou hérissées de pointes dans quelques espèces, lisses et presque transparentes dans d'autres, à entre-nœuds tubuleux dans l'intérieur desquels s'effectue une circulation très remarquable (*voy.* Annales des sc. nat. Bot. tom. 9, janvier, février et décembre 1838).

1. CHARAGNE. — *CHARA*. Linn.

Tiges formées de tubes simples, ou de tubes plus grêles roulés en spirale sur un tube central; organes mâles et femelles sur les mêmes, rarement sur divers individus; nucules avec ou sans bractées à la base, nues ou couronnées au sommet.

§ 1. *Nucules entourées à la base de bractées et surmontées d'une couronne à 5 dents; tiges souvent incrustées, formées de plusieurs tubes roulés en spirale autour du tube central.* — Chara. Agard.

1. C. commune. — *C. vulgaris.*

Linn. Sp. 1624? — DC. Fl. fr. n. 1459. — Duby, Bot. gall. p. 533. — Lam. Ency. 1. p. 696. — *Ch. fœtida.* Braun. Ann. sc. nat. Bot. juin 1834. p. 354.

Wallroth, Ann. bot. tab. 1. — J. Bauh. Hist. 3. p. 1. p. 731. fig. 2. — Moug. et Nestl. Crypt. Vosg. n. 590.

Tiges glauques, rameuses, longues de 15—30 centim. et quelquefois plus, diffuses, d'abord minces et flexibles, striées-grenues en spirale, devenant épaisses et fragiles, garnies de petits rameaux courts, longs de 1—2 centim., cylindriques, aigus, disposés en verticilles de 6—8, portant sur le côté intérieur, dans les verticilles du sommet, les organes de la fructification; fruits ou nucules ovoïdes, écartées, à 13 stries, surmontées d'une couronne courte et obtuse, munies à la base de bractées linéaires plus courtes qu'elles. Plante monoïque. ④ (Juillet, août).

Cette espèce est très commune partout dans les eaux stagnantes, au fond desquelles elle forme des touffes épaisses; elle répand une odeur fétide : on s'en sert quelquefois, ainsi que de la suivante, pour nettoyer les ustensiles de cuisine, mais on préfère l'*Equisetum arvense*, qui est moins fragile.

2. C. cotonneuse. — *C. tomentosa.*

Linn. Sp. 1624. — DC. Fl. fr. n. 1460. — Duby, Bot. gall.
p. 533. — *C. ceratophylla.* Wallr. Ann. bot. l. c. —
Braun. Ann. bot. juin 1834. p. 555.
Moris. sect. 15. tab. 4. fig. 9.

Tiges de 5—6 décim. , rameuses, cylindriques, fortement
sillonnées en spirale , cendrées, fragiles, recouvertes de
papilles obtuses, poudreuses, qui les rendent à la fin presque
cotonneuses, souvent garnies de petits aiguillons vers les
sommités de la plante , à rameaux courbés , disposés en verticilles , ordinairement au nombre de 8 , munis aux articulations de bractées mucronées une fois plus longues que les
nucules à 15 stries, surmontées d'une couronne à 5 pointes
courtes, écartées. Plante dioïque. ☉ (Juillet, août).

Besançon , sur les bords du Doubs, près de Torpes et ailleurs (Girod-
Chant.). — Les fossés, à Nyon (Rapin). — Genève , dans une mare au
pied de Salève, au-dessus de Crevin, etc. (Reuter).

3. C. hérissée. — *C. hispida.*

Linn. Sp. 1624. — DC. Fl. fr. n. 1461. — Duby, Bot. gall.
p. 534. — Lam. Ency. 1. p. 696. — Braun. Ann. Bot.
juin 1834. p. 555.
Raspail, Phys. végét. tab. 60. fig. 1–3. — Lam. illust. tab.
742. fig. 3. — Chevall. Fl. par. tab. 15. fig. 15. —
Wallr. Ann. Bot. tab. 4.

Cette espèce ressemble beaucoup à la précédente, mais
elle est ordinairement plus grande et plus épaisse. Tiges
longues de 6 décim. et plus , d'un blanc grisâtre ou verdâtre,
fortement sillonnées en spirale , hérissées de petits aiguillons
réfléchis solitaires ou comme fasciculés, à rameaux verticillés
par 8, étalés ; nucules grosses, solitaires, d'un vert foncé ou
grisâtre, à 13 stries, entourées de bractées inégales , plus
longues qu'elles, surmontées d'une couronne très distincte.
☉ (Juillet , août).

Bord de l'Orbe au-dessous du lac des Rousses. — Les eaux stagnantes (Girod-Chant.). — Nyon ; vallée de Joux (Rapin). — Genève, dans une mare au pied de Salève , au-dessus de Crevin ; et dans les fossés d'un marais près de Corsier , au bord de la grande route (Reut.). — Mares de l'embouchure de la Reuse (God.).

4. C. fragile. — *C. fragilis.*

Desv. in Lois. Deslong. Notice , p. 157. — Braun. Ann. sc. nat. Bot. juin 1854. p. 356. — *C. vulgaris.* Hedwig. Théor. fruct. p. 161. — *C. Hedwigii.* Agardh , Syst. alg. p. 129. — *C. pulchella.* Wallr. Ann. bot. tab. 2.

Hedw. Théor. fruct. tab. 32. et 33. — Ann. sc. nat. Bot. janvier 1838. tab. 1.

Plante de couleur herbacée , peu ou point incrustée, rameuse , grêle , finement sillonnée en spirale , glabre , très fragile , lisse et non épineuse ; rameaux 6—10 par verticilles, grêles , articulés , subulés , portant sur les nœuds, du côté intérieur, des nucules à 13—14 stries, d'un gris noirâtre à la maturité, entourées de bractées quaternées à peu près de même longueur qu'elles , un peu plus longues dans les verticilles inférieurs et allant en diminuant dans les supérieurs, surmontées d'une couronne allongée , un peu rétrécie à la base , à 5—6 lobes obtus. Plante monoïque. ④ (Juillet, août).

Çà et là dans les eaux stagnantes : en allant de Nozeroy au Grand-Chalem, etc. — Genève, dans les eaux claires et peu profondes, à Champsel ; au pied de Salève, dans la petite rivière de l'Aïre ; à la queue d'Arve, etc. (Reut.). —Mares de l'embouchure de la Reuse (God.).

§ 2. *Nucules dépourvues de bractées et de couronne ; tiges diaphanes formées de tubes simples , flexibles, rarement incrustées.* — Nitella. Agardh.

5. C. flexible. — *C. flexilis.*

Linn. Sp. 1624. — Mérat, Fl. par. ed. 2. p. 287. — Braun. Ann. soc. nat. Bot. juin 1854. p. 351. — *Nitella flexilis.* Chevall. Fl. par. 2. p. 124.

Moug. et Nestl. Crypt. Vosg. n. 591.

Plante longue de 5 décim. et quelquefois davantage, d'un vert gai, à tiges lisses, flexibles, luisantes, grêles, demi-transparentes, plus minces et plus grêles que dans le *C. translucens*. Pers., à rameaux presque verticillés, simples, allongés, bi-tri-quadrifurqués au sommet, terminés en une pointe mousse ; nucules ovoïdes, à 6 stries, placées vers la partie supérieure des rameaux. Plante monoïque, souvent confondue avec la suivante. ④ (Été).

Besançon, à la source d'Arcier (Guérin). — Aux environs de Bâle (Clairville). — Genève, commune dans les fossés profonds et pleins d'eau tranquille où elle s'élève beaucoup plus (Vaucher, in Reut.). — Tourbière près de Saint-Laurent (Cordienne). — Nyon (Rapin). — Dans la Thielle (Chaill.). — Dans les fossés derrière le Ried (God.).

6. C. à fruits agrégés. — *C. Syncarpa.*

Thuill. Fl. par. ed. 2. p. 473. — DC. Fl. fr. n. 1465. — Duby, Bot. gall. p. 534. — *C. capitata* (Nees). Braun. Ann. sc. nat. Bot. p. 352.

Plante grêle, rameuse, diffuse, lisse, flexible, demi-transparente, d'un vert clair, à rameaux verticillés : les stériles allongés, filiformes, simples et fourchus, les fertiles très courts, rapprochés en tête, bi ou trifides, à lobes courtement mucronés ; nucules presque globuleuses, à 5—6 stries, très souvent agrégées au nombre de 3—4, noirâtres. Plante dioïque. ④ (Mai, juin).

Dans les mares et les petits fossés pleins d'eau claire et tranquille : Genève, au-dessus de Crevin, au pied de Salève vers le bas de la Grande-Gorge ; entre Regnier et la Pierre-aux-Fées, etc. (Reut.).

β. *Opaca*. (Agardh) Braunn. Ann. sc. nat. Bot. juin 1834. p. 352. — Tiges plus épaisses et plus fermes, rarement lisses, souvent incrustée ; lobes des rameaux verticillés, courtement mucronés.

Dans le Jura (Braun. l. c.).

7. C. transparente. — *C. hyalina.*

DC. Fl. fr. supp. n. 1464ᵃ. — Duby, Bot. gall. p. 534. —
Braun. Ann. sc. nat. Bot. juin 1834. p. 351. — *C. tenuis-
sima.* Desv. Journ. bot. 2. p. 315.

Tiges lisses, luisantes, diaphanes', grêles, divisées, longues de 8 centim.; rameaux 6—8, verticillés avec d'autres
plus petits, ce qui rend les verticilles denses, les supérieurs plus rapprochés, subdivisés au sommet en 7—8 rameaux plus petits, trifides, subulés, portant à l'aisselle une
nucule ovoïde à 10 stries, noirâtre, munie d'un pédicelle
très court et recourbé. Plante monoïque. ④ (Automne).

Genève, au bord du lac, dans les petites flaques d'eau claire et
tranquille : entre Versoix et Genthod (Reut.). — Morges (Rapin).

FAMILLE CXX.

Équisétacées. Rich.

FRUCTIFICATION en épi ovoïde ou conique terminal, composé d'écailles polygonales en bouclier, pédicellées, disposées
en verticilles plus ou moins réguliers, portant chacune à leur
face inférieure 6—8 petits sacs ou involucres membraneux,
à une loge s'ouvrant en dedans par une fente longitudinale,
et renfermant des ovules ou séminules (*spores*) verdâtres,
nombreux, libres, nus, très petits, globuleux ou en toupie,
entourés par 4 lames hygrométriques attachées en croix à la
base, allongées en spatule à chaque bout, portant de petits
grains de pollen (*granules spermatiques* Ad. Brongn.). —
Plantes sans feuilles, à souche souterraine rampante, à
tiges cylindriques, raides, sillonnées, articulées, simples
ou rameuses-verticillées, munies aux articulations d'une
gaîne membraneuse, scarieuse, tronquée ou dentée, et de
rameaux verticillés sortant de la base des gaînes et en
dehors.

1. PRÊLE. — *EQUISETUM*. Linn.

Tige cylindrique, lisse ou rude, striée, fistuleuse, articulée, simple ou rameuse-verticillée, à gaînes dressées, terminant les articles, à dents plus ou moins nombreuses, à fructification terminale.

§ 1. *Fructification portée sur une hampe non semblable aux tiges stériles ; gaînes laciniées.*

1. P. des champs. — *E. arvense.*

Linn. Sp. 1516. — DC. Fl. fr. n. 1453. — Duby, Bot. gall. p. 534. — Poir. Ency. 5. p. 613.

Bolt. Fil. tab. 54. — Vauch. Monog. p. 33. tab. 1. — Lam. illust. tab. 862. — J. Bauh. Hist. 3. p. 1. p. 730. fig. 1. — Dall. Hist. p. 1070. fig. 2. — Dod. pempt. p. 63. fig. 2. — Lob. ic. p. 795. fig. 2. — Moug. et Nestl. Crypt. Vosg. n. 201.

Souche radicale rameuse, articulée, produisant des tiges simples ou divisées à la base, les fructifères nues, blanches-roussâtres, dressées, hautes de 15—25 centim., à gaînes lâches, écartées, blanchâtres à la base, divisées au sommet en 12 dents brunes, aiguës, profondes ; tige stérile de 2—5 décim., d'un vert grisâtre, un peu rude, sillonnée ; gaîne à 12 dents, garnie de rameaux allongés, grêles, articulés, rudes, tétragones, à gaînes à 4 dents aiguës. ♃ (Avril, mai).

Commune dans les champs humides et les terres incultes. — Les tiges fertiles paraissent avant les autres et meurent après la dissémination des graines ou séminules. On se sert des tiges stériles de cette plante pour nettoyer la vaisselle d'étain.

2. P. des fleuves. — *E. fluviatile.*

Linn. Sp. 1517. — DC. Fl. fr. n. 1455. — Duby, Bot. gall. p. 535. — Balb. Fl. lyon. p. 851. — *E. macrostachion.* Poir. Ency. 5. p. 614.

Vauch. Mon. p. 35. tab. 2. — Bolt. Fil. tab. 36. — Moug.
et Nestl. Crypt. Vosg. n. 501. — Funck. Crypt. n. 227.

Tige fructifère de 2—3 déciu., nue, épaisse, glabre,
dressée, simple, presque entièrement revêtue de gaînes
allongées, rapprochées, lâches, en entonnoir, noirâtre à
leur partie supérieure, incisées-dentées, à 26—30 dents
acuminées-subulées; tige stérile de 6—12 décim., glabre,
cylindrique, à rameaux nombreux, 26 – 30 par verticille,
très longs, à la fin étalés, à 8 angles rudes; gaînes des tiges
stériles rapprochées, à 26—30 dents brunes, lancéolées-
subulées. ♃ (Avril—juin).

Les lieux fangeux des bois, le bord des rivières et des ruisseaux.

β. *Eburneum*. *E. eburneum*. Schreb. — *E. telmateya*
(Ehrh.). DC. Fl. fr. n. 1454. — Tige d'un blanc d'ivoire,
épaisse, à gaînes blanches à la base.

Commune aux environs de Salins, dans les lieux humîdes et incultes
du vignoble, sur le penchant des ravins, particulièrement dans le voisinage des carrières de gypse.

3. P. des bois. — *E. sylvaticum*.

Linn. Sp. 1516. — DC. Fl. fr. n. 1458. — Duby, Bot. gall.
p. 535. — Balb. Fl. lyon. p. 853. — Poir. Ency. 5.
p. 612.
Vauch. Monog. p. 37. tab. 3. — Bolt. Fil. tab. 32. 33. —
Hedw. Théor. gén. tab. 1. — Tabern. ic. p. 255. fig. 1.
— Moug. et Nestl. Crypt. Vosg. n. 1.

Plante d'un vert gai, très élégante. Tige fructifère, presque
nue, haute de 2—3 décim., à épi oblong, assez court, portant
ordinairement à sa partie supérieure 2—5 verticilles de rameaux grêles, peu développés, quadrangulaires, recourbés,
chargés de rameaux plus petits, très courts, verticillés, presque
trigones; gaînes longues de 15—20 millim., divisées jusqu'au
milieu en 3—4 lobes oblongs-lancéolés, ouverts, striés,
d'un brun roux, plus ou moins obtus; tige stérile de 4—6
décim., striée, fistuleuse, grêle, raide, à gaîne à 12 dents

brunes, scarieuses, souvent réunies plusieurs ensemble, munie à chaque verticille de 12 rameaux tétragones, arqués-pendants, rudes, portant eux-mêmes de petits rameaux verticillés, à gaînes à 5 dents ouvertes, aiguës. ♃ (Mai— juillet).

Les bois montueux et humides : Salins, dans les bois entre Ivory et la Châtelaine; dans les bois de sapins de Boujaille; de Levier; au pied de la Dôle, dans le fossé au bord de la route près de Lavatey; au Creux-du-Vent, le long du chemin, vers le Châlet; sur le Suchet, dans un enfoncement, près du châlet au pied de la sommité. — Sur le Colombier (Gaud.). — Tourbières des Ponts; de la Brevine; à Joux-de-Plane ; à la Chaux-de-Fonds (God.). — J'ai récolté dans le mois de septembre, au pied de la Dôle, dans le lieu indiqué ci-dessus, un échantillon de cette espèce, portant un épi de fleur fané et des rameaux comme les tiges stériles, absolument semblable à la fig. 2. de la tab. 5. de Vaucher.

4. P. des lieux ombragés. — *E. umbrosum.*

Meyer. — Willd. Enum. 1065. et Sp. 5. p. 3. — Poir. Ency. supp. 4. p. 548. — Lapey. Abr. p. 619.

Vauch. Monog. p. 58. tab. 4?

Tige fructifère nue, ou à la fin munie de quelques rameaux; gaînes longues de 12 millim., blanchâtres dans leur moitié inférieure, divisées dans la supérieure en 6 dents appliquées, lancéolées, membraneuses, rayées, d'un rouge pâle brunâtre, noires à la base, se séparant en lanières acérées; tige stérile de 5 décim., à rameaux allongés, simples ou presque simples, grêles, trigones, un peu rudes, irrégulièrement étalés, recourbés ou ascendants; lanières des gaînes en forme de dents étroites acérées, demi-trans-parentes; gaînes des petits rameaux toujours à 3 dents. ♃ (Mai).

Près de Nyon (Monnard, in Mut.). — Je ne connais pas cette plante : d'après la description ci-dessus, de Mutel, il paraît qu'elle diffère de l'*Equisetum umbrosum* de Vaucher, dont les rameaux de la tige stérile sont courts et non allongés. Lapeyrouse dit qu'elle diffère peu de la précédente.

§ 2. *Fructification portée sur une tige semblable aux tiges stériles; gaînes dentées.*

5. P. des marais. — *E. palustre.*

Linn. Sp. 1516. — DC. Fl. fr. n. 1457. — Duby, Bot. gall.
p. 535. — Balb. Fl. lyon. p. 852. — Poir. Ency. 5. p.
614. — *E. tuberosum.* DC. Fl. fr. supp. n. 1457c.
Vauch. Monog. p. 59. tab. 5. fig. 1. — Lam. illust. tab. 862.
fig. 3. — Bolt. Fil. tab. 35. — Moug. et Nestl. Crypt.
Vosg. n. 202. — Funck. Crypt. n. 146.

Tige d'un vert pâle, de 3—4 décim., grêle, presque anguleuse, un peu rude, à 8—10 sillons profonds, munie de
gaînes à 8—10 dents noirâtres, aiguës, à rameaux verticillés, au nombre de 8—10, souvent tous avortés ou en
partie, à 4—5 angles, munis de gaînes à 4—5 dents; épi
terminal, cylindrique, pédonculé dans son entier développement, un peu moins dense que dans la plupart des autres
espèces. ♃ (Juin, juillet).

Commune dans les fossés et les marais.

β. *Polystachyon.* DC. Fl. fr. l. c. — Duby, Bot. gall. l. c.
— Vauch. Monog. tab. 5. fig. 2. — Rameaux allongés,
dressés, fructifères.

Les mêmes lieux, mais plus rare.

6. P. des bourbiers. — *E. limosum.*

Linn. Sp. 1517. — DC. Fl. fr. n. 1456. — Duby, Bot. gall.
p. 535. — Balb. Fl. lyon. p. 852. — Poir. Ency. 5. p.
615.
Vauch. Monog. p. 44. tab. 8. — Lam. illust. tab. 862. fig.
2. — Bolt. Fil. tab. 38. — Moug. et Nestl. Crypt. Vosg.
n. 2. — Funck. Crypt. n. 166.

Tige de 6—9 décim. et quelquefois plus, ferme, glabre,
épaisse, fistuleuse, finement striée, nue ou seulement gar-

nie, à sa partie supérieure, de quelques verticilles de 10—
20 rameaux simples, courts, lisses, à 5 angles ; gaînes
écartées, vertes, appliquées, à 20 dents brunes, subulées ;
épi ovoïde-oblong, presque sessile sur la gaîne supérieure.
♃ (Juin).

Commune dans les mares d'eau, au bord des étangs et dans des lieux
fangeux : au marais de Prangins (Gaud.). — De Bonfol (Thurm.), etc.

β. *Polystachyon*. Seringe in Vauch. Monog. var. A. p.
44. — Verticilles supérieurs garnis d'un grand nombre de
rameaux fertiles, courts, ne dépassant point ou peu la tige.

Les mares d'eau, dans les prés au bord de la Loue, près de Villers-
Farlay.

7. P. panachée. — *E. variegatum*.

Schleicher, Catal. helv. p. 21. — Willd. Sp. 4. p. 7. —
DC. Fl. fr. supp. n. 1457ᵃ. — Poir. Ency. supp. 4. p.
547. — *E. ramosum*. Balb. Fl. lyon. p. 853. — *E. mul-
tiforme*. α. Vaucher, Monog. p. 51. — Duby, Bot. gall. p.
535. — *E. nudum minus variegatum Basiliense*. C.
Bauh. Pin. 16. — J. Bauh. Hist. 3. p. 2. p. 750. (*sine ic.*).
Vauch. Monog. tab. 12. fig. 1. — Tabern. ic. p. 251. fig. 1.
— Moug. et Nestl. Crypt. Vosg. n. 301. — Funck. Crypt.
n. 247.

Plante d'un vert pâle, plus ou moins ramifiée et couchée
à la base, à rameaux ordinairement simples, très inégaux,
longs de 2—3 décim. et quelquefois plus, grêles, entièrement nus et non rameux, profondément striés, très rudes
sur les côtes (presque lisses dans l'échantillon des Vosges de
Moug. et Nestl.), à gaînes cylindriques, noires, à 10—12
dents membraneuses et blanches au sommet et sur les
bords, linéaires-subulées, caduques, la supérieure dilatée
dans les rameaux fertiles et donnant naissance à un épi
ovoïde-oblong, court. ♃ (Juin, juillet).

Très commune à Thoirette, dans les sables au bord de l'Ain. — Genève, dans les lieux secs et sablonneux, au bord du Rhône, au-dessous
d'Aïre (Reut.). — Bâle, au bord du Rhin (J. Bauh.). — Sur le Cô-

lombier (Gaud.). — Neuchâtel, graviers au bord du lac, à Colombier ; au-dessous d'Épagnier ; au bord de la rivière de Buttes (God. Lequer.).

8. P. d'hiver. — *E. hiemale.*

Linn. Sp. 1517. — DC. Fl. fr. n. 1452. — Duby, Bot. gall. p. 535. — Balb. Fl. lyon. p. 850 — Poir. Ency. 3. p. 615. Vauch. Monog. p. 46. tab. 9. — Bolt. Fl. tab. 39. — Moug. et Nestl. Crypt. Vosg. n. 502.

Tige de 3—6 décim., ordinairement simple, quelquefois un peu rameuse à la base, épaisse, cylindrique, fistuleuse, nue et sans rameaux, profondément striée, très rude sur les côtes, à gaînes très écartées, cylindriques, bordées de noir à la base et à l'extrémité des dents ordinairement au nombre de 18—20, linéaires, obtuses, à la fin caduques ; épi ovoïde, terminal, solitaire, quelquefois accompagné de 1—2 autres plus petits, entouré par la gaîne supérieure dilatée. ♃ (Février, mars).

Les bois humides, le bord des ruisseaux ombragés : Salins, à la source du ruisseau des Doigts près du Gout-de-Conche ; au bord des petits ruisseaux dans les ravins derrière les aiguillons de Saisenay, près de la route de Nans. — Dans les prairies marécageuses et dans les fossés de l'enclos de Novillars (Girod-Chant.). — Genève, dans les bois humides et argileux : près d'Aïre, etc. (Reut.). — Au marais de Prangins (Gaud.). — Le long du Seyon ; le bord du lac au-dessous d'Épagnier (Pury-Chât.) — Les tiges de cette espèce, ainsi que celles de la précédente, sont employées pour polir le bois et les métaux.

FAMILLE CXXI.

Fougères. R. Brown.

FRUCTIFICATION composée de capsules situées sur les nervures dorsales des feuilles (*frondes*) ou sur leur marge, rarement en épi, en grappe ou panicule distincte, réunies en groupes (*sores*) nus, ou recouverts d'une membrane (*indusie*), ou d'un tégument formé par le bord enroulé des

feuilles ; capsules uniloculaires, sessiles ou pédicellées,
remplies d'un grand nombre de séminules (*spores*) très
petites, libres, globuleuses, ou anguleuses, ordinairement
entourées d'un anneau élastique articulé qui facilite leur ou-
verture, ou se déchirant en 2 valves. — Plantes herbacées,
à souche souterraine (*rhizome*) vivaces (arborescentes dans
quelques espèces exotiques), à feuilles alternes, paraissant
radicales, roulées en crosse dans la jeunesse (excepté dans
les Ophioglossées), simples, ou ailées, entières ou pinnatifides, à veines formées de cellules allongées.

TRIBU I. — OPHIOGLOSSÉES. Hook.

Capsules sessiles, presque globuleuses, uniloculaires,
dépourvues d'anneau élastique, distinctes ou soudées entre
elles, s'ouvrant en 2 demi-valves, disposées en grappe ou
en épi non roulé en crosse dans la jeunesse.

1. OPHIOGLOSSE. — *OPHIOGLOSSUM*. Linn.

Capsules sessiles, presque globuleuses, uniloculaires,
s'ouvrant en travers en 2 demi-valves, réunies en épi li-
néaire-distique, et presque enchâssées dans le tissu de l'axe.

1. O. commune. — *O. vulgatum*.

Linn. Sp. 1518. — DC. Fl. fr. n. 1438. — Duby, Bot. gall.
   p. 536. — Lam. Ency. 4. p. 561.
Lam. illust. tab. 864. fig. 1. — Bolt. Fil. tab. 3. — Barr.
   ic. p. 252. fig. 1. — Moris. sect. 14. tab. 5. fig. 1. (*series* 3). — J. Bauh. Hist. 3. p. 2. p. 708. fig. 2. — Dall.
   Hist. p. 1047. fig. 1. — Dod. pempt. p. 159. fig. 1. —
   Lob. ic. p. 808. fig. 2. — Moug. et Nestl. Crypt. Vosg.
   n. 502.

Racine composée de fibres fasciculées, donnant naissance
à une tige de 15—25 centim., simple, grêle, entourée à

la base d'une gaine membraneuse roussâtre, portant vers le milieu de sa longueur une feuille unique, embrassante à la base, ovale ou ovale-lancéolée, entière, obtuse, glabre, sans nervure; épi grêle, terminal, long d'environ 3 centim., ordinairement solitaire, rarement géminé ou terné (j'ai en herbier un échantillon à 5 épis), linéaire, comprimé, terminé en pointe nue au sommet, composé de 2 rangs de capsules globuleuses s'ouvrant en travers, presque enchâssées dans le tissu de l'axe, renfermant une grande quantité de graines ou séminules libres, très fines. ♃ (Juin). Vulg. *Herbe sans couture, Langue de serpent.*

Les prés humides : Salins, dans les prés humides entre les deux routes, à la Grange-Feuillet; les prés ou pâturages au-dessous des marnières de Mont-Servant. — Les pâturages aux environs de Novillars, Vaire, Amagney (Girod-Chant.). — Genève, à Châtelaine; au bois des Frères; du Vangeron; au marais de Roellebot; sur les glacis de Saint-Jean (Reut.). — Châtel, au-dessus de Rolle; Orbe, près de la grotte d'Agier (Rapin). — Valanvron (d'Iver.). — Marais de Corneaux (Chaill.). — Marais des Verrières; des Bayauds (Lequer.).

2. BOTRYCHIE. — *BOTRYCHIUM*. Swartz.

Capsules distinctes, sessiles, presque globuleuses, uniloculaires, s'ouvrant du sommet à la base en 2 demi-valves, disposées sur 2 rangs le long des rameaux d'une grappe ou épi rameux.

1. B. Lunaire. — *B. Lunaria.*

Swartz, Journ. Schrad. 2. p. 110. — DC. Fl. fr. n. 1437. — Duby, Bot. gall. p. 556. — *Osmonda Lunaria.* Linn. Sp. 1519. — Savigny, Ency. 4. p. 649.

J. Saint-Hil. Pl. fr. tab. 966. — Lam. illust. tab. 865. fig. 1. — Bolt. Fil. tab. 4. — Barr. ic. p. 252. fig. 3. — Moris. sect. 14. tab. 5. fig. 1. (*series* 2.). — J. Bauh. Hist. 3. p. 2. p. 710. fig. 1. — Clus. Hist. 2. p. 118. fig. 2. — Dall. Hist. p. 1313. fig. 2. — Dod. pempt. p. 139. fig. 2.

— Lob. ic. p. 807. fig. 2. — Moug. et Nestl. Crypt. Vosg. n. 5.

Racine composée de fibres fasciculées, donnant naissance à une tige de 1—2 décim., simple, dressée, cylindrique, entourée à la base d'une gaîne membraneuse brunâtre, munie, vers le milieu de sa longueur, d'une feuille glabre, charnue, ailée, composée de 11—19 folioles entières, arrondies en croissant, un peu obliques, la supérieure trilobée; grappe terminale, rameuse, unilatérale, dressée, un peu penchée au sommet, garnie de capsules distinctes, globuleuses, disposées sur 2 rangs le long des rameaux. ♃ (Juin, juillet).

Cette jolie Fougère n'est pas rare dans les pâturages du haut Jura : sur la chaîne du Colombier; la Dôle; le Salève; le Montendre; le Suchet; le Mont-d'Or; le Chasseron; le Creux-du-Vent; le Chasseral. — Le Mont-Terrible (Thurm.), etc.—Je l'ai également trouvée à Salins, dans un pré entre les deux aiguillons de Saisenay.

β. *Incisa*. Tige plus épaisse et plus robuste; feuilles à folioles plus larges, irrégulièrement incisées; grappe fructifère paniculée, souvent très rameuse, quelquefois géminée et même ternée.

Les figures de Morison, sect. 14. tab. 5. fig. 2. et 3. représenteraient très bien notre plante, si les folioles, au lieu d'être oblongues, étaient en croissant ou en quart de cercle. Ces figures représentent le *Botrychium rutaceum*. Willd. (Voyez Mougeot, Crypt. Vosg. n. 901.)

TRIBU II. — OSMONDACÉES. Hook.

Capsules pédicellées, presque globuleuses, dépourvues d'anneau élastique, membraneuses, ridées-réticulées, rayonnantes ou presque striées au sommet, remplies de grains farineux, s'ouvrant longitudinalement en 2 demi-valves au sommet, réunies en très grand nombre sur les folioles supérieures contractées de la feuille, et formant une sorte de panicule terminale. Feuilles roulées en crosse dans la jeunesse.

3. OSMONDE. — *OSMONDA*. Linn.

Capsules pédicellées, serrées, presque globuleuses, à une loge, à 2 demi-valves, disposées en panicule rameuse, terminale, ou placées quelquefois sur le bord des folioles.

1. O. royale. — *O. regalis.*

Linn. Sp. 1521. — DC. Fl. fr. n. 1436. — Duby, Bot. gall. p. 556. — Savigny, Ency. 4. p. 654.

J. Saint-Hil. Pl. fr. tab. 965. — Lam. illust. tab. 865. fig. 2. — Bolt. Fil. tab. 5. — Moris. sect. 14. tab. 4. fig. 1. (*series* 3). — J. Bauh. Hist. 3. p. 2. p. 736. fig. 1. — Dall. Hist. p. 1225. fig. 1. — Dod. pempt. p. 463. fig. 1. et 2. — Moug. et Nestl. Crypt. Vosg. n. 204.

Plante de 6—9 décim., à feuilles dressées, très grandes, 2 fois ailées, à folioles ordinairement alternes, souvent opposées, oblongues-lancéolées, obtuses, sessiles, un peu obliques à la base, munies d'une nervure longitudinale de laquelle partent obliquement d'autres petites nervures dichotomes, très fines, nombreuses et parallèles ; capsules nombreuses, agglomérées, disposées en grappe ou panicule rameuse terminale bipinnée. ♃ (Juin—août).

Les bois marécageux : aux environs de Lons-le Saunier? — Neuchâtel, indiquée par Chaillet sans localité.

TRIBU III. — POLYPODIACÉES. Hook.

Capsules uniloculaires, situées à la face inférieure des feuilles roulées en crosse dans la jeunesse, entourées d'un anneau élastique vertical, s'ouvrant irrégulièrement en travers.

4. CÉTÉRACH. — *CETERACH*. DC.

Capsules éparses ou réunies sur les veines des feuilles en groupes linéaires ou oblongs, en partie cachées par les écailles roussâtres et scarieuses qui recouvrent le dos des feuilles.

1. C. commun. — *C. officinarum*.

C. Bauh. Pin. 354. — DC. Fl. fr. n. 1433. — Duby, Bot.
gall. p. 537. — *Asplenium Ceterach*. Linn. Sp. 1538. —
Lam. Ency. 2. p. 304.

J. Saint-Hil. Pl. fr. tab. 570. — Bull. Herb. tab. 383. —
Bolt. Fil. tab. 12. — Barr. ic. fig. 1043. et 1044. —
Moris. sect. 14. tab. 2. fig. penult. — J. Bauh. Hist. 3. p.
2. p. 749. fig. 1. — Dall. Hist. p. 1215. fig. 1. — Dod.
pempt. p. 468. fig. 1. — Lob. ic. p. 807. fig. 1. —
Moug. et Nestl. Crypt. Vosg. n. 401.

Souche fibreuse, très fournie, donnant naissance à un
faisceau de feuilles simples, linéaires-lancéolées, obtuses,
pinnatifides, à lobes oblongs, alternes, obtus, confluents,
vertes en dessus, entièrement couvertes en dessous d'écailles
ou paillettes scarieuses, roussâtres ou ferrugineuses; capsules
en groupes oblongs, sans tégument, entourés et en partie
recouverts par les écailles ou paillettes. ♃ (Septembre).

Çà et là dans les fentes des rochers et des vieux murs : Salins, sur
les rochers au-dessous de la maison de Saint-Joseph ; dans les bois de
Poupet ; de Salgret ; au-dessous du Gout-de-Conche, etc. ; et sur quel-
ques vieux murs de vignes ; à la source d'Arcier, près de Besançon. —
Genève, sur les fortifications du côté de Saint-Jean et de la Porte-
Neuve ; à Nyon, et au fort de l'Écluse (Reut.).

β. *Crenata*. Barr. ic. fig. 603. — Lobes des feuilles fortement crénelés.

Salins, à Poupet, au pied des rochers à pic de la côte Guillaume. —
Les feuilles de *Cétérach* sont béchiques, astringentes, diurétiques : peu
usitées.

5. POLYPODE. — *POLYPODIUM*. Linn.

Capsules réunies en groupes arrondis, épars sur les veines
des feuilles, nus et sans tégument.

1. P. commun. — *P. vulgare.*

Linn. Sp. 154. — DC. Fl. fr. n. 1429. — Duby, Bot. gall.
p. 537. — Balb. Fl. lyon. p. 861. — Poir. Ency. 5. p.
517.

J. Saint-Hil. Pl. fr. tab. 976. — Bull. Herb. tab. 191. —
Bolt. Fil. tab. 18. — Moris. sect. 14. tab. 2. fig. 1. —
Tabern. ic. p. 798. fig. 2. — Dalech. Hist. p. 1229. fig.
1. — Dod. pempt. p. 464. fig. 1. — Lob. ic. p. 814. fig. 2.
— Moug. et Nestl. Crypt. Vosg. n. 103.

Souche écailleuse, brune, fibreuse, produisant plusieurs
feuilles de 2—3 décim., longuement pétiolées, simples,
profondément pinnatifides, à lobes presque distincts, linéaires-oblongs ou lancéolés, alternes, un peu obtus, parallèles, plus ou moins rapprochés, diminuant de longueur
en allant vers le sommet de la feuille, entiers ou un peu
crénelés ; capsules en groupes arrondis, nus, convexes, disposés sur 2 rangs à la face inférieure des lobes des feuilles,
particulièrement sur leur moitié supérieure. ♃ (Juillet—
automne).

Assez commun, sur les rochers et les vieux troncs d'arbre, parmi les
mousses, dans les lieux ombragés. Je n'ai pas encore eu l'occasion de
rencontrer la var. *Serratum.* Willd., et j'ignore si elle se trouve dans
le Jura. — La racine de Polypode est légèrement purgative, expecto-
rante, diurétique, mais peu usitée.

2. P. Phégoptère. — *P. Phœgopteris.*

Linn. Sp. 1550. — DC. Fl. fr. n. 1430. — Duby, Bot. gall.
p. 537. — Balb. Fl. lyon. p. 861. — Poir. Ency. 5. p.
535.

Bolt. Fil. tab. 20. — Moris. sect. 14. tab. 4. fig. 17. — Moug.
et Nestl. Crypt. Vosg. n. 104. — Funck. Crypt. n. 26.

Feuilles de 2—3 décim., triangulaires, acuminées au
sommet, portées sur des pétioles grêles, de la longueur du

limbe ou plus long, molles, d'un vert gai, ailées-pinnati-
fides, à pinnules opposées, confluentes à la base, excepté
les 2 inférieures qui sont libres, souvent un peu écartées des
autres et défléchies, toutes pinnatifides, à lobes linéaires-
oblongs, obtus, entiers, ou un peu crénelés, hérissés de poils
épars, particulièrement sur les bords et les nervures; capsules réunies en groupes arrondis, roussâtres, dépourvus de
tégument, disposés le long des bords de chaque lobe. ♃
(Juillet—septembre).

Les bois et les lieux ombragés des montagnes : Salins, dans les forêts
de sapins de Levier ; de Boujaille ; de la Joux, etc.

3. P. de Suisse. — *P. Rhœticum.*

Linn. Sp. 1552. — DC. Fl. fr. supp. n. 1430ª. — Vill. voy.
Bot. p. 12. et 13. — Roth. Fl. germ. 3. p. 67. —
P. molle. All. Fl. ped. n. 2406.

J. Bauh. Hist. 3. p. 2. p. 740. fig. 1. — Moug. et Nestl.
Crypt. Vosg. n. 602.

Cette espèce ressemble beaucoup, par sa forme et sa
grandeur, à l'*Athyrium Filix-fœmina*, mais ses groupes de
capsules sont nus et non recouverts d'un tégument. Feuilles
minces, d'un vert gai, 2 fois ailées, à côtes principales et
secondaires blanchâtres, à pinnules alternes, linéaires-lancéolées, acuminées, composées de 35—40 folioles ; celles-ci
sont oblongues-lancéolées, un peu écartées, opposées et alternes, longues de 10—15 millim. à la base des pinnules,
plus courtes et confluentes en allant vers leur sommet, pinnatifides, à 5—6 lobes de chaque côté, ovales-oblongs, obtus,
dentés, munis chacun de 1—7 groupes de capsules ; assez
petits, nus, exactement orbiculaires. ♃ (Été).

Dans les bois ombragés des hautes montagnes : les rochers du Jura
(Clairville). — Près de la Dôle ; dans les bois derrière la Faucille, en
allant au Grand-Châlet (Reut.).

4. P. Dryoptère. — *P. Dryopteris.*

Linn. Sp. 1555. — DC. Fl. fr. n. 1431. — Duby, Bot. gall.
p. 537. — Balb. Fl. lyon. p. 862. — Poir. Ency. 5. p.
552.
Bolt. Fil. tab. 28. — Moris. sect. 14. tab. 4. fig. 19. —
— J. Bauh. Hist. 3. p. 2. p. 741. fig. 1. — Tabern. ic.
p. 794. fig. 2. — Moug. et Nestl. Crypt. Vosg. n. 205.
Souche horizontale, cylindrique, fibreuse, noirâtre, donnant naissance à plusieurs feuilles triangulaires, un peu étalées, ternées ou à 3 divisions 2 fois ailées, à folioles lancéolées, pinnatifides, à lobes linéaires-oblongs, obtus, presque
crénelés, garnis de 2 rangées de groupes de capsules distincts
et marginaux, portées sur des pétioles nus, grêles, allongés.
♃ (Juillet, août).

Commun sur le penchant des montagnes, parmi les pierrailles, dans
les grottes et au pied des rochers.

β. *Calcareum. P. calcareum* (Smith). DC. Fl. fr. supp.
n. 1431ᵃ. — Duby, Bot. gall. p. 537. — Clus. Hist. 2. p.
212. fig. 1.—Moug. et Nestl. Crypt. Vosg. n. 503. —Plante
moins verte et plus raide; feuille dressée, plus ferme, à
groupes de capsules très rapprochés, à la fin confluents.

Sur le Chasseron ; le Salève ; au Creux-du-Vent ; à la Brevine ; à la
Cornée ; Saint-Sulpice (God.), etc.— Cette plante me paraît bien peu
distincte de la var. α.

6. POLYSTIC. — *POLYSTICUM.* Roth.

Capsules réunies en groupes arrondis, disposés sur 2
rangs, et recouverts d'un tégument en bouclier persistant
ou caduc, ombiliqué, se soulevant à la circonférence en restant fixé par son centre.

1. P. Oréoptère. — *P. Oreopteris.*

DC. Fl. fr. n. 1428. — Duby, Bot. gall. p. 538. — *Aspidium Oreopteris.* Swartz. Journ. Schrad. 2. p. 35. —
Polypodium pterioïdes. Vill. Dauph. 4. p. 841.

Bolt. Fil. tab. 22. — Moug. et Nestl. Crypt. Vosg. n. 6. —
Funck. Crypt. n. 101.

Feuilles longues de 4—6 décim., nombreuses, simplement ailées, à pétiole court, un peu épais, garni de quelques écailles brunes, éparses, à pinnules lancéolées-acuminées, glabres, parsemées en dessous de glandes résineuses
très petites, souvent un peu arquées-infléchies, allant en
diminuant de grandeur dans le bas, et vers le sommet de la
feuille où elles deviennent alternes et confluentes; ces pinnules sont pinnatifides, à lobes oblongs, obtus, presque très
entiers, bordés en dessous de groupes de capsules rapprochés, mais distincts à la maturité, et non tout-à-fait confluents. ♃ (Été).

Les bois ombragés des montagnes : près de Lavatay, au pied de la
Dôle (Reuter.). — Neuchâtel, à la Cornée près de la Brevine (Chaill.).

2. P. Thélyptère. — *P. Thelypteris.*

Roth. Germ. 3. p. 77. — DC. Fl. fr. n. 1427. — Duby, Bot.
	gall. p. 538. — *Polypodium Thelypteris.* Poir. Ency. 5.
	p. 545. — *Aerostichum Thelypteris.* Linn. Sp. 1528.
Bolt. Fil. tab. 43. 44. — Moug. et Nestl. Crypt. Vosg. n.
	402. — Funck. Crypt. n. 246. — Moris. sect. 14. tab. 4.
	fig. 17. — Hedw. Théor. rétr. tab. 6.

Cette espèce se rapproche beaucoup de la précédente,
quoique très distincte. Feuilles de 3—4 décim., longuement pétiolées, à pétiole nu, sans écailles, ailées, à pinnules lancéolées, glabres, étalées, souvent un peu recourbées, pinnatifides, les inférieures presque de même
longueur que celles du milieu de la feuille, à lobes oblongs,
obtus, entiers ou un peu crénelés au sommet, garnis de
groupes de capsules très rapprochés, confluents, placés sur
les bords des lobes repliés en dessous par les bords, ce qui
leur donne une forme triangulaire un peu aiguë; tégument
très fugace. ♃ (Août, septembre).

Les marais, les bois humides : Genève, à Divonne; Lossy; Roellebot;
Troënex (Reut.) : il fructifie assez rarement. — Près de Saint-Blaise;
de Boudry (God.).

IV.						24

3. P. Calliptère. — *P. Callipteris.*

DC. Fl. fr. n. 1426. — Duby, Bot. gall. p. 538. — *P. cristatum.* Roth. Germ. 3. p. 84.— *Polypodium Callipteris.* Ehrh. beitr. 3. p. 77. — *Aspidium cristatum.* Swartz. Journ. Schrad. 2. p. 37. — *Polypodium cristatum.* Linn. Sp. 1551.

Bolt. Fil. tab. 23. — Moug. et Nestl. Crypt. Vosg. n. 701.

Souche rampante, donnant naissance à plusieurs feuilles de 3—5 décim. , à pétiole un peu faible , égalant à peu près le tiers de la feuille , garni d'écailles rousses à la base , nu dans le reste de sa longueur, presque 2 fois ailées , à pinnules oblongues ou lancéolées , élargies à la base , allant en diminuant de longueur vers le sommet de la feuille, où elles sont plus rapprochées, les inférieures presque ailées, les supérieures pinnatifides, à lobes larges, ovales ou oblongs, obtus, dentelés en scie , ce qui les fait paraître comme crépus; groupes de capsules distincts , au nombre de 6—10 sur chaque lobe , rapprochés de la nervure moyenne, recouverts d'un tégument ombiliqué, à la fin confluents. ♃ (Été).

Les marais, les bois fangeux : dans le Jura (Duby, Girod-Chant.).

4. P. à pétiole dilaté. — *P. dilatatum.*

DC. Fl. fr. supp. n. 1424. — Duby, Bot. gall. p. 538. — Balb. Fl. lyon. p. 864. — *P. spinulosum.* DC. Fl. fr. n. 1424. — *Aspidium dilatatum.* Swartz, Syn. p. 420.

Bolt. Fil. tab. 23. — Moug. et Nestl. Crypt. Vosg. n. 403. — Funck. Crypt. n. 76.

Souche épaisse , fibreuse, garnie d'écailles roussâtres que l'on retrouve le long des pétioles; feuilles longues de 3—5 décim., assez grandes, d'un vert foncé, à pétiole creusé en gouttière et dilaté à la naissance des pinnules, égalant à peu près la moitié de la longueur de la feuille 2 fois ailée,

à pinnules ordinairement opposées, lancéolées, aiguës, les
inférieures plus larges et plus longues; folioles largement
lancéolées ou oblongues, profondément pinnatifides, presque
ailées dans les pinnules inférieures, à lobes linéaires obtus,
dentés en scie, à dents longuement mucronées, munis de
2 rangs de groupes de capsules situés à la base des dents
des lobes. ♃ (Juillet, août).

Les lieux ombragés et humides des bois : Salins, dans les bois de
Bovard ; de Mouchard, à Bois-Franc ; dans les forêts de sapins de Levier ; de Montorge ; de la Joux ; à Noiraigue ; à la Faucille ; à Salève ;
sur la Dôle, etc. — A la Cornée près de la Brevine (God.).

5. P. Fougère mâle. — *P. Filix-mas.*

DC. Fl. fr. n. 1419. — Duby, Bot. gall. p. 558. — Balb. Fl.
lyon. p. 862. — Poir. Ency. 5. p. 547. — *Polypodium
Filix-mas.* Linn. Sp. 1551.

J. Saint-Hil. Pl. fr. tab. 975. — Bull. Herb. tab. 183. —
Bolt. Fil. tab. 24. — Tourn. Inst. tab. 311. 312. —
Moris. sect. 14. tab. 3. fig. 6. — J. Bauh. Hist. 3. p. 2.
p. 738. fig. 1. — Tabern. ic. p. 791. fig. 2. — Dall. Hist.
p. 1222. fig. 1. — Lob. ic. p. 812. fig. 1. — Dod.
pempt. p. 462. fig. 1. — Moug. et Nestl. Crypt. Vosg.
n. 7.

Souche écailleuse épaisse ; feuilles de 4—6 décim. et
plus, grandes, larges, ovales-lancéolées, acuminées, 2 fois
ailées, à pétiole court, écailleux, occupant environ le tiers
de leur longueur; pinnules linéaires-lancéolées, plus longues
vers le milieu de la feuille, pinnatifides, presque ailées,
à lobes oblongs, obtus, dentés en scie, surtout au sommet,
munis dans leur moitié inférieure de 2 rangs de groupes de
capsules, arrondis, distincts, ordinairement recouverts par
le tégument ombiliqué. ♃ (Août, septembre).

Commun dans les bois, aux lieux frais et ombragés. — La racine de
la *Fougère mâle* est vermifuge : ses propriétés ont été en grande répu-
tation, particulièrement contre le ver solitaire.

6. P. raide. — *P. rigidum.*

DC. Fl. fr. n. 1421. — Duby, Bot. gall. p. 538. — *Polypodium fragrans.* Vill.! Dauph. 4. p. 843. (*excl. Syn.*). — *P. odoratum.* Poir. Ency. 5. p. 541. (*ex. Syn. Vill.*). — *Aspidium rigidum.* Swartz, Journ. Schrad. 2. p. 57. Schk. Crypt. tab. 38. — Funck. Crypt. n. 307.

Feuilles longues de 3—4 décim., à pétiole raide, égalant à peu près le tiers de leur, longueur, garni, ainsi que l'axe des pinnules, d'écailles rousses; limbe oblong-lancéolé, presque linéaire, 2 fois ailé, à pinnules oblongues-lancéolées, les inférieures à peu près de même longueur que celles du milieu de la feuille, à folioles linéaires-oblongues, obtuses, presque pinnatifides, à lobes ovales, terminés par 2—3 dents aiguës. ♃ (Été).

Parmi les débris calcaires, vers le haut du vallon d'Ardran, en montant au Reculet; et dans les grandes crevasses de la montagne d'Allamogne, au nord du Reculet (Reut.).

7. P. à cils raides. — *P. aculeatum.*

Roth. Germ. 5. p. 79. — DC. Fl. fr. n. 1423. — Duby, Bot. gall. p. 538. — Balb. Fl. lyon. p. 863. — Poir. Ency. 5. p. 537. — *Polypodium aculeatum.* Linn. Sp. 1552. Mill. illust. tab. 101. — Bolt. Fil. tab. 26. — Moris. sect. 14. tab. 3. fig. 15. — Moug. et Nestl. Crypt. Vosg. n. 206.

Souche brune, garnie de fibres noirâtres, écailleuse au collet, donnant naissance à plusieurs feuilles de 3—6 décim., lancéolées-acuminées, 2 fois ailées; pétiole égalant le tiers de la feuille, garni sur toute sa longueur et sur son prolongement jusqu'au sommet du limbe, d'écailles rousses nombreuses; pinnules également nombreuses, rapprochées, lancéolées, légèrement infléchies, presque en faux, ailées; folioles ovales, raides, mucronées, un peu décurrentes, celles du sommet confluentes, la supérieure de la base de chaque

pinnule plus grande, dressée contre l'axe de la feuille,
toutes dentées - ciliées, à cils raides presque épineux;
groupes de capsules distincts, sur 2 rangs à chaque foliole,
à la fin presque confluents. ♃ (Août, septembre).

Commun dans les lieux frais et ombragés des bois.

8. P. de Plukenet. — *P. Plukeneti.*

DC. Fl. fr. supp. n. 1422ᵃ. — Duby, Bot. gall. p. 538. — *P.
aculeatum. var.* β. DC. Fl. fr. n. 1425. — *Polypodium
Plukeneti.* Lois. Notice, p. 146.

Pluk. Phyt. tab. 180. fig. 5.

Cette espèce est exactement intermédiaire entre la suivante et la précédente, dont elle n'est sans doute qu'une
variété. Feuilles plus étroites et plus courtes, simplement
ailées, à pétiole court, écailleux dans toute sa longueur, et
sur son prolongement, à pinnules fermes, dentées-pinnati-
fides, presque ailées à la base, légèrement arquées-infléchies, à lobes ovales, dentelés, à dentelures terminées en
cils épineux, surtout au sommet, lobe supérieur de la base
de chaque pinnule plus grand, dressé contre l'axe de la
feuille. ♃ (Juillet, août).

Çà et là dans les mêmes lieux que l'espèce précédente, mais beaucoup plus rare.

9. P. Lonchite. — *P. Lonchitis.*

Roth. Gram. 3. p. 77. — DC. Fl. fr. n. 1422. —Duby, Bot.
gall. p. 539. — Balb. Fl. lyon. p. 863. — *Polypodium
Lonchitis.* Linn. Sp. 1548. — Poir. Ency. 5. p. 526. —
Aspidium Lonchitis. Swartz, Journ. Schrad. 2. p. 50.

Bolt. Fil. tab. 19. — Tourn. Inst. tab. 314. — Moug. et
Nestl. Crypt. Vosg. n. 304.

Souche brune, écailleuse, garnie de fibres noirâtres,
produisant plusieurs feuilles longues d'environ 5 décim.,

linéaires-lancéolées, coriaces, un peu épaisses, à pétiole
court, très écailleux, ainsi que son prolongement, simplement ailées; pinnules nombreuses, rapprochées, simples,
ovales-lancéolées, infléchies ou courbées en faux, dentées-
ciliées, à cils raides, presque épineux, munies à leur base,
du côté supérieur, d'une oreillette assez remarquable;
groupes de capsules occupant la moitié supérieure de la
feuille, distincts, formant 2 rangs sur les pinnules, à la fin
presque confluents. ♃ (Juillet, août).

Commun dans les bois du haut Jura, et descend quelquefois jusque
dans le voisinage de la plaine : Salins, à la Chaux-sur-Clucy, sur le
penchant de la montagne, entre le tilleul et le dessus des marnières de
Mont-Servant; au bord de la route, à l'entrée de la forêt des Moidons
du côté de Chilly; Poupet, derrière Bonhomme au pied du rocher; sur
le Thoiry; à la Faucille; à Salève; sur la Dôle; le Montendre; le
Chasseron; le Chasseral; dans la forêt des Rixous, etc.

7. ASPIDIE. — *ASPIDIUM.* DC.

Capsules réunies en groupes arrondis, épars, recouverts
dans la jeunesse d'un tégument en forme d'écaille se séparant de chaque côté, en restant adhérent à sa partie inférieure, et s'ouvrant du sommet à la base, en présentant une
lanière lancéolée, aiguë, plus longue que le groupe de
capsules.

1. A. fragile. — *A. fragile.*

Swartz, Journ. Schrad. 2. p. 40. — DC. Fl. fr. n. 1417. —
Duby, Bot. gall. p. 539. — Balb. Fl. lyon. p. 865. — *Polypodium fragile.* Linn. Sp. 1553. — Poir. Ency. 5. p. 539.
Bolt. Fil. tab. 27. et 46. — Barr. ic. fig. 432. n. 2? — Moug.
et Nestl. Cript. Vosg. n. 404.

Cette espèce est si variable qu'il est très difficile d'en fixer
les caractères d'une manière bien précise. Souche épaisse,
brune, garnie de fibres noirâtres, donnant naissance à plusieurs feuilles de 15—30 centim., munies d'un pétiole assez
long, lisse, de nature sèche, fragile, nu, excepté à la base

où l'on aperçoit quelques écailles très grêles, d'un brun plus ou moins foncé; limbe lancéolé, mince, presque diaphane dans la jeunesse, d'un vert clair, 2 fois ailé, à pinnules ovales-lancéolées, aiguës, opposées ou presque opposées, ailées ou pinnatifides, à lobes ou folioles ovales ou oblongues, obtuses ou aiguës, dentées en scie ou crénelées, souvent incisées; groupes de capsules arrondis, distincts, formant 2 rangs sur chaque foliole, d'abord jaunes, puis d'un brun foncé, à la fin confluents. ♃ (Juillet, août).

Commune dans les fentes des rochers et des vieux murs aux lieux frais, un peu humides.

2. A. des Alpes. — *A. Alpinum*.

Swartz, Syn. 60. — DC. Fl. fr. supp. n. 1417ᵇ. — Duby, Bot. gall. p. 539.—*A. fragile. var. δ.* DC. Fl fr. n. 1417.

Feuilles de 8—16 centim., minces, délicates, presque 5 fois ailées, à pinnules pinnatifides, confluentes, acuminées, un peu obtuses, divisées en lobes presque linéaires, un peu obtus, ordinairement terminés par 2 dents; groupes de capsules orbiculaires, au nombre de 1—3 sur chaque lobe, dont ils occupent à peu près toute la largeur; pétiole nu, verdâtre, brun et chargé de quelques petites écailles à la base. ♃ (Été).

Dans les fentes des rochers ombragés à la Dôle, en descendant du côté du Chàlet; dans les débris calcaires, aux places où la neige reste long-temps, au Reculet (Reut.).

3. A. de montagne. — *A. montanum*.

Swartz, Journ. Schrad. 2. p. 42. — DC. Fl. fr. n. 1418. — Duby, Bot. gall. p. 539. — *Polypodium montanum*. Poir. Ency. 5. p. 559 — *P. myrrhidifolium*. Vill. Dauph. 3. p. 851.

Vill. Dauph. tab. 55. — Moug. et Nestl. Crypt. Vosg. n. 603.

Souche produisant plusieurs feuilles longues de 2—3 décim., minces, triangulaires, très élégantes, 5 fois ailées, à

pinnules presque opposées, les 2 inférieures 2 fois ailées et
chacune presque aussi grande que le reste de la feuille, ce
qui rend celle-ci presque ternée; folioles pinnatifides, à
lobes obtus, courtement dentés au sommet; pétiole grêle,
très long, plus ou moins brun, surtout à la base, où il est
écailleux; groupes de capsules arrondis, disposés sur 2 rangs
sur chaque foliole, ordinairement un seul à la base de
chaque lobe. ⚥ (Juillet, août).

J'ai trouvé cette jolie Fougère à la Faucille, parmi les rochers à
gauche du sommet de la montée de Mijoux, route de Saint-Claude;
et abondamment sur la montagne d'Allamogne, dans une large crevasse
où la neige se conserve presque toute l'année. — Côtes du Doubs [(Lequer.).

8. ATHYRIE. — *ATHYRIUM.* Roth.

Capsules réunies en groupes oblongs, épars, recouverts
dans la jeunesse par un tégument réniforme, naissant d'une
nervure secondaire, s'ouvrant latéralement du côté opposé
de dedans en dehors.

1. A. Fougère femelle. — *A. Filix-fœminea.*

Roth. Germ. 3. p. 68. — DC. Fl. fr. n. 1415. — Duby,
Bot. gall. p. 539. — Balb. Fl. lyon. p. 866. — *Polypodium Filix-fœminea.* Linn. Sp. 1551. — Poir. Ency. 5.
p. 548.
Bolt. Fil. tab. 25. — Moris. sect. 14. tab. 3. fig. 8. — Moug.
et Nestl. Crypt. Vosg. n. 105. — Funck. Crypt. n. 168.

Plante d'un beau vert, très élégante, à feuilles de 3—9
décim., 2 fois ailées; pinnules lancéolées ou linéaires-lancéolées, acuminées, occupant les deux tiers de la longueur
de la feuille, allant en diminuant de grandeur à la base et
au sommet, ailées, à folioles linéaires-oblongues, distinctes,
rapprochées, incisées-pinnatifides, à lobes linéaires à 2—3
dentelures au sommet; pétiole lisse; capsules en groupes
oblongs, disposés sur 2 rangs le long de la nervure des

folioles, ordinairement un seul à la base de chaque lobe. ⚲
(Juillet).

Commune dans les bois un peu humides de la plaine et des monta-
gnes : Salins, dans les bois de Bovard ; de Poupet ; de Mouchard ; à
Bois-Franc ; dans les forêts de sapins de Levier ; de Boujaille ; de la
Joux ; sur le Montendre, etc., etc.

9. DORADILLE. — *ASPLENIUM*. Linn.

Capsules réunies en groupes formant des lignes droites
éparses, recouvertes dans la jeunesse par un tégument
membraneux, naissant latéralement d'une nervure secondaire, libre du côté opposé, s'ouvrant de dedans en dehors.

1. D. de Haller. — *A. Halleri*.

DC. Fl. fr. supp. n. 1414ᵇ. — Duby, Bot. gall. p. 539. —
Balb. Fl. lyon. p. 868. — *Athyrium fontanum*. DC. Fl.
fr. n. 1416. — *Aspidium fontanum*. Swartz. Syn. p. 57.
— *A. Halleri*. Willd. Sp. 4. p. 274. — Poir. Ency. supp.
4. p. 518.
Bolt. Fil. tab. 21. — Barr. ic. fig. 452. n. 1. — Moug. et
Nestl. Crypt. Vosg. n. 504.
Souche épaisse, garnie de fibres noirâtres, émettant un
grand nombre de feuilles fasciculées, lancéolées-acuminées,
d'un vert clair, très élégantes, longues de 1—2 décim., un
peu épaisses, 2 fois ailées, à pétiole vert, brun à la base,
égalant seulement le tiers de leur longueur ; pinnules lancéolées, ailées, rapprochées, presque opposées ou alternes,
allant en diminuant de grandeur vers le sommet de la feuille
et vers la base où elles sont plus écartées ; folioles ovales,
décurrentes, en coin à la base, à 3—5 dents mucronées,
quelquefois oblongues, simples, ou à 2—3 dents mucronées ; groupes de capsules oblongs, au nombre de 2—5
sur chaque foliole, d'abord distincts, à la fin confluents et
recouvrant presque entièrement les folioles. ⚲ (Juillet,
août).

Les fentes des rochers dans les lieux secs, et dans les lieux humides
où elle prend plus de développement, et pourrait être prise, au premier abord, pour une espèce différente de celle que présentent les
échantillons maigres de la première station : Salins, sur les rochers de
Poupet ; au pied de la cascade de Gouaille, le long du lit du ruisseau
et au sommet des rochers ; sur les rochers de Salève. — Dans le Jura,
près de Collonge (Reut.). — Autour de Béfort (Moug. et Nestl.). —
Neuchâtel, dans les rochers au-dessus de Pertuis-du-Soc.

2. D. noire. — *A. Adianthum-nigrum.*

Linn. Sp. 1542. — DC. Fl. fr. n. 1414. — Duby, Bot. gall.
   p. 559. — Balb. Fl. lyon. p. 869. — Lam. Ency. 2.
   p. 309.
Bolt. Fil. tab. 17. — Moris. sect. 14. tab. 4. fig. 16. — Tabern. ic. p. 796. fig. 2. — Dod. pempt. p. 466. fig. 1. —
   Moug. et Nestl. Crypt. Vosg. n. 9.

Souche épaisse, garnie de fibres noirâtres, donnant naissance à plusieurs feuilles de 15—30 centim., lancéolées,
presque triangulaires, 2 fois ailées ; pinnules alternes, ailées, semblables à la feuille, à folioles ovales-lancéolées,
incisées-dentées en scie, les inférieures quelquefois lobées à
la base jusqu'à la nervure moyenne ; pédoncule nu, fragile,
d'un brun pourpre, à peu près de la longueur du limbe de
la feuille ; lignes de capsules alternes, au nombre de 2—6
sur chaque foliole ou lobe, d'abord distinctes, recouvertes
en partie par le tégument blanchâtre, à la fin confluentes.
♃ (Été).

Les bois et les lieux ombragés : Salins, sur la crête des rochers,
dans le bois de Château ; dans le bois de Poupet au bord du chemin, un
peu avant d'arriver sur les hauteurs d'Ivrey. — Dans un bouquet de
bois entre Novillars et Petit-Vaire (Girod-Chant.). — Dans le bois
d'Allaman, entre Rolle et Aubonne, près de la grande ronte (Rapin).
— Genève, à Salève, à droite en allant à Mornex par le petit chemin
depuis Étrambières (Reut.). — Nyon, près de Duilliers (Gaud.). —
Neuchâtel, dans les bois au-dessous de Chaumont. — Cette plante passe
pour béchique et apéritive.

3. D. Rue des murs. — *A. Ruta-muraria.*

Linn. Sp. 1541. — DC. Fl. fr. n. 1413. — Duby, Bot. gall.
p. 539. — Balb. Fl. lyon. p. 868. — Lam. Ency. 2. p.
309.

J. Saint-Hil. Pl. fr. tab. 126. — Bull. Herb. tab. 195. —
Bolt. Fil. tab. 16. — J. Bauh. Hist. 3. p. 2. p. 733. fig. 1.
— Dall. Hist. p. 1213. fig. 1. — Lob. ic. p. 811. fig. 1.
— Dod. pempt. p. 470. fig. 1. — Moug. et Nestl. Crypt.
Vosg. n. 207.

Souche épaisse, garnie de fibres noirâtres, produisant
un faisceau de feuilles nombreuses, longues de 5—10 centim., petites, 1—2 fois ailées, à 3—5 pinnules alternes,
garnies de 3—5 folioles la plupart bi ou trifides, à lobes
obovales-cunéiformes, allongés ou arrondis, dentelés au
sommet, à la fin entièrement recouverts par les capsules. ♃
(Été).

Commune partout dans les fentes des murs et des rochers. Cette plante
partage les propriétés de la précédente.

4. D. à pinnules alternes. — *A. Germanicum.*

Weiss, Goett. p. 299. — DC. Fl. fr. n. 1409. — Duby, Bot.
gall. p. 540. — Balb. Fl. lyon. p. 867. — Poir. Ency. 2.
p. 309.

Moris. sect. 14. tab. 5. fig. 25. (*med.*). — Moug. et Nestl.
Crypt. Vosg. n. 106. — Funck. Crypt. n. 77.

Cette Fougère semble tenir exactement le milieu entre
l'espèce précédente et la suivante. Souche épaisse, brune,
fibreuse, donnant naissance à un faisceau de feuilles plus ou
moins nombreuses, hautes de 5—10 centim., ailées, à pinnules peu nombreuses, consistant en 6—10 folioles oblongues, alternes, écartées, cunéiformes, ordinairement divisées en 2—3 lanières irrégulières, garnies de 2—4 lignes
de capsules brunes, à la fin confluentes; les pétioles des

feuilles sont grêles, allongés, rapprochés, nus, d'un brun pourpre, noirâtres à la base. ♃ (Été).

Les montagnes du Jura (Hall.).

5. D. septentrionale. — *A. septentrionale.*

Hoffm. Germ. 2. p. 12. — DC. Fl. fr. n. 1408. — Duby'
Bot. gall. p. 540. — Balb. Fl. lyon. p. 867. — *Acrosticum
septentrionale.* Linn. Sp. 1524. — Lam. Ency. 2. p. 55.
Bolt. Fil. tab. 8. — J. Bauh. Hist. 3. p. 2. p. 755. fig. 2. —
Dall. Hist. p. 1226. fig. 1. — Moug. et Nestl. Crypt.
Vosg. n. 8.

Souche épaisse, garnie de fibres noirâtres, produisant un grand nombre de feuilles de 8—16 centim, réunies en faisceaux, portées sur de longs pétioles glabres', verts, bruns seulement à la base, divisées en 2—3 lanières, linéaires, aiguës, quelquefois bifides, ordinairement à 2—3 dents au sommet ; groupes de capsules 1—2, linéaires, occupant d'abord le milieu des lanières ou folioles qu'elles recouvrent à la fin entièrement. ♃ (Août).

Sur quelques blocs erratiques de granit épars çà et là sur le Jura : sur le grand bloc de granit appelé Pierre-à-Roland, à Burtigny sur la route de Nyon dans la vallée de Joux ; sur le Salève, dans le vallon de Monetier ; Neuchâtel, dans les fissures des blocs de granit au-dessus de Chaumont. — Au-dessus de Mairessse et de Bôle (d'Ivern.).

6. D. Polytric. — *A. Trichomanes.*

Linn. Sp. 1540. — DC. Fl. fr. n. 1410. — Duby, Bot. gall. p.
540. — Balb. Fl. lyon. p. 868. — Lam. Ency. 2. p. 304.
Bull. Herb. tab. 185. — Bolt. Fil. tab. 13. — Moris. sect.
14. tab. 3. fig. 10. — Tabern. ic. p. 801. fig. 2. — Dall.
Hist. p. 1211. fig. 1. — Lob. ic. p. 809. fig. 3. — Dod.
pempt. p. 471. fig. 1. (*ead.*). — Moug. et Nestl. Crypt.
Vosg. n. 107.

Souche épaisse, noirâtre, très fibreuse, donnant naissance à un grand nombre de feuilles de 10—16 centim., formant

des gazons épais, linéaires-lancéolées, simplement ailées,
à pinnules ou folioles ovales-arrondies, souvent très nombreuses (j'en ai compté 75 sur une seule feuille), sessiles,
légèrement crénelées, occupant la plus grande partie de la
longueur de la feuille, dont le pétiole est fragile, d'un brun
noirâtre ; groupes de capsules oblongs, au nombre de 4—8
sur chaque foliole, obliques, disposés sur 2 lignes, à la fin
confluents. ♃ (Juillet, août).

Partout, sur les rochers et les vieux murs.

7. D. verte. — *A. viride*.

Huds. Angl. 453. — DC. Fl. fr. n. 1411. — Duby, Bot.
gall. p. 540. — Poir. Ency. supp. 2. p. 511. — *A. Trichomanes ombrosum*. Vill. Dauph. 4. p. 853.
Bolt. Fil. tab. 14. — Moug. et Nestl. Crypt. Vosg. n. 505.

Cette espèce ressemble beaucoup à la précédente, mais
elle en diffère essentiellement par sa nature herbacée et sa
couleur d'un vert gai ; par ses pétioles bruns seulement à la
base, verts dans le reste de leur longueur et moins fragiles,
aplanis et en gouttière en dessus ; enfin par ses pinnules ou
folioles tronquées à la base du côté inférieur, un peu en
coin, presque rhomboïdales, à crénelures plus profondes.
♃ (Juillet, août).

Les rochers dans les lieux frais, ombragés : Salins, sur les rochers à
Château et au-dessous du Gout-de-Conche ; à la source du Lison ; dans
les forêts de sapins entre Villers et Boujaille ; dans le fond de Montorge ; dans la forêt de la Joux, etc. ; à la Faucille ; sur le Montendre ;
la Dôle ; au Creux-du-Vent, etc. — Sur le Mont-Terrible (Thurm.).

10. SCOLOPENDRE. — *SCOLOPENDRIUM*. Smith.

Capsules réunies en groupes linéaires géminés, situés sur
les divisions contiguës des bifurcations des veines latérales
de la feuille, devenant confluents et formant des lignes
disposées parallèlement de part et d'autre de la côte, recouvertes de téguments membraneux, connivents, naissant la-

téralement des veines, et s'écartant ensuite en 2 valves qui disparaissent sous l'extension des groupes.

1. S. officinale. — *S. officinale.*

Smith, Act. taur. 5. p. 410. — DC. Fl. fr. n. 1406. — Duby, Bot. gall. p. 540. — Balb. Fl. lyon. p. 870. — *Asplenium Scolopendrium.* Linn. Sp. 1557. — Lam. Ency. 2. p. 503.

J. Saint-Hil. Pl. fr. tab. 988. — Bull. Herb. tab. 167. — Bolt. Fil. tab. 11. — Moris. sect. 14. tab. 1. fig. 1. — J. Bauh. Hist. 3. p. 2. p. 755. fig. 2. — Clus. Hist. 2. p. 212. fig. 3. — Dall. Hist. p. 1226. fig. 1. — Lob. ic. p. 47. fig. 1. — Moug. et Nestl. Crypt. Vosg. n. 108.

Souche épaisse, brunâtre, fibreuse, produisant un faisceau de feuilles étalées, linéaires lancéolées, en forme de langue, environ 6 fois aussi longues que larges, échancrées en cœur à la base, à bords entiers, quelquefois un peu ondulés, d'un beau vert, lisses, un peu coriaces, portées sur des pétioles courts, égalant à peu près le tiers de la longueur de la feuille, garni d'écailles rousses ; capsules réunies, de chaque côté de la nervure moyenne, en lignes un peu obliques, parallèles entre elles, d'abord entièrement recouvertes par les 2 téguments connivents rapprochés par les bords, s'écartant ensuite insensiblement et finissant par disparaître, pour ne laisser voir que les capsules en lignes brunes, toujours distinctes. ♃ (Juillet, août). Vulg. *Langue-de-cerf.*

Commune parmi les rochers dans les lieux frais et humides : la var. β. plus rare. — La Scolopendre est regardée comme béchique, vulnéraire, astringente et diurétique, mais peu usitée.

β. *Undulatum.* DC. Fl. fr. l. c. — Feuilles ondulées sur les bords.

γ. *Multifidum.* DC. Fl. fr. l. c. — Feuilles divisées au sommet en 2 ou plusieurs lobes, quelquefois irrégulièrement laciniées.

Salins, au pied des rochers de Bois-Franc, avec les var. *δ. ε.* : ces variétés ne se sont pas reproduites les années suivantes.

δ. Emarginatum. Feuilles plus larges au sommet qu'à la base, et profondément échancrées en 2 lobes arrondis.

ε. Auriculatum. Feuilles entières ou irrégulièrement laciniés au sommet et quelquefois sur les bords, échancrées en cœur à la base et munies de 2 oreillettes irrégulièrement lancéolées, étalées à angles droits, longues sur quelques échantillons de plus de 5 centim.

11. BLECHNE. — *BLECHNUM.* Smith.

Capsules réunies en 2 lignes longitudinales, parallèles à la nervure moyenne des lanières ou pinnules de la feuille, recouvertes d'un tégument scarieux s'ouvrant de dedans en dehors.

1. B. en épi. — *B. spicant.*

Smith, Act. taur. 5. p. 411. — DC. Fl. fr. n. 1405. — Duby, Bot. gall. p. 540. — Balb. Fl. lyon, p. 870. — *Osmonda spicant.* Linn. Sp. 1522. — *Acrosticum nemorale.* Lam. Ency. 1. p. 55.

Boll. Fil. tab. 6. — Moris. sect. 14. tab. 2. fig. 23. — J. Bauh. Hist. 3. p. 2. p. 746. fig. 1. et 2. — Dall. Hist. p. 1216. fig. 1. et p. 1221. fig. 2. — Lob. ic. 1. p. 815. fig. 1. — Dod. pempt. p. 469. fig. 1. — Moug. et Nestl. Crypt. Vosg. n. 110.

Souche brune, épaisse, fibreuse, donnant naissance à un faisceau de feuilles dressées, hautes d'environ 2—5 décim., linéaires-lancéolées, rétrécies aux deux bouts : les stériles profondément pinnatifides, à lanières nombreuses, rapprochées, planes, linéaires-lancéolées, très obtuses, un peu mucronées, parallèles entre elles, presque perpendiculaires à la nervure moyenne de la feuille : les fertiles ailées, plus longues d'un tiers, à pinnules linéaires-aiguës, un peu courbées en faux, plus étroites et plus écartées que dans les feuilles stériles, munies en dessous de 2 lignes de capsules brunes, parallèles à la nervure moyenne, à la fin confluentes et recouvrant presque entièrement les pinnules; pétiole brun, un peu écailleux à la base, court dans les feuilles stériles, plus allongé dans les feuilles fertiles. ♃ (Été).

Dans la forêt de sapins entre Villeneuve et Levier, à une petite distance de la route. — Sur le Noir-Mont attenant au Mont-d'Or (Girod-Chant.). — Près de Sainte-Croix (Vuitel). — Au Creux-du-Vent; à Pouilleret; Valauvron (d'Ivern.).

12. PTÉRIDE. — PTERIS. Linn.

Capsules disposées en ligne continue le long des bords infléchis des lanières de la feuille, recouvertes d'un tégu-ment scarieux continu avec le bord, s'ouvrant de dedans en dehors.

1. P. aigle. — P. aquilina.

Linn. Sp. 1535. — DC. Fl. fr. n. 1403. — Duby, Bot. gall. p. 541. — Balb. Fl. lyon. p. 871. — Poir. Ency. 5. p. 720.

Bull. Herb. tab. 207. — Moris. sect. 14. tab. 4. fig. 5. (malè). — Tabern. ic. p. 792. fig. 1. — Dall. Hist. p. 1222. fig. 2. — Lob. ic. p. 812. fig. 2. — Dod. pempt. p. 462. fig. 2. — Moug. et Nestl. Crypt. Vosg. n. 109.

Souche oblongue, fusiforme, brune en dehors, offrant, lorsqu'on la coupe obliquement en travers, l'image d'un aigle à deux têtes, d'où lui est venu son nom; feuilles très grandes, de 10—15 décim., 3 fois ailées, à pétiole radical nu, glabre, très lisse, ferme, jaunâtre, à folioles linéaires-lancéolées, les supérieures indivises, les inférieures pinna-tifides, à lobes oblongs, obtus, entiers, presque opposés, velus en dessous et munis, le long des bords enroulés, d'une ligne de capsules brunes, en partie recouverte par un tégu-ment membraneux, continu avec le bord, s'ouvrant de de-dans en dehors. ♃ (Juillet—septembre).

Commune dans les bois taillis arides, et dans les lieux stériles. — Sa racine est astringente et vantée comme un spécifique contre le ver solitaire : elle sert au tannage, et la plante entière produit de la potasse par l'incinération.

13. CAPILLAIRE. — *ADIANTHUM*. Linn.

Capsules réunies en groupes réniformes ou linéaires au bord infléchi des lobes des folioles, recouverts d'un tégument membraneux continu avec le bord, et s'ouvrant de dedans en dehors.

1. C. Cheveux-de-Vénus. — *A. Capillus-Veneris.*

Linn. Sp. 1558. — DC. Fl. fr. n. 1400. — Duby, Bot. gall. p. 541. — Balb. Fl. lyon. p. 872. — *A. coriandrifolium.* Lam. Ency. 1. p. 43.

J. Saint-Hil. Pl. fr. tab. 967. — Bull. Herb. tab. 247. — Bolt. Fil. tab. 29. — Moris. sect. 14. tab. 5. fig. 6. (*malè*). — Tabern. ic. p. 795. fig. 1. — Dall. Hist. p. 1208. fig. 1. — J. Bauh. Hist. 3. p. 2. p. 752. fig. 1. — Lob. ic. p. 809. fig. 2. — Dod. pempt. p. 469. fig. 2. — Moug. et Nestl. Crypt. Vosg. n. 702.

Souche donnant naissance à plusieurs feuilles de 1—2 décim., 2 fois ailées, à pétiole nu, luisant, d'un brun noirâtre, rameux, à rameaux capillaires munis de folioles alternes, courtement pétiolées, cunéiformes, arrondies et incisées-lobées au sommet, à lobes obtus, munis en dessous, à leur extrémité, de groupes de capsules couverts d'un tégument membraneux s'ouvrant de dedans en dehors. ♃ (Été). Vulg. *Capillaire de Montpellier.*

Dans les grottes du Jura (Moug. et Nestl.). — Sur les rochers de la Grotte-aux-Filles, au bord du lac de Neuchâtel, près de Saint-Aubin.

14. HYMÉNOPHYLLE. — *HYMENOPHYLLUM*. Smith.

Capsules sessiles autour d'un réceptacle commun situé au sommet d'une foliole axilaire, formé par le prolongement de la nervure, et entourées d'un tégument à 2 valves, continu avec la foliole.

1. H. de Tunbridge. — *H. Tunbridgense.*

Smith, Act. taur. 5. p. 118. — DC. Fl. fr. n. 1399. — Duby,
Bot. gall. p. 541. — *Trichomanes Tunbridgense.* Linn.
Sp. 1561. — Poir. Ency. 7. p. 72.
Bolt. Fil. tab. 31.

Souche grêle, rampante, émettant des feuilles éparses, courtes, longues de 4—6 centim., à pétiole nu, très grêle, filiforme ; limbe des feuilles ailé, à folioles décurrentes, pinnatifides ou plusieurs fois bifurquées, à lanières linéaires, diaphanes, à nervure raide, cylindrique, tronquées au sommet, dentées sur les bords, à dents écartées, aiguës; groupes de capsules solitaires au-dessus des aisselles des folioles, sessiles autour du prolongement de la nervure d'une lanière tronquée, enveloppés d'un tégument foliacé, rougeâtre, bivalve. ♃ (Mai, juin).

Parmi les mousses, sur les troncs d'arbres et les rochers : aux environs de Béfort (Lejeune). — Je ne connais cette plante que par les échantillons de mon herbier, qui ont été récoltés à Mortain, en Normandie.

FAMILLE CXXII.

Marsiléacées. R. Brown.

Fructification située à la base des feuilles, sous la forme d'involucre coriace, s'ouvrant plus ou moins complétement en 2—4 valves, divisé intérieurement par des cloisons verticales membraneuses, en 2 ou 4 loges qui sont elles-mêmes subdivisées, dans les involucres biloculaires, par des cloisons horizontales, en loges plus petites; ces loges renferment chacune des organes des deux sortes, insérés aux membranes qui forment les cloisons : les uns, en moins grand nombre, sont des ovules ou graines libres, dans une membrane extérieure transparente, se gonflant par l'humidité, et devenant une couche épaisse de substance gélatineuse : les autres organes, plus nombreux, sont des sacs membraneux (anthères) se gonflant légèrement par l'humidité, s'ouvrant alors au sommet, et laissant échapper, au milieu d'un mucus gélatineux, des globules sphériques (pollen) assez nombreux, beaucoup plus petits que les graines. — Herbes rampantes dans les marais inondés, à feuilles roulées en crosse avant leur développement, comme dans les *Fougères.*

1. MARSILÉE. — *MARSILEA.* Juss.

Involucres pédicellés ou presque sessiles le long de la base des pétioles, ovoïdes, coriaces, à 2 loges divisées en travers par des cloisons très minces en loges plus petites, renfermant des organes de deux sortes : les uns moins nombreux, ovoïdes, sont des ovules ou graines reproduisant la plante : les autres, plus petits et plus nombreux, sont des anthères renfermant des granules (pollen) d'une extrême ténuité.

Obs. D'après les observations et les expériences faites, par Esprit Fabre, sur la *Marsilea* qui porte son nom, et qu'il a découverte aux environs d'Agde, confirmées par M. Dunal (*voy.* Ann. sc. nat. Bot. tomes VI, p. 575; VII, p. 221; IX, p. 115 et 581; X, p. 578, et XII, p. 255), les caractères de cette famille et des genres qu'elle comprend devront nécessairement être modifiés; mais il est indispensable auparavant qu'un travail analogue et comparatif ait été fait sur les autres genres. Selon ces observateurs, ce que l'on a pris jusqu'ici pour des cloisons dans les *Marsilées*, ne serait que des expansions ramifiées qui prennent naissance à l'intérieur de l'involucre sur le réceptacle, ou l'article supérieur du pédicelle, et dont les ramifications s'anastomosent entre elles et se subdivisent d'autant plus qu'elles s'éloignent davantage du point de départ, et dont les dernières divisions, très ténues, vont se terminer dans des espèces de petits épis qui portent les deux sortes de corps regardés comme les organes sexuels.

1. M. à quatre folioles. — *M. quadrifolia.*

Linn. Sp. 1563. — DC. Fl. fr. n. 1450. — Duby, Bot. gall. p. 542. — Balb. Fl. lyon. p. 855. — *Lemna quadrifolia.* Desrouss. Ency. 5. p. 720.

Lam. illust. tab. 863. — Moris. sect. 15. tab. 4. fig. 5. —
J. Bauh. Hist. 3. p. 2. p. 785. fig. 1. — Dall. Hist. p.
1015. fig. 1. — Moug. et Nestl. Crypt. Vosg. n. 306. —
Funck. Crypt. n. 287.

Souche rampante, produisant à de petites distances des
faisceaux de racines fibreuses, brunâtres, donnant naissance
à des feuilles portées sur de longs pétioles grêles, dressés,
terminés par 4 folioles lisses, vertes, arrondies au sommet,
en coin à la base, à paires opposées en croix; involucres
velus, solitaires ou géminés, sur un pédoncule de 6—12
millim., ovoïdes, durs, brunâtres, situés à la base des pétioles. ♃ (Juillet, août)

Dans le marais de Chaux et au bord de l'étang de Chaumergy, aux
environs de Sellières. — Dans le marais de Bonfol (Thurm.).

2. PILULAIRE. — PILULARIA. Linn.

Involucres axilaires, solitaires, sessiles, coriaces, presque
globuleux, partagés en 4 loges par des cloisons membraneuses verticales, renfermant des corps de deux sortes : les
uns, placés à la partie inférieure, sont des ovules ou graines
reproduisant la plante : les autres, placés à la partie supérieure, sont des anthères conoïdes ou triangulaires, s'ouvrant au sommet et laissant échapper des globules ou grains
de pollen très petits (voy. Dict. class. d'hist. nat. tom. 13.
p. 570. et tab. 44. fig. 4.).

1. P. à globules. — P. globulifera.

Linn. Sp. 1563. — DC. Fl. fr. n. 1449. — Duby, Bot. gall.
    p. 542. — Balb. Fl. lyon. p. 854. — Poir. Ency. 5.
    p. 323.
Dict. class. d'hist. nat. tab. 44. fig. 4. — Bull. Herb. tab.
    375. — Lam. illust. tab. 862. — Bolt. Fil. tab. 40. —
Vaill. Bot. par. tab. 15. fig. 6. — Dill. Musc. tab. 79. —
Moug. et Nestl. Crypt. Vosg. n. 10. — Funck. Crypt.
    n. 130.

Souche grêle, rampante, produisant, à de petites distances, des racines fibreuses d'où partent 2—3 feuilles linéaires-subulées (ou pétioles dépourvus de feuilles), molles,
d'un vert gai, longues de 5—15 centim., glabres, munies à
la base d'un petit globule presque sphérique, velu, d'un
brun roussâtre, presque sessile. ♃ (Juillet, août).

La Pilulaire forme de petites touffes de verdure qui ressemblent à un
gazon encore jeune, sur le bord des fossés, des marais, dans les lieux
inondés : dans les lieux humides où elle croît en gazon (Girod-Chant.).
— Au bord des marais de la Bresse (Gilibert).

FAMILLE CXXIII.

Isoètées. Rich.

FRUCTIFICATION radicale, renfermée à la base creusée-
dilatée des feuilles, consistant, dans les feuilles du bord ou
inférieures, en un corps membraneux, indéhiscent, recouvert d'une petite lame foliacée, surmonté par un filet, divisé
à l'intérieur en 3 compartiments, par de petites colonnes
transversales et renfermant des globules sphériques, blancs,
grenus, marqués à leur base de 3 côtes saillantes, et, dans
les feuilles centrales, en des corps très semblables aux pré-
cédents, mais divisés à l'intérieur en compartiments plus
nombreux, renfermant une poussière impalpable, d'abord
blanche, puis noire (DC. Organ. 2. p. 141. et tab. 56. 57.).
— Herbes submergées, à tronc court, presque nul, à racines
filiformes, à feuilles nombreuses, raides, subulées, fragiles,
un peu convexes sur le dos, dilatées des deux côtés à la
base en une sorte d'oreillette membraneuse, embrassante.

1. ISOÈTE. — *ISOETES.* Linn.

Fructification sous forme d'involucres renfermés à la base
des feuilles et adhérents à leur dos, indéhiscents, divisés en
compartiments renfermant des corps de deux sortes.

1. I. des lacs. — *I. lacustris.*

Linn. Sp. 1563. — DC. Fl. fr. n. 1448. — Duby, Bot. gall.
 p. 543. — Lam. Ency. 3. p. 314.
Lam. illust. tab. 862. — Dill. Musc. tab. 80. — DC. Orga-
 nographie, 2. tab. 56. et 57. — Moug. et Nestl. Crypt.
 Vosg. n. 111.

Racine composée d'un grand nombre de fibres allongées,
noirâtres, partant d'un tronc ou tubercule épais, charnu,
très court, surmonté d'un grand nombre de feuilles serrées,
subulées, divergentes, demi-cylindriques, vertes, glabres,
d'un tissu lâche et celluleux, longues de 8—12 centim.,
élargies à la base en deux espèces d'oreillettes membraneuses embrassantes, entre lesquelles se trouve une partie
renflée, contenant une espèce d'involucre rempli, dans les
feuilles extérieures, de petits grains blancs, sphériques,
crustacés, rudes-grenus, à 3 côtes saillantes, et dans le
feuilles intérieures d'une poussière à la fin noirâtre. ♃ (Été).

Cette plante, qui se trouve au fond des lacs de Gérardmer, Longemer
et Retournemer, dans les Vosges, est indiquée dans les étangs de la
Bresse par Gilibert, et dans les eaux stagnantes du département du
Doubs par Girod-Chantrans, mais comme à l'ordinaire, sans désigner
aucun lieu.

FAMILLE CXXIV.

Lycopodiacées. Rich.

FRUCTIFICATION axilaire, sessile, sous forme de capsules
situées tantôt dans l'axe des feuilles le long des tiges ou des
rameaux, tantôt dans l'axe des bractées formant un épi à
leur sommet ; capsules ordinairement uniformes et d'une
seule sorte, bivalves, renfermant un grand nombre de grains
lisses, arrondis, libres, analogues aux grains de pollen ;
quelquefois de deux sortes sur le même individu : les unes,
plus nombreuses, uniloculaires, bivalves, pleines d'une

poussière farineuse semblable au pollen, composée de petits
grains tétraèdres, lisses ou rudes : les autres à 4 lobes, à
4 valves, contenant de petits corps (*graines*) presque globuleux, légèrement chagrinés, marqués à leur base de 3
côtes rayonnantes, et qui paraissent adhérer à un placenta
central. — Plantes herbacées vivaces ou sous-ligneuses, à
tiges simples ou rameuses, à feuilles entières ou dentelées,
embriquées, ou distiques.

1. LYCOPODE. — *LYCOPODIUM*. Linn.

Capsules uniloculaires, bivalves, d'une seule sorte, renfermant des grains très fins, arrondis, lisses, analogues au
pollen ; ou de deux sortes, les unes presque réniformes,
bivalves, pleines d'une poussière anguleuse (*pollen* Brotero),
les autres s'ouvrant en 4 lobes et renfermant 1—4 globules
(*graines*) légèrement chagrinés, à 3 côtes rayonnantes à la
base.

§ 1. *Capsules toutes bivalves, renfermant des grains
lisses, arrondis, sphériques ou ovoïdes, libres.* —
Eulycopodium. Duby.

1. L. à feuilles de Genevrier. — *L. annotinum.*

Linn. Sp. 1566. — Duby, Bot. gall. p. 543. — Lam. Ency.
3. p. 647. — *L. juniperifolium.* DC. Fl. fr. n. 1441. —
Balb. Fl. lyon. p. 856.
Dill. Musc. tab. 63. fig. 9. — Moris. sect. 15. tab. 5. fig. 3.
— Moug. et Nestl. Crypt. Vosg. n. 601.
Plante d'un vert pâle, à tiges de 3—4 décim., rampante,
peu feuillée, radicante, produisant des rameaux de 1—2
décim., ascendants, simples ou dichotomes, parallèles,
garnis de feuilles nombreuses, éparses, étalées, presque
sur 5 rangs, étroites, raides, munies d'une nervure dorsale, lancéolées-acuminées, glabres, obscurément dentelées en
scie sur les bords, à rameaux fertiles terminés par un épi

renflé, cylindrique, sessile, solitaire, long de 2—3 centim.,
à bractées ovales-acuminées, irrégulièrement dentelées sur
les bords, portant dans l'axe les organes de la fructification.
♃ (Été).

Sur la Dôle, un peu au-dessous du sommet du côté de France,
parmi les mousses. — Dans la forêt de la Joux, près de la Vessoye
(Charles Guérillot). — A la combe de Valanvron (d'Ivern.). — A la
Cornée (Chaillet). — Au fond du Creux-du-Vent (Lequer.).

2. L. en massue. — *L. clavatum.*

Linn. Sp. 1564. — DC. Fl. fr. n. 1442. — Duby, Bot. gall.
  p. 543. — Balb. Fl. lyon. p. 856. — Lam. Ency. 3. p.
  646.
Lam. illust. tab. 872. — Dill. Musc. tab. 58. fig. 1. — Moris.
  sect. 15. tab. 5. fig. 2. — J. Bauh. Hist. 3. p. 2. p. 766.
  fig. 2. — Tabern. ic. p. 814. fig. 2. — Dalech. Hist. p.
  1324. fig. 1. — Dod. pempt. p. 472. fig. 2. — Lob. ic. 2.
  p. 244. fig. 2.

Tiges de 6—14 décim., longuement rampantes, rameuses,
recouvertes dans toute leur longueur de feuilles éparses,
rapprochées et comme embriquées, à rameaux ascendants,
dichotomes, garnis comme les tiges de feuilles éparses,
nombreuses, molles, linéaires-subulées, terminées par un
long poil blanchâtre, rapprochées, sans nervure apparente,
un peu infléchie ; rameaux fertiles terminés par un long pédoncule presque nu, garni seulement de quelques petites
écailles écartées, membraneuses, subulées, divisé au sommet ordinairement en 2 épis longs de 3—5 centim., cylindriques ou en massue, écailleux, d'un blanc jaunâtre, portant les organes de la fructification à l'aisselle des écailles.
♃ (Juillet—septembre).

Dans les bois, parmi les bruyères : Genève, à Salève, du côté de
Corseille. — Dans les forêts du Lômont (Girod-Chant.). — Sur la Dôle
(Gaud.). — Au mont Damin (d'Ivern.). — Au Creux-du-Vent; à la
Cornée (Chaillet). — Au marais de Pouilleret (Lequer.), — A Vuilly
(Schuttl.). — Les capsules de cette plante répandent à la maturité une

poussière abondante, jaunâtre, qui s'enflamme facilement, fulmine comme la poudre à canon, en répandant une grande clarté, et que l'on nomme vulgairement *soufre végétal* : on s'en sert pour les pièces d'artifices, et sur les théâtres pour garnir les flambeaux des Furies, et pour imiter les éclairs, parce qu'elle brûle instantanément en donnant une belle flamme.

3. L. Sélagine. — *L. Selago*.

Linn. Sp. 1565. — DC. Fl. fr. n. 1445. — Duby, Bot. gall. p. 543. — Balb. Fl. lyon. p. 857. — Lam. Ency. 3. p. 652.

Dill. Musc. tab. 56. fig. 1. — Moris. sect. 15. tab. 5. fig. 9. — Moug. et Nestl. Crypt. Vosg. n. 4.

Plante d'un vert foncé, à tige de 6—20 centim., couchée à la base, à rameaux ascendants, parallèles, cylindriques, dichotomes, de même longueur, épais, compactes, disposés en faisceaux corymbiformes nivelés, entièrement recouverts de feuilles raides, lancéolées-subulées, ouvertes, nombreuses, très rapprochées, embriquées sur 8 rangs irréguliers ; capsules uniformes, axilaires dans toute la longueur des rameaux. ♃ (Juillet, août).

Sur la Dôle ; dans les tourbières de la Chapelle-des-Bois ; des Rousses, etc.

4. L. inondé. — *L. inundatum*.

Linn. Sp. 1565. — DC. Fl. fr. n. 1444. — Duby, Bot. gall. p. 544. — Balb. Fl. lyon. p. 887. — Lam. Ency. 3. p. 648.

Dill. Musc. tab. 61. fig. 7. — Vaill. Bot. par. tab. 16. fig. 11. — Moug. et Nestl. Crypt. Vosg. n. 102.

Tige de 5—10 centim., rampante, rameuse, très feuillée, à rameaux fertiles simples, dressés, longs de 4—6 centim., également feuillés dans toute leur longueur ; feuilles linéaires-lancéolées, très aiguës, entières, éparses, embriquées d'un vert pâle, ou jaunâtre : les fructifères ou bractées dilatées à la base et demi-ouvertes; épi solitaire, sessile au sommet des rameaux, mais un peu plus épais, portant dans l'axe des bractées les organes de la fructification. ♃ (Août—septembre).

Tourbières de Pontarlier ; de la Chapelle-des-Bois ; de Pont-Martel ; de Bonlieu, etc. — A la Cornée (Chaillet).

§ 2. *Capsules de deux sortes : les unes bivalves, remplies d'une poussière granuleuse très fine (pollen ?), les autres ovoïdes, à 4 valves, à une seule graine.* —Stachygynandrum. P. Beauv.

5. L. Fausse-Sélagine. — *L. selaginoïdes.*

Linn. Sp. 1565. — DC. Fl. fr. n. 1445. — Duby, Bot. gall. p. 544. — Lam. Ency. 3. p. 652.

Hall. Helv. tab. 46. fig. 1. — Dill. Musc. tab. 68. fig. 1. — Moris. sect. 15. tab. 5. fig. 11. — Moug. et Nestl. Crypt. Vosg. n. 303.

Tige de 3—6 centim., rampante, à rameaux stériles ascendants, très feuillés, les fructifères très simples, dressés, longs de 5 centim.; feuilles éparses, embriquées, presque étalées, lancéolées, acuminées, dentelées-ciliées : les fructifères plus grandes, jaunâtres, formant un épi simple, solitaire, terminal, cylindracé, un peu plus épais que la tige, portant au sommet des capsules axilaires à 2 valves, et à la base quelques capsules à 4 valves, renfermant une seule graine. ♃ (Juillet, août).

Commun dans les pâturages du haut Jura : sur le Thoiry ; aux environs de la Faucille ; sur la Dôle ; le Suchet ; le Montendre ; le Mont-d'Or ; le Chasseron ; le Creux-du-Vent ; le Chasseral, etc.

FIN DE LA PREMIÈRE PARTIE.

TABLEAU DES GENRES,
D'APRÈS LE SYSTÈME SEXUEL DE LINNÉ.

CARACTÈRES
DES CLASSES ET DES ORDRES DE CE SYSTÈME.

Les bases principales du système de Linné reposent essentiellement sur les organes sexuels des végétaux. Les premières divisions ou classes de ce système sont fondées sur la considération des étamines ou organes mâles des plantes, et les divisions secondaires ou ordres sur celle des pistils ou organes femelles, et quelquefois sur celle du fruit ou des étamines. Nous allons donner en peu de mots une idée de ce système.

CLASSES.

Les classes du système sexuel de Linné sont au nombre de 24, et les caractères qui les distinguent sont fondés sur le nombre des étamines, leur position, leur proportion, leur connexion, la présence et la combinaison des sexes, ou leur absence, ainsi qu'il suit :

I. Plantes phanérogames ou à organes sexuels visibles.

    1. Fleurs hermaphrodites ou monoclines.

      a. Étamines distinctes entre elles et du pistil.

        * Étamines d'une longueur indéterminée.

Caractères des classes.	Noms des classes.
Fleurs à une étamine	1. Monandrie.
Fleurs à 2 étamines	2. Diandrie.
3 *id.*	3. Triandrie.
4 *id.*	4. Tétrandrie.
5 *id.*	5. Pentandrie.
6 *id.*	6. Hexandrie.
7 *id.*	7. Heptandrie.

Caractères des classes.	Noms des classes.
Fleurs à 8 étamines	8. Octandrie.
9 *id.*	9. Ennéandrie.
10 *id.*	10. Décandrie.
12—19 *id.*	11. Dodécandrie.
20—100 *id.* insérées sur le calice	12. Icosandrie.
20—100 *id. id.* sur le réceptacle.	13. Polyandrie.

** Étamines d'une longueur déterminée.

Fleurs à 4 étamines dont 2 plus longues .	14. Didynamie.
Fleurs à 6 étamines dont 4 plus longues .	15. Tétradynamie.

b. Étamines réunies entre elles.

Fleurs à filets des étamines réunies en un faisceau.	16. Monadelphie.
Fleurs à filets des étamines réunies en deux faisceaux	17. Diadelphie.
Fleurs à filets des étamines réunies en plusieurs faisceaux.	18. Polyadelphie.
Fleurs à étamines réunies par les anthères en forme de cylindre.	19. Syngénésie.

c. Étamines unies au pistil.

Fleurs à étamines adhérentes au pistil ou posées sur lui.	20. Gynandrie.

2. Fleurs unisexuelles ou diclines.

Fleurs mâles et femelles sur le même individu.	21. Monoécie.
Fleurs mâles et femelles sur deux individus différents	22. Dioécie.
Fleurs mâles et femelles sur des pieds différents ou sur le même pied, avec des fleurs hermaphrodites	23. Polygamie.

II. Plantes cryptogames ou à organes sexuels cachés.

Organes sexuels presque invisibles et indistincts, ou inconnus et cachés	24. Cryptogamie.

ORDRES.

Les ordres, dans le système sexuel de Linné, sont déter-
minés d'après le nombre des pistils ou des stigmates, quelquefois d'après la forme du fruit, d'autres fois sur le nombre ou
sur la manière d'être des étamines.

Les ordres des 13 premières classes fondées sur le nombre
des étamines, sont établis sur celui des styles ou des stigmates
que renferme la fleur. On les désigne par les noms suivants :

Monogynie, Digynie, Trigynie, etc., Dodécagynie,
Polygynie,

selon que la fleur renferme 1, 2, 3, etc., 12, ou un nombre
indéterminé de pistils ou stigmates.

La 14ᵉ classe (Didynamie) comprend 2 ordres fondés sur la
forme du fruit, savoir :

Gymnospermie. — Quatre graines nues au fond du calice.

Angiospermie. — Graines renfermées dans une capsule.

La 15ᵉ classe (Tétradynamie) comprend aussi 2 ordres tirés
de la forme du fruit qui est une silique ou une silicule, savoir :

Tétradynamie siliculeuse. — Fruit siliculeux court, presque
aussi long que large.

Tétradynamie siliqueuse. — Fruit siliqueux étroit, allongé.

Les ordres des 16ᵉ classe (Monadelphie), 17ᵉ classe (Dia-
delphie) et 18ᵉ classe (Polyadelphie), fondées sur l'adhérence
des étamines par leurs filets, sont déduits du nombre des étamines elles-mêmes et portent les noms des premières classes,
ainsi on dit :

Monadelphie-triandrie, -pentandrie, -décandrie, -polyan-
drie, etc.

Dans la 19ᵉ classe (Syngénésie), les ordres sont établis sur
les rapports qui existent dans la disposition des 2 sexes et
dans celle des fleurs elles-mêmes ;

Polygamie égale. — Fleurs toutes hermaphrodites et fertiles.

Polygamie superflue. — Fleurs marginales femelles, ligulées ou tubuleuses, fertiles : celles du disque hermaphrodites,
fertiles, également toujours tubuleuses.

Polygamie frustranée. — Fleurs marginales femelles, neutres par l'avortement du stigmate : celles du disque hermaphrodites, fertiles.

Polygamie nécessaire. — Fleurs marginales femelles, fertiles : celles du disque hermaphrodites, stériles.

Polygamie séparée. — Fleurs toutes hermaphrodites, munies chacune d'un calice propre, et réunies dans un calice commun ou involucre.

Les ordres des 20e, 21e, 22e classes (Gynandrie, Monoécie et Dioécie), établies sur l'adhérence des étamines avec le pistil, ou sur leur disposition, dans des fleurs diverses, sur le même individu, ou sur des individus différents, sont également basés, comme ceux des classes 16, 17 et 18, sur le nombre des étamines.

La 23e classe (Polygamie) (1) se divise en 3 ordres déduits de la disposition des 3 sortes de fleurs, savoir :

Polygamie Monoécie. — Lorsque les 3 ordres de fleurs sont sur le même individu.

Polygamie Dioécie. — Lorsqu'elles sont sur 2 individus différents.

Polygamie Trioécie. — Lorsqu'elles sont sur 3.

Enfin la 24e classe (Cryptogamie) se divise en 4 ordres tirés plutôt de la diversité de substance ou de structure des plantes qu'elle renferme, que des caractères de leurs fructifications, savoir :

Fougères, Mousses, Algues et Champignons.

Le tableau suivant offre l'analyse des caractères sur lesquels sont fondées les classes du système sexuel de Linné, avec l'indication des ordres compris dans chacune de ces classes.

---

(1) Plusieurs auteurs suppriment cette classe et reportent dans les précédentes le petit nombre de genres que Linné y avait admis, d'après la seule considération des fleurs hermaphrodites. Nous adopterons ici cette innovation pour les six genres de cette Flore qui y sont compris, afin de faciliter les recherches des commençants.

Flore jurassienne.

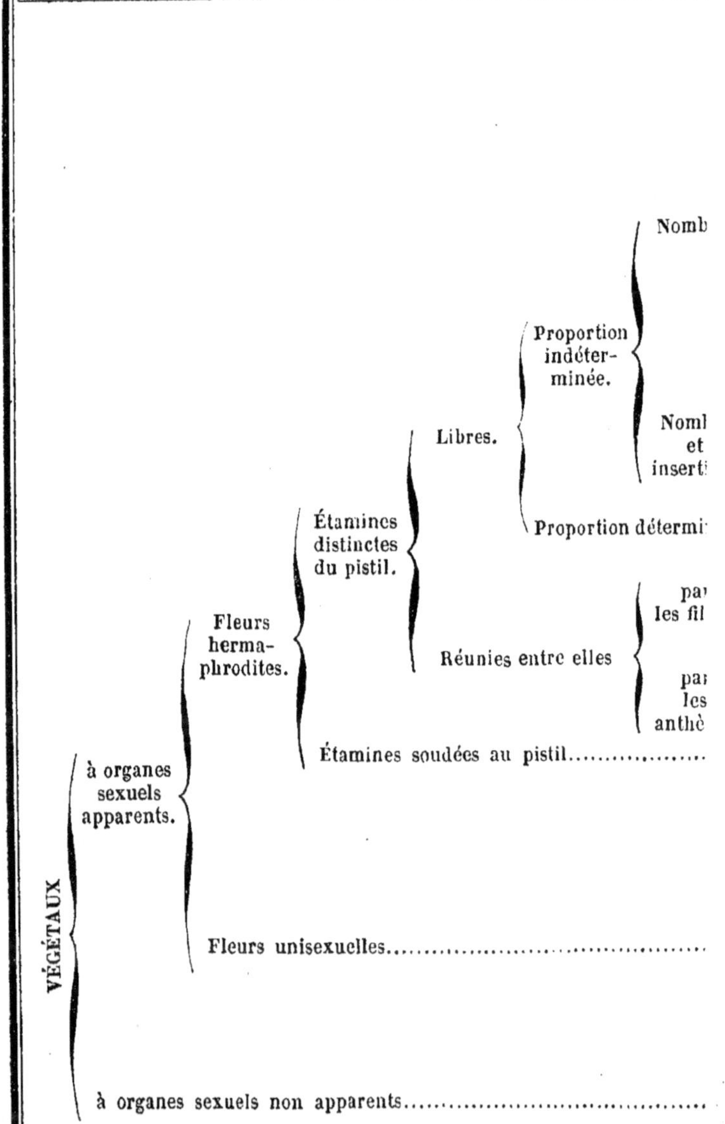

CLASSES.		ORDRES.
	1. Monandrie.....	2. Monogynie, Digynie.
	2. Diandrie.......	3. Monogynie, Digynie, Trigynie.
	3. Triandrie......	3. Monogynie, Digynie, Trigynie.
	4. Tétrandrie.....	3. Monogynie, Digynie, Tétragynie.
	5. Pentandrie.....	6. Mono., Di., Tri., Tétra., Penta., Polygynie.
	6. Hexandrie.....	5. Mono., Di., Tri., Tétra., Polygynie.
	7. Heptandrie.....	4. Mono., Di., Tri., Heptagynie.
	8. Octandrie......	4. Mono., Di., Tri., Tétragynie.
	9. Ennéandrie....	3. Monogynie, Trigynie, Hexagynie.
	10. Décandrie......	5. Mono., Di., Tri., Penta, Décagynie.
	11. Dodécandrie...	6. Mono., Di., Tri., Penta, Octo., Dodécagynie.
	12. Icosandrie......	5. Mono., Di., Tri., Penta., Polygynie.
	13. Polyandrie.....	7. Mono., Di., Tri., Tétra., Penta., Hexa., Polygynie.
	14. Didynamie.....	2. Gymnospermie, Angiospermie.
	15. Tétradynamie.	2. Siliculeuse, Siliqueuse.
	16. Monadelphie...	4. Triandrie, Pentandrie, Décandrie, Polyandrie.
	17. Diadelphie.....	3. Hexandrie, Octandrie, Décandrie.
	18. Polyadelphie..	3. Pentandrie, Icosandrie, Polyandrie.
	19. Syngénésie.....	5. Polygamie { égale, superflue. frustranée, nécessaire. séparée.
	20. Gynandrie.....	3. Diandrie, Pentandrie, Polyandrie.
	21. Monoécie....... 11.	{ Monandrie, Diandrie, Triandrie. Tétrandrie, Pentandrie, Hexandrie. Heptandrie, Polyandrie, Monadelphie. Singénésie, Gynandrie.
	22. Dioécie......... 14.	{ Monandrie, Diandrie, Triandrie. Tétrandrie, Pentandrie, Hexandrie. Octandrie, Ennéandrie, Décandrie. Dodécandrie, Polyandrie, Monadelphie. Syngénésie, Gynandrie.
	23. Polygamie......	3. Monoécie, Dioécie, Trioécie.
	24. Cryptogamie...	4. Fougères, Mousses, Algues, Champignons.

CARACTÈRES DES GENRES,

DISPOSÉS SUIVANT LE SYSTÈME SEXUEL DE LINNÉ.

CLASSE I. — MONANDRIE.

MONOGYNIE.   Tom. Pag.

Hippuris. — Ovaire couronné par un périgone formé
d'une marge peu apparente.   II 106
   Se rapporte à cet ordre : *Centranthus* (1).

DIGYNIE.

Se rapportent à cet ordre : *Callitriche, Blitum, Festuca Myurus, Pseudo-Myurus* et *Sciuroïdes.*

CLASSE II. — DIANDRIE.

MONOGYNIE.

   A. Fleurs incomplètes, infères.

Salicornia. — Périgone entier, fendu, situé dans les
enfoncements de l'axe.   III 316
Lemna.—Périgone comprimé, à bord entier ou crénelé. III 490
   Se rapportent à cette sous-division : *Fraxini ape-
talœ, Scirpi, Cladium,* et plusieurs graminées
à 2 étamines que l'on trouvera dans la *Triandrie digynie.*

   B. Fleurs complètes, supères.

Circœa. — Corolle à 2 pétales.   II 100

   C. Fleurs complètes, infères, monocarpes,
régulières.

---

(1) Nous plaçons à la suite des ordres, des divisions et des classes,
les genres et les espèces qui, par variation, peuvent y être rapportés,
mais on les trouvera définis à leur véritable place.

Tom. Pag.

a. Cloison de l'ovaire parallèle aux valves.

b. Cloison de l'ovaire opposée aux valves.

D. Fleurs complètes, infères, monocarpes,
irrégulières.

E. Fleurs complètes, infères; fruit en forme
de 4 graines nues.

Se rapporte à cette classe : *Lepidium ruderale.*

CLASSE III. — TRIANDRIE.

MONOGYNIE.

A. Fleurs complètes, supères.

Tom. Pag.

DIGYNIE.

Fleurs glumacées (*Graminées*).

A. Épillets non pédicellés, tous sessiles sur les dents de l'axe.

Nardus. — Glume nulle. IV 347

Lolium. — Glume à une seule valve dans les épillets latéraux, et à 2 dans le terminal. IV 342

Hordeum. — Épillets uniflores, ternés sur les articulations de l'axe. IV 357

Elymus. — Épillets à 2—plusieurs fleurs, ternés sur les articulations de l'axe. IV 356

Gaudinia. — Épillets solitaires ; fleurs munies sur le dos d'une arête genouillée. IV 326

Triticum. — Épillets solitaires, à valves de la glume ovales ou ovales-lancéolées ; fleurs mutiques ou aristées au sommet. IV 327

Secale. — Épillets solitaires, à valves subulées ; fleurs aristées au sommet. IV 335

B. Épillets géminés sur les articulations de l'épi ou de la panicule, l'un sessile, l'autre pédicellé.

Andropogon. — Épillets linéaires, les uns hermaphrodites sessiles, les autres mâles pédicellés. IV 210

C. Épillets à pédicelle plus ou moins allongé, quelquefois très court, uniflores, à fleur souvent accompagnée du rudiment d'une 2ᵉ fleur supérieure, ou de 2 inférieures.

a. Épillets comprimés par le dos.

Panicum. — Glume à 3 valves, l'inférieure plus petite, souvent très petite ; épillets non entourés de soies à la base. IV 211

Setaria. — Glume à 3 valves, l'inférieure plus petite ou très petite ; épillets entourés de soies à la base. IV 216

TRIGYNIE ET TÉTRAGYNIE.

Se rapportent à la Trigynie : *Holosteum, Tillœa ;* à la Tétragynie : *Elatine.*

CLASSE IV. — TÉTRANDRIE.

MONOGYNIE.

A. **Fleurs complètes.**

a. **Calice propre double, l'intérieur à la fin soudé avec le fruit ; corolle monopétale.**

Tom. Pag.

Tom. Pag.

B. Fleurs incomplètes.

  a. Fleurs infères.

Maïanthemum. — Périgone coloré à 4 divisions planes
  ou réfléchies. IV 65

Alchemilla. — Périgone herbacé, à limbe à 8 lobes ;
  étamines insérées sur un anneau resserrant la gorge. II 64

Sanguisorba. — Périgone herbacé, coloré, à limbe à
  4 lobes ; étamines insérées sur un anneau fermant
  la gorge. II 67

Parietaria. — Périgone en cloche ; étamines insérées
  au fond du périgone ; fleurs polygames. III 396

  b. Fleurs supères.

Isnardia. — Périgone supère, persistant, à 4 lobes. II 99

  Se rapportent à la Monogynie : *Gentianæ* et
  Rhamni 4-*fidi*, *Thesia*, *Cardamine hirsuta*.

TÉTRAGYNIE.

Ilex. — Calice à 4 dents ; corolle à 4 divisions ; style
  nul ; ovaire à 4 loges. III 37

Radiola. — Calice à 4 lobes bi-trifides ; corolle à 4
  pétales ; ovaire à 8 loges. I 280

Tillœa. — Calice à 3—4 divisions ; corolle à 3—4 pétales ; capsules 3—4, dispermes. II 135

Bulliarda. — Calice à 4 divisions ; corolle à 4 pétales ;
  capsules 4, polyspermes. II 135

Potamogeton. — Périgone à 4 divisions ; drupes 4,
  sessiles. III 475

  Se rapportent à la Tétragynie : *Sagina*, *Mœnchia*,
  Cuscuta, et plusieurs *Gentianes*.

CLASSE V. — PENTANDRIE.

MONOGYNIE.

  1. Fleurs complètes, monopétales, infères.
  A. Noix 4, monospermes ou dispermes.

Tom. Pag.

γ. Sillons à 5 bandelettes. (Quelques espèces
de *Seseli* se rapportent à cette division.)

Athamentha. — Côtes presque égales; styles dressés.   II 202

Ligusticum. — Côtes presque égales; styles réfléchis;
pétales obcordés.   II 211

Silaus. — Côtes presque égales; styles réfléchis; pétales sessiles, élargis à la base.   II 212

C. Graine à face interne plane ou convexe;
côtes primaires filiformes, les secondaires
nulles; fruit aplani ou comprimé-lenticulaire
sur le dos, entouré d'une marge ailée, aiguë
ou épaissie; bandelettes superficielles, 1—2
dans quelques sillons.

a. Côtes très grêles, 5 dorsales équidistantes, les latérales écartées, contiguës à
la marge dilatée, ou recouvertes par elle.

Tordylium. — Pétales obcordés; bandelettes filiformes;
marge du fruit épaissie.   II 229

Heracleum. — Pétales obcordés; bandelettes en massue; marge du fruit aplanie.   II 226

Pastinaca. — Pétales enroulés; bandelettes filiformes.   II 224

b. Côtes filiformes, équidistantes.

Peucedanum. — Pétales obcordés ou arrondis, rétrécis en languette plane ou infléchie; bandelettes
commissurales superficielles.   II 219

Thysselinum. — Bandelettes commissurales recouvertes par le péricarpe; le reste comme dans le
Peucedanum.   II 223

D. Graine à face interne plane; fruit plus ou
moins comprimé par le dos; côtes primaires
5, les secondaires 4.

Laserpitium. — Méricarpes à côtes primaires filiformes, les secondaires ailées, à ailes entières.   II 230

IV.   27

Tom. Pag.

CLASSE VI. — HEXANDRIE.

MONOGYNIE.

CLASSE VII. — HEPTANDRIE.

MONOGYNIE.

CLASSE VIII. — OCTANDRIE.

MONOGYNIE.

A. Fleurs complètes, à 5 pétales.

Tom. Pag.

DIGYNIE.

Se rapportent à cet ordre : *Mœhringia*, *Ulmus effusa*, *Polygona*.

TÉTRAGYNIE.

Paris. — Calice à 4 sépales ; pétales 4 , plus étroits que les divisions du calice.   IV 60

Adoxa. — Calice bifide dans la fleur terminale, trifide dans les latérales ; corolle terminale à 4 lobes, les latérales à 5.   II 260

Elatine. — Calice à 2—4 lobes ; corolle à 3—4 pétales.   I 273

CLASSE IX. — ENNÉANDRIE.

MONOGYNIE.

Laurus. — Périgone à 4 divisions ; fleurs latérales ennéandres, la terminale dodécandre ; anthères s'ouvrant par des valves.   III 365

HEXAGYNIE.

Butomus. — Périgone coloré, à 6 divisions ; capsules 6, soudées à leur partie inférieure.   III 469

CLASSE X. — DÉCANDRIE.

MONOGYNIE.

A. Corolle à 5 pétales, rarement 4.

Dictamus. — Calice caduc, à 5 divisions ; ovaire à 5 lobes, porté sur un carpophore court.   I 535

Monotropa. — Calice à 5 divisions ; pétales en cloche, gibbeux à la base ; glandes 5, hypogynes.   III 55

Pyrola. — Calice persistant, à 5 lobes ; glandes hypogynes nulles ; anthères s'ouvrant par 2 pores.   III 31

Cercis. — Calice en cloche ; corolle papilionacée.   I 441

Tom. Pag.

B. Calice à 5 sépales, rarement 4 ; pétales
5, rarement 4.

TÉTRAGYNIE.

PENTAGYNIE.

CLASSE XI. — DODÉCANDRIE.

MONOGYNIE.

CLASSE XIII. — POLYANDRIE.

MONOGYNIE.

A. Corolle à 4 pétales.

B. Corolle à 5 pétales.

CLASSE XIV. — DIDYNAMIE.

GYMNOSPERMIE.

Ovaires 4, à un ovule ; style 1, partant du milieu des ovaires ; noix 4, au fond du calice.

I. Loges des anthères s'ouvrant par une valve.

II. Anthères réniformes, uniloculaires, s'ouvrant par une fente demi-circulaire et offrant, après l'émission du pollen, une cupule orbiculaire plane.

ANGIOSPERMIE.

Fruit solitaire sur le réceptacle.

I. Loges des anthères épineuses à la base.

    A. Ovaire uniloculaire, à plusieurs ovules ; placentas pariétaux.

CLASSE XV. — TÉTRADYNAMIE.

SILICULEUSE.

Fruit moins de 5 fois aussi long que large.

I. Silicule enflée, dure et nucamentacée, indéhiscente, quelquefois uniloculaire par l'avortement de la cloison.

A. Silicule formée d'un seul article.

B. Silicule à 2 articles se séparant transversalement à la maturité.

II. Silicule comprimée par les côtés ; valves en
nacelle, à carène saillante ou ailée, ou comprimée-aplanie par les côtés.

A. Silicule indéhiscente, ou s'ouvrant à la
fin en 2 valves retenant la graine.

Tom. Pag.

Camelina. — Silicule pyriforme; cloison dépourvue de style après la chute des valves qui l'emportent par moitié. I 144

Lunaria. — Silicule comprimée-aplanie, portée sur un carpophore allongé, filiforme; funicules soudés à la cloison. I 136

Draba. — Silicule comprimée-aplanie ou un peu convexe; funicules libres. I 137

Cochlearia. — Silicule renflée, presque globuleuse. I 140

 Se rapportent à cet ordre : *Nasturtia.*

SILIQUEUSE.

Fruit au moins 4 fois aussi long que large.

 I. Stigmate formé de 2 lamelles dressées, accombantes.

Hesperis. — Lamelles du stigmate non épaissies sur le dos. I 108

Matthiola. — Lamelles du stigmate épaissies sur le dos en bosse ou en corne. I 79

 II. Stigmate obtus ou échancré, ou même à 2 lobes obtus.

  A. Silique indéhiscente.

Raphanus. — Silique cylindrique ou moniliforme, indéhiscente, mais se séparant quelquefois transversalement en articles à la maturité. I 173

  B. Silique s'ouvrant en 2 valves.

   a. Valves sans nervures ou munies seulement d'une faible nervure à la base.

Dentaria. — Graines sur un rang dans chaque loge; cotylédons repliés par les bords. I 106

Cardamine. — Graines sur un rang dans chaque loge; cotylédons aplanis. I 101

Nasturtium. — Graine sur 2 rangs dans chaque loge, ou en séries irrégulières. I 82

CLASSE XVI. — MONADELPHIE.

DÉCANDRIE.

POLYANDRIE.

Se rapportent à la Monadelphie : *Radiola, Linum,
Lysimachiœ species, Oxalis, Polygala, Spar-
tium, Sarothamnus, Genista, Cytisus, Ulex,
Ononis, Anthyllis, Galega.*

CLASSE XVII. — DIADELPHIE.

HEXANDRIE.

OCTANDRIE.

DÉCANDRIE.

I. Étamines presque monadelphes.

CLASSE XVIII. — POLYADELPHIE.

MONOGYNIE.

TRIGYNIE.

CLASSE XIX. — SYNGÉNÉSIE.

POLYGAMIE ÉGALE.

Fleurs toutes hermaphrodites.

§ 1. *Semi-flosculeuses.* — Fleurs toutes ligulées.

I. Aigrette plumeuse; réceptacle paléacé.

II. Aigrette plumeuse; réceptacle nu ou frangé sur le bord des aréoles.

POLYGAMIE SUPERFLUE.

Fleurs marginales femelles ligulées ou tubuleuses : celles du disque hermaphrodites fertiles, toujours tubuleuses.

I. Aigrette poilue ; réceptacle nu ; fleurs du bord non ligulées (excepté dans le *Nardosmia*).

A. Involucre simple, à peine caliculé.

POLYGAMIE FRUSTRANÉE.

Fleurs marginales femelles, neutres par l'avortement
du stigmate : celles du disque hermaphrodites,
fertiles.

Se rapporte à la Polygamie frustranée : *Varietas
Bidentis cernuæ radiata.*

POLYGAMIE NÉCESSAIRE.

Fleurs marginales femelles, fertiles : celles du disque
hermaphrodites, stériles.

POLYGAMIE SÉPARÉE.

Involucres partiels uniflores, réunis, dans un involucre commun, en tête sphérique.

CLASSE XX. — GYNANDRIE.

MONANDRIE.

I. Anthère entièrement soudée au pistil.

A. Tablier prolongé à la base en éperon ou
en sac.

CLASSE XXI. — MONOÉCIE.

MONANDRIE.

Tom. Pag.

POLYADELPHIE.

a. Étamines 5; filets 4, soudés par paire, la
5ᵉ libre; anthères libres ou soudées,

Lagenaria. — Anthères soudées; baie polysperme,
recouverte d'une écorce; graines nombreuses, sans
rebord, échancrées-bilobées au sommet.   II 120

Cucurbita. — Anthères soudées; baie polysperme,
recouverte d'une écorce; graines entourées d'un
rebord épais.   II 119

Cucumis. — Anthères soudées; baie polysperme, recouverte d'une écorce; graines obtuses, à bords
amincis, non échancrées au sommet.   II 121

Bryonia. — Anthères libres; baie à 5 – 6 graines à
bords obtus.   II 123

b. Étamines nombreuses, soudées par les filets, comme rameuses; anthères libres.

Ricinus. — Capsule hérissée de tubercules épineux,
à 3 coques monospermes.   III 574

CLASSE XXII. — DIOÉCIE.

DIANDRIE.

Salix. — Périgone nul; glandes 1 ou 2 à la base des
organes sexuels.   III 417

TRIANDRIE.

Empetrum. — Calice à 3 divisions; corolle à 3 pétales; baie uniloculaire, à 6—9 graines.   III 50

TÉTRANDRIE.

Hippophaë. — Fleurs mâles : périgone à 2 divisions;
fleurs femelles : périgone tubuleux, bifide au sommet; stigmate 1, allongé.   III 370

Viscum. — Corolle à 4 divisions; fleurs mâles : calice nul; anthères soudées aux pétales; fleurs fe-

---

(1) Le reste de la Cryptogamie de Linné, qui comprend les Mousses, les Hépatiques, les Lichens, les Hypoxylons, les Champignons, les Lycoperdacées, les Urédinées, les Mucédinées et les Algues, formera la seconde partie de cet ouvrage, qui renfermera les végétaux cellulaires ou acotylédonés.

ADDITIONS ET CORRECTIONS.

TOME PREMIER.

P. VI, ligne 10 : elle est toujours suivie, lisez : ils sont toujours suivis.

P. VII, l. 9, ajoutez : 5° la nouvelle carte de France du génie géographe, etc.

P. XIII, ligne 9 : tourbières, et recouvertes, etc., lisez : tourbières, recouvertes de pâturages très étendus, entre-coupés de nombreuses forêts de sapins mêlées quelquefois de hêtres, et parsemées, etc.

P. XIV, l. 7 : de Joux et de la Birse, lisez : de Joux, de Travers, de Saint-Imier, de la Birse, etc.

P. XXIX, l. 6 : *Fleurs incomplètes,* lisez : *Fleurs complètes.*

P. XXXIX, l. 4 et 9 : *Joncacées, Tiphacées,* lisez : *Jon-cées, Typhacées.*

P. *id.*, l. 15 : à 2 paillettes, lisez : à 1—2 paillettes, ou de soies hypogynes.

P. XLI : Paronichiées, Loranthées, Apocinées, lisez : Paro-nychiées, Loranthacées, Apocynées.

P. 8, l. 3 et 5 : Gaud. Fl. helv. 3. p. 503, lisez : *T. minus. II. saxatile.* Gaud. Fl. helv. 3. p. 505 ; et var. *δ. stric-tum,* lisez : var. *α. virens.*

P. 8 : *Obs.* Il serait possible que notre var. *β. elatius.* fût, selon notre première idée, le *T. majus* (Smith). DC. Syst. 1. p. 179. qui est la var. *ε. dumosum.* du *T. minus.* Koch, Syn. p. 4, ou même le *T. nutans* (Desf.). DC. Syst. 1. p. 179. qui en est très voisin, ces deux espèces ayant été trouvées au Creux-du-Vent par Chaillet (*voyez* Cat. Godet) (1).

---

(1) Nous regrettons beaucoup de n'avoir eu connaissance que vers la fin de l'impression de cet ouvrage, du supplément à la Flore de Bâle, par M. Hagenbach, et du Catalogue des plantes du canton de Neu-

P. 12, l. 12 : après le syn. Duby, lisez : — Koch, Syn. p. 7. — *A. Pulsatilla. I. præcox.* Gaud. Fl. helv. 3. p. 434, laissez le syn. Lam. et effacez le reste ; et dans la description, ligne 28, au lieu de : plus ou moins penchée, lisez : presque dressée ; et ligne 29, au lieu de : ouverts, lisez : ouverts, à la fin étalés-réfléchis au sommet ; puis dans les localités, p. 13, l. 2, effacez : et de Vaussayon. Ajoutez à cette espèce la variété suivante :

β. *Montana. A. montana* (Hoppe). Koch, Syn. p. 7. — *A. Pulsatilla. II. nutans.* Gaud. Fl. helv. 3. p. 485. — Fleur penchée, à sépales d'abord en cloche, à la fin étalés en étoile. — Les rochers de Vaussayon (d'Ivernois, God.).

P. 19 : *A. Hepatica*, ajoutez la variété :

β. *Foliorum lobis trilobatis.* — Environs de Neuchâtel (Godet).

P. 20, l. 2 : sur un pédoncule allongé, lisez : sur des pédoncules allongés.

P. 21, *A. flammea*, ajoutez : les moissons, de chaqne côté de la route de Bâle à Rheinach (Hagenb., supp.).

P. 22 : *M. minimus*, ajoutez : Bâle, dans les champs argileux au-dessus de Bruderholz (Hagenb., supp.).

P. 53, l. 14 et 23 : des tiges, lisez : de la tige ; du pétale supérieur, lisez : des pétales soudés.

P. 61, ligne 4 : l'ovaire, lisez : les ovaires ; le *P. officinalis* indiqué près de Liestal par Muller, et que dernièrement on n'a plus retrouvé, a été reconnu par Hagenbach pour le *P. perigrina.* Mill. (*voyez* Hagenb., supp.).

P. 67 : *P. argemone*, ajoutez : Neuchâtel, aux environs de Vaumarcus (De Buren). — Les champs de Cressier (Chaillet).

P. 69, l. 23 : sur un long pédoncule hérissé, lisez : sur de longs pédoncules hérissés.

---

châtel, par M. Godet ; cela nous a privé de l'avantage de pouvoir placer en leur lieu les additions et les observations que nous ont fournies ces ouvrages, et que nous rapportons ici.

P. 71 : *G. luteum*, ajoutez : au bord du lac au-delà de Bied (Chaill.). — Au-dessous d'Épagnier (God.).

P. 77, l. 19 : graines subréniformes, lisez : graine subréniforme.

P. 78 : après *F. capreolata*, ajoutez l'espèce suivante :

5. *F. Vaillantii* (F. de Vaillant). Lois. Not. p. 102. — DC. Prod. 1. p. 130. et Fl. fr. supp. n. 4102ᵃ. — Koch, Syn. p. 35. — *F. parvifolia*. β. *latifolia*. Gaud. Fl. helv. 4. p. 441. (*ex Hagenb. supp.*). — Vaill. Bot. par. tab. 10. fig. 6. — Tige glauque, dressée, très rameuse, haute de 15—20 centim.; feuilles ternées, décomposées, à folioles tri-quadrifides, à lanières linéaires-lancéolées, planes, aiguës; fleurs roses, d'un pourpre noir au sommet, très petites, en grappes courtes, lâches à l'époque de la fructification; sépales beaucoup plus courts que la corolle, et plus étroits que le pédicelle qui dépasse la bractée; fruit obtus, globuleux, à peine mucroné. ① (Juin—septembre). — Fréquent dans les champs montueux, calcaires et argileux, autour de Ferrette (Reckle, in Hagenb., supp.). — Les champs autour de Porentruy, fréquent (Thurm.).

P. 126, l. 12 : petites, lisez : courte.

P. 149, *T. alpestre*, ajoutez : à la Tourne (God.). — Sur le Chasseral ; à Tête-de-Rang (Schuttl.); et placez à la suite la variété :

β. *Foliis caulinis dentatis*. — Val-de-Ruz (God.).

P. 150 : *E. incanum*, ajoutez : près de Liestal (Hagenb., supp.).

P. 164, l. 20 : non dentées, lisez : les plus grandes dentées au sommet.

P. 167 : *I. tinctoria*, ajoutez : Neuchâtel, à Fontaine-André (Pury-Châtelain). — A Pierre-à-Bot, à Trois-Rods; près de Bôle et de Boudry (Lequer.). — Au-dessus de Buttes (Allamand.).

P. 184 : après *V. hirta*, ajoutez l'espèce suivante :

2* *V. collina* (V. des collines). Besser, En. pl. Volhyn. p. 10. — Koch, Syn. p. 83. — Hagenb. Fl. basil. 1. app.

p. 444. et supp. p. 46. — *V. umbrosa.* Hopp. Bot. ztg. 2. p. 521. (*non Fries*). — Plante dépourvue de tige et de stolons; feuilles en cœur, aiguës, dentées-crénelées, pubescentes en dessus, hérissées en dessous, ainsi que sur le pétiole; fleurs un peu plus petites, d'un bleu pâle, à sépales oblongs, obtus, à pétales également obtus, l'inférieur échancré, les latéraux presque sans barbe, portées sur des pédoncules d'une longueur égale à celle des feuilles, couchés à l'époque de la fructification, droits au sommet. Cette espèce diffère de la précédente par ses fleurs odorantes, d'un bleu pâle, à pétales obtus, à peine échancrés, excepté l'inférieur, les latéraux étant presque sans barbe. ♃ (Avril, mai). — Les bois, les haies : sur le mont Paschwang près de Soleure (Hagenb., supp.).

P. 188 : *V. canina*, ajoutez : Neuchâtel, tourbières des Ponts; des Verrières; à la Joux-de-Plane; au Creux-du-Vent (God.); puis à la suite les deux variétés suivantes :

β. *Lucorum* (Reichenb.). Hagenb. Fl. basil. supp. p. 44. var. η. — Plante très glabre, rameuse, à tiges plus élevées, ascendantes; feuilles ovales-oblongues, aiguës, courtement en cœur; corolle d'un violet un peu plus foncé, à éperon obtus, sillonné, blanchâtre. — Neuchâtel, forêts de pins au-dessus de la Prise-Chaillet et de Bôle (God.).

γ. *Ericetorum* (Schrad.). Hagenb. Fl. basil. supp. l. c. var. ζ. — Plante très glabre, rameuse, à tige courte, à feuilles oblongues-presque en cœur. — Sur le mont Paschwang près de Soleure (Hagenb., supp.).

P. 189 : *V. stagnina*, ajoutez : prés humides et marécageux des allées de Colombier derrière le Bied; au-dessus d'Épagnier; marais de Saint-Jean et du Landeron (God.). — Près de Ferrette (Beckle, in Hagenb. supp.).

P. 190 : *V. pratensis*, supprimez le syn. d'Hagenb. et la localité, qu'il rapporte à l'espèce suivante (*voyez* supp. p. 45.).

P. 190 : *V. elatior*, ajoutez : bois de l'Iter (Frisch-Joset, in cat. God.).

P. 201 : *D. intermedia*, supprimez cette espèce ; en con-
servant les localités et les figures (en lisant *sinistram* et
non *dextram* pour la figure de **J. Bauh.**), et remplacez-
la par la suivante :

D. obovata (R. à feuilles obovales). **Mert. et Koch,
Deuts. Fl. 2. p. 502. — Koch, Syn. p. 90. — Reut. cat.
supp. p. 13.** — Hampes dressées, non ascendantes à la base,
égalant 2—3 fois la longueur des feuilles obovales-cunéiformes et obovales ; stigmates obovoïdes échancrés. Cette espèce, que j'avais prise à tort pour la *D. intermedia*. **Hayn.**
dont les hampes arquées-ascendantes ou tombantes dépassent
peu les feuilles, est intermédiaire entre les deux autres :
elle diffère du *D. rotundifolia* par ses feuilles plus étroites,
obovales, insensiblement rétrécies en pétiole, et du *D. longifolia* par ses feuilles plus larges, plus courtes et moins
longuement pétiolées. ♃ (Juillet, août). — Ajoutez aux
localités : marais de Lossy, abondamment, mêlé à l'espèce
suivante (Reut.). — Marais de Pouilleret? (Lequer.).

P. 205 : *P. vulgaris*, ajoutez à la suite la variété :

β. *Oxyptera*. **Koch, Syn. p. 94. — *P. oxyptera*. Reichenb. Cent. 1. fig. 46–49.** — Ailes du calice elliptiques,
aiguës, plus courtes que la corolle, plus étroites et à peine
plus longues que la capsule obcordée. — Neuchâtel, à la
côte de Fleurier (God.).

P. 207 : *P. amara*, ajoutez à la suite la variété :

δ. *Alpestris*. **Koch, Syn. l. c. — *P. alpestris*. Reichenb.
Cent. 1. fig. 45.** — Tiges plus courtes, nombreuses, ascendantes ; feuilles toutes elliptiques, éparses, les inférieures
plus petites ; ailes du calice elliptiques, plus étroites et un
peu plus longues que la capsule obcordée. — Neuchâtel, à
la Tourne ; au Bec-à-l'Oiseau (God.). — Sur le Chasseral
(Lequer.).

P. 227 : *S. Gallica*, ajoutez : Neuchâtel, à Thielle (Chaill.).
— Abondamment au bois de Chüle (Curie).

P. 242 : *S. saginoïdes*, ajoutez : Creux-du-Vent (Chaill.).
— Chasseral ; Bec-à-l'Oiseau ; Joux-de-Plane ; les Ponts ;
la Tourne ; les environs de Cornée (God.).

P. 243 : *S. pentendra*. C'est par erreur que cette espèce a été indiquée à Bâle , la plante n'étant qu'une variété de la précédente (*voyez* Hagenb. , supp.).

P. 250 : *A. fasciculata*, ajoutez : les Rousses-du-Bas (Marcou). — Près de Michelfeld (Hagenb. , supp.).

P. 252 , l. 6 : DC. Prod. 1. l. c. , lisez : DC. Prod. 1. l. c. var. β.

P. 261 : *S. glauca,* ajoutez : Neuchâtel , marais du pont de Thielle (Chaill.). — Abondamment au bois de Chüle (Curie).

P. 265 , l. 27 : rameuse dès la base, lisez : rameuse à la base.

P. 267 , l. 29 : même observation.

P. 269 : *C. pumilum,* ajoutez : Neuchâtel, rochers entre Pertuis du Soc-Merveilleux et la grande route ; champs de Planeise , au-dessus des Iles ; près de la Maison-Rouge (God.).

P. 293 : *T. intermedia,* ajoutez : Neuchâtel , au pont de Vaussayon (God.).

P. 296 , l. 4 : capsule ou baie à plusieurs valves , etc. , lisez : capsule à plusieurs valves, à plusieurs loges , à graines petites , très nombreuses , ou baie.

P. 300 : *H. Richieri,* ajoutez : sur le Chasseral (Chaill.).

P. 302 , l. 22 : à la place de *H. dentatum.* Lois. ? mettez : *H. montanum.* β. *scabrum.* Koch , Syn. l. c. (*voyez* Hagenb. supp.).

P. 316 , l. 20 : terminale, sépales, lisez : terminale ; sépales.

P. 317 : *G. palustre,* ajoutez : Neuchâtel, dans le Val-Travers, près du château de Motier (Lequer.).

P. 321 , l. 17 : qui la rendent un peu visqueuse, lisez : qui les rendent un peu visqueuses.

P. 337 , l. 15 : munies, lisez : munis ; même page : *Evonimées, Evonimus,* lisez : *Evonymées ; Evonymus.*

P. 364 : *M. falcata.* var. β. *versifolia,* ajoutez : Bâle , sur le bords des fossés de la ville (Hagenb. , supp.).

P. 370 : *T. elegans,* supprimez la localité d'Hagenbach, et placez à la suite de cette espèce la suivante :

1*. *T. hybridum* (T. hybride). Linn. Sp. 1079. — Kock, Syn. p. 174. — Hagenb. Fl. basil. supp. p. 161. — *T. Michelianum.* Gaud. Fl. helv. 4. p. 573. (*non DC.*).—Mich. Nov. Gen. tab. 25. fig. 5. — Tig. de 5—6 décim., glabre, rameuse, striée, ascendante, fistuleuse ; feuilles munies de stipules ovales, très aiguës, subulées, à folioles elliptiques, rétuses, dentelées en scie, à dentelures aiguës ; fleurs en têtes presque globuleuses, denses, portées sur des pédoncules axilaires allongés, d'abord blanches, ensuite roses, à la fin d'un brun rougeâtre et à pédicelles réfléchis ; calice presque glabre, à gorge nue, à dents presque égales, lancéolées-subulées, de moitié plus courtes que la corolle. ♃ (Mai—septembre). — Près d'Olsberg, et de Delémont (Hagenb., supp.).

P. 381, l. 30 : gazons humides, lisez : gazons arides, et ajoutez : Neuchâtel, au-dessus de Pierre-à-Bot; à Beauregard (Chaill.). — Aux environs de Vaumarcus (De Buren).

P. 383 : *T. badium,* supprimez la localité de Bâle, qui appartient à l'espèce suivante (*voyez* Hagenb., supp.), et ajoutez : Val-de-Ruz, au-dessous de la source de Suze (Lequer.).

P. 396 : *A. Cicer,* ajoutez : Neuchâtel, à Saint-Aubin; Vaumarcus; Peseux (Chaill.). — Aux environs de Boudry (Leresch.). — Champs d'Areuse (God.).

P. 409 : *V. tenuifolia,* supprimez la localité de Bâle, la plante d'Hagenbach n'étant qu'une variété à feuilles étroites de l'espèce précédente (*voyez* Hagenb., supp.).

P. 410, l. 10 : dès la base, lisez : à la base.

P. 411 : *V. angustifolia,* ajoutez : Bâle, parmi les moissons, dans les champs et les terres incultes.

P. 425 : *L. Cicera,* ajoutez : Neuchâtel, près de Bevaix (De Buren). — Champs de Bôle et de Planeise (Chaill.) — Champs d'Areuse, vis-à-vis de Vaudijon (God.).

P. 432 : *L. latifolius,* ajoutez : Près de Saint-Jacob, le long de la Birse (Munch., in Hagenb., supp.). — Neuchâtel, Chaumont près de Voens ; Frochaud et au bois de l'Iter (Curie).

P. 435 : *L. palustris,* ajoutez : Neuchâtel : au-dessus d'Épagnier ; marais de Landeron (God.). — A l'embouchure de la Reuse (Chaillet).

TOME DEUXIÈME.

P. 20 : après *F. collina,* ajoutez l'espèce suivante :

3. *F. elatior* (F. élevée). Ehrh. beitr. 7. p. 23. — Koch, Syn. p. 211. — Hagenb. Fl. basil. supp. p. 93. — *F. vesca. var. β. pratensis.* Linn. Sp. 707. — Cette espèce diffère du *F. vesca* par sa tige plus élevée, plus robuste ; par ses feuilles plus molles, à nervures moins saillantes, d'un vert plus clair en dessus, simplement poilues-canescentes en dessous, et non glauques soyeuses ; par ses pédoncules plus allongés, velus, ainsi que le pétiole et les pédicelles, à poils étalés ; par son fruit plus gros, dressé, d'une saveur moins marquée. ♃ (Mai, juin). — Les bois montagneux : aux environs de Salins, de Besançon. — De Neuchâtel (God.). — A Allaman près de Rolle (Rapin). — Bâle, entre Arlesheim et Dornach (Hagenb., supp.).

P. 25 : *P. caulescens,* ajoutez : côté de Fleurier (God.). — Roche-du-Corbeau (Lequer.).

P. 52 : *P. opaca,* ajoutez : vers Laufenberg, abondamment (Muller, in Hagenb., supp.).

P. 83 : *S. hybrida,* ajoutez : à Boinod (Lequer.). — Au Creux-du-Vent (Schuttl.).

P. 95 : *E. roseum,* ajoutez : à Saint-Blaise ; à Marin (God.).

P. 96 : *E. trigonum,* ajoutez : en montant au Creux-du-Vent depuis Châtillon ; dans le village de la Brevine (God.).

P. 101 : *C. intermedia,* ajoutez : à la Cornée (Chaill.). — Au Creux-du-Vent (Leresch.).

P. 108 : *Obs.* Le genre *Callitriche*, dont nous n'avons fait qu'une seule espèce divisée en variétés, à l'exemple de **DC.** Prod., de Gaud., d'Hagenb., etc., d'après la forme des feuilles, est actuellement divisé, par la plupart des botanistes, en plusieurs espèces (*C. stagnatilis.* Scop.; *C. platycarpa, vernalis* et *hamulata.* Kützing) établies, outre la forme des feuilles, sur les caractères que présente le fruit : elles sont comprises dans nos variétés. Le *C. stagnatilis.* Kütz. se trouve dans les marais des Verrières (Lequer.), et le *C. platycarpa.* Kütz. au Bied-Rouge, au marais des Ponts (L. Benoît). **M.** Godet indique encore le *C. autumnalis.* Linn. dans les fossés derrière le Bied, et dans les marais tourbeux des Verrières ; mais **M.** Hagen-bach, dans son supplément à la Flore de Bâle, assure que le véritable *C. autumnalis.* Linn. est une plante indigène des régions boréales de l'Allemagne.

P. 109 : supprimez la var. ζ, que vous remplacerez par la suivante :

ζ. *Cæspitosa.* Hagenb. supp. p. 1. var. *e.* — *C. cæspitosa.* Schultz. Prod. starg. p. 5. — Feuilles caulinaires supérieures ovales, les inférieures et celles des rameaux linéaires : la localité reste.

P. 137 : *S. maximum*, ajoutez : Neuchâtel, les rochers du Petit-Pontarlier (God.).

P. 140 : *S. villosum*, ajoutez : entre Bâle et Rhénofeld (Leisler, in Hagenb., supp.).

P. 152 : à la localité de l'espèce, ajoutez : au bord du bois en montant des Planches, près d'Arbois, à la Châtelaine.

P. 153 : *R. petræum*, ajoutez : aux Combes de Valanvron; au Cul-des-Prés (Lequer.) — Près des Planchettes, en arrivant à la Chaux-de-Fonds (God.).

P. 166 : *C. oppositifolium*, ajoutez : au bord du Doubs, près du Bied-d'Étoz (Lequer.).

P. 201 , l. 8 : supprimez : Michelfeld (Hagenb., supp.).

P. 206 : *S. montanum*, var. α. : ajoutez autour de Montbé-liard (Hagenb., supp.).

P. 210, l. 2 : oblongues, 3 fois ailées, lisez : oblongues, plus ou moins velues, 3 fois ailées.

P. 215 : *S Carvifolia,* ajoutez : autour du pont de Thielle (Chaill.). — Prés humides de Saint-Jean au Landeron (God.).

P. 233 : *L. Prutenicum,* ajoutez : prés humides entre Lignière et Nod (Curie).

P. 235 : *O. grandiflora,* ajoutez : les champs aux environs de Porentruy, fréquent (Thurm.). — Val-de-Ruz, dans les champs de Saint-Martin et d'Angelon (d'Ivern.). — De Lignière (Chaill.).

P. 250 : *M. odorata,* ajoutez : à la Chaux-de-Fonds, au Bas-Monsieur ; aux Petits-Ponts (Lequer.). — Au bord du chemin entre Sauge et Vaumarcus (God.).

P. 252 : *C. maculatum,* ajoutez : allées de Colombier ; près d'Auterive (God.).

P. 257 : *C. mas,* ajoutez : rochers de Neuveville (Chaill.'). — Aux Parcs, non loin du Plan-Gigaud (Lequer.). — Rochers du Pertuis-du-Soc (God.).

P. 261 : *S. Ebulus',* ajoutez la variété :

β. *Floribus omninò phœniceus.* — Fleurs d'un beau rouge. — Prés de Langenbruck (Schaffner, in Hagenb., supp.).

P. 288 : *C. uliginosum,* ajoutez : tourbières des Ponts (God.). — De la Brevine (Chaill.).

P. 300 : *U. eriocarpa,* ajoutez : au pied des murs, à Neuchâtel (God.).

P. 318 : *A. Alpina,* ajoutez : au Creux-du-Vent (d'Ivern.). — A Moron ; à la Combe-Biosse ; à la montagne de Boudry (God.). — A Pertuis (Pury-Chât.).

P. 330 : après *A. Tripolium,* ajoutez : M. Godet cite encore dans son catalogue l'*A. salignus.* Willd. à Épagnier, d'après Chaillet et Benoît ; mais, d'après mon catalogue de ce dernier botaniste qui cite en effet cette plante au-dessus d'Épagnier, il lui donne pour synonyme le n. 3150. DC. Fl. fr., qui est l'*Inula salicina.* Linn., ou l'*Aster sali-*

470 FLORE JURASSIENNE.

cinus d'All. Ped. n. 707 ; ainsi cette plante est tout au moins douteuse pour la Flore de Neuchâtel, jusqu'à vérification.

P. 349 : après *I. montana,* ajoutez l'espèce suivante :

7. *I. Britannica* (I. aquatique). Linn. Sp. 1237. — DC. Prod. 5. p. 467. et Fl. fr. n. 3145. — Duby, Bot. gall. p. 267. — Gaud. Fl. helv. 5. p. 319. — Lam. Ency. 3. p. 255. — Koch, Syn. p. 360. — Moris. sect. 7. tab. 19. fig. 8. — Dalech. Hist. p. 1082. fig. 1. — Tige de 3—5 décim., dure, cylindrique, velue, à poils allongés, étalés, blanchâtre, rameuse au sommet ; feuilles longuement lancéolées, aiguës, entières ou dentelées, ordinairement velues ou cotonneuses en dessous, les inférieures rétrécies en pétiole, les supérieures en cœur et embrassantes à la base, souvent évidemment dentées dans le bas ; fleurs grandes, terminales, solitaires sur chaque rameau, au nombre de 3—5 disposées en corymbe, portées sur des pédoncules velus, un peu épaissis au sommet ; involucre à écailles un peu lâches et un peu velues, linéaires-lancéolées, les extérieures égalant ou surpassant les intérieures ; achaine oblong, velu, sillonné, à aigrette blanchâtre, à poils capillaires rudes. ♃ (Juillet, août). — Bord du lac à Neuchâtel, près de Cudrefin (Schuttl.). — A l'embouchure de la Reuse (Lequer.). — Bâle, à Michelfeld (Fischer, in Hagenb., supp.).

P. 360 : *G. luteo-album,* ajoutez : bord du lac à Serrière (Lequer.). — Bord du lac de Bienne entre Saint-Jean et la tuilerie de Cerlier ; bord du lac près de la Sauge (Schuttl.).

P. 387 : *A. montana,* ajoutez : sur la montagne de Boudry abondamment (Agassiz.). — En quantité, en montant du châlet du Creux-du-Vent dans une petite vallée transversale (Chap., God.).

P. 388 : *C. spathulæfolia,* ajoutez : au marais de Saint-Brais près de Delémont ; et près de Balstall (Frisch.). — Marais des Ponts (Chaill.). — Tourbière de la Brevine (God.).

P. 392 : *S. sylvaticus*, ajoutez : sur le penchant d'une gorge au-dessus de Bôle, près de Cottandar (God.). — Gorges de Seyon, près des chambres d'eau (Lequer.).

P. 396 : après *S. Fuchsii,* ajoutez l'espèce suivante :

8*. *S. nemorensis* (S. des forêts). Linn. Sp. 1221. — Koch, Syn. p. 389. — *S. Jacquinianus.* Reichenb. Fl. excur. p. 245. — *S. Germanicus.* Wallr. Sched. p. 476. — Tige dressée, feuillée, rameuse-corymbiforme au sommet ; feuilles elliptiques-lancéolées ou elliptiques, acuminées, sessiles, ciliées, d'un vert sombre en dessus, pubescentes en dessous, inégalement dentées en scie, les inférieures ovales-lancéolées, rétrécies en pétiole ailé, les supérieures sessiles ; capitules nombreux, à fleurs jaunes odorantes, à 4—5 rayons, disposées en corymbe ordinairement feuillé, à pédicelles courts ou allongés, munis de bractées lancéolées-linéaires ; involucre presque cylindrique, de moitié plus long que large, à écailles extérieures au nombre de 2—3 de la longueur de l'involucre ; achaine glabre. ♃ (Juillet, août). — Neuchâtel, en montant de Marvilliers aux Loges, à droite ; au Creux-du-Vent ; à Tête-de-Rang (God.).

P. 402 : après le caractère de la sous-famille II, avant la tribu IX, ajoutez :

TRIBU VIII*. — ÉCHINOPSIDÉES. Cass.

Involucres uniflores, réunis en tête sphérique.

36*. ÉCHINOPE. — *ECHINOPS.* Linn.

Achaine surmonté d'une couronne membraneuse courtement frangée.

1. *E. sphærocephalus* (E. à tête ronde). Linn. Sp. 1314. — DC. Prod. 6. p. 524. et Fl. fr. n. 3000. — Duby, Bot. gall. p. 281. — Lam. Ency. 2. p. 356. — Koch, Syn. p. 392. — Lam. illust. tab. 719. fig. 1. — Barr. ic. fig. 142. — Moris. sect. 7. tab. 35. fig. 1. — Dalech. Hist. p. 1480. fig. 1. —

Dod. pempt. p. 722. fig. 2. — Lob. ic. 2. p. 8. fig. 2. — Racine rameuse ; tige dressée, épaisse, sillonnée, velue, rameuse, feuillée, haute de 5—6 décim.; feuilles grandes, vertes et pubescentes en dessus, blanchâtres-cotonneuses en dessous, pinnatifides, à lobes ovales-oblongs, aigus, sinués, dentés-épineux : les radicales pétiolées, les caulinaires alternes, en cœur et embrassantes à la base ; capitules gros, sphériques, solitaires à l'extrémité de la tige et des rameaux, d'un blanc bleuâtre, à fleurs blanches ; involucres garnis à la base de soies dépassant la moitié de leur longueur ; stigmates 2, saillants, recourbés. ♃ (Juillet, août). — Les champs près du pont de la Birse (Preisw, in Hagenb., supp.).

P. 466 : *T. Dens-leonis,* ajoutez la variété :

β. *Scapo folioso.* — Hampe munie d'une feuille laciniée. — Aux environs de Salins (1845).

P. 469 : *C. juncea,* ajoutez : champs de Planeise, au-dessus de Bôle (Chaill.).

P. 485 : *B. setosa,* ajoutez : aux environs de Vaumarcus (De Buren).

P. 495 : *C. pulchra,* ajoutez : le bord des champs aux environs de Delémont (Seeger, in Hagenb., supp.).

P. 513 : après *H. sylvaticum,* ajoutez : *Obs.* Hagenbach rapporte encore, dans son supplément, l'*H. Schmidtii.* Tauch., trouvé sur les monts Wasserfall et Paschwang. Cette espèce, qui paraît être l'*H. murorum. α. pilosissimum.* Linn. Sp. 1128., se rapproche beaucoup de l'*H. sylvaticum,* dont elle ne diffère que par sa tige à 1—2 feuilles poilues, à poils noirâtres à la base, la plupart glandulifères, à capitules peu nombreux, à involucre et pédoncules blanchâtres-cotonneux, et par ses feuilles glauques, poilues en dessus, velues en dessous et sur les bords.

TOME TROISIÈME.

P. 11 , l. 24 : effacez : rarement blanches.

P. 52 : *C. perfoliata,* ajoutez : sur le Chasseral; à Boinod ;
la Sagne (d'Ivern.). — Les pentes herbeuses au-dessus
des vignes , entre l'abbaye de Bevaix et la tuilerie (God.).

P. 77 : *E. Lappula,* ajoutez : Neuchâtel , dans les vignes
(Chaill.). — Val-de-Ruz, au bord des routes (Lequer.).
— Entre Corneau et Saint-Blaise (Benoît).

P. 99 : après *M. versicolor,* ajoutez l'espèce suivante :

8. *M. stricta* (M. raide). Linck , En. hort. berol. 1. p.
164. (1819). — Koch , Syn. p. 506. — Hagenb. Fl. basil.
supp. p. 31. — *M. arenaria.* Schrad. ap. Schultz. Fl. starg.
supp. p. 12. — Plante de 8—16 centim. , hérissée , divisée
dès la base en tiges raides, ordinairement simples ; fleurs
bleues, très petites, à gorge jaune, disposées en grappe
raide , feuillée à la base, occupant à la fin la plus grande
partie de la tige, à calice profondément divisé en 5 lobes
fermés à la maturité, plus long que le pédicelle, hérissé à
la base de poils divariqués, crochus au sommet. ① (Avril,
mai). — Bâle , très commun (Hagenb. , supp.).

P. 129 : *D. media,* ajoutez : au sommet de la montagne de
Boudry (Chap.).

P. 149 : *V. præcox,* supprimez les localités de Bâle, et
remplacez-les par la suivante : dans les champs entre
Bâle et Saint-Louis; et à la figure citée d'Hagenb. tab. 1.,
ajoutez : (*capsula*) (Hagenb. supp.).

P. 151 : *V. acinifolia,* ajoutez : Bâle , vers Gundeldingen ;
près d'Augst ; Gibenach ; Olsberg , etc. (Hagenb., supp.).

P. 168 : *O. cruenta,* supprimez Bâle et ajoutez : Neuchâtel,
sur le *Medicago lupulina ,* en montant aux Creuses depuis Fleurier (Lequer.).

P. 172 : après *O. medicaginis,* ajoutez l'espèce suivante :

5*. *O. Hederæ* (O. du Lierre). Duby, Bot. gall. p. 350.
— Hagenb. Fl. basil. supp. p. 125. — *O. barbata.* Poir.

Ency. 4. p. 621. — De Brébisson, Fl. norm. p. 221. —
Vauch. Mon. p. 56. tab. 8. — Tige raide, assez grêle, d'un
pourpre violet, velue-glanduleuse, renflée à la base, garnie
d'écailles éparses, lancéolées-acuminées, haute de 2—3 décim. et quelquefois plus ; fleurs petites, presque comme dans
l'*O. minor*, nombreuses, inodores, disposées en épi d'abord
serré, ensuite allongé et très lâche, surtout à la base, occupant quelquefois plus de moitié de la longueur de la tige ;
bractées lancéolées, longuement acuminées, réfléchies au
sommet, plus longues que les fleurs ; calice à 2 sépales
étroits, entiers, lancéolés-subulés, plus longs que le tube
de la corolle, réfléchis au sommet ; corolle d'un blanc jaunâtre, plus ou moins striée de violet sur le dos, un peu arquée à sa partie supérieure, plus ou moins poilue-glandu-
leuse, ainsi que les bractées et les sépales, à lèvres concaves, crénelées, la supérieure presque entière, l'inférieure
à 3 lobes arrondis ; étamines insérées au-dessus de la base
de la corolle, un peu velues dans le bas, à anthères petites,
biaristées ; ovaire blanchâtre, légèrement violacé ainsi que
le style à 2 sillons, courbé au sommet, à stigmate à 2 lobes.
♃ (Juin, juillet). — J'ai trouvé cette espèce à Salins, sur
des rameaux de lierre rampant sous terre, sur un mur de
vigne au bord d'un chemin (1845). — Bâle, à l'ermitage
d'Arlesheim (Fischer, in Hagenb., supp.). — Sur les ruines
du château de Neuveville près de Bienne (Schuttl. in Hagenb., supp.).

P. 175 : *O. cærulea*, ajoutez : près d'Arisdorf (Hagenb.,
supp.).

P. 202 : *M. sativa*, ajoutez : prés humides du Landeron ;
fossés entre Fleurier et Couvet, et au bord de la Reuse
(God.).

P. 207 : après *M. sylvestris*, ajoutez l'espèce suivante :

6*. *M. nepetoïdes* (M. à feuilles de *Nepeta*). Lej. Rev. de
la Fl. de Spa, p. 446. — Koch, Syn. p. 550. — *M. aqua-
tica-sylvestris*. Mey. chlor. bor. p. 289. — Cette espèce a
les feuilles de la *M. aquatica* et les épis de la *M. sylvestris*.

mais plus épais, et Koch pense qu'elle pourrait bien être une hybride de ces deux plantes. Ses feuilles sont ovales-elliptiques, cendrées au-dessous, pétiolées, dentées en scie ; ses fleurs sont en épis oblongs-cylindriques, quelquefois très courts ; les bractées supérieures sont linéaires-subulées, et les dents du calice linéaires-sétacées, dressées et striées à l'époque de la fructification. ♃ (Juillet, août). — Neuchâtel, aux environs de Gorgier (God.).

P. 226 : *C. nepeta,* ajoutez : entre la Birse et Saint-Jacob (Labram, in Hagenb., supp.).

P. 264, l. 22 : Linn. Sp. 857, lisez : *P. laciniata.* Linn. Sp. 837.

P. 276, l. 9 : effacez : souvent confluent ; et l. 11 , après distinctes, ajoutez : ou réunies.

P. 279 : après *U. minor,* ajoutez l'espèce suivante :

5. *U intermedia* (U. intermédiaire). Hayne, in Schrad. Journ. 1. p. 18. (1800). — DC. Fl fr. supp. n. 2617[a]. — Duby, Bot. gall. p. 379. — Gaud. Syn. p. 11. — Hagenb. Fl. basil. supp. p. 7. — Koch, Syn. p. 579. — Poit. et Turp. Fl. par. tab. 51. — Rameaux garnis les uns de feuilles, les autres de vésicules ; feuilles réniformes dans leur contour, multipartites-dichotomes, à divisions sétacées, dentelées-épineuses ; hampes de 8—12 centim., terminées par 2—5 fleurs jaunes, à éperon conique, à lèvre supérieure entière, double de l'inférieure, à palais rayé de pourpre. ♃ (Juillet, août). — Bâle, à Michelfeld, dans les lieux inondés (Ad. Fischer, in Hagenb., supp.).

P. 279 : après *L. vulgaris,* ajoutez le paragraphe et l'espèce suivante :

§ 1*. *Fleurs en grappes axilaires.*

1*. *L. thyrsiflora* (L. thyrsiflore). Linn. Sp. 209. — DC. Fl. fr. n. 2345. — Duby, Bot. gall. p. 380. — Gaud. Fl. helv. 2. p. 69. — Lam. Ency. 3. p. 571. — Koch, Syn. p. 580. — J. Bauh. Hist. 2. p. 904. fig. 2. — Clus. Hist. 2. p. 55. fig. 1. — Lob. ic. 2. p. 263. fig. 2. — Racine rampante ; tige simple, dressée, tétragone, haute de 3—4 décim.; feuilles sessiles, opposées, quelquefois ternées ou quaternées, longuement lancéolées, aiguës, pubescentes en dessous, ponctuées de noir, à nervures saillantes, rougeâtres; fleurs jaunes, ponctuées de rouge au sommet, en grappes axilaires opposées, pédonculées, plus courtes que les feuilles; étamines saillantes; libres à la base. ♃ (Juin, juillet). — Neuchâtel, près de Loquiat (Chaill.). — Le long du ruisseau qui se jette du Loquiat dans le lac (Lequer.).

P. 284 : *C. minimus*, ajoutez : les champs humides de Chüle (Curie).

P. 314 : *A. retroflexus*, ajoutez : Bâle, çà et là dans les décombres et les lieux incultes (Hagenb., supp.).

P. 328 : *B. virgatum*, ajoutez : Bâle, entre Saint-Jacob et la ville (Hagenb., supp.).

P. 329 ; *B. capitatum*, ajoutez : Bâle, près de Benningen (Hagenb., supp.).

P. 337 : *R. Alpinus*, ajoutez : Bâle, dans les prés aux environs de Bilstein près de Balstall (Hagenb., supp.).

P. 343 : *R. obtusifolius*, ajoutez : Bâle, près de la ville (Hagenb., supp.). — Neuchâtel, à Auvernier (God.).

P. 382 : *E. palustris*, ajoutez : marais d'Épagnier; du Landeron ; au pont de Thielle (God.).

P. 385 : *E. falcata*, ajoutez : champs de Colombier (God.). — Bôle (Chaill.).

P. 396 : *P. erecta*, ajoutez : au pied des murs à Neuchâtel; à Corthaillod, etc. (God.).

P. 404 : *U. montana*, ajoutez : Neuchâtel, commun dans les forêts (God.).

P. 422 : *S. daphnoïdes*, ajoutez : Bâle, rive gauche du Rhin près de Bernau (Hagenb., supp.).

P. 425 : *S. fissa*, ajoutez : bord de la Thielle vis-à-vis de Montmirail, rare (God.).

P. 428, l. 3 : (*exclud. fortassè Syn. Vill.*), lisez : (*exclud. var. β.*).

P. 431 : *S. grandiflora*, ajoutez : au Creux-du-Vent (Schuttl.). — A Noiraigue (God.).

P. 434 : *S. phylicifolia*, var. *α.*, ajoutez : à la Prise du Vaussayon ; au-dessus de la Borcarderie ; auprès de Reuse, etc. (God.).

P. 437 : *S. versifolia*, ajoutez : marais des Ponts (God.).

P. 439 : *S. reticulata*, ajoutez : sur le sommet du Chasseral (Lequer.).

P. 441 : *P. canescens*, ajoutez : à l'embouchure de la Reuse, derrière les prés de Reuse (God.).

P. 443 : *P. nigra*, ajoutez : au bord du lac de Neuchâtel au-dessous de Reuse, de Favarge ; et aux prés de Reuze (God.).

P. 447 : *B. alba*, ajoutez : bois de Sauvagnier ; à la Brevine (d'Ivern.).

P. 450 : *A. incana*, ajoutez : le long de la Reuse à Grandchamp ; à la Prise le long du Seyon ; le long du lac au-dessous d'Épagnier (God.).

P. 468, l. 13 : Weiherfeld, lisez : Rhénofeld (Hagenb., supp.).

P. 470 : après *A. Plantago*. var. *β.*, ajoutez la variété :

γ. Graminifolium. Koch, Syn. l. c. — Feuilles petites, linéaires-lancéolées, à 3 nervures ; fleurs plus petites, portées sur des pédoncules filiformes.   Les marais de Bonfol, près de Porentruy (Frisch, in Hagenb., supp.).

P. 471 : *A. ranunculoïdes*, ajoutez : aux prés de Reuse (Lequer.). — Marais tourbeux du pont de Thielle (God.).

P. 480 : *P. Heterophyllus*, ajoutez : à l'embouchure de la Reuse (Chaill.). — Fossés du Landeron (God.). — A la Brevine (Lequer.).

P. 481 : *P. lucens*, ajoutez : dans la Reuse (d'Ivern.). — Dans le Doubs ; les fossés de Montmirail ; d'Épagnier, et de Landeron (God.).

P. 483 : *P. compressus*, ajoutez : dans le petit lac d'Étalier près de la Brevine (God.). — Bâle, dans le ruisseau près de Mettau (Argov.) (Muller, in Hagenb., supp.).

P. 484 : *P. obtusifolius,* ajoutez : dans le petit lac d'Étalier
(God.).

P. 485 : *P. pusillum.* var. ß., ajoutez : les marais et fossés
à l'embouchure de la Reuse ; de la Thielle (Chaill.).

P. 487 : *Z. palustris,* ajoutez la variété :

ß. *Repens.* Koch, Syn. l. c. — *Z. repens* (Bönningh).
Hagenb. Fl. basil. 2. p. 382. et supp. p. 186. — Capsule
plus obtuse, crénelée sur le dos. — Bâle, sur la rive gauche
du Rhin, entre Rheinfeld et Augst ; et dans les fossés du
chemin près de Prateln (Hagenb.).

P. 496 : *S. natans,* ajoutez : autour de Loquiat (Chaill.).

P. 500 : *A. Calamus,* ajoutez : au pont de Thielle près de
la Poissine (Chaill.). — Bâle, près d'Hugelheim et de
Delémont (Hagenb.).

TOME QUATRIÈME.

P. 5 : *O. fusca,* ajoutez : Neuchâtel, au-dessus des vignes
de Champion, et dans un pré à côté des peupliers de
Choaillon (Curie).

P. 10 : *O. coriophora,* ajoutez : au-dessus d'Épagnier
(Chaill.). — Au marais de la Sagne près de Boudry
(Chap.).

P. 14 : *O. laxiflora. var. ß. palustris,* ajoutez : au bord de
la Thielle (Lequer.). — Aux allées de Colombier (Leresch.). — Marais de Saint-Jean (Schuttl.).

P. 18 : *O. odoratissima,* ajoutez : au revers de la montagne
de Boudry ; au Creux-du-Vent (Lequer.). — Derrière
Trémont (Chap.).

P. 19, l. 4 : égales ou plus longues que l'ovaire, lisez :
égales à l'ovaire ou plus longues.

P. 25 : *O. anthropophora,* ajoutez : Bâle, près de Ferrette
(Hagenb., supp.).

P. 26 : *O. aranifera,* ajoutez : abondamment au-dessus de
Cressier et de Landeron (Schuttl.). — A Fontaine-André
(God.).

P. 36 : *E. palustris,* ajoutez : bord du lac au-dessus d'Épagnier (God.). — Aux allées de Colombier (Chaill.).

P. 41 : *S. æstivalis,* ajoutez : à Épagnier; le long des allées de Colombier (Pury-Chât.).

P. 58 : *A. officinalis,* ajoutez : au bord des haies le long
des graviers du lac, au-dessous d'Épagnier (God.). —
Près de Colombier; de Saint-Jean; au Landeron (Schuttl.).

P. 71 : *F. meleagris,* ajoutez : au Locle, dans les prés humides vis-à-vis des Billaudes (*et fl. albo*) (God.).

P. 74 : après *L. martagon,* ajoutez l'espèce suivante :

5. *L. bulbiferum* (L. bulbifère). Linn. Sp. 433. — DC.
Fl. fr. n. 1911. — Duby, Bot. gall. p. 462. — Gaud. Fl. helv.
2. p. 497. — Lam. Ency. 3. p. 555. — Koch. Syn. p. 708.
— Lam. illust. tab. 246. fig. 2. — Moris. sect. 4. tab. 21.
fig. 17. — J. Bauh. Hist. 2. p. 688.(*mala*). — Tabern. ic.
p. 639. fig. 1. — Dod. pempt. p. 198. fig. 1. — Bulbe
écailleuse, blanchâtre; tige dressée, très feuillée, haute de
3—6 décim.; feuilles éparses, sessiles, étalées, oblongues-
lancéolées; fleurs dressées, inodores; périgone en cloche,
de couleur orangée, à divisions ponctuées-rudes en dedans,
à points d'un brun pourpre, étalées au sommet. ♃ (Juin,
juillet). — En abondance sur la pente méridionale de la
grande roche au-dessus de Loquiat et de Choaillon; buissons et rochers au-dessus de Cressier (Schuttl.).

P. 82 : *G. lutea,* ajoutez : combe de Beaufond ; au Cul-des-
Prés (Lequer.).

P. 87 : *O. nutans,* ajoutez : à l'entrée du petit bois près de
Reuse (Chaillet). — Vergers au pied du château de Colombier (God.).

P. 89 : *A. angulosum.* var. β., ajoutez : au bord du lac
au-dessous d'Épagnier (God.). — A Montmirail (*et flore
albo*) (Chaill.). — Au Landeron (Schuttl.).

P. 94, ligne dernière : supprimez la phrase suivante : spathe
courte, caduque, largement ovale-acuminée, prolongée
en pointe subulée, et ajoutez : les rochers au-dessus de
Landeron, et de Neuveville (Schuttl.).

P. 104 : *M. botryoïdes*, ajoutez : à Vaumarcus (De Buren).
— A Boudry (Chap.).

P. 119 : *J. lamprocarpus*, ajoutez la variété :

δ. *Affinis*. Gaud. Fl. helv. 2. 1. c. — Chaume de 5—10
centim. ; feuilles subulées, peu sensiblement articulées ; capitules pauciflores ; divisions du périgone et capsule aiguës,
d'un brun clair. — Neuchâtel, dans les tourbières (God.).

P. 121 : *J. acutiflorus*, ajoutez : aux environs de Saint-
Blaise (Pury-Chât.); et après la var. β. ajoutez la variété :

γ. *Multiflorus* (Weihe). Hagenb. Fl. basil. supp. 69. —
Capitules plus gros ; divisions du périgone de la longueur
de la capsule. — Bâle , avec la var. α. (Hagenb. supp.).

P. 139 : *S. uniglumis*, ajoutez : au bord du lac de Bienne
entre Saint-Jean et Cerlier (Schuttl.). — Les fossés du
lac au-dessous d'Épagnier (God.).

P. 140 : *S. Bœothryon*, ajoutez : au bord du lac près d'Auvernier (God.). — De Colombier (Chaill.).

P. 148 : *S. maritimus*, ajoutez : au bord du lac près d'Auvernier (Chaill.). — A l'embouchure de la Thielle près
de Saint-Jean (Schuttl.).

P. 152 : *E. angustifolium*, ajoutez à la var. α. : marais des
Ponts ; vallée de la Sagne (God.).

P. 163 : *C. paradoxa*, ajoutez : près de Michelfeld (Hagenb. , supp.). — Au bord du Loquiat près de Saint-Blaise
(Chaill.).

P. 166 : *C. Leporina*, ajoutez : marais des Ponts et de la
Brevine (God.). — Val-de-Ruz (Lequer.).

P. 167 : *C. stellulata*, ajoutez : marais des Ponts et de la
Brevine (Chaill.).

P. 168 : *C. elongata*, ajoutez : marais des Ponts , rare
(Chaill.).

P. 169 : *C. Heleonastes*, ajoutez : marais de la Brevine, au
nord (God.).

P. 181 : *C. alba,* ajoutez : bois de Chaumont (Chaill.). — Gorge de Seyon ; bois de Chanela, et lisière du bois à l'embouchure de la Reuse (God.).

P. 203 : *C. paludosa,* ajoutez : vers Loquiat (God.). — Au Val-de-Ruz (Lequer.).

P. 204 : *C. riparia,* ajoutez : bords de la Thielle et fossés de Montmirail ; entre le Pont et le Landeron (Schuttl.).

P. 221 : *P. arundinacea.* var. ß., ajoutez : entre la Chaux-du-Milieu et la Brevine (God.).

P. 226 : *A. fulvus,* ajoutez : au pont de Thielle ; à la Chaux-d'Abelle (God.).

P. 228 : *P. Bœhmeri,* ajoutez : Neuchâtel, collines sèches et stériles (God.).

P. 231 : *P. Alpinum,* ajoutez : au Creux-du-Vent (d'Ivern.), ainsi que la var. ß.

P. 238 : *A. canina,* ajoutez : marais de Pouilleret ; des Ponts ; des Esplatures ; des Verrières (Lequer.). — De la Brevine (God.).

P. 239 : *A. filiformis,* ajoutez : au Creux-du-Vent (Josel).

P. 251 : *L. Calamagrostis,* ajoutez : Creux-du-Vent (Schuttl.). — Abondamment à la descente de Noiraigue ; les rochers de Clusette (God.).

P. 257 : *K. Valesiaca,* ajoutez : rochers du Mail et du Cret (God.).

P. 260 : *H. mollis,* ajoutez : aux environs de Châtillon, rare (God.).

P. 265 : *A. pubescens.* var. ß., ajoutez : vallée de la Brevine (God.). — Tête-de-Rang (Schuttl.).

P. 268 : *A. caryophyllea,* ajoutez : aux Prises de Boudry (Chap.). — A Jolimont (Chaill.).

P. 305 : après *F. rubra,* ajoutez la variété :

ζ. *Megastachys. F. rubra. III. megastachys.* Gaud. Fl. helv. 1. p. 287. — Panicule demi-étalée ; épillets linéaires-elliptiques, à 9—10 fleurs lancéolées, embriquées ;

feuilles du chaume presque planes. — Nyon, dans les champs stériles (Gaud.). — Neuchâtel, derrière le Mail (God.).

P. 505 : *F. Heterophylla*, ajoutez : les bois montagneux près de Ferrette (Hagenb., supp.). — Les buissons au pied de la roche de l'Ermitage (God.).

P. 516 : *B. velutinus*, ajoutez Pierre-à-Bot-Dessus, rare (God.).

P. 543 : *L. multiflorum*, ajoutez : bord des champs : Peseux (God.).

P. 545 : *L. arvense*, ajoutez : de Neuchâtel (God.).

P. 546 : *L. temulentum. var. γ. scabrum*, ajoutez : les moissons au-dessus du Landeron (Schuttl.).

NOTE DE QUELQUES ESPÈCES

DU JURA BERNOIS (1).

ENVIRONS DE PORENTRUY.

Delphinium consolida. var.	Arabis Turrita, fréquent.
Actea spicata.	Iberis amara, commun.
Corydalis solida (Lapaire).	Senebiera coronopus (Lap.).
Turritis glabra (Pagnard), rare.	Saponaria vaccaria, çà et là.
	Silene noctiflora, plus rare.

---

(1) Nous devons à l'obligeance de M. Thurmann une liste de plantes des environs de Porentruy et de la chaîne du Mont-Terrible ; mais ne l'ayant reçue qu'à l'époque où l'impression de notre quatrième volume était déjà commencée, nous avons cru devoir, pour compléter cet ouvrage par tous les moyens qui ont été à notre disposition, en extraire la note ci-dessus, comprenant les espèces qui n'ont pu trouver place dans les volumes déjà imprimés.

Stellaria holostea , çà et là.

Cerastium glomeratum , Thuill.

Cerastium brachypetalum.

Id. semidecandrum.

Id. alcinoïdes Lois., collines , comm.

Geranium dissectum , fréq.

Trifolium scabrum, collines.

Lathyrus Cicer, champs, çà et là.

Lathyrus hirsutus, comm.

Orobus niger, collin., fréq.

Rosa rubiginosa, *id.*

OEnothera biennis, çà et là.

Ribes Alpinum, comm.

Seseli montanum , collines, comm.

Peucedanum Chabræi, *id.*

Caucalis daucoïdes, champs, comm.

Inula salicina, collin., fréq.

Filago Germanica , champs, fréq.

Filago Gallica , *id.*. çà et là.

Lithosp. purpureo – cærul. , collin.

Veronica montana , fréq.

Id. triphyllos , assez rare (Friche).

Lathræa squammaria , fréq.

Monotropa hypopitys, *id.*

Galeopsis ochroleuca (Vaudelincourt).

Stachis Alpina , fréq.

Prunella alba , *id.*

Thesium pratense, *id.*

Euphorbia platiphyllos, et stricta , *id.*

Buxus sempervirens, *id.*

Salix fragilis , et triendra , comm.

CHAÎNE DU MONT-TERRIBLE.

Thalictrum minus , fréq.

Trollius Europæus, comm.

Arabis Alpina , et arenosa , fréq.

Lunaria rediviva , *id.*

Draba aizoïdes , *id.*

Cochlearia saxatilis , *id.*

Thlaspi montanum , *id.*

Mœhringia muscosa , *id.*

Stellaria nemorum , *id.*

Hypericum dubium (Leers) , fréq.

Geranium sanguineum , çà et là.

Geranium sylvaticum, *id.*

Impatiens noli-tangere, fréq.

Rhamnus Alpinus , *id.*

Cornilla vaginalis, *id.*

Vicia dumetorum, çà et là.

Spiræa aruncus , fréq.

Rosa Alpina, fréq.

Id. pimpinellifolia, *id.*

Saxifraga aizoon, *id.*

Chrysosplenium oppositifol., çà et là.

Id. alternifolium, fréq.

Astrantia major, çà et là.

Libanotis montana, fréq.

Athamentha Cretensis, *id.*

Meum athamanticum, La Croix ; les Rangiers (1).

Heracleum Alpinum, Mont-gremay (1).

Laserpitium latifol., çà et là.

Peucedanum Cervaria, çà et là.

Chærophyllum hirsutum, comm.

Id. torquatum, Cirque des Roches et de Chexbres.

Lonicera nigra, fréq.

Id. Alpigena, *id.*

Valeriana montana, *id.*

Petasites albus, *id.*

Bellidiastrum Michelii, *id.*

Carduus defloratus, *id.*

Cirsium tricephalodes, *id.*

Centaurea montana, *id.*

Crepis succisæfolia, *id.*

Id. paludosa, *id.*

Hieracium Jacquini, *id.*

Id. amplexicaule, *id.*

Campanula pusilla, *id.*

Gentiana verna, *id.*

Teucrium montanum, *id.*

Daphne Laureola, çà et là.

Thesium Alpinum, fréq.

Taxus baccata, çà et là.

Anthericum ramosum, *id.*

Veratrum album, *id.*

ENVIRONS DE BONFOL.

Ranunculus sceleratus, fréq.

Nymphæa alba, comm.

Nasturtium amphibium, fréq.

Gypsophila muralis, *id.*

Sagina apetala, *id.*

Spergula arvensis, *id.*

Alsine segetalis, *id.*

Hypericum pulchrum, *id.*

Genista Germanica, fréq.

Trifolium agrarium, *id.*

Epilobium palustre, *id.*

Myriophyllum verticillatum (Friche).

Id. spicatum (Friche).

Hyppuris vulgaris, çà et là.

Ceratophyll. demersum, *id.*

____

(1) Sommités du Mont-Terrible.

Peplis Portula , çà et là.

Sedum villosum (Friche).

Bidens cernua , fréq.

Pulicaria vulgaris.

Senecio sylvaticus , fréq.

Menianthes trifoliata , *id.*

Erythræa pulchella, *id.*

Veronica scutellata , çà et là.

Utricularia vulgaris (Friche).

Littorella lacustris (Friche).

Polygonum minus.

Salix aurita , comm.

Sagittaria sagittifolia , *id.*

Triglochin palustre , fréq.

Acorus calamus.

Scirpus acicularis, ovatus, et setaceus.

LOCALITÉS DIVERSES.

Digitalis purpurea , bois des environs de Grandvillars et de Delle , comm.

Heracleum Alpinum , chaîne du Graitery , comm.

Daphne cneorum, chaîne du Clos-du-Doubs, au Trembiaz.

Nuphar luteum , Delle et Grandvillars ; Béfort , comm.

Acer opulifolium , Genista pilosa , et Chrysanthemum montanum , roche de Moutier.

Jasione montana , Beurnevesein et Bonfol près de Porentruy.

FIN DU TOME QUATRIÈME.

TABLE ALPHABÉTIQUE

DES NOMS FRANÇAIS

DES GENRES ET DES FAMILLES.

TABLE ALPHABÉTIQUE

DES NOMS LATINS

DES GENRES ET DES ESPÈCES.

	Tom.	Pag.
Orchis hircina.		20
latifolia.		16
laxiflora.		14
maculata.		17
mascula.		15
militaris.		6
Morio.		11
nigra.		22
odoratissima.		18
pallens.		12
pyramidalis.		4
sambucina.		15
Simia.		7
suaveolens.		19
ustulata.		9
variegata.		8
viridis.		21
Origanum vulgare.	III	217
Orlaya grandiflora.	II	255
Ornithogalum nutans.	IV	86
sulphureum.		85
umbellatum.		84
Ornithopus perpusillus.	I	402
Orobanche arenaria.	III	176
Artemisiæ campestris.		174
cærulea.		175
concolor.		172
cruenta.		168
Epithymum.		171
Galii.		169
Hederæ.	IV	475
Libanotidis.	III	175
Medicaginis.		172
minor.		175
ramosa.		177

	Tom.	Pag.
Orobanche Teucrii.		170
Orobus canescens.	I	457
luteus.		433
niger.		435
tuberosus.		436
vernus.		454
Osmonda regalis.	IV	564
Oxalis acetosella.	I	551
stricta.		552
Oxytropis montana.	I	594

P

	Tom.	Pag.
Pæonia officinalis.	I	61
Panicum ciliare.	IV	212
Crus-Galli.		214
glabrum.		213
miliaceum.		215
sanguinale.		211
Papaver Argemone.	I	67
dubium.		68
hybridum.		67
Rhœas.		69
somniferum.		70
Parietaria erecta.	III	396
diffusa.		597
Paris quadrifolia.	IV	61
Parnassia palustris.	I	203
Pastinaca sativa.	II	225
Pedicularis foliosa.	III	187
palustris.		185
sylvatica.		186
Peplis Portula.	II	114
Persica lævis.	I	443
vulgaris.		444
Petasites officinalis.	II	525

FAUTES TYPOGRAPHIQUES.

TOME PREMIER.

PAGE IX, ligne 13 : Suisse, comprise, supprimez la virgule ; et l. 24 : Iverdon , lisez : Yverdon , et de même ailleurs où se trouve la même faute.

P. XIII, l. 28 : ce chaînon, lisez : ces chaînons.

P. XXV, l. 16 : organisé, lisez : organisés.

P. XXIX, l. 6 : *Fleurs incomplètes*, lisez : *Fleurs complètes.*

P. XXXIV, l. 10 : avec l'ovaire, lisez : avec les ovaires.

P. XXXVI, l. 5 : *Apocinées*, lisez : *Apocynées*; et l. 10 : supprimez la virgule après ovaire.

P. 11 , l. 30 : feuilles, lisez : folioles.

P. 18, l. 14 : décim., lisez : centim. ; et l. 21 , lisez : carpelles oblongs , terminés.

P. 23, l. 6 : Paillaux, lisez : Pailloux ; et l. 16 : submergées, très divisées , ôtez la virgule.

P. 26 , l. 22 : les extérieures dentées, lisez : les extérieurs dentés.

P. 53, l. 14 : fleurs grandes, lisez : fleur grande.

P. 56, l. 4 : Ser. in DC. Prod. 1. l. c., ajoutez : var. θ.

P. 60 , l. 16 : agglomérées, lisez : agglomérés; et l. 21 : ovoïdes-pédonculés , lisez : ovoïdes, pédonculés.

P. 69, l. 5 : obovale-arrondie, lisez : obovoïde-arrondie; et l. 21 : incisés-dentées, lisez : incisés-dentés ; et supprimez le point-virgule dans l'avant-dernière ligne.

P. 74, l. 20 : commun , lisez : commune.

P. 75, l. 19 : garnie , lisez : garnies.

P. 78 , l. 5 : portées, lisez : portés.

P. 79, l. 20 : Pleurorizées, lisez : Pleurorhizées.

P. 85, l. 5 : en pétioles, lisez : en pétiole.

P. 93, l. 3 : Koch, Syn. p. 29. , lisez : p. 59.

P. 104, l. 20 : égalant, lisez : n'égalant pas.

P. 111 , l. 22 : *T. acutangulum*, lisez : *S. acutangulum.*

P. 116, l. 22 : sessiles, fleurs , lisez : sessiles ; fleurs.

P. 119, l. 52 : commune , lisez : commun.

P. 128, l. 21 : à angle obtus , lisez: à angles obtus ; et l. 22 : Reichemb. , lisez : Reichenb. , et ailleurs.

P. 131, l. 9 : 632., lisez : 917.; et l. 26 : échancrées, lisez : échancré.

P. 133, l. 6 : 496., lisez : 952.

P. 135, l. 8 : *calicinum*, lisez : *calycinum*.

P. 136; l. 20 : grappe fructifères, lisez : grappes fructifères.

P. 145, l. 5 : officinale, lisez : officinal ; et l. 14 : rameuse en corymbe, anguleuse, lisez : rameuses-en corymbe, anguleuses.

P. 147, l. 6 : échancrées, lisez : échancrée.

P. 153, l. 52 : 981., lisez : 951.

P. 165, l. 24 : *Buellii. —* Gaud., lisez : *Ruellii.* Gaud.; et supprimez le trait devant DC.

P. 174, l. 4 : α. *Radicula.* (—) DC., lisez : α. *Radicula.* DC.

P. 178, l. 8 : ovales-obtuses, lisez : ovales, obtuses.

P. 206. l. 34 : *P. mirtifolia*, lisez : *P. myrtifolia.*

P. 217, l. 28 : barbu, lisez : barbus.

P. 218, l. 14 ; Delthoïde. — *Delthoïdes*, lisez : Deltoïde. — *Deltoïdes.*

P. 241, l. 29 : Spargoutte, lisez : Spargoute.

P. 244 : *S. pentendra*, lisez : *S. pentandra.*

P. 251, l. 11 : indiqué, lisez : indiquée.

P. 278, l. 18 : elle fournit, lisez : elles fournissent; et l. 19 : elle donne, lisez : elles donnent.

P. 279, l. 30 : jaunâtre, lisez : jaunâtres.

P. 282, l. 15 : vigne, lisez : vignes, et ailleurs.

P. 305, l. 11 : pauciflores, lisez : pauciflore.

P. 327, l. 31 : corps voisin, lisez : corps voisins.

P. 342, l. 2 : *Prangula*, lisez : *Frangula.*

P. 362, l. 2 : feuille ternées, lisez : feuilles ternées.

P. 377, l. 34 : étendard, presque double, effacez la virgule.

TOME DEUXIÈME.

P. 5, l. 19 : 5—7, étamines, lisez : 5—7 ; étamines.

P. 6, l. 23 : fructifère, herbacé, supprimez la virgule.

P. 30, l. 27 : sommités, entre, supprimez la virgule.

P. 33, l. 10 : remplacez le deux-points par une virgule.

P. 40 : *A. Eupatoria*, lisez : *A. Eupatorium.*

P. 66, l. 9 : garnies de fibres, lisez : garnie de fibres.

P. 84, l. 22 : du Thoiry, lisez : de Thoiry.

P. 103, l. 26 : insérées à la gorge, lisez : insérés à la gorge.

P. 117 , l. 30 : limbe 5 divisions, lisez : limbe à 5 divisions.

P. 128 , l. 24 : corymbyforme , lisez : corymbiforme.

P. 143 , l. 1 : fibreuse ; produisant, lisez : fibreuse , produisant.

P. 168 , l. 26 : dressés ; poilus , lisez : dressés, poilus.

P. 181 , l. 9 : folioles, étalées, lisez : folioles étalées.

P. 209 , l. 22 : Involucre à un, lisez : Involucre à une.

P. 220 , l. 8 : rameuse, feuilles. lisez : rameuse ; feuilles.

P. 257 , l. 54 : je l'ai récoltée, lisez : récolté.

P. 274 , l. 4 : plus grandes que, lisez : plus longues que.

P. 298 , l. 10 : décim., feuilles, lisez : décim. ; feuilles.

P. 350 , l. 30 : de la Châtelaine, lisez : de Châtelaine.

P. 372 , l. 8 : Achilée, lisez : Achillée.

P. 381 , l. 17 : le bord, lisez : au bord.

P. 385 , l. 6 : bords , achaine, lisez : bords ; achaine.

P. 389 , l. 20 : jaunes, lisez : d'un jaune clair.

P. 392 , l. 25 : dans le bois, lisez : dans les bois.

P. 400 , l. 7 : dentée-épineuse, lisez : dentées-épineuses.

P. 408 : 9. C. glutineux, lisez : 7. C. glutineux.

P. 432 , l. 9 : *nudicaule* , lisez : *nudicaulis*.

P. 445 : *Lampsana* , lisez : *Lapsana*.

P. 478 , l. 31 : ciliée-glanduleuse ; disposés, lisez : ciliée-glanduleuse, disposés.

P. 480 , l. 22 : lisses, de chaque côté, ôtez la virgule.

P. 482 , l. 20 : les bord, lisez : les bords.

P. 501 , l. 27 : glabres, ou parsemées, lisez : glabre , ou parsemée.

P. 519 , l. 18 : de cette dernière, lisez : de ce dernier.

TOME TROISIÈME.

P. 13 , l. 30 : rampante, tige, lisez : rampante ; tige ; et l. 32 : décim., feuilles , lisez : décim. ; feuilles.

P. 64 : Érithrée. — *Erithræa*, lisez : Érythrée. — *Erythræa*.

P. 68 : *Polamonium*, lisez : *Polemonium*.

P. 90 , l. 10 : *oblonga*, lisez : *oblongata*.

P. 144 , l. 28 : Fossard, lisez : Frossard.

P. 185 , l. 33 : terminal, feuillé, lisez : terminal feuillé.

P. 222 : *Calamentha* , lisez : *Calamintha*.

P. 243, l. 14 : corolle très grandes, lisez : corolle très grande.

P. 263, l. 18 : Villeuve, lisez : Villeneuve ; et l. 29 : p. 573, lisez : p. 574.

P. 276, l. 5 : ovales-elliptiques, hampes, lisez : ovales-elliptiques ; hampes ; et l. 4 : centim., lobes, lisez : centim. ; lobes.

P. 345, l. 4 : près de Rheinfeldein et de Bonfol, lisez : près de Rheinfelden ; et à Bonfol.

P. 366, l. 24 : (*baccaœ laureœ*), lisez : (*baccœ laureœ*).

P. 570, Hippophae, lisez : Hippophaë.

P, 581, l. 24 : plus petites, ombelle, lisez : plus petites ; ombelle.

P. 596, l. 6 : allongées, lisez : allongé.

P. 599, l. 10 : squaniforme ; lisez : squamiforme.

P. 425, l. 2 : ou, lisez : on.

P. 478, l. 14 : Roth. teutam., lisez : Roth. tentam.

P. 483, l. dernière : Augts, lisez : Augst.

TOME QUATRIÈME.

P. 27, l. 14 : oblongs, obtus, lisez : oblongues, obtuses.

P. 95, l. 21 : l'anthère 5 fois plus courte, lisez : l'anthère, 5 fois plus courte.

P. 99 : *Schœnaprasum*, lisez : *Schœnoprasum*.

P. 130, l. 12 : Porentrui, lisez : Porentruy.

P. 157, l. 2 : style conique, lisez : style conique à la base.

P. 144 : *Holoschœmus*, lisez : *Holoschœnus*.

P. 193, l. 16 : Villebœuf, lisez : Vittebœuf.

P. 203, l. 22 : rudes, feuilles, lisez : rudes ; feuilles.

P. 206, l. 25 : aréte dure, lisez : arête rude.

P. 220, l. 2 : *A. Canariensis*, lisez : *P. Canariensis*.

P. 222, l. 7 : plumeuse, lisez : plumeux.

P. 231, l. 8 : articulée, lodicule, lisez : articulée ; lodicule.

P. 268, l. 1 : supérieure, lisez : inférieure.

P. 282, l. 5 : 161 la. var. β., lisez : 1611a. var. β.

P. 311, l. 4 : Reuze, lisez : Reuse.

P. 313, l. 5 : cylindracées, lisez : cylindracés.

P. 516, l. 5 : renflés, arrondis, écartés, lisez : renflées, arrondies, écartées.

P. 348, l. 7 : gazonnantes, chaumes, lisez : gazonnantes ; chaumes.

P. 355, l. 28 : Braunn, lisez : Braun.

P. 362, l. 19 : Bayauds, lisez : Bayards.

P. 568, l. 22 : au Creux-du-Vent ; à la Brevine, lisez : au Creux-du-Vent. — A la Brevine.

P. 382, l. 19 : garni, lisez garnis.

P. 596, l. 12, 14 et 16 : réunies, lisez : réunis.

P. 400, l. 13 et 15 : stigmates, lisez : stigmate.

P. 403, l. 19 : stigmate filiforme, lisez : stigmates filiformes ; et l. 26 et 32 : stigmate, lisez : stigmates.

P. 404, l. 29 : stigmate, lisez : stigmates.

P. 406, l. 14 : stigmate inséré, lisez : stigmates insérés.

P. 411, l. 7 : calice, lisez : corolle ; et l. 16 et 21, mettez le point-virgule avant ovaire et baie.

P. 412, l. 21 : mettez le point-virgule avant capsule.

P. 511, l. 13 : *Apeninum*, lisez : *Apenninum*.

BESANÇON, IMPRIMERIE DE CH. DEIS.

* 9 7 8 2 3 2 9 3 8 1 4 6 6 *